Markus Bennemann

DER ANFANG ALLER KÖSTLICHKEIT

GOLDMANN

© Karim Omar

Markus Bennemann hat Geschichte und Literatur studiert, aber seine wahre Leidenschaft galt immer der Biologie. Er hat mehrere Sachbücher zum Thema Evolution geschrieben, die in zahlreiche Sprachen übersetzt wurden. Zuletzt erschien von ihm der SPIEGEL-Bestseller *Böse Bäume*. Er lebt in Wiesbaden.

Außerdem von Markus Bennemann im Programm

Böse Bäume

auch als E-Book erhältlich

MARKUS
BENNEMANN

Der Anfang aller KÖSTLICHKEIT

Wie die Natur unsere
liebsten Speisen,
Getränke und Gifte erfand

GOLDMANN

MIX
Papier | Fördert gute Waldnutzung
FSC® C014496
FSC www.fsc.org

Penguin Random House Verlagsgruppe FSC® N001967

1. Auflage
Originalausgabe März 2025

Neumarkter Str. 28, 81673 München
produktsicherheit@penguinrandomhouse.de
(Vorstehende Angaben sind zugleich
Pflichtinformationen nach GPSR)

Redaktion: Eckard Schuster
Umschlag: Uno Werbeagentur, München
Auswahl / Gestaltung Illustrationen:
Markus Bennemann / Martin Löffler
Umschlagmotiv: FinePic®, München
Satz: Buch-Werkstatt GmbH, Bad Aibling
Druck und Bindung: GGP Media GmbH, Pößneck
Printed in Germany
EB · CF
ISBN 978-3-442-31752-3

www.goldmann-verlag.de

Für meine Großmutter,
Meisterin der Roulade,
Liebhaberin des Rosenkohls,
Expertin für Rotweinkuchen.

Früchte sind die Süßigkeiten der Natur.

— Marge Simpson

Jedem Anfang wohnt ein Zauber inne.

— Hermann Hesse

Menü

Wir beginnen
unsere Reise mit
einem Kaffee

Salz ist
viel älter
als
Elefanten

Erde, Mond, später
auch erstes Leben
entstehen

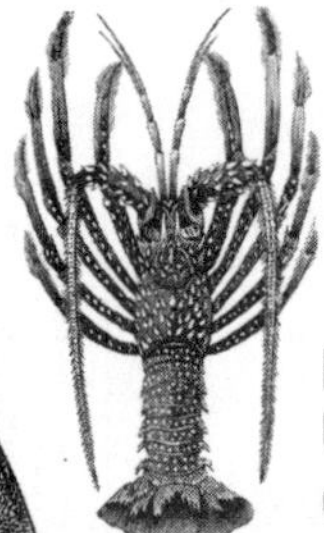

Erste
Urmeeresfrüchte
und Fische

Hadaikum und restliche Erdfrühzeit

4,6 Mrd. bis 541 Mio. Jahre vor heute

Erdaltertum

Kambrium
541

Ordovizium
485

Erdmittelalter

Trias
252

Jura
201

Kreide
145

Ebenso die
Grundlagen für
Brot, Früchte
und Gemüse

Kleine »Milchtiere«
entstehen noch zur
Zeit der Dinos

Naturgeschichte unserer Nahrung

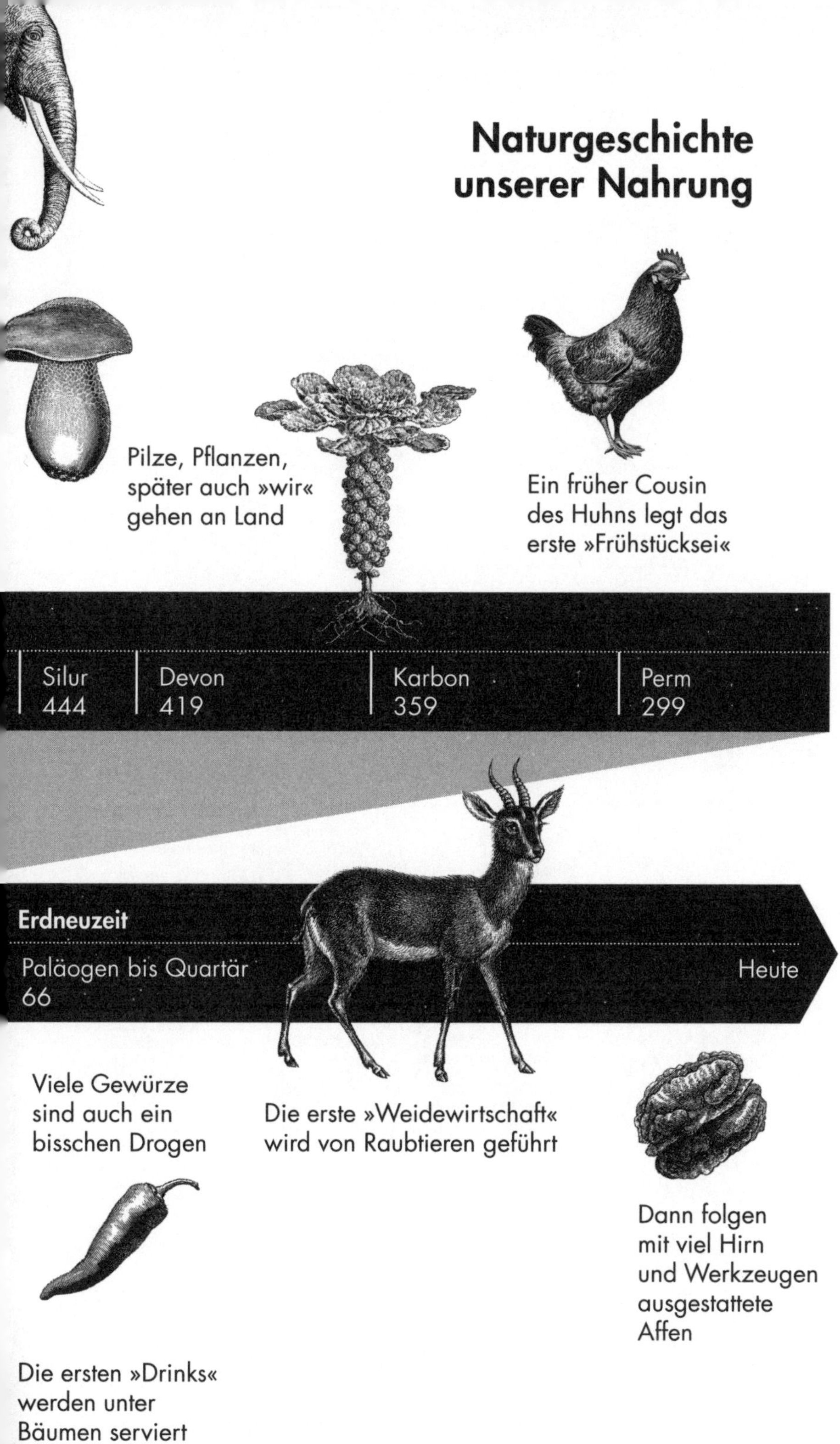

Vorwort

Wir fragen uns oft, wo unser Essen herkommt. Meistens geht es dabei darum, ob es unter gesunden und ethisch vertretbaren Umständen entstanden ist. Kommen die Kartoffeln vom Biobauern oder von einem herkömmlich bewirtschafteten Acker? Stand das Steak früher mit tausend anderen zukünftigen Steaks eingepfercht in einem Massenstall oder hatte es ein bisschen Auslauf? Bekommen die Kleinbauern, die irgendwo am anderen Ende der Welt meinen Kaffee anbauen, einen anständigen Preis dafür gezahlt oder werden sie ausgebeutet?

Auch für die geschichtliche Herkunft unserer Lebensmittel interessieren sich viele. Wann wurde Kaffee überhaupt zum ersten Mal angebaut? Wer hat den ersten Apfel gezüchtet und wieso gab es früher viel mehr Sorten davon? Was haben Neandertaler und unsere Vorfahren, die ersten »weisen Menschen«, gegessen und wie haben sie ihre Nahrung gejagt und gesammelt?

All das sind spannende Fragen, und zu beiden Bereichen findet man auch reichlich Informationen und gute Bücher. Allerdings gibt es noch andere spannende Fragen zur Herkunft unserer Lebensmittel. Fragen, die über ihre heutige Art der Herstellung und die mit den Menschen verbundene Geschichte hinausgehen.

Was ist eigentlich davor passiert? Gab es Äpfel auch schon, bevor der Mensch sie angebaut hat, und wer hat sie gegessen? Warum haben Bäume überhaupt angefangen, Äpfel zu tragen? Was bringt Blumen dazu, Bienen Nektar zu liefern, damit sie daraus Honig machen – und wer von beiden kam auf diese tolle Idee? Wann hat der erste Fleischfresser zugebissen? Wann ist die erste Milch geflossen? Wer hat das erste Ei gelegt? Wieso gibt es Bäume, die so riesige Früchte tragen, dass kein Tier sie fressen kann? Wie wurde der Alkohol erfunden, wie Tabak, wie noch härtere Drogen?

Wann hat sich die Natur all das ausgedacht, was wir Menschen heute gerne zu uns nehmen? Wann, wie und warum ist es entstanden – und wer hat es vielleicht schon lange vor uns gemocht? Was sagt das über all diese Lebens-, Genuss- und Rauschmittel aus? Oder über uns? Was kann es uns vielleicht darüber lehren, warum wir sie mögen, wie gut sie für uns sind und ob wir sie überhaupt zu uns nehmen sollten?

Um all diese Fragen geht es in diesem Buch. Es handelt vom ersten Apfel, dem ersten Ei, dem ersten Steak, dem ersten »Brot«, dem ersten Drink sowie von vielen weiteren solchen Premieren. Und natürlich von deren ersten Verkostern!

Es erzählt die Naturgeschichte unserer Nahrungs- und Genussmittel, die meistens weit, weit vor die erste Nutzung durch den Menschen zurückreicht. Es handelt vom Anfang aller Köstlichkeit, dem Ursprung des Essens, der Entstehung und Evolution unserer liebsten Speisen, Getränke und Gifte. Es zeichnet nach, wie es mit all diesen leckeren, nahrhaften und verlockenden Dingen einmal angefangen hat.

Wollten Sie schon immer mehr darüber wissen, wo unsere Nahrung herkommt – also über ihren »wirklichen« Ursprung, in den Tiefen der Zeit? Dann sind Sie in diesem »Restaurant« richtig. Denn so gut wie alles, was hier serviert wird – und was wir täglich konsumieren –, ist unglaublich alt.

ERST MAL EINEN KAFFEE

1

Kaffee hält die Welt am Laufen. Ich trinke meinen ersten Espresso jeden Morgen im Büro und bilde mir ein, dass es mir dabei hauptsächlich um den Geschmack geht, der ähnlich wie der von Wein durch die gleichzeitig aufgenommene psychoaktive Substanz noch verbessert zu werden scheint. Viele meiner Kollegen sagen jedoch, dass sie es ohne Koffein schlichtweg nicht über den Tag schaffen würden. Eine amerikanische Autorin hat den anregenden Stoff mal als perfekte Droge für unsere moderne »worker bee society« bezeichnet, in der wir ständig alle herumsummen wie fleißige Arbeitsbienen. In Deutschland scheint der Durst nach dieser Droge in den letzten Jahren immer weiter zu wachsen. Laut Deutschem Kaffeeverband trinkt inzwischen jeder von uns im Durchschnitt fast vier Tassen Kaffee täglich.*

Das mag schon als gar nicht so wenig erscheinen, vor allem wenn man Kinder und Teetrinker abzieht. Andere europäische Länder setzen da aber locker noch mal einen drauf. Natürlich denkt man sofort an Orte wie Italien oder Frankreich, mit ihren vielen traditionellen Espressobars und Cafés. Die wahren Meister – ja sogar Weltmeister – im Kaffeetrinken sind jedoch die Finnen: Sie bringen es auf einen Durchschnitt von acht Tassen pro Tag. Ähnlich

---

* Zitate, Zahlen, wesentliche Fakten und Aussagen: In Speisekarten findet man oft viel Kleingedrucktes zu Lebensmittelzusätzen, auch in diesem Buch wird alles ausführlich in den Quellen im Anhang belegt. Gerade in Zeiten, in denen künstliche Intelligenz unseren Zugang zu Informationen so leicht macht wie nie zuvor, dabei aber auch gerne mal »halluziniert«, war mir der Verweis auf seriöse menschliche Quellen wichtig. Um hier vorne den Lesefluss nicht zu stören, sind die »Fußnoten« am Ende des Buchs in Form von Stichworten gelistet – ich hoffe, sie bieten eine leichte Orientierung. Besonders fürs erste Kapitel stehen dort auch mehrere Erläuterungen zu Zahlen und anderen Punkten.

kaffeesüchtig sind auch die anderen Völker des hohen Nordens, was wohl nicht mal an den ewig langen Winternächten liegt. Eher an den hohen Preisen, die man dort für eine andere beliebte Alltagsdroge zahlt, nämlich Alkohol, sowie einer Vorstellung von Geselligkeit, in der es ohne ein Schlückchen Kaffee einfach nicht geht. Europäische Abweichler in Sachen Kaffeebegeisterung sind vor allem auf den Britischen Inseln zu finden.* Auch in Russland, Asien und vielen Ländern Afrikas greift man eher zu Tee. In den USA wiederum wird ähnlich viel Kaffee getrunken wie in den meisten Ländern Europas, und auch in Mittel- und Südamerika dominieren die Freunde des dunklen Suds.

Insgesamt fließt mehr Tee die Kehlen der Menschheit herab. Doch deutlich mehr Umsatz wird mit dem Handel von Kaffee erzielt, und jeden Monat werden etwa 10 Millionen Säcke des kostbaren Naturprodukts in die ganze Welt verschifft. Dieses wird fast ausschließlich im sogenannten Kaffeegürtel angebaut, der sich von Großproduzenten wie Mexiko und Brasilien über die Elfenbeinküste, Äthiopien und andere afrikanische Länder bis nach Indien, Vietnam und Indonesien erstreckt. Hier, im warmen Klima entlang des Äquators, wachsen Kaffeekirschen an Sträuchern und kleinen Bäumen, die meist so kurz gehalten werden, dass man leicht an ihre Zweige kommt. Die Kirschen bilden dichte Rispen und heißen so, weil sie zunächst grün sind, aber nach etwa neun Monaten Reifezeit eine tiefrote Färbung annehmen. Dann sehen sie nicht nur aus wie Kirschen, sondern haben als Steinfrüchte auch ähnlich harte Kerne: ein eng aneinander geschmiegtes Zwillingspaar (oder manchmal auch nur ein Einzelkind) aus beigen bis grünlichen Kaffeebohnen, die in diesem ungerösteten Zustand noch stärker an echte Bohnen erinnern.

---

* Auch hier scheint aber jüngsten Pressemeldungen zufolge der Kaffeekonsum inzwischen die Oberhand zu gewinnen. Für ältere Briten dabei besonders tragisch: Selbst der Tee wird in Cafés immer öfter in schnöden Kaffeebechern statt in elegantem Porzellangeschirr serviert.

In groben Zügen zumindest scheint die Story, wie Kaffee zum liebsten Heißgetränk der halben Welt wurde, einigermaßen klar zu sein. Wilde Kaffeesträucher gibt es in vielen Wäldern Afrikas, und hier wuchsen wohl auch jene, die historisch gesehen am Anfang von heutigen Starbucks-Kreationen wie dem laktosefreien Salzkaramell-Mokka-Frapuccino mit Proteinpulver und Kokosflocken stehen. Vermutlich gediehen die Pflanzen im äthiopischen Hochland, möglicherweise in einer Gegend namens Kaffa, wo nomadische Stämme sie vielleicht schon seit Tausenden von Jahren in der einen oder anderen Form nutzten. Die ersten verlässlichen Belege dazu, dass sich jemand auf ähnliche Weise einen Kaffee machte wie wir heute, stammen jedoch von der nicht weit entfernt liegenden Arabischen Halbinsel. Hier bereiteten im 15. Jahrhundert offenbar muslimische Mönche den aromatischen Sud zu, um nicht bei ihren Gebeten einzuschlafen, und setzten ihn damit in die Welt. Über diese verbreitete er sich noch erfolgreicher als selbst ihr Glaube, nahm erst Europa im Sturm ein und dann viele andere Länder.

Mit dem aufregenden neuen Getränk verbreitete sich auch die lukrative Praxis des Kaffeeanbaus. An ihm versuchten sich holländische Händler erst in ihrer Heimat, dann mit wesentlich mehr Glück auf der indonesischen Insel Java, deren Name in den USA heute noch als eine der vielen Bezeichnungen für Kaffee dient. Was sich ebenfalls ausbreitete, waren Kaffeehäuser. Allgemein zugänglich und stets vom Gemurmel angeregter Diskussionen erfüllt, dienten sie als so etwas wie die Universitäten des kleinen Mannes. Manche Historiker glauben sogar, sie hätten so auf entscheidende Weise sowohl zur amerikanischen Unabhängigkeit als auch zur Französischen Revolution beigetragen.

Koffein gilt als meistkonsumierte psychoaktive Droge der Welt, und seine Wirkung ist so komplex und raffiniert, dass der Stoff einmal als »Wunder der Pflanzenchemie« bezeichnet wurde. Er gehört zur spannenden Stoffgruppe der Alkaloide, die nicht nur in Pflanzen, sondern auch in giftigen Fröschen und halluzinogenen Pilzen vorkommen. Andere bekannte pflanzliche Alkaloide sind Kokain, Nikotin und Meskalin ebenso wie die natürlichen Arzneimittel Chinin und Kodein. Koffein hat einen ähnlich ringförmigen Aufbau und bitteren Geschmack wie all diese Verbindungen und wird in Kaffeepflanzen aus CO_2, Stickstoff und anderen Stoffen zusammengesetzt, die sie über ihre Blätter und Wurzeln aufnehmen. Der wesentliche Teil dieses Prozesses findet in den Chloroplasten statt, also jenen winzigen grünen Organen in den Zellen von Pflanzen, die man von der Fotosynthese kennt. Es wird angenommen, dass Chloroplasten vor sehr langer Zeit aus Bakterien entstanden, die sich auf ähnliche Weise in den Vorgängern von Pflanzenzellen ansiedelten wie Bakterien in unserem Darm (siehe nächstes Kapitel). Heute verwenden Pflanzen die so entstandenen Mini-Organe nicht nur zur für uns alle lebenswichtigen Fotosynthese, sondern auch für viele andere Dinge, wie etwa dem Speichern von Stärke oder der Wahrnehmung der Schwerkraft. Und eben als Drogenküche.

Im menschlichen Körper entfaltet Koffein seine Wirkung durch einen cleveren Akt der Täuschung. Jede Kaffeetasse enthält ungefähr 100 Milligramm des Stoffes, der nach dem Trinken schnell vom Darm ins Blut dringt und dann die Blut-Hirn-Schranke überwindet, um ins zentrale Hauptorgan unseres Nervensystems zu gelangen. Hier gaukelt er den Hirnzellen vor, er sei Adenosin, ein natürlicher Botenstoff des Körpers mit sehr ähnlicher chemischer Struktur. Normalerweise sammelt sich Adenosin im Laufe des Tages wie der Sand des Sandmännchens auf den Synapsen der Hirnzellen, also jenen winzigen Verknüpfungen, über die Nervenreize weitergegeben werden. Das Adenosin hemmt dort für die Reizübertragung wichtige Botenstoffe wie Dopamin, was zur Folge hat, dass wir immer müder werden. Koffein blockiert jedoch die für Adenosin vorgesehenen Andockstellen der Synapsen. Nun können die Dopamine ungehindert fließen und die Hirnzellen fröhlich schießen – und wir werden immer munterer und wacher.

Dass wir so aufgekratzt sind, alarmiert wiederum die Hirnanhangdrüse, die einen Notfall fürchtet und zur Sicherheit das Signal gibt, den Blutkreislauf mit Adrenalin zu fluten. In Zeiten, als wir noch hinter jedem Busch auf einen Säbelzahntiger treffen konnten und entweder wegrennen oder kämpfen mussten, war dieses Stresshormon vermutlich überlebenswichtig. Heute kann es dazu führen, dass wir mit feuchten Händen und flattrigem Herzen vorm Computer sitzen, wenn wir ein Tässchen zu viel trinken. Ja, eine Überdosis Koffein kann das Herz sogar ganz zum Stillstand bringen. Die ist mit Kaffee allerdings sehr schwer zu erreichen, selbst als Finne, und insgesamt tendiert die Medizin heute eher zur Meinung, dass die Vorteile des Kaffeekonsums überwiegen. Drei bis vier Tassen pro Tag wirken sich offenbar positiv auf die Lebenserwartung aus und sollen dazu beitragen, Krankheiten wie Krebs, Alzheimer und Diabetes zu verhindern. Gleichzeitig hebt das koffeinhaltige Gebräu kurzfristig die Stimmung und verbessert Koordination und kognitive Fähigkeiten. Kaffee hält nicht nur die Welt am Laufen. Er scheint auch in der Lage zu sein, unser Leben ein ganzes Stück besser, runder und länger laufen zu lassen.

Womit nur eine Frage übrig bleibt – die in einem guten Dutzend Varianten die zentrale Frage dieses Buchs darstellt: Warum hat die Natur angefangen, Kaffee zu machen? Was brachte Kaffeepflanzen dazu, diese mit Koffein versetzte Köstlichkeit hervorzubringen, die jeden Morgen unser Hirn in Fahrt bringt und ihm dann hilft, sich den ganzen Tag durch Bilanzzahlen, »dringende« E-Mails oder die besten Angebote einer Flugbörse zu kämpfen? Wie lautet die Naturgeschichte von Kaffee und seiner wichtigsten chemischen Attraktion, Koffein, also jene Geschichte, die lange vor dem Moment anfing, als der Mensch den ersten anregenden Schluck zu sich nahm?

Wen wollten Kaffeesträucher ursprünglich an ihrer natürlichen Starbucks-Theke bedienen? Wessen Name stand auf ihren kirschartigen Gefäßen mit dem doppelten Schuss selbst angebautem Espresso im Innern?

Obwohl sie wahrscheinlich nicht wahr ist, liefert die Legende darüber, wie Kaffee entdeckt wurde, einen ersten guten Anhaltspunkt. Es gibt viele Legenden dazu, wie das Besondere an Kaffeefrüchten und auch der Kaffee selbst entdeckt wurden. In der bekanntesten ist es jedoch ein aufmerksamer Ziegenhirte in Äthiopien, mit dem alles seinen Anfang nimmt.

Der Hirte bekommt mit, wie seine Tiere die kirschartigen kleinen Früchte fressen, die an einem wilden Kaffeestrauch wachsen. Danach werden sie immer lebhafter – fangen schließlich sogar an zu tanzen – und wollen auch nachts kein Auge zutun. Verblüfft probiert der Hirte selbst die Früchte und läuft dann mit beschwingtem Schritt zu einem muslimischen Mönchskloster in der Nähe. Hier erzählt er den Mönchen von seiner Entdeckung – denkt vielleicht sogar schon daran, dass er da auf den perfekten Muntermacher gestoßen ist, um sie bei ihren nächtelangen Gebetsorgien zu unterstützen. Wie es sich für heilige Männer gehört, werfen die Mönche die teuflischen Früchte ins Feuer. Als sie das köstliche Aroma riechen, das von den gerösteten Kernen im Innern der Früchte aufsteigt, überdenken sie ihre Entscheidung jedoch noch mal. Sie verwenden die Kerne, um die erste Tasse Kaffee der Welt aufzubrühen – und der Rest ist Geschichte.

Was an der Story das Wichtigste ist, sind die Ziegen. Für alle Leser, die sich ein bisschen mit der Biologie von Pflanzen auskennen, war es natürlich nie ein Geheimnis, für wen Kaffeefrüchte ursprünglich gedacht waren. Die in solchen Früchten enthaltenen Kerne sind ja nichts anderes als die Samen der Pflanzen, mit denen sie sich vermehren. Und die leckere Verpackung dieser Samen, also das, woran wir beim Wort »Früchte« zuerst denken, ist natürlich ausdrücklich dafür da, dass Tiere sie fressen. Die Früchte fressen, die leckere Verpackung verdauen und die Kerne beziehungsweise Samen wieder ausscheiden – wenn möglich zehn, hundert oder sogar tausend Meter weiter. Da Pflanzen nicht sonderlich mobil sind, ist das eine der wesentlichen Methoden, über die sie andere

Lebensräume für sich und ihre Nachkommen erschließen können. Der für beide Seite vorteilhafte Deal, der hinter Früchten steckt, ist dabei uralt. Tatsächlich bildet er den, Entschuldigung, »Kern« etlicher Geschichten in diesem Buch und wird auch noch wesentlich ausführlicher erläutert.

Was Kaffee angeht, sind die Ziegen ein plausibler Abnehmer, schließlich sind sie für ihre Gefräßigkeit berüchtigt oder sollen jedenfalls sehr probierfreudig sein. Als die ersten und ursprünglichen »Kunden«, die Kaffeesträucher mit ihren koffeinhaltigen Früchten ansprechen wollten, können sie jedoch zumindest in ihrer domestizierten Form kaum gelten. Es ist ja gerade erst 10 000 Jahre her, dass die meckernden Nutztiere sich daran gewöhnt haben, von hochgewachsenen Zweibeinern mit Stöcken durch die Gegend gescheucht zu werden. Kaffeepflanzen sind jedoch viel älter.

Allerdings gibt es eine weitere Legende über den Ursprung des Kaffees, mit der man den ersten tierischen Abnehmern schon ein bisschen näher kommt. In dieser Legende gelangt Kaffee mithilfe einer Zibetkatze von Zentralafrika nach Äthiopien – und zwar genau auf die Samen ausscheidende Weise, die Kaffeesträucher sich »vorgestellt« hatten. Dort wird der Kaffee dann von einem arabischen Händler entdeckt und – natürlich auf ganz andere Weise – in den Rest der Welt getragen.

Zibetkatzen gehören zur Familie der Schleichkatzen, erinnern an eine Mischung aus Katze und Marder und leben in den tropischen Wäldern Asiens und Afrikas. Afrikanische Zibetkatzen sehen aus, als hätten sich auch ein Leopard und ein Waschbär an dem wilden Mix beteiligt, und werden seit Langem von der Parfumbranche benutzt, um Zibet herzustellen. Die streng riechende fettige Substanz wird in einer Drüse nahe der Genitalien der scheuen nachtaktiven Tiere produziert, die damit normalerweise ihr Revier markieren. Zur Gewinnung hält man die Zibetkatzen in Käfigen und schabt die Drüse regelmäßig mit einem hohlen Stück Horn aus – ein Verfahren, das trotz der Erfindung eines künstlichen Ersatzstoffes bis heute angewendet wird. Asiatische Zibetkatzen müssen diese Prozedur wohl seltener über sich ergehen lassen. Doch besonders in Indonesien werden andere Schleichkatzen, die oft mit Zibetkatzen verwechselt werden, ebenfalls im größeren Stil in Käfigen gehalten. Der Grund ist eine Vorliebe, die diese sogenannten Fleckenmusangs mit afrikanischen Zibetkatzen teilen: Sie klettern gerne im dichten Blattwerk von Kaffeebäumen herum und fressen dort die reifen roten Früchte.

Trotz ihres Namens sind Fleckenmusangs in der Regel nicht so stark gemustert und außerdem ein ganzes Stück kleiner als die etwa fuchsgroßen afrikanischen Zibetkatzen. Wie diese sondern sie ein stark duftendes Sekret ab. Doch gehalten werden sie nicht zur Herstellung von Zibet, sondern einer anderen sehr eigenen Spezialität: Kopi Luwak, der berühmte indonesische »Katzenkaffee«.

Kopi Luwak wird aus unverdauten Kaffeebohnen hergestellt, die man im Kot von Fleckenmusangs findet. Die Bohnen werden gewaschen, getrocknet und gemahlen und sollen dann einen besonders vollmundig und intensiv schmeckenden Kaffee ergeben. Das leicht verrückt klingende Getränk gibt es schon sehr lange: Bereits vor mehr als 100 Jahren berichtete zum Beispiel *Brehms Thierleben* über »sonderbare, weißliche Kothklumpen«, die Musangs auf den Kaffeeplantagen Javas hinterließen und die Einheimischen für besonders schmackhaften Kaffee nutzten. In jüngerer Zeit erlangte der Katzenkaffee größere Bekanntheit, als er in einem Hollywoodfilm als Lieblingsgetränk eines ignoranten Millionärs diente. Das Gebräu wird im Englischen gerne »cat poop coffee«, also Kaffee aus Katzenkacke genannt. Doch Kenner zahlen wohl tatsächlich teilweise mehr als 500 Euro für ein Pfund Kopi Luwak; eine frisch aufgebrühte Tasse kann bis zu 75 Euro kosten. Schon zu Brehms Zeiten vermutete man, der besondere Geschmack entstehe dadurch, dass die Musangs bei ihren nächtlichen Raubzügen in den Plantagen nur die reifsten Kaffeekirschen fressen. Hinzu kommt wohl der Effekt von Magensäften und Verdauungsenzymen, der die Bohnen weniger bitter macht und ihr Aroma verstärkt. Um das Geheimnis des »cat poop coffee« zu lüften, setzen Forscher Hochleistungsmikroskope, Gaschromatographen und elektronische Geruchsmesser ein.*

Der ganze Hype ist natürlich gut für die menschlichen Produzenten der Spezialität, für die tierischen jedoch weniger. Früher wurde Kopi Luwak in Indonesien ausschließlich »geerntet«, indem man auf Kaffeeplantagen oder in der Nähe von frei wachsenden Kaffeebäumen nach den Kotklumpen der Musangs suchte. Diese schienen das kleine Nebengeschäft vieler Einheimischer sogar dadurch zu unterstützen, dass sie ihres immer an der gleichen Stelle machten. Seit die Nachfrage so gestiegen ist, werden die Tiere allerdings oft wie afrikanische Zibetkatzen gefangen und in Käfige gesteckt. Hier werden die kleinen Allesfresser dann laut Tierschützern oft nur noch mit Kaffeekirschen ernährt. Sogar zwangsgefüttert wie Stopfgänse sollen sie manchmal werden, um so ihre Haltung noch »ergiebiger« zu machen.

Afrikanische Zibetkatzen begannen sich wohl vor etwa 12 Millionen Jahren aus umtriebigen asiatischen Zibetkatzen zu entwickeln, die es nicht mehr auf dem eigenen Kontinent hielt. Solche Zeiträume in eine menschliche Perspektive zu setzen, ist schwer. Aber vielleicht dient ein bisschen der Orientierung, dass es damals zwar schon recht lange schwanzlose Menschenaffen gab, aber es noch mal 6 Millionen Jahre dauern würde, bis sich unser Zweig von diesen abtrennte. Heute reicht die Verbreitung afrikanischer

---

* Kopi Luwak wird in Deutschland auch oft als Zibetkaffee bezeichnet oder zumindest mit Zibetkatzen in Verbindung gebracht (ein Fehler, der mir in einem anderen Buch auch schon passiert ist). Das liegt daran, dass im Englischen viel mehr Arten von Schleichkatzen als »civets« bezeichnet werden, was wir dann einfach mit »Zibetkatzen« übersetzen. Die gleiche Verwechslung findet auch immer wieder bei asiatischen Larvenrollern statt. Auch sie gehören zu den Schleichkatzen und gelten als möglicher Zwischenwirt für gefährliche Coronaviren. Wie Fleckenmusangs werden sie im Englischen zu einer von drei Arten von »palm civets« gezählt. Deshalb tauchen sie in der deutschen Berichterstattung zu möglichen Überträgern regelmäßig als »Zibetkatzen« auf.

Zibetkatzen von Westafrika bis tief in die Wälder Zentralafrikas, von dort bis an die weit im Süden gelegene Küste Mosambiks und im Osten bis hinauf ins Hochland Kenias und Äthiopiens. Tatsächlich deckt sich das Verbreitungsgebiet der lustigen Tiere mit der Waschbärmaske und dem langen getüpfelten Körper ungefähr mit dem der etwa hundert verschiedenen Arten von Kaffeepflanzen, die in Afrika wachsen. Sie alle gehören zur Gattung (also größeren biologischen Gruppe) *Coffea*, doch obwohl sich das jetzt nach einem verdächtigen Zufall anhört, ist es das eigentlich nicht. Beide in Wald und Grasland anzutreffenden Organismen haben sich einfach mehr oder weniger komplett über den großen grünen Teil Afrikas ausgebreitet, der sich von unterhalb der Sahara bis fast ganz an die südliche Spitze des Kontinents erstreckt.

Im Gegensatz dazu schon auffällig ist jedoch, was Forscher herausfanden, als sie untersuchten, *wie* sich einst Kaffeepflanzen über dieses Gebiet ausgebreitet haben. Denn ihre Ergebnisse stimmen wunderbar mit der Legende über den mit Zibetkatzen verbundenen Ursprung von Kaffee überein, in der eins der Tiere ihn von Zentralafrika bis in die fruchtbaren Hügel Äthiopiens trägt.

Um die lange zurückliegende Ausbreitung der Kaffeepflanzen in Afrika nachzuzeichnen, nutzte ein Team aus französischen und brasilianischen Forschern das Verfahren der sogenannten molekularen Uhr. Dabei zählt man die Mutationen in den Genen verschiedener Arten, um abzuschätzen, wann sich ihre evolutionäre Entwicklung voneinander getrennt hat. Was die Forscher entdeckten, stellte alles auf den Kopf, was man bis dahin über die Naturgeschichte des Kaffees zu wissen glaubte. Bis zu ihrer Studie hatten sich die Annahmen über die Ursprünge der Kaffeepflanzen eher mit der Legende von dem äthiopischen Ziegenhirten gedeckt: Der evolutionäre Ursprung der Gewächse sollte in Ostafrika liegen; hier, so glaubte man, habe eine Urform der Pflanzen schon vor mehr als 100 Millionen Jahren existiert. Laut den Untersuchungen des französisch-brasilianischen Teams liegt die Wiege der Pflanzengattung *Coffea* jedoch in der dicht bewaldeten Region um den Golf von Guinea, also genau auf der anderen, westafrikanischen Seite des Kontinents. Von dort breiteten sich die Kaffeepflanzen erst nach Zentral- und dann bis nach Ostafrika aus. Voran kamen sie wohl vor allem in globalen Warmzeiten wie jetzt, wenn sich das Grün auf dem afrikanischen Kontinent dichter schloss. Je nachdem, wo sie Wurzeln schlugen, entwickelten sie sich dabei immer ein bisschen anders und besiedelten nach und nach jede afrikanische Waldform – von dampfenden Regenwäldern bis zu schmalen Uferwäldern inmitten der Savanne. Das Verblüffende: All das könnte erst in den letzten 400 000 Jahren passiert sein.*

»Im Verlauf ihrer jüngeren Geschichte erlebten die afrikanischen Wälder eine buchstäblich explodierende Radiation von Kaffeepflanzen«, erklärte der französische Pflanzenforscher François Anthony mit Blick auf die Studie, die von ihm geleitet wurde. Von Radiation oder, genauer, adaptiver Radiation sprechen Biologen, wenn sich Organismen an unterschiedliche Umweltbedingungen anpassen und dabei in verschiedene Arten auffächern. Und dass das bei den frühen Kaffeepflanzen so explosiv schnell passierte, könnte darauf hindeuten, dass ihre einzige Möglichkeit, sich zu verbreiten – nämlich ihre Früchte –, äußerst beliebt bei den tierischen Weiterträgern jener Zeit war.

Das Team um Anthony glaubt, dass es anders als in der Legende wohl hauptsächlich Affen waren, die die Samen der Kaffeepflanzen einst von einer Küste Afrikas bis zur anderen trugen. Doch wenn man sich Studien zu ihren Fressgewohnheiten anschaut, sind afrikanische Zibetkatzen kaum weniger vernarrt in Kaffeekirschen als indonesische Fleckenmusangs. Deshalb waren bestimmt auch etliche Portionen »cat poop« an dem großen Siegeszug über

---

* So zumindest die aus den genetischen Analysen gezogene Schlussfolgerung der hier dargestellten Studie. Andere Forscher sind sich nicht nur beim Ursprungsort weniger sicher; sie halten vor allem die gesamte Gattung für wesentlich älter. Mehr dazu steht in den Quellen am Ende des Buchs.

den afrikanischen Kontinent beteiligt. Ebenso dürften sich noch viele andere Tiere an den buschigen grünen Starbucks-Filialen angestellt haben, von denen mit der Zeit immer mehr in Urwald und Savanne auftauchten. Von Elefanten, die mit ihrem langen Rüssel gleich ganze Zweige voll praller roter Früchte abrissen, bis hin zu verschiedenen Vögeln und Fledermäusen. Tatsächlich wird inzwischen auch Kopi Luwak angeboten, der von all diesen Tieren stammt. Mit dem feinen Unterschied, dass die beteiligten Affen und Fledermäuse die Kaffeebohnen nicht ausscheiden, sondern ausspucken, sobald sie das saftige Fruchtfleisch abgekaut haben.

Was all diese Kunden einst an dem neuen Angebot so anzog, ist – ähnlich wie bei einem echten Starbucks – nicht ganz klar. Kaffeekirschen sind zwar nicht so süß wie echte Kirschen, haben aber wohl einen durchaus delikaten Geschmack, der Noten von Wassermelone, Hibiskusblüten und Rosenwasser enthält. Der Geschmack ist ganz anders als der von gerösteten Kaffeebohnen und unterscheidet sich zudem leicht je nach Kaffeepflanze, deren Früchte man probiert. Diese können nämlich nicht nur roten Kirschen, sondern auch schwarzen Oliven, gelben Pflaumen oder sogar lampionartigen Physalisbeeren ähneln. Musangs mögen offenbar den Geschmack roter Kaffeekirschen. Dass sie auch deren Wirkung spüren, sieht man laut Tierschützern daran, wie hektisch sie im Kreis laufen und an ihrem Käfig nagen, wenn man sie mit nichts anderem als ihrem Lieblingssnack füttert. Doch schätzen sie und andere Tiere unter normalen Umständen neben dem Geschmack und Nährwert von Kaffeefrüchten auch den Kick, den sie vermitteln? Das ist schwer zu sagen. Zumal nicht mal alle Kaffeefrüchte, und besonders nicht die jener frühen *Coffea*-Arten, mit denen der afrikanische Triumphzug einst begann, überhaupt Koffein enthalten.

Koffein scheint den Früchten und Kernen der Kaffeepflanzen erst hinzugefügt worden zu sein, während sie ihren allmählichen evolutionären Weg über das heiße, feuchte Herz des

Kontinents machten. Und hätte jemand bei Starbucks eine ähnliche Nummer abgezogen, es hätte mit Sicherheit in einer langen Haftstrafe geendet.

Sogar noch mehr als die Pflanzengattung *Coffea* stellt Koffein eine der großen Erfolgsgeschichten der Natur dar. Wie sicherlich viele wissen, wird das anregende Alkaloid nicht nur von Kaffeesträuchern, sondern auch von vielen anderen Pflanzen gebildet.

Dazu gehören mehrere Formen des asiatischen Teestrauchs, aus dessen Blättern sowohl der starke schwarze Tee als auch der weniger koffeinhaltige grüne Tee gemacht werden. Ebenso produzieren afrikanische Kolabäume Koffein: Extrakte aus ihren Nüssen steuerten einst den zweiten Namensteil des berühmten Muntermachers Coca-Cola bei, während der erste tatsächlich darauf zurückgeht, dass ursprünglich auch aus Kokablättern extrahiertes Kokain zu den Zutaten gehörte. Heutige Energydrinks greifen lieber auf Koffein aus südamerikanischen Mate- und Guaranapflanzen zurück. Obwohl nicht näher mit Kaffeepflanzen verwandt, versetzen auch Kakaobäume die Bohnen in ihren dicken, schotenartigen Früchten mit Koffein. Statt eines Espressos könnte ich daher ebenso jeden Morgen zwei Tafeln Bitterschokolade (oder zwei Dosen Cola) zu mir nehmen. Weniger bekannt dürfte sein, dass auch die Blätter und Blüten von Orangen-, Zitronen- und Grapefruitbäumen Koffein enthalten.

Tatsächlich hat sich Koffein nicht nur in vielen verschiedenen Pflanzen entwickelt, die zum Teil auf völlig verschiedenen Ästen des großen Baums der Evolution sitzen. Studien zufolge haben sich diese Pflanzen auch unterschiedliche biochemische Kochrezepte einfallen lassen, um Koffein in ihren Zellen zu bilden. Wenn Lebewesen unabhängig voneinander und über verschiedene Entwicklungswege zum gleichen Ergebnis kommen, nennt man das in der Biologie konvergente, also zusammenlaufende Evolution. Das bekannteste Beispiel sind Flügel, die im Laufe der Naturgeschichte so unterschiedliche Tiergruppen wie Insekten, Vögel und Fledermäuse gebildet haben. Solche Konvergenzen sind meist ein Zeichen dafür, dass das Ergebnis ziemlich nützlich ist – wie etwa zu fliegen und so besser vor anderen Tieren fliehen (oder sie besser jagen) zu können. Dass dieses nützliche Ergebnis im Fall von Koffein seit jeher darin bestand, uns und anderen Mitgliedern des Tierreichs ein angenehmes nervliches High zu verschaffen, darf jedoch bezweifelt werden. Denn laut gängiger Meinung von Botanikern und Biologen war die ursprüngliche Rolle des Stoffes eine ganz andere.

Wie viele andere pflanzliche Alkaloide – etwa das Nikotin in Tabakblättern, das Kokain in Kokablättern oder das Morphium im Schlafmohn – hatte das Koffein in Kaffeepflanzen anfangs nicht den Zweck, Tiere anzulocken, sondern sie abzuschrecken. Bei all diesen bitter schmeckenden Chemikalien handelt es sich um natürliche Insektizide: In höheren Mengen sind sie für Käfer, Raupen und andere kleine Plagegeister giftig und halten sie so davon ab, sich über die Blätter, Früchte und Samen der Pflanzen herzumachen. Wie diejenigen unter Ihnen wissen, die einen Garten haben, gilt Kaffeesatz auch als altes Hausmittel gegen Schnecken, und selbst eine gewisse Wirkung als Herbizid, also Unkrautvernichter, scheint Koffein zu besitzen. Der Nutzen für die Pflanzen könnte in dem Fall sein, dass konkurrierende Pflanzen schlechter wachsen, wenn der Stoff über verrottendes Laub und abgefallene Früchte in die Erde gelangt. Auf Kaffeeplantagen nimmt der Boden mit der Zeit so viel Koffein auf, dass er wohl selbst für die Kaffeesträucher zu giftig wird.

Forscher glauben, dass dieses natürliche Universalpestizid in Kaffeepflanzen zusammengemixt wurde, als sie sich einst immer mehr in den heißen, feuchten Waldgebieten West- und Zentralafrikas ausbreiteten. Der Grund dafür könnten die vielen verschiedenen hungrigen Insekten und anderen Pflanzenfresser gewesen sein, die dort an ihren dicken grünen Blättern knabberten. Um ihre Früchte und Samen ebenfalls zu schützen, versetzten die Kaffeesträucher auch diese mit dem giftigen Zeug. Wäre so etwas bei Starbucks geschehen, es hätte die Kette zweifellos mehr Kunden gekostet als alle Steuertricks und schlecht gefüllten Latte zusammen.

Wie es bei der Evolution so ist: Rüsten die einen auf, rüsten die anderen nach. Die winzigen afrikanischen Kaffeekirschenkäfer zum Beispiel können noch mehr von dem natürlichen Pestizid vertragen als selbst die Kaffee saufenden Riesen Skandinaviens. Sie fressen munter Gänge in die vor Koffein strotzenden Bohnen der Früchte und nutzen sie sogar als Babynahrung für ihre Larven. Auch gegen Kaffee-Miniermotten, Schmierläuse und verschiedene Arten von wurmartigen Nematoden versagt das schützende Alkaloid. Gewisse Bakterien, die im Erdreich unter Kaffeepflanzen von deren Wurzelsäften leben, tun es sogar von Abgabeterminen geplagten Studenten, Künstlern und Autoren gleich: Sie ernähren sich von praktisch nichts anderem als Koffein.

Doch das sind nur einzelne Breschen, die die Evolution in die biochemische Abwehr von Kaffeepflanzen geschlagen hat. Und was ihre anderen, vermutlich noch weniger »geplanten« Folgen angeht, war die Entscheidung der Gewächse, auch ihre Früchte und Samen mit Koffein zu versetzen, ein uneingeschränkter Erfolg. Erst holten sich Affen, Zibetkatzen und andere afrikanische Tiere regelmäßig ihren Kick ab und verhalfen durch die überall verteilten Kopi-Luwak-Bohnen den Pflanzen zu phänomenal schneller Ausbreitung und Auffächerung. Dann stießen wir Menschen auf die koffeinhaltigen Samen und machen seither damit genau das, wovor ihre pflanzlichen Eltern sie eigentlich schützen wollten: Wir zerstören sie, indem wir sie rösten und mahlen, sodass daraus nie und nimmer neue Kaffeepflanzen werden können. Doch seltsamerweise geht die Rechnung trotzdem auf. Denn weil wir den aus den Samen aufgebrühten Kaffee so mögen, pflanzen wir sie überall auf der Welt in die Erde, damit dort neue Kaffeepflanzen wachsen. So verbreiten sich diese noch effektiver als durch sämtliche Kaffeekirschen fressenden Schleichkatzen, Affen und Fledermäuse zusammen.

Hätte die Evolution mit so einem Ergebnis jemals rechnen können? Nein, natürlich nicht, weil sie ja überhaupt nicht rechnet oder plant und Kaffeepflanzen natürlich auch keine Entscheidungen treffen. Wie immer bei diesen Dingen war die Sache mit dem Koffein eine genetische Zufallsentwicklung, die sich als nützlich erwies, also zu größerem Fortpflanzungserfolg führte und sich so vervielfachte. Zwar können Pflanzen bei solchen Neuerungen wohl auf eine Vielzahl von bereits vorhandenen biochemischen Kochrezepten zurückgreifen, mit denen zweckentfremdete Enzyme bei genügend Leidensdruck passende Abwehrstoffe zusammenbrauen. Doch am grundsätzlichen, ohne göttlichen, individuellen oder wie auch immer gearteten Plan auskommenden Funktionsprinzip der Evolution ändert das nichts.

Trotzdem gibt es besonders gewitzte Geister, die behaupten, nicht wir würden die Kaffeepflanzen für unsere Zwecke nutzen, sondern sie uns. Der Trick wäre zugegeben genial: »Kommt, wir machen diese seltsamen nackten Affen, die noch fleißiger Landwirtschaft betreiben als Termiten, zu Koffeinjunkies, dann pflanzen sie uns überall auf der Welt an!« Und auch wenn das natürlich genau die Art von pseudowissenschaftlichem Quatsch ist, von dem das Internet überquillt, gibt es doch einen weiteren tierischen Abnehmer für das Koffein von Kaffeepflanzen, bei dessen näherer Betrachtung uns ein wenig unheimlich werden kann.

Erinnern Sie sich noch an den Anfang dieses Kapitels und den Vergleich unserer von Koffein aufgeputschten Gesellschaft mit einem betriebsam summenden Bienenstock? Der Stoff wird nicht nur wehrlosen Schleichkatzen in zu hohen Mengen verabreicht. Die Wirkung von Koffein und weiteren psychoaktiven Substanzen wurde auch schon an anderen Tieren getestet. Eins der berühmtesten dieser Experimente wurde zum ersten Mal von dem deutschen Pharmakologen Peter Witt Ende der 1940er durchgeführt und später von der NASA wiederholt. Dabei flößte man Spinnen mithilfe von Zuckerlösung oder gedopten Fliegen verschiedene Substanzen ein, um zu sehen, wie es sich auf ihren Netzbau auswirkt. Hatten die Spinnen den Wirkstoff von Cannabis intus, wurden sie so relaxed, dass sie ihre Netze nicht zu Ende bauten. Nach einer Dosis LSD hingegen schufen sie Konstruktionen von verblüffender Präzision. Die deutlichste Wirkung hatte jedoch Koffein auf die kleinen Baumeister: Mit ein paar Tassen »Kaffee« im Blut wurden sie so ungeduldig, dass sie nie mehr als ein chaotisches Fadengewirr mit riesigen Löchern zustande brachten. Spinnen auf Koffein pfuschen hastig irgendwas zusammen, was halbwegs nach einem Netz aussieht. Fliegen fangen sie damit aber eher nicht.

Auf Bienen hingegen, die fleißigen, Honig produzierenden Insekten, deren Staaten seit jeher gerne mit denen von Menschen verglichen werden, hat Koffein einen ganz anderen Effekt.

Wie wir alle noch aus der Schule wissen, wachsen Früchte nicht einfach so an Kaffeesträuchern und anderen Pflanzen, sondern gehen aus den Blüten hervor, die vorher an den Zweigen blühen. Damit Früchte entstehen, müssen die Blüten bestäubt werden, das heißt, ihr meist auf kleinen Fädchen sitzender männlicher Blütenstaub muss auf einen weiblichen Stempel gelangen, wie er aus der Mitte von Blüten ragt; von dort wächst dann ein befruchtender Pollenschlauch zum Fruchtknoten des Stempels hinab. Pflanzen, die sich schnell eigenständig in neuen Lebensräumen ausbreiten müssen, wie etwa auf Inseln, bestäuben sich oft selbst, verteilen also den eigenen Blütenstaub auf den eigenen Stempeln. In anderen Situationen versuchen Pflanzen aber oft, diese Form der Inzucht zu vermeiden, und lassen ihren Blütenstaub lieber zu den Blüten von anderen Pflanzen aus der derselben Art tragen. Dazu benutzen sie den Wind oder – wie später auch bei den Samen der Früchte – tierische Transporteure, die in diesem Fall Bestäuber heißen. Und die bekanntesten dieser Bestäuber sind natürlich Bienen.

Um Bienen ihre Aufgabe zu versüßen, sondern Pflanzen aus Drüsen in ihren Blüten eine zuckrige Flüssigkeit namens Nektar ab, aus denen die Bienen dann Honig machen (siehe Kapitel 10).

Auch diese Masche kennen wir natürlich schon von süßen Früchten – wie gesagt, wenn die Evolution erst mal auf eine funktionierende Strategie stößt, dann taucht sie immer wieder auf. Auch Kaffeepflanzen »bezahlen« die summenden kleinen Amorengel, die zwischen ihren und den Blüten anderer Kaffeepflanzen hin- und herfliegen, mit zuckerhaltigem Nektar. Das Komische ist nur, dass die Pflanzen diesen süßen Saft, der anders als Früchte und Samen ja ausdrücklich dafür da ist, von Insekten verzehrt zu werden, ebenfalls mit dem ursprünglich gegen Insekten gerichteten Koffein versetzen. Das könnte nun als reines Versehen innerhalb der komplizierten täglichen Abläufe der Pflanzenchemie abgetan werden. Nur scheinen auch die oben erwähnten Teesträucher und Zitrusbäume Wert darauf zu legen, dass der von ihnen angebotene Nektar neben jeder Menge Zucker ebenso einen Schuss Koffein enthält.

Welche Wirkung hat Koffein auf die tagein, tagaus unermüdlich Nektar sammelnden Arbeitsbienen? Nun, eine, die verdächtig genau jener Wirkung entspricht, die ich jeden Morgen spüre, wenn ich meinen ersten Espresso trinke. Und die meine Kollegen und Milliarden andere Kaffeetrinker dazu bringt, praktisch ihr ganzes Leben lang mehrmals am Tag immer wieder auf dieses faszinierende Ergebnis pflanzlicher Evolution zurückzugreifen.

Wie Studien gezeigt haben, erinnern sich Bienen sehr viel besser an den Duft von Blüten, wenn deren Nektar Koffein enthält. Das Koffein macht Bienen auch geschäftiger, was heißt, dass sie nicht nur mehr Rundflüge zu seiner Quelle unternehmen, sondern öfter ihre lustigen Tänze aufführen, um andere Bienen auf diese Quelle hinzuweisen. Regelmäßig einen Schluck »Kaffee« zu sich zu nehmen, verwandelt die kleinen Insekten in wachere, härter arbeitende und teamorientiertere Versionen ihrer selbst. Also in genau das, was alle Bienenköniginnen und Bürochefs dieser Welt sich wünschen.

Daher ist es vielleicht kein Wunder, was manche schlauen Leute denken. Sie sagen, dass die Wirkung von Kaffee weit darüber hinausgeht, nur der Amerikanischen und der Französischen Revolution einen wichtigen biochemischen Schub gegeben zu haben. Ein Schlafforscher der renommierten amerikanischen Universität Harvard glaubt zum Beispiel, dass zusammen mit der Erfindung des elektrischen Lichts Kaffee die entscheidende Zutat war, um auch die Industrielle Revolution zu ermöglichen. Nur mithilfe von Koffein konnten wir unseren natürlichen Schlafrhythmus hinter uns lassen und den rund um die Uhr vor sich hin summenden globalen Bienenstaat gründen, in dem wir heute leben.

Einen Haken hat die Sache allerdings: Die Bienen werden durch das Koffein nämlich zwar *aktiver*, aber wohl nicht wirklich *produktiver*. Vielmehr bringt der psychoaktive Stoff sie dazu, den Nektargehalt der immer wieder angeflogenen Blüten zu überschätzen. Oder anders ausgedrückt: mit Unmengen Kaffee im System am Wert einer Tätigkeit festzuhalten, die sie in Wirklichkeit gar nicht groß weiterbringt.

Die Forscher sagen sogar ausdrücklich, dass Kaffeesträucher und andere Pflanzen die emsigen Tierchen auf diese Weise »hereinlegen« und zu ihren angeschmierten Bütteln machen. Womit wir wieder bei den koffeinierten Spinnen und ihren löchrigen Netzen sowie den Verschwörungstheorien im Internet wären.

Oder wie der Wissenschaftsautor Ed Yong es formuliert hat, der offenbar ein ähnliches Verhältnis zu dem pflanzenbasierten Suchtmittel pflegt wie ich: »Wie ironisch es ist, dass ich über all das schreibe, während ich um zehn Uhr morgens an einem unvernünftig starken Espresso nippe, ist mir durchaus bewusst.«

AM ANFANG WAR KÄSE

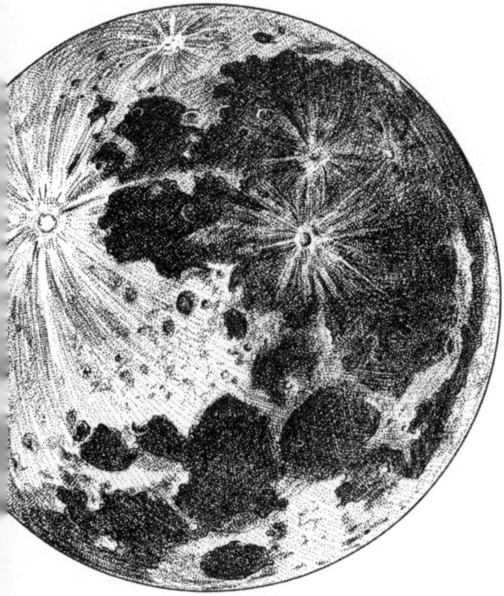

2

Wenn Sie mich nach meinem Lieblingskäse fragen, dann sage ich Manchego. Besonders gern esse ich ihn zusammen mit etwas Serranoschinken und Trauben. Schon die reifenartige Rinde gefällt mir, und ich mag Schafskäse, vermutlich spielen auch irgendwelche schönen Ausflüge nach Spanien eine Rolle. Fast ebenso gerne esse ich aber einen einfachen jungen Gouda oder einen Brie, die müssen nicht mal teuer sein, und als gebürtiger Hesse natürlich Handkäs, ob mit Musik oder ohne. Letzteren esse ich allerdings eigentlich nur auswärts, weil er bei meinem persönlichen Einkaufsverhalten schon das überschreitet, was ich die »Kühlschrankgrenze« nenne: das Gefühl, bei Freunden mit Vorliebe für aromatischen Käse an den Kühlschrank zu gehen und einer Ohnmacht nahe zu kommen.

Das mag jetzt wenig genussfreudig für jemanden klingen, der ein ganzes Buch über Nahrung schreibt. Und ja, wenn es irgendwo nach einem guten Abendessen eine liebevoll kuratierte Käseplatte gibt, dann habe ich auch nichts gegen ausgemachte Stinker. Jedes Mal, wenn ich mir nur ein Glas Orangensaft einschenken will, brauche ich das aber nicht. Und wie ich bei den Recherchen zu diesem Kapitel erfahren habe, gibt es für meine Empfindlichkeit auch triftige wissenschaftliche Gründe.

Wie beim Kaffee sind zur Entdeckung des Käses verschiedene Geschichten und Theorien im Umlauf. Zum ersten Mal könnten ihn schon die Jäger der Steinzeit gegessen haben. Nicht wie bei uns auf einer Platte serviert, sondern sozusagen als Nebenprodukt der Jagd, wenn sie zum Beispiel ein Antilopenkitz oder Hirschkalb erlegten. Wurden die jungen Wiederkäuer erst kurz zuvor gesäugt, hätten die Jäger in einem ihrer mehrfachen Mägen auf seltsame weiße Klumpen stoßen können. Vermutlich hätte es nicht lange gedauert, bis sich irgendjemand bereit erklärte, das bröckelige Zeug zu probieren. Vielleicht kam auch bald jemand auf die Idee, es an der Luft zum Trocknen auszulegen.*

Die Klumpen entstehen durch ein Gemisch aus Enzymen, das von der Magenschleimhaut junger Wiederkäuer gebildet wird und sich Lab nennt. Es sorgt dafür, dass die aufgenommene Muttermilch gerinnt und sich in eine molkeartige Flüssigkeit sowie käseartige Klumpen trennt. Die Klumpen haben den Vorteil, dass die darin enthaltenen Eiweiße und Fette in dieser eingedickten Form länger im Magen der Jungtiere bleiben und so besser aufgespalten werden können. Genau zu diesem Zweck, nämlich dem Eindicken von Milch zu einer ersten Stufe von Käse, wird Lab auch in der modernen Käseherstellung verwendet. Die meisten dafür genutzten Enzyme werden inzwischen gentechnisch hergestellt. Doch gerade im traditionellen Käseland Europa ist bei vielen Käsesorten noch die Verwendung von tierischem Lab üblich – oder sogar Pflicht. Die Enzyme stammen dann aus den zerkleinerten Mägen von Kälbern, Zicklein oder Lämmern, also den gezähmten Nachfolgern wilder Wiederkäuer.** So hätten also die ersten Käse-

---

* Oder einfach den ganzen Magen zum Trocknen aufzuhängen. Genauso wird heute nämlich noch Callu de Cabrettu von Hirten auf Sardinien gemacht. Sie hängen den noch mit Muttermilch gefüllten Magen frisch geschlachteter Zicklein an einem luftigen, schattigen Ort auf. Je nach Reifezeit entsteht dabei cremiger Frischkäse mit strengem Aroma, der aufs Brot geschmiert wird, oder ein bröckeliger Hartkäse.

** Das ist natürlich problematisch für Vegetarier. Bei ihnen ist ja Käse genau wie Milch, Eis und Sahne meist »erlaubt«. Zwar werden für das Lab in der Regel Mägen verwendet, die ohnehin bei der Schlachtung anfallen. Doch das Töten von Tieren ist trotzdem am Produkt beteiligt, und ein winziger Teil des Labs bleibt wohl auch im Käse. Laut der Tierschutzorganisation PETA kommt tierisches Lab bei vielen Sorten von Gouda bis Tilsiter zum Einsatz. Bei manchen Sorten mit geschützter Herkunftsbezeichnung, wie Parmesan oder Pecorino Romano, ist die Verwendung sogar vorgeschrieben. In den USA und England hingegen stammt das Lab meist von gentechnisch veränderten Mikroben. Auch in der EU ist dieser Ersatz erlaubt und auf dem Vormarsch, weil er billiger ist. Selbst die EU-Vorschriften zu meinem geliebten Manchego scheinen dieses Türchen offen zu lassen: Er darf mit »natürlichem Labferment oder anderen zugelassenen Gerinnungsenzymen« hergestellt werden.

esser der Welt im Grunde schon einen ganz ähnlichen Käse verzehrt wie wir heute.

Auch bei der am häufigsten erzählten Geschichte zur Entdeckung des Käses entsteht dieser durch Lab. Sie spielt allerdings wesentlich später, als die Zähmung Fleisch und Milch spendender Wiederkäuer bereits stattgefunden hatte. Im vorigen Kapitel wurde ja schon die Domestizierung der Ziegen erwähnt, zu der es vor etwa 10 000 Jahren kam. Sie war Teil der sogenannten neolithischen Revolution, also dem Übergang der steinzeitlichen Jäger und Sammler zu einer anderen, neusteinzeitlichen Lebensweise. Damals begannen die Menschen, als Bauern Getreide anzubauen, als Hirten Tiere zu halten und in festen Siedlungen zu leben. Diese Geburt der Landwirtschaft fand im Fruchtbaren Halbmond statt, einer vom Regen begünstigten und von großen Flüssen durchzogenen Region nördlich der Arabischen Halbinsel. Heute liegen in dem Gebiet Teile der Türkei sowie nahöstlicher Länder wie Irak, Syrien und Israel, und es wird oft als »Wiege der Zivilisation« bezeichnet.

Hier wurden zunächst Ziegen und Schafe an ein Leben als Nutztiere gewöhnt, später auch die vermutlich schwerer zu zähmenden Rinder. In der Käsegeschichte füllt ein Reisender eine Portion Milch in einen praktischen Ziegen- oder Schafsmagen ab, um sie auf dem Weg als Proviant zu verzehren. Wieder tun die Labenzyme ihr Werk, und als der durstige Wanderer aus seinem Schlauch trinken will, merkt er, dass sich die Milch in eine brockige, aber durchaus schmackhafte Masse verwandelt hat.

Die Geschichte klingt fast genauso gut wie die mit den Ziegen und den Kaffeekirschen. Doch auch hier gibt es Zweifel, ob sie sich wirklich so zugetragen hat. Ein Gegenargument kennt jeder, der keine Milch verträgt. Das ist heute noch bei rund zwei Dritteln der Menschheit der Fall und war auch bei den ersten Viehhaltern so. Das Problem sind dabei nicht die in der Milch enthaltenen Proteine und Fette. Es ist der Zucker, also der dritte große Hauptnährstoff, den unser Körper zum Leben verwendet und den Säugetiere mit der Milch an ihre Jungen abgeben. Die darin enthaltene Spielart des Zuckers heißt Milchzucker, auch als Laktose bekannt.

Wie bei jungen Wiederkäuern gerinnt die Milch im menschlichen Magen zu Klumpen, was in diesem Fall wohl vor allem an der Magensäure liegt. Die so zusammengeklumpten Eiweiße und Fette werden bereits jetzt von den zuständigen Verdauungsenzymen bearbeitet, sogenannten Proteasen und Lipasen, und noch stärker im auf den Magen folgenden Dünndarm. Hier landen die »Käseklumpen« bereits stark zerkleinert und werden dann in so winzige Moleküle zerlegt, dass sie über die Darmwand ins Blut aufgenommen werden können. Ähnlich geht es bei Milch trinkenden Menschenbabys und Tierjungen dem Milchzucker, sprich der Laktose. Sie ist ein Zweifachzucker, besteht also aus zwei miteinander verbundenen Zuckermolekülen und sammelt sich im Magen vor allem in der vom Rest getrennten »Molke«. Mit der gelangt sie schnell in den Dünndarm, wo das für sie zuständige Enzym, die Laktase, sie in gut absorbierbare Einfachzucker spaltet.

Diese Laktase wird aber bei Säugetieren und ursprünglich auch beim Menschen nur am Anfang des Lebens produziert. Nach dem Absetzen, beim Menschen Abstillen genannt, stoppt die Produktion oder sinkt im Laufe weniger Jahre auf null. Das bedeutet, die Laktose landet dann unzerlegt im Dickdarm, der auf den Dünndarm folgt. Hier wird sie zwar auch verarbeitet, aber auf andere Weise, was zu Bauchschmerzen, Blähungen und Durchfall führt. Menschen, die unter Laktoseintoleranz leiden, können ein Lied davon singen.

In das hätten auch die ersten Viehhalter eingestimmt. Der amerikanische Ernährungswissenschaftler Paul Kindstedt hält deshalb die Story mit dem Milch trinkenden Reisenden für unwahrscheinlich. Der Professor im käsebegeisterten US-Bundesstaat Vermont wollte eigentlich nur ein leicht lesbares Handbuch dazu schreiben, wie man Käse selbst herstellt. Am Ende wurde daraus die gesamte

Geschichte des Käses in der westlichen Kultur, von ihren Anfängen bis heute. Kindstedt glaubt nicht, dass der Mensch zuerst die Milch für sich entdeckte und später lernte, daraus Käse zu machen, wie man intuitiv annehmen würde. Er hält es für wahrscheinlicher, dass wir bereits lange Käse herstellten und aßen, bevor wir zu regelmäßigen Milchtrinkern wurden, zumindest im Erwachsenenalter.

Archäologische Knochenfunde weisen darauf hin, dass die ersten Bauern Tiere zunächst wegen ihres Fleischs hielten. Angefangen, ihr Vieh zu melken, haben sie dann wahrscheinlich, um die Milch ihren Kindern zu geben. Laut genetischen Untersuchungen setzte sich die Fähigkeit, auch im Erwachsenenalter weiter Laktase zu produzieren, erst wesentlich später nachhaltig durch. In Notzeiten haben Erwachsene vielleicht schon vorher Milch getrunken. Doch als üblicher Reiseproviant hätte sie wohl kaum gegolten und wäre daher auch nicht in einem als Milchschlauch genutzten Tiermagen überraschend zu Käse geronnen. Kindstedt ist der Meinung, dass das Käsemachen schon über tausend Jahre vor dem Milchtrinken entdeckt wurde, und zwar auf andere Weise. Kultiviert wurde die neue Technik dann, gerade weil damals noch kaum ein Erwachsener frische Milch vertrug.

Vor etwa 9000 Jahren begann sich die Töpferei unter den ersten Viehhaltern auszubreiten. Für Kinder in einem Gefäß gesammelte Milch konnte also leicht sauer werden. Das wird sie ja selbst bei uns im Kühlschrank oder wenn wir sie aus Versehen draußen stehen lassen. Handelt es sich um Rohmilch vom Biohof oder eine nicht zu stark pasteurisierte Frischmilch, können wir dann ganz leicht Käse daraus machen. Wir müssen nur die saure, eingedickte Milch sanft erhitzen, sodass sich Molke und Käseklumpen weiter trennen. Im Klima des Nahen Ostens hätten Hitze und Sonne nachgeholfen. Siebt und presst man anschließend noch mehr Molke aus den Klumpen, hat man ruckzuck einen einfachen Frischkäse. Auch ganz ohne Tiermagen und die gerinnende Wirkung der darin enthaltenen Labenzyme.

Paul Kindstedt glaubt, dass auf diese simple Weise die Kunst des Käsemachens entdeckt wurde. Und die frühen Viehhalter hätten auch einen sehr guten Grund gehabt, diese Kunst weiter zu pflegen. Wird Milch sauer, sinkt ihr Gehalt an Milchzucker; zusätzliche Laktose wird bei der natürlichen Gerinnung mit der Molke abgetrennt. Das heißt, selbst laktoseintolerante Erwachsene konnten das neue Lebensmittel besser vertragen und so die in der Milch enthaltenen Nährstoffe nutzen. Fettreste an Scherben aus der Frühzeit der Landwirtschaft deuten darauf hin, dass sie das auch taten. Vielleicht wurde dicke Milch sogar schon mit Feuer in Krügen erhitzt. Lagerte man den resultierenden Frischkäse luftdicht unter der Erde, hielt er länger und reifte langsam nach. Trocknete man ihn in der Sonne, wie im Nahen Osten zum Teil bis heute üblich, erhielt man einen noch besser haltbaren Hartkäse. Mit Salz aus dem Toten Meer hätte sogar schon eine Art Handkäs hergestellt werden können!

Auch mit Lab wurde Milch dann sicher bald eingedickt, und Käse stieg zu einem der beliebtesten und vielfältigsten Lebensmittel der Welt auf. In den ersten Hochkulturen des Fruchtbaren Halbmonds wurden Käse und Butter bereits in rauen Mengen hergestellt und als köstliches Geschenk den Göttern dargebracht. Wie uralter Käse in Grabkammern beweist, wussten ihn auch die alten Ägypter zu schätzen. Als David es in der Bibel mit Goliath aufnimmt, ist er eigentlich nur gerade dabei, dem Hauptmann seiner Brüder zehn Stück Käse vorbeizubringen.* In Homers *Odyssee*, dem ersten Abenteuerroman der Menschheit, frisst ein einäugiger

---

* Eine noch spannendere, feministische »Käsegeschichte« mit gleichem Ausgang findet sich in alten syrischen und hebräischen Versionen des Buchs Judit, die in keiner offiziellen Bibel gelandet sind. Darin betört die junge Witwe den feindlichen General Holofernes nicht nur mit ihrer Schönheit und trinkt ihn unter den Tisch. Um ihn noch durstiger zu machen, lässt sie ihre Magd auch salzige Käsepfannkuchen für ihn zubereiten. Als Holofernes so benommen auf dem Bett liegt wie Goliath nach Davids Treffer mit der Schleuder, schlägt auch Judit ihm mit seinem eigenen Schwert den Kopf ab.

Zyklop die halbe Schiffscrew der griechischen Helden auf. Dazwischen melkt er jedoch ganz friedlich seine kleine Schafherde und stellt aus der Milch Käse her.

Als die Römer halb Europa und große Teile des Mittelmeerraums eroberten, hatten sie Käse als Marschration und Kulturtechnik im Gepäck. Allerdings weist verräterisches Milchfett an uralten Scherben darauf hin, dass Käse schon lange vorher im heutigen Polen, auf den Britischen Inseln und, natürlich, in der jetzigen Schweiz gemacht wurde. Auch die nomadischen Hirten Afrikas stellen diese verträglichere und besser haltbare Version der Milch wohl schon seit Urzeiten her. Asien wurde nie wie Europa zu einem wahren Käsekontinent. Doch Käse machen auch hier Mongolen und Tibeter aus der Milch ihrer Yaks. In den Veden, den heiligen Schriften der Inder, ist möglicherweise bereits von Käse und pflanzlichen Gerinnungsenzymen die Rede. Der heute als Zutat in Currys beliebte Panir wird jedoch schlicht mit Zitronensaft oder saurem Essig eingedickt.

»Wie soll man ein Land regieren, in dem es 246 verschiedene Käsesorten gibt?«, hat sich angeblich schon der französische Staatsmann Charles de Gaulle gefragt. Ein großer Teil der europäischen Käsevielfalt entstand in mittelalterlichen Klöstern und auf adligen Landgütern. Hier konzentrierte man sich vor allem auf die Reifung von Käse, die nur ein paar Tage, aber auch durchaus mehrere Jahre dauern kann, und erschuf so einige der köstlichsten Stinker, die die Welt kennt. Heute spricht die große Käseenzyklopädie der englischen Universität Oxford, der *Oxford Companion to Cheese*, von etwa 1400 weltweit bekannten Käsesorten. Obwohl dick und schwer wie ein Käselaib, kann selbst das Standardwerk nur einen Bruchteil beschreiben. Den meisten Käse produzieren heute die USA, Land des Pizza-, Hamburger- und Sprühkäses, aber wie beim Bier inzwischen auch vieler »handgemachter« Sorten. Auf dem zweiten Platz folgt schon Deutschland, dann erst kommen Frankreich, Italien und noch hinter Russland die Niederlande.* Insgesamt werden weltweit jedes Jahr mehr als 20 Millionen Tonnen des Lebensmittels produziert. Das ist eine Menge Käse.

Wir scheinen den Ursprung dieser beliebten Köstlichkeit ja auch geklärt zu haben. Doch wie Leser, die sich mit dem Thema auskennen, sicher gemerkt haben, fehlt noch etwas. Wenn stehende Milch sauer und dick wird, so wie es vermutlich bei der Entdeckung des Käses war, dann sind dafür winzige Lebewesen verantwortlich, die wir eigentlich eher aus anderen Zusammenhängen kennen. Sie spielen nicht nur in dieser Phase eine wesentliche Rolle, sondern auch bei der Reifung von Käse und sogar bei seiner Verdauung. Sie sind es, die Milch in Käseform für laktoseinterolante Menschen verträglicher machen – und zugleich Ursache ihrer Beschwerden.

Um diesem Anfang aller Köstlichkeit auf den Grund zu gehen, genügt es jedoch nicht, wenn wir nur 400 000 Jahre in der Naturgeschichte zurückreisen wie beim Kaffee. Die betreffenden Lebewesen sind schon wesentlich älter als Pflanzen – und nicht nur diese, sondern auch wir haben ihnen außer Käse noch vieles andere zu verdanken. Die winzigen Organismen erscheinen bald nach dem Anfang allen irdischen Lebens, und um ihre Geschichte zu erzählen, müssen wir genau dorthin zurück: zu einer Zeit vor rund vier Milliarden Jahren.

Nachdem wir uns im ersten Kapitel wie beim Frühstück erst mal mit einem Kaffee gestärkt haben, geht es ab jetzt wie in einem wohlgeordneten Tagesablauf schön chronologisch weiter: von der Frühzeit der Natur- und Nahrungsgeschichte über das Erdmittelalter bis zur heutigen Zeit – bei der manche ja Angst haben, sie könnte schon den Abend einläuten.

Wir schwitzen im heißen Küchendampf der jungen Erde, jagen nach Krebsen und Fischen in den Urmeeren, kriechen mit hungri-

* Das kleine Käseland Schweiz schafft es zumindest in der Rangliste eines internationalen Essensmagazins nur auf Platz 23.

gen Lurchen an Land, kauen lustlos auf den ersten Farnen herum und stibitzen die Eier der Dinosaurier. Wir sammeln so große Pilze, dass sie in keine Pfanne passen, brechen uraltes Brot, streuen noch älteres Salz, pflücken die ersten Früchte und naschen vom ersten Honig. Noch lange vor der Entdeckung des Käses trinken wir den ersten Schluck Milch, nehmen den ersten Drink und noch heftigere Sachen. Schließlich steigen wir zu dem ungewöhnlichen Wesen auf, das wir sind: ein sich an allen halbwegs essbaren Erzeugnissen der Evolution gütlich tuender Allesfresser.

Schnallen Sie sich an. Nein, besser: Legen Sie sich eine Serviette auf den Schoß und nehmen Sie Messer und Gabel zur Hand. Oder binden Sie sich auch gerne eine Schürze um und machen den Herd an. Wir begeben uns auf eine kulinarische Zeitreise durch die Geschichte des Lebens.

Als die Erde und das Leben auf ihr entstehen, ist das Universum schon fast zehn Milliarden Jahre alt. Unzählige Sterne haben sich in dieser Zeit gebildet und sind wieder vergangen. In ihrem Innern haben sie die Elemente ausgebrütet, aus denen alles im Universum besteht, und in gewaltigen Explosionen übers All verteilt. Aus diesem Sternenstaub formiert sich unser Sonnensystem und unser Planet, auf dem es anfangs jedoch noch alles andere als lebensfreundlich zugeht. An der Oberfläche brodelt heißes Magma, in der Atmosphäre wabern stickige Gase, und ständig schlägt irgendwo ein Asteroid ein. Einer ist so groß, dass er vermutlich den Mond aus der Erde sprengt. Doch auch der besteht noch lange nicht, wie immer wieder gerne behauptet wird, aus Käse.

Die ungemütliche Frühphase der Erde wird Hadaikum genannt, nach dem griechischen Reich der Toten. Ob es in ihr wirklich die ganze Zeit so lebensfeindlich zuging, ist umstritten. Doch allgemein wird ihre Dauer auf gut eine halbe Milliarde Jahre angesetzt und ihr Ende auf rund vier Milliarden Jahre vor unserer Zeit. Bis dahin kühlt die Oberfläche der Erde ab, und auf ihrer dicken Hülle aus flüssigem Gestein formt sich eine feste Kruste. Der in der Atmosphäre gesammelte Wasserdampf kondensiert und wird zu Regen, sodass sich die ersten Meere bilden.

Einer beliebten Theorie zufolge ist hier das Leben entstanden. Früher stellte man sich dabei eine Ursuppe vor, in der einfache Bausteine des Lebens herumschwammen wie Buchstabennudeln. Die starke UV-Strahlung auf der frühen Erde oder ein Blitz wie bei Frankenstein hätten dann für den entscheidenden Funken gesorgt. Inzwischen glaubt man eher, dass das Leben auf dem Grund der Tiefsee seinen Anfang nahm, wo heute noch heiße Schlote ganze Ökosysteme mit chemischer Energie versorgen. Sie könnte auch die Reaktionen der ersten Lebensbausteine angeheizt haben, aus denen sich dann in den winzigen Gesteinsporen der Schlote die ersten Urzellen formten. Wie sämtliche heutigen Zellen bestanden sie schon aus den vier Grundstoffen allen Lebens und aller Nahrung, nämlich Eiweißen, Fettstoffen, Zuckern sowie Nukleinsäuren zum Speichern der Erbinformationen. Irgendwann verließen die Urzellen die unterseeische Molekularküche, wo ihre Nachkommen heute noch von giftigen Mineralausdünstungen leben, und eroberten als vermehrungsfreudige Mikroben die Meere.

Aus diesen Mikroben (sollten sie wirklich so entstanden sein) wurden irgendwann Bakterien sowie zumindest äußerlich sehr ähnliche Winzlinge, die früher Urbakterien hießen. Für ziemlich lange Zeit, nämlich etwa zwei Milliarden Jahre, bekamen sie wohl nichts viel Aufregenderes hin, als mattenartige Kolonien zu bilden, wie man sie heute noch an Tiefseeschloten und in seichten Buchten findet. Versteinerungen solcher Matten, in denen kokken- und fädchenförmige Bakterien eingeschlossen sein könnten, werden jedenfalls oft als die ersten Fossilien des frühen Lebens gehandelt. So richtig aufblühen sollten diese ältesten und kleinsten Organismen der Welt erst, als auch der Rest des Lebens entstand. Und genau dazu haben sie wohl auf ganz entscheidende Weise beigetragen.

Zum einen verursachten sie vor etwas mehr als zwei Milliarden Jahren die sogenannte Große Sauerstoffkatastrophe – die sich für uns und alle unsere Speisen als genau das Gegenteil herausstellte. Damals hatten im Meer lebende Bakterien, die bläuliche oder grüne Teppiche auf dem Wasser bilden und deshalb Blaualgen genannt werden, die Fotosynthese für sich entdeckt. Statt aus Tiefseeschloten oder in Meer und Buchten gefundenen Stoffen zogen sie ihre Betriebsenergie aus dem Licht der Sonne; so konnten sie Wasser und CO_2 zu Zucker und Sauerstoff umbilden. Dieser Sauerstoff durchdrang nun immer mehr Atmosphäre und Ozeane, was für viele bisherige Mikroben Gift war, anderen aber einen Energieschub gab. Manche Forscher glauben sogar, dass erst so mehrzellige Lebewesen und die spätere Explosion des Lebens möglich wurden. Auch ein vor übermäßiger UV-Strahlung schützender Schirm aus Ozon wurde durch die Reaktionen des Sauerstoffs in der Atmosphäre aufgespannt.

Noch konkreter zur Entstehung von uns und allem, was heute auf unserem Teller landet, haben die frühen Bakterien wahrscheinlich auf andere Weise beigetragen. Irgendwann zu einer ähnlichen Zeit wie der wunderbaren Sauerstoffvermehrung nahm wohl eine »Urbakterie« eine Bakterie in sich auf. So bildeten sich die komplexer gebauten Zellen der sogenannten Eukaryoten, also sämtlicher heutiger Pflanzen, Pilze und Tiere (was uns mit einschließt). Tatsächlich scheint es sogar zweimal zu dieser folgenreichen Verbindung gekommen zu sein. Beim ersten Mal nahm eine bereits mit Zellkern ausgestattete Urbakterie eine Bakterie auf, die Nahrung mithilfe von Sauerstoff in Energie umwandelte und zum Vorfahren sämtlicher Mitochondrien wurde, also der winzigen Kraftwerke in den Zellen von Eukaryoten. Später verleibte sich ein so entstandener eukaryotischer Einzeller eine Blaualge ein, sprich eine der Fotosynthese betreibenden Bakterien, die den ganzen Sauerstoff überhaupt erst in die Luft bliesen. Aus diesem Bakterium wurden dann die kleinen grünen Chloroplasten in Pflanzenzellen und aus dem damit ausgestatteten Zweig der Eukaryoten alle heutigen Algen und Pflanzen. Indem sie Sonnenlicht in Energie umwandeln, bilden sie inzwischen auf ähnliche Weise die Grundlage der meisten Ökosysteme, wie es die Nachfahren der ersten Urzellen immer noch an den lichtlosen Schloten der Tiefsee tun.

Wie freundlich es bei der Entstehung der neuen, für uns so wichtigen Zelltypen zuging, ist eine schwierige Frage. Weder Bakterien noch Urbakterien waren wohl je fähig, sich wie Amöben über andere Einzeller zu stülpen, um sie zu verschlingen. Unter den Bakterien gibt es aber durchaus welche, die ihresgleichen aussaugen wie Vampire oder sich in fremden Zellen einnisten und sie von innen auffressen. Ob solche Absichten auch bei der Verschmelzung zur ersten Eukaryotenzelle eine Rolle spielten, ist jedoch schwer zu sagen. Leichter hätte wohl die spätere Aufnahme des fotosynthetischen Bakteriums böse ausgehen können. Denn mit den komplexeren und größeren Zellen der Eukaryoten, unseren Vorfahren, schlug auch die dunkle Seite der Nahrungsaufnahme immer stärker durch. Sie umgingen wohl schon früh mühsamere Arten des Broterwerbs, indem sie einfach die größenmäßig unterlegenen Bakterien und auch einander fraßen. Wie brutal das ablief, zeigen vielleicht die modernen Einzeller, die vor etwa einer Milliarde Jahren begannen, ihre eukaryotischen Ahnen abzulösen. Als Wimpern-, Geißel- und andere Tierchen wimmeln sie heute in unvorstellbarer Zahl durch Meere, Tümpel und Böden. Dort futtern sie nicht nur jede Menge Bakterien, sondern verschlingen selbst gut gepanzerte Artverwandte im Ganzen oder erlegen sie wie winzige Walfänger mit vergifteten Harpunen. Dass das Thema »Essen« kein vollkommen unschuldiges ist, zeigt sich schon sehr früh und bis heute jeden Tag billionenfach im ganz Kleinen.

Bakterien, die älteren »Esser«, bevölkern heute in noch weit größerer Zahl als eukaryotische Wimmeltierchen jeden Winkel der Welt. Sie leben nicht nur in Wasser, Erde und Luft, sondern auch so gut wie auf jeder Oberfläche und in jeder Achselhöhle. Von einzelnen räuberischen Arten abgesehen, ist dabei »essen« für sie ein denkbar harmloser Prozess. Handliche Stoffe wie Stickstoff, Phosphor und kleine Zucker nehmen sie direkt aus der Umgebung auf. Größere Happen wie Fette, Eiweiße und Stärke zerkleinern sie erst, indem sie die gleichen Helfer absondern wie unsere Mägen, nämlich Enzyme. Als natürliche Bestandteile der Hautflora oder fleißige Zersetzer von toten Pflanzen und Tieren erfüllen sie so wichtige Aufgaben. Unangenehm wird es erst, wenn sie sich auf noch lebendem Gewebe zu sehr vermehren, zum Beispiel in Rachen oder Lunge. Denn dann können sie durch ihre munteren Essaktivitäten sowie giftige Stoffe, die sie dabei produzieren, gefährliche Infektionen verursachen.

Auf ähnliche Weise können sie auch über frische Lebensmittel herfallen und sie so weit »vorverdauen«, dass wir sie nicht mehr essen möchten. Außer natürlich es handelt sich um frische Milch – beziehungsweise Käse.

Irgendein schlauer Mensch hat ausgerechnet, dass jeder Bissen Käse, den wir essen, etwa zehn Milliarden Mikroben enthält. In traditionell hergestellten Käsesorten können sie sich aus etwa 200 verschiedenen Bakterienarten sowie gut 100 Arten von Hefen und Schimmelpilzen zusammensetzen (zu denen wir noch kommen). »Der Käse lebt!«, ist ein Spruch, den man in diesem Zusammenhang gerne hört. Tatsächlich wird jedem Laib Käse inzwischen ein genauso individuelles »Mikrobiom« zugesprochen, wie wir Menschen es als Gemeinschaft aus winzigen Mitessern in unserem Darm tragen. Zu den wichtigsten Mitgliedern dieser Gemeinschaft gehören beim Käse zweifellos die Milchsäurebakterien.

Milchsäurebakterien, die auch als Laktobakterien bezeichnet werden, lebten wohl ursprünglich nur auf Pflanzen. Von dort aus besiedelten sie irgendwann die Zitzen Milch gebender Säugetiere und spezialisierten sich darauf, den daran klebenden Milchzucker, also die Laktose, zu verwerten. Von den Eutern der ersten Nutztiere gelangten sie so in den ersten Krug Milch, der zu Käse wurde, zumindest wenn die anfangs geschilderte Theorie des amerikanischen Käsegurus Paul Kindstedt stimmt. Sie sind die kleinen Lebewesen, die auch ganz ohne Zugabe von Labenzymen dafür sorgen, dass stehende Milch sauer und dick wird – und so möglicherweise im Fruchtbaren Halbmond zur Entdeckung des Käses führten.

Labenzyme bringen Milch zum Gerinnen, indem sie gewisse Teile der darin enthaltenen Eiweiße abschnipseln und so ihre Anziehungskräfte verändern. Laktobakterien verursachen den gleichen Effekt, jedoch auf vollkommen andere Weise. Sie verleiben sich die Laktose, also den in der Milch enthaltenen Zweifachzucker, ein und verdauen ihn innerlich mit Enzymen. Dabei produzieren sie als Abbau- und Ausscheidungsprodukt Milchsäure, die ihnen nicht nur ihren Namen gibt, sondern auch den pH-Wert der Milch stark senkt. Das sorgt wie beim Lab dafür, dass die Milcheiweiße sich nicht mehr abstoßen, sondern zu Klumpen gerinnen (und die Fettbestandteile dabei einschließen). Die Milch wird sauer und dick – und so zu einer Vorstufe beziehungsweise einfachen Form von Käse.*

Dass Laktobakterien beim Verdauen von Milchzucker Säure und dadurch Käse produzieren, könnte man nun für einen glücklichen Zufall halten. Das ist es aber – zumindest aus Sicht der Bakterien – nicht ganz. Sie sind vielleicht nicht so brutale Esser wie die größeren eukaryotischen Einzeller, von denen vorhin die Rede war. Doch ein paar fiese Tricks haben auch sie auf Lager. Während Milchsäurebakterien selbst nämlich einen niedrigen pH-Wert in ihrer Umgebung vertragen, können das viele andere Bakterien und Mikroben nicht. Sie werden durch die ausgeschiedene Säure abgetötet

---

* Je nach Art der beteiligten Milchsäurebakterien kann auch Joghurt oder eine Vorstufe von Quark entstehen (der eigentlich ein Frischkäse ist).

und ferngehalten – sodass die Laktobakterien ihre zuckrige Milchmahlzeit in Ruhe allein genießen können. Für uns Menschen hat die Säuerung so neben ihrer Gerinnungswirkung noch einen zweiten Vorteil: Milch beziehungsweise Käse wird vor anderen Mikroben geschützt und verdirbt nicht so schnell.

Auch heute noch gelangen Milchsäurebakterien über Zitzen oder besiedelte Melkmaschinen in rohe Milch, ebenso wie viele andere Bakterien und Mikroben. Außer bei Rohmilchkäse wird die Milch vor der Verarbeitung zu Käse daher pasteurisiert, sprich wie Trinkmilch zum Abtöten von Keimen kurz erhitzt. Erst danach werden wieder gezielt sogenannte Starterkulturen aus Laktobakterien beigegeben, meist auch Labenzyme, um den Käse noch stärker einzudicken.

Zu den in Starterkulturen enthaltenen Laktobakterien gehören stäbchenförmige Laktobazillen und kugelige Laktokokken. Oft auch andere rundliche Gesellen wie Streptokokken, die man auf Anhieb eher mit Hals- und Lungenentzündungen in Verbindung bringt. Es handelt sich um nützliche Versionen, die bei Gerinnung und Säuerung bereits frische und buttrige Noten in den Käse einbringen. Soll es nicht bei einem simplen Frischkäse oder säuerlichen Gouda bleiben, sind jedoch noch andere der hungrigen Stäbchen und Kokken nötig, mit denen vor etwa vier Milliarden Jahren das Leben begann. Ebenso eine ganze Riege ihrer eukaryotischen Nachfahren, die heute als Hefen oder Schimmelpilze bei der Reifung von Käse eine Rolle spielen. Früher gelangten all diese Mikroben durch die Umgebung, gewisse Praktiken bei der Herstellung oder schlicht die Hände eines Mönchs in und auf den Käse. Heute werden sie oft mit hochwissenschaftlichen Methoden selektiert und bewusst zugefügt.

Lässt man Milchsäurebakterien beim Eindicken viel Milchzucker mampfen, wird der spätere Käse sauer und spröde. Entsteht anfangs weniger Säure, bekommt man einen milderen, weicheren Käse. Irgendwann wird den Laktobakterien das von ihnen geschaffene Milieu selbst zu sauer, sodass sie sich weniger stark vermehren. Gleichzeitig treten andere Bakterien auf den Plan, die sich von Milchsäure ernähren, statt daran zu sterben – und dabei für nussige Aromen sorgen. Bald kommt es zu einem großen Gerangel im Mikrobiom des Käses, bei dem alle möglichen Mikroben um die Vorherrschaft kämpfen.

Jetzt werden nicht nur Zucker und Säure verstoffwechselt, sondern auch Eiweiße und Fette. Scharfe Harnnoten entstehen, ebenso Kräuter-, Karamell- und Kokosaromen. Im Schweizer Käse pupsen Milchsäure saufende Bakterien CO_2 aus und sorgen so für die typischen Löcher. Bei anderen Sorten sprießen Schimmelpilze auf der Rinde und strecken Fäden ins Innere, an denen sich weitere Mikroben ins Herz der käsigen Finsternis hangeln. Je mehr Eiweiße während der Reifung aufgebrochen werden, umso cremiger wird das Ergebnis, wie bei Camembert oder Brie. Beim Zersetzen der Milchfette entstehen Buttersäure und andere streng riechende Fettsäuren, die vor allem in Ziegen- und Schafskäse dominieren. Phenole, Ketone, Lactone und Hunderte andere aromatische Stoffe bilden sich, die alle zum Gesamtaroma beitragen. Manchmal genügt schon ein einziges markantes Molekül unter einer Billion, damit wir es bemerken.

Der britische Feinschmecker und Autor Edward Bunyan (1872–1939) hat Käse als Milch bezeichnet, »die erwachsen geworden ist«. Er meinte, je älter Käse wird, umso menschlicher (oder männlicher) werde er. Wenn man sich einige für die Reifung verantwortliche Bakterien ansieht, dann wusste er wohl nicht, wie recht er hatte. Milchsäurebakterien zum Beispiel lassen nicht nur Milch sauer werden, sondern sorgen auch in der menschlichen Scheidenflora für ein gesundes Milieu. Ebenso tummeln sie sich – dazu kommen wir noch gleich – im menschlichen Darm. Andere Käsebakterien haben nahe Verwandte in so reizvollen Umgebungen wie Viehdung, Hühnerstreu oder den Backentaschen von Nagetieren. Da bestimmte Käse während der

Reifung mit Salzlake gewaschen werden, haben manche Bakterien sogar den direkten Sprung aus ihrer ursprünglichen Heimat, dem Meer, auf unser beliebtes Lebensmittel geschafft. Mit ähnlichen Waschungen werden auch gerne sogenannte Rotschmierbakterien auf die Rinde aufgebracht, die zugleich Edward Bunyan recht geben und mir die wissenschaftliche Begründung für meine anfangs erwähnte »Kühlschrankgrenze« liefern. Sie sind für das penetrante Aroma von Stinkern wie Limburger, Chaumes oder Handkäs verantwortlich. Und offenbar identisch oder zumindest eng verwandt mit jenen Bakterien, die Käsfüßen ihren markanten Geruch verleihen.

Je mehr Laktose Milchsäurebakterien beim Eindicken in Säure verwandeln, umso verträglicher wird der Käse für laktoseintolerante Menschen. Ebenso hilft das zusätzliche Eindicken mit Labenzymen, da so den Käseklumpen noch mehr laktosehaltige Molke entzogen wird. Auch während der Reifung bauen Laktobakterien und andere Mikroben weiteren Milchzucker ab. Laut Ernährungsexperten sind daher säuerliche feste Käse wie Gouda oder Edamer, trockene Hartkäse wie Parmesan oder Cheddar, aber auch weiche Käse mit längerer Reifezeit wie Brie oder Camembert am besten verträglich. Besonders wenig Laktose enthält wohl ausgerechnet Munster, einer der fiesen Fußkäsestinker. Von Frischkäsen wie Ricotta oder Hüttenkäse wird hingegen eher abgeraten. Hier gelangt bei Menschen mit wenigen Laktaseenzymen zwar nicht so viel Milchzucker unverdaut in den Dickdarm wie bei frischer Milch. Aber doch oft genug, um Probleme zu bereiten.

Diejenigen, die diese Probleme bereiten, sind ironischerweise auch wieder Bakterien. Bauen sie die Laktose nicht vor dem Essen im Käse ab, tun sie's im Dickdarm bei der Verdauung. Dieser beherbergt bei uns Menschen ein so großes und vielfältiges Mikrobiom, dass selbst ein in den tiefsten Kellern Nordfrankreichs gereifter Klosterkäse nicht mithalten kann. Statt nur 200 verschiedener Bakterienarten leben hier mindestens 1000, die zusammen mit anderen Mikroben die Darmwände bevölkern. Auch Laktobakterien sind dabei, in noch größerer Zahl aber Gesellen wie *E. coli* und andere typische Darmbewohner. Machen sie sich über die Laktose her, entstehen jene Gase, Bauchschmerzen und Blähungen, die jeder heutige »Lakto« nur zu gut kennt. Für den Durchfall sorgen noch nicht verdaute Zuckermoleküle sowie davon abgebaute Fettsäuren, die der Darm mit Wasser verdünnen will. Die zusätzliche Einnahme probiotischer Laktobazillen konnte in Versuchen die Symptome zeitweise lindern. Auf Dauer gewinnt aber offenbar die übliche bakterielle Belegschaft wieder die Oberhand.

Haut, Rachen, Lunge, Achselhöhlen, Hände, Füße, Intimbereich und Darm: Wer ein bisschen aufgepasst hat, kann den Eindruck bekommen, Bakterien würden überall auf und in uns wohnen. Das ist auch mehr oder weniger so, wie bei allen Lebewesen. Die Partnerschaft der Eukaryoten mit diesen uralten Winzlingen geht inzwischen weit über die Verschmelzung zu neuen Zelltypen hinaus, zu der es vor rund zwei Milliarden Jahren kam. Sie leben nicht nur in Form kleiner Kraftwerke und Solaranlagen in den Zellen von Tieren, Pflanzen und Pilzen weiter. Nach Tiefseeschloten und Meeren haben sie auch all diese Organismen als neue Habitate erschlossen. Die mit Abstand meiste Biomasse stellen heute die Pflanzen. Doch danach kommen Schätzungen zufolge die Bakterien und danach erst mal lange nichts. Allein jeder von uns trägt über ein Kilo der unsichtbaren Mitbewohner mit sich herum. Zwar ist die oft wiederholte Aussage, der menschliche Körper werde von zehnmal mehr Bakterien bewohnt, als er Zellen hat, wohl übertrieben. Aber deutlich mehr als die rund 30 Billionen Zellen in unserem Körper scheinen es schon zu sein, die noch weit größere Zahl der Mitochondrien nicht mitgezählt.

Wie beim Kaffee aus Kapitel 1 ist auch in diesem Zusammenhang schon die Frage aufgekommen, wer hier Ross und Reiter ist. Dass, wer wie was im Darm verdaut, großen Einfluss auf unser tägliches Wohlbefinden hat, dürfte zum Beispiel Menschen mit Laktoseintoleranz kaum wundern. Neuere Forschungen weisen allerdings darauf hin, dass die Macht der uralten Einzeller in unseren Eingeweiden weit darüber hinausgeht. Der Darm hat ein eigenes Nervensystem und steht über einen großen Nervenhighway sowie andere Kanäle mit dem Gehirn in ständigem Austausch. Forscher nennen das die Darm-Hirn-Achse. Die Bakterien in unserem Darm scheinen über verschiedene Stoffe in diese Kommunikation einzugreifen und so unser Essverhalten zu beeinflussen. Das Arsenal reicht dabei von Glückshormonen, die uns satt und zufrieden machen, über Botenstoffe, die unseren Appetit anregen, bis hin zu Giften, die bei mangelnder Nahrungszufuhr ausgeschüttet werden. Forscher glauben, dass die winzigen Mitesser so regelrecht Bestellungen aufgeben, ob wir zum Beispiel mehr Fette oder Kohlenhydrate zu uns nehmen sollen, oder konkurrierenden Bakterien die Mahlzeit vereiteln. Selbst für Veränderungen an unseren Geschmacksknospen, von Essattacken begleitete Depressionen und auf Fütterung zielende Darmkoliken bei »Schreikindern« könnten sie verantwortlich sein.

Milchsäurebakterien gehören mit zu den möglichen Manipulatoren. Gleichzeitig fördern sie eine Darmflora mit hoher Diversität, wie sie laut einer Untersuchung für gesunde, offene Menschen mit vielen sozialen Kontakten typisch ist. Solche Menschen essen auch öfter probiotische, also in der Regel mithilfe von Laktobakterien hergestellte Lebensmittel, wie Käse, Joghurt, Sauerkraut oder koreanischen Kimchi-Salat. Käse ist nämlich bei Weitem nicht das einzige Lebensmittel, dessen Herstellung weit in die Geschichte der Natur und der Nahrung zurückweist. Die für diese Geschichte grundlegende Fähigkeit, vorgefundene Stoffe in andere zu verwandeln, findet sich selbst bei Salami und Schokolade. Bei der Salami macht die Säure der Bakterien das Fleisch rot und fest und wie immer besser haltbar. Bei Kakaobohnen verbessern Laktobakterien unter einer Decke von Bananenblättern durch denselben uralten Prozess den Geschmack, der hier bei Käse beschrieben wurde und heute nicht nur in Bezug auf Bier und Wein wieder in aller Munde ist: die Fermentation oder Vergärung.*

Jene Menschen, die dann von der fertigen Schokolade nicht lassen können, sind offenbar allein schon an der Zusammensetzung der Bakterien in ihrem Mikrobiom erkennbar. Selbst diese Vorliebe, so legt es zumindest eine Studie nahe, steuern sie im Menschen.

Bakterien führen wohl wie keine anderen Lebewesen vor Augen, wie sehr alles in der Geschichte der Natur und der Nahrung miteinander verbunden ist. Deshalb habe ich diesen unscheinbaren und oft ungeliebten Geschöpfen dieses ausführliche zweite Kapitel gewidmet.

In den nächsten zwei Kapiteln werden die Helden der Nahrungsgeschichte bald größer. Doch auch in ihnen verweilen wir noch in jener nassen Welt, in der das Leben und so gut wie alle unsere Lebensmittel ihren Anfang genommen haben: der wundervollen Welt der Ozeane.

* Vergärung ist ein vielseitiger Prozess und an der Entstehung sehr vieler Lebensmittel beteiligt. Er findet in der Regel ohne Sauerstoff statt, wie im Einmachglas, und nutzt entweder natürlich vorhandene oder künstlich hinzugefügte Mikroben, unter denen die Milchsäurebakterien und Hefen die größten Stars sind. Laktobakterien können neben Laktose auch andere Zucker verdauen, wie sie etwa in Weißkohl (alias Sauerkraut) oder im Fruchtfleisch frischer Kakaobohnen enthalten sind. Es gibt aber auch noch viele andere Gärbakterien. Sie produzieren bei der Fermentation nicht nur Milchsäure, sondern auch andere Säuren sowie die verschiedensten Aromastoffe.

URMEERESFRÜCHTE

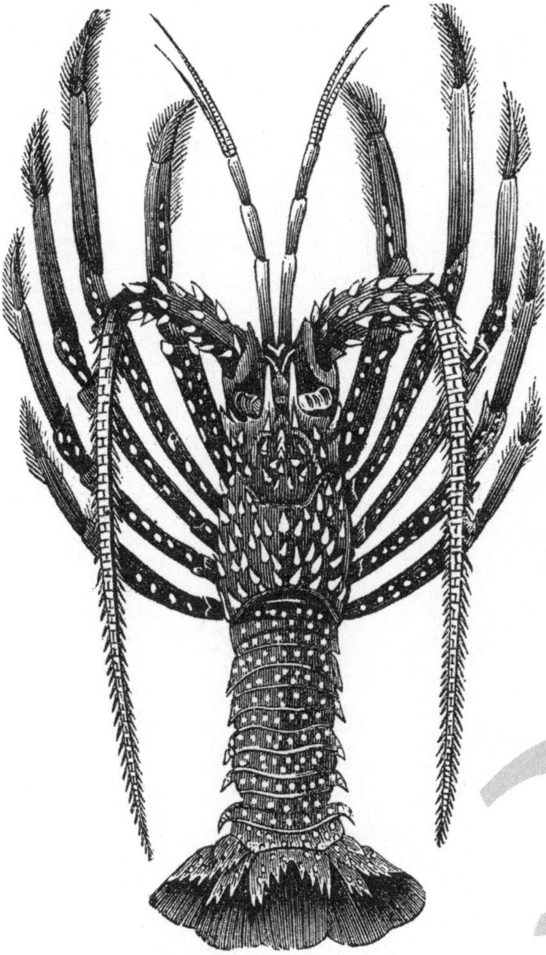

3

Mögen Sie Austern? Viele Leute ekeln sich vor dem seltsamen Schlabberzeug, aber ich liebe die Viecher. Ein französischer Dichter soll mal gesagt haben, eine Auster zu essen sei, wie »das Meer auf den Mund zu küssen«. Da kann ich nur zustimmen. Schon das zarte Muschelfleisch im Innern schmeckt mir. Aber dazu noch eine »eingeschweißte« Portion Salzwasser serviert zu bekommen, macht den Genuss für mich perfekt. Es erinnert mich an den wunderbaren Geruch und Geschmack der Ozeane, den ich als Bewohner Hessens sonst nur im Urlaub genießen darf.

Ich war in dieser Hinsicht allerdings immer schon komisch. Mit ungefähr sechs oder sieben bin ich mit meiner Familie öfter nach Sardinien gereist. Wenn mein Bruder und mein Cousin Pasta und andere »kindgerechte« Speisen bestellten, orderte ich eine Portion gebratener Mini-Tintenfische. Ich habe noch die empörten Gesichter der beiden vor Augen, als sie zuschauten, wie ich genussvoll die beutelförmigen »Köpfchen« und alienartigen Saugärmchen in mich hineinstopfte. Nicht viel später begann meine Tante, an Weihnachten leckeren Shrimpsalat zu servieren. Beim ersten Mal vergaß sie noch, die Schalen zu entfernen. Während den anderen an der großen Tafel schnell auffiel, dass irgendwas nicht stimmte, zerkaute ich krachend die kleinen Krustentiere und strahlte dabei wie ein glücklicher Seeotter.

Die Geschichte setzte sich fort. Als ich zehn war, zog ein Teil meiner Familie an die Ostküste Floridas. Für mich gab es bei Besuchen nichts Köstlicheres, als die auch dort beliebte New England Clam Chowder zu löffeln, eine sahnige Suppe mit Muschelfleisch, zu der briefmarkenförmige Salzcracker gereicht werden. Meine Lieblingsrestaurants waren jene der Kette Red Lobster. Hier gab es schon als Vorspeise frittierte Garnelen und Kammmuscheln. Dann bekam man ein Lätzchen mit einem prächtigen roten Hummer umgebunden und versuchte mit buttrigen Fingern und einer Art Nussknacker, dem leibhaftigen Exemplar auf dem Teller auch noch die letzte Faser delikaten weißen Fleisches zu entlocken. In einem anderen Restaurant konnte man sich sogar vor ein Aquarium stellen, in dem Hummer kreuz und quer übereinanderkrochen, und sich das gewünschte Tier selbst aussuchen. Doch ich muss zugeben, das war mir etwas zu persönlich. Zumal bei jedem dieser Essen zwangsläufig die Geschichte aufgewärmt wurde, dass die Hummer hohe Schreie von sich geben, wenn sie bei der Zubereitung lebend in kochendes Wasser geworfen werden.*

Als mein in Florida lebender Cousin und ich dann das Tauchen entdeckten, habe ich selbst einmal einen Hummer gefangen. Um genau zu sein eine Languste mit langen Fühlern statt Scheren, die dort aber als Stachelhummer bezeichnet wird. Wir machten bei einer Tauchtour vor der Küste mit und hatten unseren Freundinnen gesagt, sie sollten schon mal den Grill vorwärmen. In letzter Minute hatten wir uns auch die von Angelgeschäften ausgegebene Fanglizenz besorgt, nicht aber andere wichtige Dinge für die Hummerjagd. Sämtliche sehnigen Rentner an Bord waren nicht nur

* Das ist die traditionell übliche, auch in Deutschland erlaubte Zubereitungsart. Dass Hummer unmittelbar vor dem Kochen noch leben sollten, wird mit der Frische und gefährlichen Bakterien begründet, die sich sonst entwickeln. Tatsächlich schreien können Hummer nicht, da sie keinen Stimmapparat besitzen. Schon bei unseren Essen damals galt aus dem Panzer zischende Luft als Erklärung. Wer sich YouTube-Videos von der Zubereitung ansieht, wird allerdings feststellen, dass selbst dieses Zischen entweder sehr selten oder ebenfalls eine Legende ist (obwohl natürlich alle Filmchen »screaming lobsters« versprechen). Die Schweiz und ein paar andere Länder haben inzwischen die Pflicht eingeführt, die Tiere vor dem Kochen wenigstens zu betäuben. Kühlt man sie zu diesem Zweck eine Weile tief, scheinen sie jedoch trotzdem noch zu leiden. In manchen Restaurants werden bereits teure Geräte zur Verabreichung von Stromschlägen eingesetzt, die einen humanen Tod binnen Sekunden versprechen. Eine aktuelle Studie aus Neuseeland befindet diese Geräte für gut; eine ältere aus Deutschland sieht keinen eindeutigen Vorteil gegenüber der traditionellen Art der Zubereitung.

mit groben Handschuhen und Netzen, sondern auch mit »Kitzelstäben« ausgerüstet, mit denen man die scheuen Kreaturen aus ihren Löchern lockt. Mein Cousin und ich trieben lediglich in Surfshorts und mit einer Tauchflasche auf dem Rücken im warmen Wasser des Golfstroms übers Riff. Beherzt packte ich mit bloßen Händen eine der stachligen Langusten, die sich nicht schnell genug in ihre Höhle zurückzog. Der Tauchguide holte jedoch einen kleinen Zollstock hervor und ließ das geschützte Jungtier wieder frei. Den ganzen mit Pizza statt frischen Meeresfrüchten verbrachten Abend dachte ich an einen Spruch, den tauchbegeisterte Floridianer gerne augenzwinkernd auf ihre Stoßstange kleben: »Unter Wasser sieht alles größer aus.«

Als Meeresfrüchte gelten in der Regel alle essbaren Meerestiere, die keine Wirbelsäule haben. Das heißt, Fische, Wale, Robben oder Meeresschildkröten gehören nicht dazu; auch Algen sind als Pflanzen ausgenommen. Was dazu zählt, sind einerseits Krebstiere, also alles von Hummern, Langusten und großen Taschenkrebsen bis hin zu kleineren Krabben, Krebsen und Garnelen. In der Küchensprache hat sich für all diese Tiere der Name Krustentiere eingebürgert. Die andere große Gruppe der Meeresfrüchte gehört biologisch zu den Weichtieren, wird aber in der Küche oft unter dem Namen Schalentiere zusammengefasst. Typische Vertreter sind Muscheln, unter die biologisch gesehen auch die Austern fallen, ebenso wie Schalen tragende Meeresschnecken wie die Seeohren, die oft mit Muscheln verwechselt werden. Schalentiere, oder genauer: Schalenweichtiere, sind streng genommen auch die Tintenfische, werden aber aus offensichtlichen Gründen auf Speisekarten und in Kochbüchern selten so genannt. Auch die Grenze zwischen Krusten- und Schalentieren wird bei Meeresfrüchten nicht immer streng gezogen, und der Duden zum Beispiel behandelt beide Begriffe als mehr oder weniger austauschbar.

Einst wurden vor der kleinen deutschen Hochseeinsel Helgoland Hummer im großen Stil gefischt. Doch als die dortige Militärfestung nach dem Krieg gesprengt und zu Übungszwecken weiter bombardiert wurde, zerstörten ausgetretene Treibstoffe und Munitionsgifte wohl weitgehend die Bestände. Vergleichsweise blendend geht es den deutschen Nordseekrabben, die eigentlich Garnelen sind. Sie werden von den rund 200 Krabbenkuttern, die in unserem Teil des Wattenmeers kreuzen, immer noch in rauen Mengen aus Schlick und Sand geschöpft. Noch größer sind in guten Jahren die Erträge von Miesmuscheln an den Küsten von Nord- und Ostsee. Sie werden wild gefischt, aber auch wie Kartoffeln als junge »Saatmuscheln« zum Wachsen auf dem Meeresboden ausgesetzt. Schwierig wird die Ernte nur, wenn sich mal wieder die »Sylter Royal« dazwischendrängt: Unter diesem edlen Namen in den 1980ern vor Sylt angesiedelt, erweitert die invasive Pazifische Auster seither immer mehr ihr Königreich.

Mit all dem ist die deutsche Eigenproduktion gar nicht so klein, wie man vielleicht denken würde. Trotzdem ist es wie beim Fisch: Der weitaus größte Teil der in Deutschland konsumierten Meeresfrüchte wird aus dem Ausland importiert. Auch gehören von den rund 14 Kilo Fisch und Meeresfrüchten, die wir pro Kopf im Jahr verzehren, nur knapp zwei Kilo zur letzteren Kategorie. Das ist nicht mal die Hälfte des weltweiten Durchschnitts. Und nur ein Fünftel der rund zehn Kilo Austern, Muscheln & Co., die sich jeder Franzose pro Jahr schmecken lässt.

Auch was die Vielfalt der verzehrten Meeresfrüchte angeht, hinken wir anderen Essern hinterher. Die mit schillerndem Perlmutt ausgekleideten Hauben der bereits erwähnten Seeohren kennen wir meist nur als hübsche Schmuckschälchen. An der Küste Kaliforniens hingegen ist das milde Fleisch der großen Seeschnecken so beliebt, dass man sie inzwischen nicht mehr eigenhändig von den Felsen hebeln darf. Weiter die Küste hinauf, im Pazifischen Nordwesten und in Kanada, wird genauso streng die Ernte der bizarren Elefantenrüsselmuscheln überwacht. Verblüffend genau einem ein Meter tief im Schlick vergrabenen Penis gleichend, werden sie geschält, in dünne Scheiben geschnitten und roh mit einem Spritzer Zitrone verzehrt. Auf der anderen Seite des Pazifiks, an den vor Meeresfrüchten wimmelnden Marktständen Japans, Koreas und Chinas, können Bottiche mit sich windenden »Penisfischen« für ähnliche Irritationen sorgen. Eigentlich in schleimigen Schlickhöhlen lebende Meereswürmer, werden auch sie gerne so frisch wie möglich und bevorzugt roh verdrückt. Gleiches gilt für Seeigel, Seegurken und Seescheiden, während man Seesterne eher frittiert am Spieß bekommt. Gleich ganz lebendig kommen manchmal Shrimps und kleine Kraken auf den Tisch. Da besonders Letztere sich heftig gegen diese kulinarische Tradition wehren, kann das jedoch lebensgefährlich sein.*

Für die Geschichte der Menschheit haben Schalentiere eine besondere Bedeutung. Eine meist dem irischen Satiriker Jonathan Swift (1667–1745) zugeschriebene Witzelei lautet: »Mutig war der Mann, der als Erster eine Auster aß.« Den Mumm dazu brachten afrikanische Frühmenschen vermutlich schon vor über einer Million Jahre auf, und für unsere spätere Verbreitung über die Welt war das wohl äußerst wichtig. Diese startete einer beliebten Theorie zufolge vor etwa 70 000 Jahren im Osten Afrikas und endete nach einem sehr langen Strandspaziergang vor 10 000 Jahren in Feuerland. Dabei bewegten sich die Wanderer immer weiter die Küsten des asiatischen Kontinents hinauf, überquerten irgendwann die trockengefallene Beringstraße und zogen an den Westküsten Nord- und Südamerikas wieder hinab. Zwischendurch setzten sich Grüppchen nach Europa, Zentralasien, Australien und ins amerikanische Inland ab. An den Küsten hinterließen die Pioniere überall

* Bei der vor allem in Korea servierten Delikatesse werden entweder frisch abgehackte Arme oder ganze Tintenfische serviert. Da selbst nur die Arme sich noch mit ihren Saugnäpfen an Zunge und Rachen festhalten, besteht in beiden Fällen Erstickungsgefahr. Nachdem jüngst ein Gast so ein Mahl wieder nicht überlebte, wurde von sechs ähnlichen Todesfällen seit 2007 berichtet. Bei einem besonders skurrilen Fall wurde ein Mann beschuldigt, mit dem gefährlichen Gericht den Mord an seiner Freundin vertuscht zu haben, um eine hohe Lebensversicherung zu kassieren.

etwas typisch Menschliches, nämlich riesige Abfallberge, und zwar aus den leeren Schalen von Muscheln, Austern, Meeresschnecken und ähnlichem Getier. Die Meeresfrüchte wurden bei Ebbe gesammelt und mit Steinwerkzeugen geöffnet, vielleicht auch schon geröstet und gekocht. Sie scheinen den Stück für Stück weiterziehenden Gruppen immer wieder als wichtige Nahrungsquelle gedient zu haben – und sind für heutige Archäologen ein kostbarer Schatz.*

Um Weihnachten des Jahres 1832 machte auch Charles Darwin, der Vater der Evolutionstheorie, auf seiner berühmten Reise mit der *Beagle* in Feuerland Halt. Er konnte sich nicht vorstellen, was Menschen je dazu gebracht hatte, sich an dem unwirtlichen Zipfel Südamerikas niederzulassen. Doch auch ihm fielen die mit Pflanzen überwucherten Schalenberge auf, die die Menschheit hier, am Ziel ihrer langen Reise, wie auf dem ganzen Weg seit vielen Tausend Jahren anhäufte.

Darwin bemitleidete die Feuerländer noch dafür, bei jeder Ebbe Schalentiere von den Felsen picken zu müssen. Hummer galten zu jener Zeit in seiner englischen Heimat schon als Essen für feine Leute. Doch bis auch Muscheln und Austern zu etwas Besonderem wurden, was (wie damals bei uns die Shrimps) zu festlichen Anlässen wie Weihnachten serviert wird, sollte es noch dauern. Ein Grund für den allmählichen Prestigegewinn der Austern war wohl die Verknappung durch die Industrielle Revolution. Deren giftige Ausflüsse sollen auf die europäischen Bestände ähnlich Auswirkungen gehabt haben wie die Folgen des Krieges auf die Helgoländer Hummer.

Zu Darwins Zeiten gab es an der Mündung der Themse und Englands Küsten aber noch so viele Austern, dass sich in manchen Straßen Londons ein Verkaufsstand an den anderen reihte. Im ersten Roman von Charles Dickens, Darwins fast ebenso berühm-

---

* Es gab schon lange vorher kleinere Wanderungen. Doch erst die hier beschriebene »Hauptwanderung« war wohl für die Ausbreitung der heutigen Menschen entscheidend.

tem Landsmann und Zeitgenossen, veranlasst das den Diener der Hauptfigur zu einer Bemerkung, die man heute auf Sylt bestimmt nicht gerne hören würde. Es sei doch erstaunlich, meint er, dass »Armut und Austern« stets Hand in Hand gingen: »Je ärmer die Menschen irgendwo sind, umso größer scheint die Nachfrage nach Austern zu sein.«

Der älteste bekannte Abfallhaufen aus Schalentieren, den *Homo sapiens* hinterlassen hat, liegt an der Küste Südafrikas und ist ungefähr 160 000 Jahre alt.* Noch viel älter, nämlich mehr als 200 Millionen Jahre alt, sind die versteinerten Muschelschalen, Schneckenhäuser und spiralförmigen Ammonitengehäuse, die man bei Wanderungen in den Alpen finden kann. Tatsächlich sind große Teile dieses mächtigen Gebirges nichts anderes als die zu Stein gepressten Reste uralter Korallen und Schalentiere. Einst bildeten sie in einer Art tropischer XXL-Version des Mittelmeers gewaltige Riffe. Dann warfen tektonische Kräfte sie zu den luftigen Gipfeln der Kalkalpen auf.

Kalk ist der Grund, warum von den unzähligen Schalentieren der Urzeit heute noch so viel übrig ist – ob in Form von Schalenhaufen, alpinen Fundstücken oder Bergmassiven. Muscheln, Austern und Meeresschnecken lagern das aus dem Wasser aufgenommene Mineral in ein Gerüst aus Eiweißen ein, das ihr Körper absondert. So bauen sie sich ein festes Haus, das wir dann mithilfe eines Austernmessers oder der tödlichen Hitze eines Kochtopfs öffnen müssen. Wie Haifischzähne oder Dinoknochen macht sie das zu ausgezeichneten Fossilien, die uns viel über die Geschichte der Natur und der Nahrung erzählen können. Tatsächlich werden

* Laut gängiger Meinung sind die modernen Menschen, also unser aller Vorfahren, nicht allzu lange davor, nämlich vor etwa 200 000 Jahren, im Osten Afrikas entstanden. Sollte die Bewertung von neueren Schädelfunden in Marokko zutreffen, könnte *Homo sapiens* aber schon ganze 100 000 Jahre früher über den gesamten Kontinent verbreitet gewesen sein.

sie öfter gefunden als jedes andere Fossil. Einfach gesagt kommen meistens nur die Harten in den paläontologischen Garten. Denn die Weichteile des Lebens werden schnell von anderen Tieren gefressen und von Winzlingen wie den Bakterien aus dem vorigen Kapitel zersetzt.

Krustentiere wie Hummer, Krabben und Garnelen verhärten ihre »Kruste« ebenfalls mit Kalkkristallen und anderen Mineralien. Doch hinzu kommt ein viel höherer Anteil von leichter abbaubaren Stoffen wie Eiweißen und Chitin, das auch Insekten für ihre Körperhülle nutzen. Zusätzlich haben Krustentiere weiche, ebenfalls schnell zerfallende Gelenke, sodass gut erhaltene, komplette Versteinerungen oder Abdrücke seltener sind als bei Schalentieren. Zu Lebzeiten haben aber auch Krustentiere eine ziemlich harte Schale, besonders an dicken, mit extra viel Kalk versetzten Stellen wie den Scheren – die wir deshalb mit einem Hummerknacker bearbeiten müssen. Nicht umsonst werden die Gehäuse der Krebstiere auch Panzer genannt und einige Gruppen wie Hummer und Langusten manchmal Panzer- oder Ritterkrebse.

Die Schalen und Panzer dieser Meeresfrüchte sind ein äußeres Skelett, das ihnen Form und Halt gibt. Auch setzen wie an unserem inneren Skelett die Muskeln dort an (also das köstliche Fleisch). Und wenn eine Krabbe an Land geht oder eine Muschel von der Ebbe freigelegt wird, dann hält sich im Innern die Feuchtigkeit.

Eine weitere ganz wesentliche Funktion all dieser mit Kalk und Chitin gehärteten Schalen und Krusten ist aber natürlich der Schutz. Denn nicht nur wir Menschen mögen Meeresfrüchte, sondern auch viele andere Esser, und das war schon ganz von Anfang an so.

Wäre das Leben im Urmeer so geblieben, wie wir es im letzten Kapitel kennengelernt haben, hätten wir uns höchstens ein karges Ursüppchen daraus zubereiten können. Nach seiner Entstehung vor vier Milliarden Jahren brachte es in den nächsten dreieinhalb nicht mehr zustande als Bakterienmatten, wimmelnde Einzeller sowie ein paar zaghafte Versuche auf dem Gebiet der Mehrzelligkeit.

Selbst dabei sprang aber in kulinarischer Hinsicht nichts Spannenderes heraus als ein bisschen Algensalat sowie ein kleines Allerlei aus Schwämmen (die selbst in Korea niemand isst).

Dann, etwa 540 Millionen Jahre vor unserer Zeit, kam es plötzlich zu einem der bedeutendsten Ereignisse der Erdgeschichte: der kambrischen Explosion. Wie aus dem Nichts, so legen es zumindest die gefundenen Fossilien nahe, tummelten sich in den Meeren der Urzeit alle möglichen Tiere: Urmeeresfrüchte, wohin das erste halbwegs klar sehende Auge auch blickte, darunter die Vorfahren unserer heutigen Schalen- und Krustentiere.

Das Leben wurde mit einem Mal vielgestaltig, üppig und köstlich. Und legte genau aus diesem Grund eine Rüstung an.

Erinnern Sie sich an meine missglückte Hummerjagd in Florida? Ich möchte mich jetzt mit Ihnen ebenfalls auf eine Tauchexpedition begeben, an manchen Stellen genügt vermutlich auch eine Schnorcheltour. Vertraute Inselgruppen und Buchten werden Sie bei der Anreise nicht erkennen, denn die Kontinente sehen ganz anders aus. Zwischen ihnen erstreckt sich viel mehr Wasser als heute, weil die Welt eine wärmere ist. Das Meer ist klar, höchstens hier und da getrübt von ein paar Algenschlieren, und unglaublich sauber, denn bis zu industriellen Abwässern und Mikroplastik dauert's noch. Shorts oder Bikini genügen, laut kürzlich erfolgter Isotopenanalyse herrscht zumindest in den oberen Wasserschichten eine angenehme Temperatur von 20 bis 25 Grad. Nur schauen wird wahrscheinlich spannend genug sein, aber wenn Sie etwas finden, was Sie unbedingt auf den Grill schmeißen möchten, mein Gott, nur zu. Auch die Zeit, in der die Bestände von Meeresfrüchten so überfischt sind, dass jemand mit dem Zollstock den Nachwuchs schützen muss, ist noch fern.

Ziehen Sie sich Ihre Flossen an, spucken Sie in Ihre Maske: Wir gehen auf die Jagd nach Urmeeresfrüchten, inmitten der kulinarischen, Entschuldigung, kambrischen Explosion!

Sehen Sie dort jene langen, federartigen Wedel, die wirken, als hätte sich unter dem geriffelten Sand ein Paradiesvogel versteckt? Oder die gerillten runden Schwammtücher, die im fröhlichen Lichtspiel der Wellen dazwischen umherzukriechen scheinen? Es sind Geschöpfe der eigenartigen Ediacara-Fauna, die kurz vor der kambrischen Explosion ihre Spuren in den Sedimenten hinterlassen hat. Zunächst hielt man die bis zu zwei Meter großen Kreaturen für Quallen oder Schwämme, doch sicher einordnen kann man sie bis heute nicht. Sicher ist nur, dass sie komplett wieder von der Bildfläche verschwinden, sobald das Leben ernsthaft zu explodieren beginnt. War das ein großer Verlust für uns heutige Esser? Von den Mienen unserer kleinen paläontologischen Tauchgruppe her zu urteilen eher nicht.

Jetzt ändert sich die Unterwasserlandschaft jedoch schlagartig, ein bisschen Drehen an der Taucheruhr genügt. 20 Millionen Jahre, in den Maßstäben der Erdgeschichte ist das keine furchtbar lange Zeit. Doch ungefähr in dieser Spanne tauchen überall die Vorfahren unserer Meeresfrüchte auf. Auf den Felsen sprießen die ersten kleinen Seeanemonen, die man heute noch in Spanien frittiert als Tapas kriegt. Schon schweben auch die ersten Quallen vorbei, die im Grunde nichts anderes als umgedrehte Seeanemonen sind. In uralten Gesteinsschichten in Kanada und China, wo besonders schöne Fossilien der kambrischen Explosion gefunden wurden, haben die geisterhaften Glibbertiere erstaunlich genaue Abdrücke hinterlassen. In China isst man Quallen schon lange als Salat, selbst im Westen werden sie neuerdings als nachhaltiges Superfood gepriesen. Auch der Vorläufer von maritimen Spezialitäten wie Seeigeln und Seegurken könnte schon als stachliger Knopf über den kambrischen Sand gekrochen sein. Sogar sehr frühe Freunde von »Penisfischen« hätten in den überall aus dem Boden lugenden Priapswürmern einen täuschend ähnlichen Ersatz gefunden.

Doch ich merke schon, auch das ist den meisten in der Gruppe noch zu exotisch. Dann wenden wir uns jetzt am besten einem anderen Stamm von Tieren zu, nämlich jenem der Gliederfüßer, der heute der größte und vielfältigste Tierstamm der Welt ist. Zu ihm gehören alle an Land lebenden Insekten, Spinnen und Skorpione, aber auch alle im Meer lebenden Krebs- und Krustentiere. Gliederfüßer erkennt man an ihrem in Segmente unterteilten Körper, der meist von einem chitinhaltigen Panzer zusammengehalten wird, und allein an Insekten sind mehr als eine Million Arten bekannt. Viel mehr Biomasse bringen aber immer noch die im Meer lebenden Gliederfüßer auf die Waage, und sie waren auch schon in den Urmeeren extrem erfolgreich. Wenn man sich die Fossilien der kambrischen Explosion ansieht, kann man manchmal sogar fast den Eindruck bekommen, sie hätten sie im Alleingang bestritten.

Da sind zum Beispiel die Trilobiten, die zu den häufigsten Fossilien aus jener Zeit gehören. Wie große Kellerasseln pflügten sie durch den Meeresboden und blieben unter anderem so oft erhalten, weil ihr Panzer so stark mit Kalk versetzt war. Ich gebe zu, so richtig zum Anbeißen sehen auch sie noch nicht aus. Was sich vermutlich kaum ändert, wenn ich Ihnen erzähle, dass Kellerasseln keine Insekten, sondern kleine, an Land lebende Krebse sind.

Schon eher an übliche Krustentiere lassen andere Gliederfüßer denken, die zu den Zeitgenossen der Trilobiten zählen. Mit ihren langen gegliederten Schwänzen und fleißig darunter schlagenden Schwimmfüßchen ähneln sie heutigen Garnelen – sind vermutlich nur etwas anstrengender zu pulen. Bevor Sie jetzt alle losstürzen, sollte ich aber noch ein paar Details erwähnen. Manche der seltsamen Tierchen tragen nämlich eine aufgeklappte Schale auf dem Rücken, als wären sie halb Muschel, halb Crevette. Andere haben vorne lange Hexenklauen oder fünf Stielaugen und einen gezackten Greifrüssel, auf den man beim Fangen vielleicht achten sollte. Ein bisschen achten sollten Sie wahrscheinlich auch darauf, ob Sie nicht einem bizarren Geschöpf namens *Anomalocaris* in die Quere kommen. Dieser »abnorme Shrimp« galt lange als gefährlichstes Raubtier der kambrischen See, mit stachligen Fangarmen vor seinem runden Maul, in das er bevorzugt die Zutaten zu unserem Shrimpcocktail stopfte. Einziger Trost: Von der Größe eines Hais haben ihn neuere Untersuchungen auf die eines Hechts schrumpfen lassen. Auch könnte es sein, dass er mit seinen gefährlich aussehenden Kopffortsätzen in Wirklichkeit nur Quallen aus der Wassersäule pickte.

Ob all diese Wesen eher uralte Verwandte der heutigen Garnelen, Krebse und Hummer oder der Spinnen und Skorpione waren, ist nicht klar. Der Stammbaum der Gliederfüßer ist unübersichtlicher als eine große Meeresfrüchteplatte. Während der kambrischen Explosion wurden Kreaturen in chinesischen Schiefer gebannt, die die allerersten Garnelen sein könnten. Doch waren sie nicht größer als ein Wasserfloh und hätten für kein noch so kleines Krabbenbrötchen einen anständigen Belag ergeben. Der erste wirkliche Shrimp taucht erst etliche Erdepochen später unter den Urmeeresfrüchten auf, zu einer Zeit, wenn wir uns in diesem Buch schon auf andere essbare Meerestiere konzentrieren. Das aus dem US-Bundesstaat Oklahoma stammende Fossil ist so gut erhalten, dass man direkt die Cocktailsauce anmischen möchte. Ungefähr aus derselben Zeit stammen Abdrücke des »größeren Bruders« der Shrimps, nämlich des ersten Hummers. Statt Scheren hat der Kamerad allerdings noch fiese Dornfinger sowie Fangarme, die jenen des abnormen Urshrimps ähneln.

Bis tellerförmige Vorläufer von heutigen Köstlichkeiten wie Taschenkrebsen oder Blaukrabben auftauchen, dauert es noch viel länger, nämlich bis zur Zeit der Dinosaurier. Dann fächern sie sich jedoch schnell in eine breite Palette von Arten auf. Bei uns bedeutet »rumkrebsen« ja, dass jemand wie eine Krabbe seitwärts läuft und nicht recht von der Stelle kommt. In der Evolution scheint der flache Körper der Krabben, bei dem der Schwanz angelegt ist wie bei einem ängstlichen Hund, jedoch ein ausgesprochenes Erfolgsmodell zu sein, in das sich auch ursprünglich schlankere Krustentiere immer wieder verwandeln. Das Phänomen kommt so häufig vor, dass die Wissenschaft dafür einen eigenen Namen, nämlich »Verkrabbung«, hat. Und tatsächlich könnte das so erleichterte »Rumkrebsen«, nämlich der für Jäger verwirrende Seitwärtslauf, ein Grund für die beliebte Körperform sein.

Für uns als Esser sind jedoch andere Eigenheiten wichtiger. So verwenden heutige Krabben und Hummer ihre oft beidseitig verschieden großen Scheren für alles Mögliche: vom Zerdrücken und Zerschneiden von Muscheln und Würmern bis hin zum Zweikampf und dem Winken bei der Partnersuche. Trotzdem werden die Scheren offenbar weniger beansprucht als der Rumpf, mit dem Hummer zum Beispiel bei der Flucht ruckartige Sit-ups machen. Das gilt als Erklärung für das zartere, weniger faserige Fleisch, das in den Scheren steckt, und so als guter Grund für unsere Bemühungen mit dem Hummerknacker. Prinzipiell fester als bei Fischen ist das weiße Fleisch von Krustentieren wohl wegen des hohen Anteils an zähem Bindegewebe aus Kollagen. Das durchzieht die Schwänze von Hummern und Garnelen wiederum wesentlich stärker als Brust und Beine von Krabben. Als Chemiker versuchten, dem besonderen Geschmack von Hummer auf den Grund zu gehen, fanden sie insgesamt rund 50 Aromen. Dazu gehörten malzige und buttrige Noten, allerdings auch solche von Pilzen, Popcorn und Gurken, die sich mit dem fischig-krabbigen Grundgeschmack mischen.

Angenehm frische und gurkige Noten schmecke nicht nur ich auch bei Austern heraus. Womit wir zu den Schalen tragenden Weichtieren der kambrischen Explosion kommen, also nach den Krusten- zu den Schalentieren auf unserem Urzeitmenü. Im vorigen Kapitel war schon von den unzähligen Einzellern die Rede, die sich bereits lange Zeit vorher bildeten. Schon sie fangen wohl bald an, einfache Formen der kunstvollen Mikropanzer zu tragen, in denen sie heute oft durchs Meer schweben. Ganz früh im kambrischen Zeitalter lagern sich dann überall winzige Schalen und Häuschen ab, die bereits zu etwas größeren Bewohnern gehören. Unter ihnen könnte auch ein millimetergroßes Meeresschnecklein gewesen sein, das damit das allererste Schalenweichtier wäre. Zumindest auf Abbildungen ähnelt es schon verblüffend genau jenen an Land lebenden Exemplaren, die sich heute an unserem Salat vergehen oder selbst als Escargots auf dem Teller landen. So wie Insekten und Spinnen aus Vorfahren im Meer sind nämlich auch Landschnecken aus Seeschnecken entstanden. Ob der kambrische Winzling wirklich schon zu Letzteren zählte, ist wie so oft nicht klar. Doch auf ihn folgten bald andere, eindeutigere Exemplare.

Erheblich kleiner waren übrigens auch mal die anfangs erwähnten Seeohren, die heute zu den beliebtesten essbaren Meeresschnecken gehören. So groß und sättigend wie jetzt wurden sie erst in den letzten paar Millionen Jahren der Erdgeschichte, und zwar vermutlich, weil die Meere sich abkühlten: Erst dann wuchs dort genug Salat aus leckerem Seetang, den sie mampfen konnten.

Auch Muscheln, also Weichtiere, die in zwei statt nur einer Schale hausen, gab es schon, als vor gut 500 Millionen Jahren das Leben in den Urmeeren explodierte. Ähnlich wie später Krabben den Schwanz anlegten, zogen sie sozusagen den Kopf ein und verlegten ihren Körper ganz in eine aufklappbare Doppelschale. Diese konnten sie schon mit innen befestigten Schließmuskeln zuziehen, wenn Gefahr drohte. Andere wichtige Neuerungen kamen aber erst im nächsten Erdzeitalter hinzu – sodass Forscher bei Muscheln die eigentliche Explosion erst dort ansetzen. Dann erst entwickelten Muscheln die großen Fresskiemen, mit denen sie in warmen Monaten ohne »r« so gefährlich viele der teils giftigen Blaualgen aufnehmen können, die wir aus Kapitel 2 kennen. Auch bildeten sich die Atemrüssel, die bei Elefantenrüsselmuscheln so zweideutige Formen annehmen, die aber auch die Venus- und Herzmuscheln aus unserer Pasta nutzen, um sich im Sand zu verstecken. Ebenso erfand die Natur damals schon die klebrigen Fäden, mit denen sich Miesmuscheln bis heute an Felsen heften oder wie im Wattenmeer zu großen Bänken verbinden.

Austern, die sich mit einer Art natürlichem Zement an Felsen und andere Muscheln kleben, entstanden erst sehr viel später. Wie versteinerte Funde sogenannter »dicker Riesenaustern« belegen, können sie so groß wie eine ganze Austernplatte werden. Das ist aber gar nichts gegen die kreisförmig gerillten Muscheln, die bis zum Abgang der Dinosaurier auf dem Meeresboden lagen. Mit drei Metern Durchmesser erreichten sie fast die Größe eines Kleinwagens. Davon wäre selbst der römische Meeresgott Neptun satt geworden. Und erst recht eine kleine Gruppe früher Menschen, die an den Stränden der Welt um den Globus wandert.

Wir müssen jetzt noch einmal kurz Jagd auf Urmeeresfrüchte machen. Und zwar auf Kammmuscheln, die ich schon als Kind in Florida so gerne als Vorspeise bei Red Lobster aß. Sie tauchen in der Nahrungsgeschichte ungefähr zur selben Zeit wie Austern auf, nämlich als eins der großen Massensterben der Erdgeschichte das Zeitalter der Dinosaurier einläutet. Wir essen ihren wie ein Marshmallow geformten Schließmuskel in Europa heute besonders gerne, wenn er von einer der verschiedenen Arten dieser Gruppe stammt, die sich Jakobsmuscheln nennen. Obwohl ich offen gestanden kein großer Koch bin, habe selbst ich mir irgendwann beigebracht, wie man den süßlich-nussigen Geschmack dieser Delikatesse in der Pfanne durch ständiges Belöffeln mit Butter zur vollen Blüte bringt.*

Schalen, Krusten, Panzer, Häuser: Einer beliebten Theorie zufolge hat sich das Leben während der kambrischen Explosion nicht einfach so eine Rüstung angelegt. Es ist vielmehr nur deshalb explodiert, weil viele Lebewesen auf die zunehmenden Möglichkeiten des gegenseitigen Verzehrs mit genau so einer Rüstung

---

* Ein gutes YouTube-Video dazu stammt von einem molligen Schwarzen Koch, der nicht an Butter spart. Bester weiblicher Nutzerkommentar: »Gekommen bin ich wegen der Muscheln, aber geblieben bin ich wegen der tiefen Stimme und den tollen Augen des Typs.«

reagierten – und sich daraus ein explosiver Rüstungswettlauf ergab. Heute zerdrücken Hummer und Krabben Muscheln mit ihren Scheren, um an ihr zartes Fleisch zu kommen. Strandvögel hacken sie mit ihrem spitzen Schnabel auf, und Seeotter legen sich sogar einen Stein auf den Bauch, um sie daran aufzuschlagen. Auf besonders fiese Art ernähren sich manche Seeschnecken von ihren zweischaligen Verwandten. Sie raspeln mit ihrer feilenartigen Zunge ein Loch in die Schale und zersetzen den Inhalt mit Säure, um ihn mit einem strohhalmartigen Rüssel auszuschlürfen. Löcher, die auf diese unfeinen Tischsitten schließen lassen, finden sich schon im Kambrium. Noch ärger treiben es Seesterne, die anerkannt schlimmsten Feinde jeder Muschelkolonie. Sie zerren mit ihren Armen die Schalen auseinander und quetschen ihren Magen hinein, um die Muscheln in ihrem eigenen Haus zu verdauen. An den Küsten der Welt verkommt so die Fabel von den drei kleinen Schweinchen zu einer täglich ablaufenden Horrorshow.

Kein Wunder also, dass der Rüstungswettlauf nicht bei Schalen und Panzern stoppte. Wir drehen unsere Taucheruhr jetzt auf den Anfang des Erdmittelalters, als draußen schon die ersten Dinos das Land unsicher machen. Fangen wir uns also lieber hier im flachen Meer ein paar Kammmuscheln, falls wir können – denn vielleicht haben sie schon die gleichen Tricks wie heute drauf. Zwischen den Schalen blickt uns eine ganze Girlande ihrer winzigen blauen Augen entgegen, und sobald sie uns damit erspähen, geht die Überraschung erst richtig los. Wie aufgeschreckte Schnepfen katapultieren sie sich mit klappernden Schalen in die Höhe und gondeln wie lebendige Kastagnetten davon. Für jeden Taucher und Muscheljäger ist es wohl einer der erstaunlichsten Anblicke, der einem im Meer begegnen kann.

Andere Urmeeresfrüchte, die ich bisher vernachlässigt habe, haben diesen Weg, sich dem Appetit der übrigen Meeresbewohner zu entziehen, zur Perfektion gebracht. Die Rede ist von Tintenfischen, die zu den Schalenweichtieren gehören, aber wegen ihrer fehlenden Schale selten so genannt werden. Sie gehören zu einer größeren Gruppe von Weichtieren namens Kopffüßer, deren Ursprung wie bei Schnecken und Muscheln vermutlich bis in die Zeit der kambrischen Explosion zurückreicht. Während des damals beginnenden Erdaltertums und auch des ganzen Erdmittelalters, das erst mit dem Abgang der Dinos endete, waren vor allem Kopffüßer mit Schalen sehr erfolgreich. Ein heute noch vorhandener Vertreter ist der Nautilus, der in seiner hübschen getigerten Schale als lebendes Fossil durch warme Meere schwebt. In früheren Zeiten gab es noch viel eindrucksvollere Exemplare, bei denen Kopf und Arme aus einem lustig gemusterten Spitzhut schauten, der so lang war wie ein Fahnenmast. Oder die spiralförmigen Ammoniten, die größer werden konnten als Traktorreifen und zu den schönsten Fossilien der Urzeit gehören, die es überhaupt gibt.

Jene Kopffüßer, die heute in Form von Tintenfischen auf unserem Teller landen, sind jedoch allesamt »nackt«. Sie haben ihre Schale nach innen verlegt oder sogar ganz abgeschafft. Eine Art der Verteidigung, auf die sie stattdessen setzen, ist die Tinte, die ihnen ihren Namen gibt – und die uns in Form von *Spaghetti al nero di seppia* besondere Genüsse verschafft. Als Ersatz für die schützende Schale dient auch die auf Knopfdruck mit der Umgebung verschmelzende Haut. Und Kraken nutzen sozusagen die Schale toter Schalentiere, indem sie sich in von diesen abgelagerten Kalkriffen verstecken. Damit sie sich dort in jede Ritze quetschen können, enthält ihr Fleisch besonders viel Kollagen und bleibt so ohne sorgfältige Zubereitung zäh wie ein Gummiball. Gleichzeitig macht es ihre Vorliebe für gute Verstecke uns Menschen besonders leicht, sie schon seit der Antike mit auf den Meeresgrund gesenkten Tonkrügen zu fangen.

Am deutlichsten befreit haben sich von den Schalen und Panzern des kambrischen Wettrüstens die Kalmare. Also ausgerechnet jene Calamari, die wir heute am liebsten in einer »Schale« aus frittiertem Teig genießen. Wendiger als jede Kammmuschel flitzen sie mit ihrem pfeilförmigen Leib durchs freie Wasser. Und haben es so immerhin auf die nur für Pottwale genießbare Größe von sagenhaften Riesentintenfischen gebracht.

Es gibt jedoch noch ein anderes im Meer lebendes Lebensmittel, das schon früh auf Wendigkeit und Schnelligkeit statt auf Schutz und Schalen setzte. Es ist sozusagen mit einem inneren Skelett aufgewachsen, statt es sich erst später zuzulegen.

Kraken häufen um ihre Höhlen leere Muschel- und Schneckenschalen an, ähnlich wie wir Menschen einst auf unseren Wanderungen um die Welt. Die Tiere werden auf ihre Art auch für intelligent und sensibel gehalten. Während wir Fische mit ihren kalten Glubschaugen meist als mehr oder weniger gleichgültige Nahrungslieferanten wahrnehmen.

Das Kuriose dabei ist, dass uns mit Fischen eigentlich eine viel engere Verwandtschaft verbindet. Ja, wir in mancher Hinsicht sogar selbst noch welche sind.

FISCHSUPPE

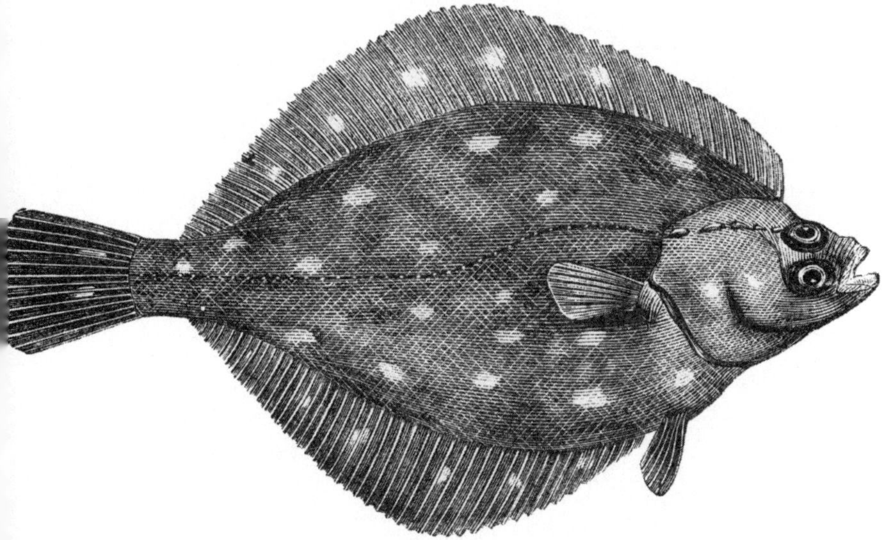

4

Zu Fisch verbindet mich eine ähnlich lange Liebe wie zu Meeresfrüchten. Noch bevor ich in Italien Geschmack an gegrillten Minikraken fand, hatte ich das Glück, von meinen Großeltern regelmäßig auf die Kanarischen Inseln mitgenommen zu werden. Älter als vier oder fünf kann ich damals nicht gewesen sein. Setzten wir uns mittags an Strandpromenade oder Hotelpool zum Essen, war meine Bestellung trotzdem schon so verlässlich wie bei einem alten Junggesellen: Seezunge. Bis heute übt der köstliche (und leider nicht immer ganz billige) Plattfisch eine magische Sogwirkung auf mich aus, wenn er irgendwo auf der Karte steht.

Auch die Begeisterung für die Natur, die ich in diesem Buch mit der Freude an leckerem Essen zu verbinden versuche, zeigte sich schon damals. Bis ins Mark gebannt schaute ich jedes Mal zu, wenn die kanarischen Fischer ihre üppig gefüllten Netze an den Strand zogen. Trug ich mein mit Wasser gefülltes Eimerchen die ganze Zeit mit mir herum? Oder hatte ich es schon in der Hoffnung mitgebracht, etwas vom Fang abzubekommen? Jedenfalls warf mir einer der Fischer einen kleinen gepunkteten Ball dort hinein, mit Flossen und großen Augen! Schnell lief ich zu meinem Opa, um ihm das wunderliche Geschöpf zu zeigen. Doch auf den letzten Metern gab es plötzlich einen platschenden Knall – und der Kugelfisch hatte sich wieder in einen normalen Fisch verwandelt.

Kugelfische scheinen eine relativ »neue« Erfindung der Evolution zu sein. Sie könnten schon im Zeitalter der Dinosaurier entstanden sein, die frühsten versteinerten kleinen »Bälle« stammen aber aus der Zeit danach. Zur Verteidigung schlucken die Fische Wasser (oder hilflos in einem Fischernetz zappelnd auch Luft) und blasen sich mithilfe ihres dehnbaren Magens zu einem

Ballon auf. Um den Trick zu entwickeln, haben sie die Fähigkeit anderer Fische, mit einem gezielten Wasserstrahl Seeigel umzukippen oder Muscheln zu säubern, möglicherweise einfach »umgedreht«. Noch wichtiger für uns als Esser ist aber eine zweite Eigenheit, mit der sie den übrigen Meeresbewohnern den Appetit auf sie verderben wollen: ein oft in Haut und Organen enthaltenes hochwirksames Nervengift. In Japan, wo Kugelfische als Delikatesse gelten, dürfen sie deshalb nur von speziell ausgebildeten Köchen zubereitet werden. In Deutschland kommen sie erst gar nicht auf den Tisch.

Das ist bei Seezunge und anderen Plattfischen wie Scholle, Flunder oder Steinbutt zum Glück anders. Statt sich aufzublasen, sind diese Fische von Natur aus flach, um sich auf dem Meeresboden zu verstecken. Wer sie beim Essen genauer anschaut, wird allerdings feststellen, dass sie auf ihre Art genauso abwegig aussehen wie Kugelfische. Anders als bei Rochen oder Steinfischen sitzen ihre Augen nicht symmetrisch oben auf dem Kopf, sondern seltsam verschoben neben dem Maul, wie bei einem Gemälde von Picasso. Das liegt daran, dass eins ihrer Augen langsam auf die andere Körperseite wandert, wenn sie noch als durchsichtige Fischlarve durchs Meer zappeln. Wie Fossilien belegen, fand diese seltsame Augenwanderung auch in der evolutionären Entwicklung der Plattfische statt. Forscher glauben, dass sie erst ihre platte Lebensweise wählten, dadurch aber ein Auge praktisch blind wurde und über Generationen wieder in eine günstigere Position rückte. So entstand ihr fürs Tierreich ungewöhnliches asymmetrisches Aussehen, und das wohl innerhalb von nur drei Millionen Jahren, in evolutionären Maßstäben ein kleiner »Augenblick«.

Zugetragen hat sich das Ganze zu einer ähnlich jungen geologischen Zeit wie die Entwicklung der Kugelfische, nämlich kurz nach dem Ende der Dinos. Für das war vermutlich ein großer Meteorit verantwortlich, der vor 66 Millionen Jahren auf die Erde donnerte. Dadurch ging nicht nur ein großer Teil des Lebens an Land zugrunde, auch in den Meeren wurden die Karten neu gemischt. Die hübschen Ammoniten zum Beispiel, die ich im letzten Kapitel kurz erwähnt habe, überlebten die Sache nicht. Ebenso wenig Meeressaurier in allen Formen und Größen (was für uns als Esser und Schwimmer vielleicht ein weniger großer Verlust war). So wurden viele ökologische Nischen frei, und fast wie eine halbe Milliarde Jahre zuvor, bei der kambrischen Explosion, konnte die Evolution wieder ihre Fantasie spielen lassen. Eine Gruppe von Meerestieren, die davon besonders profitierte, sind die Fische.

Um genau zu sein, profitierte speziell eine Form der Fische, die sich Strahlenflosser nennt. Diese haben ein knochiges Skelett, also jene Gräten, auf die wir beim Essen manchmal gerne verzichten würden, sowie aus Knochenstrahlen und Haut bestehende Flossen, wie man sie von den allermeisten Fischen kennt. Das Gegenbeispiel sind sogenannte Fleischflosser, von denen es heute nur noch eine Handvoll Arten gibt, die allerdings in anderer Hinsicht noch sehr wichtig werden. Ebenfalls nicht dazu gehören Knorpelfische wie Haie und Rochen, bei denen das Skelett aus weicherem Knorpel statt aus Knochen besteht. Auch keine Strahlenflosser sind schließlich aalartige primitive Wesen, die sowas wie die ewigen Außenseiter des Fischreichs sind und zu denen wir gleich kommen.

Alles in allem stellen Strahlenflosser damit rund 96 Prozent aller Arten von Fischen, die heute durch die Meere, Seen und Flüsse der Welt schwimmen. Es gibt sie in gut 30 000 verschiedenen Ausprägungen, was recht genau der Zahl der an Land lebenden Arten von Wirbeltieren, also jenen mit einem inneren Skelett, entspricht. Über Wasser nehmen Wirbeltiere so unterschiedliche Formen wie Elefant, Maus, Schlange, Vogel, Löwe oder Mensch an. Unter Wasser tummelt sich dafür alles von Kugel- und Plattfisch bis hin zu kapitalen Barschen, riesigen runden Mondfischen und schnittigen Hochseethuns. Schätzungen zufolge bringen alle Fische der Welt fast ebenso viel Biomasse auf die Waage wie die schwerste Tiergruppe überhaupt, die im Meer lebenden Gliederfüßer. An Lebendgewicht dürften das nahezu fünf Gigatonnen sein und damit selbst heute noch rund zehnmal mehr Gewicht als das all unserer Hühner, Kühe, Schweine und anderen Nutztiere zusammen. Kein Wunder also, dass Fische, und bei ihnen vor allem die Strahlenflosser, seit jeher eine große Rolle in unserer Ernährung spielen.

In den weit über 100 000 Jahre alten Abfallhaufen aus Muschelschalen, um die es im letzten Kapitel ging, wurden auch Fischknochen gefunden. Frühe Menschen in Afrika könnten die Tiere bereits damals in flachen Riffen mit Speeren erlegt haben. Funde in Asien, zu denen aus Muscheln geschnitzte Angelhaken gehören, legen nahe, dass bereits vor rund 40 000 Jahren auch weiter draußen mit Booten gefischt wurde. Die alten Ägypter, Griechen und Römer verwendeten dann von Netz bis Rute jedes Angelzeug, das man sich vorstellen kann, und schon im Mittelalter scheint man zum Beispiel in England von knapper werdenden Flussfischen auf Hochseearten wie Hering und Kabeljau ausgewichen zu sein. Bis in die 1930er setzten dabei noch Segelschiffe Männer mit Handleinen in kleinen Bötchen aus. Doch da schleppten auch längst motorisierte Kutter große Netze durch die Meere, die im Laufe der Zeit zu schwimmenden Fischfabriken anwachsen sollten. Heute holen wir Menschen pro Jahr fast 80 Millionen Tonnen Fisch aus Meeren und Flüssen, also nahezu zwei Prozent der geschätzten Biomasse dieser Tiere. Laut Welternährungsorganisation läuft das bei rund einem Drittel der Bestände auf eine größere Entnahme heraus, als einfach so nachwachsen kann.

Unter deutscher Flagge sind eine Handvoll große Hochseetrawler bis zu Fanggründen vor Afrika unterwegs. Mehrere Dutzend kleinere Schlepper und Langleiner fangen Seelachs, Kabeljau, Schellfisch, Hering, Scholle und Seezunge in Nord- und Ostsee. In der Ostsee breiten auch immer noch viele kleine Kutter Stellnetze vor der Küste aus, in der Hoffnung, dass sich ein paar der verbliebenen Heringe und Dorsche darin verfangen.* Der weitaus größte Teil des in Deutschland verzehrten Fischs wird aber wie bei Meeresfrüchten aus dem Ausland eingeführt. Ganz oben auf der Rangliste steht dabei inzwischen Alaska-Seelachs, der eigentlich eine Art Dorsch ist und als Grundlage für unsere Fischstäbchen und Schlemmerfilets dient. Geräuchert oder mit Nudeln lieben wir auch Lachs, der wie heute viele Fische meist aus Zuchtanlagen stammt. Thunfische und ihre Verwandten sind schnell schwimmende Räuber des freien Ozeans. Statt als edles Sushi werden sie bei uns aber eher in Dosen und auf Tiefkühlpizzen konsumiert. Auch die nach wie vor beliebten Heringe gibt es oft eingelegt als Konserve oder eingerollt im Glas. Doch vor allem im Norden Deutschlands, wo die fleißigsten Fischesser leben, auch in Form von Bismarck oder Matjes als »frischen« Brötchenbelag.

Im Schnitt isst jeder Einwohner Deutschlands knapp zwölf Kilo Fisch pro Jahr, was anders als bei Meeresfrüchten gar nicht so weit unter dem weltweiten Durchschnitt liegt. In Europa gehören wir damit aber zum »Kielwasser«, weit hinter Frankreich, Spanien, Norwegen und besonders Portugal, wo der Konsum bei über 40 Kilo liegt. Noch mal doppelt so viel, nämlich jährlich fast 80 Kilo Fisch, wird von Inselvölkern wie den Isländern und Malediven konsumiert. Zusammen mit Meeresfrüchten liefert Fisch so der Welt fast ein Fünftel aller tierischen Proteine und ist gemeinsam mit Geflügel die meistverzehrte Art von Fleisch. Wie bei uns in Form von Schillerlocken spielen Haie und Rochen dabei nur eine untergeordnete Rolle. Da sie allerdings oft als Beifang in den Netzen landen, sind auch bei ihnen viele Bestände bedroht.

---

* Atlantischer Kabeljau und Dorsch sind ein und derselbe Fisch. Jüngere Fische und jene aus der Ostsee werden aber meistens Dorsch genannt. Zusätzlich sind die Dorsche noch eine ganz Familie von Fischen. Zu ihnen gehören viele Speisefische, darunter auch Seelachse, die gar keine Lachse sind, sowie – um die Verwirrung perfekt zu machen – eine weitere Art Kabeljau.

Weil die Erdneuzeit, also die Zeit seit dem Abgang der Dinos, uns eine solche Fülle und Vielfalt an Strahlenflossern beschert hat, haben Forscher sie als das »zweite Zeitalter der Fische« bezeichnet. Um die Bedeutung dieser wunderbaren Lebewesen für uns und unsere Nahrung voll zu würdigen, müssen wir aber noch mal ins Erdaltertum zurück. Damals, vor rund 400 Millionen Jahren, gab es an Land zwar die ersten Pflanzen und Krabbeltiere, aber bis zu den Dinos und erst recht zu den Menschen dauerte es noch. Im Wasser konnte sich so in aller Ruhe das erste Zeitalter der Fische entfalten, das für uns als Esser und auch in jeder anderen Hinsicht essenziell wichtig war.

Wie bei den Meeresfrüchten habe ich bei den Fischen persönliche Anekdoten nicht nur vom Verzehr auf Lager, sondern auch von der »Jagd«. Die frühste und für mich einprägsamste spielt wieder in den tropischen Gewässern Südfloridas, doch war ich damals anders als beim Tauchen noch ein junger Bub. Die Familie meines Onkels war meiner Erinnerung nach gerade erst in die USA gezogen, also muss ich etwa zehn oder elf gewesen sein. Um bei unserem Besuch meinem älteren Bruder, mir, meinem gleichaltrigen Cousin und vermutlich auch sich selbst ein besonderes Erlebnis zu spendieren, buchte mein Onkel einen Angelausflug.

»Angelausflug« trifft es nur begrenzt, denn wir jagten in einem leuchtend weißen Boot mit hoher Brücke und abgespreizten Ruten weit aufs blaue Meer hinaus. Hinten gab es einen drehbaren Sitz, wie ich ihn damals vermutlich noch nicht mal aus Filmen kannte und in den wir Jungs uns setzen durften, sobald etwas angebissen hatte. Das taten vor allem kleine Thunfische, die dort Bonitos hießen und so wild an der Angel zerrten, dass wir kaum zum Kurbeln kamen. Laut dem oben am Steuer thronenden Kapitän hatte mein Bruder einmal auch den begehrtesten Sportfisch überhaupt, einen Blauen Marlin, am Haken, bei dem jedoch die Leine riss. Später holten wir dann von einem Thun nur noch den sauber abgebissenen Kopf ein, worauf der Kapitän erklärte, mein Cousin und ich hätten aufrecht in das Maul des verantwortlichen Hais hineinspazieren können. Mit großen Augen blickten wir zu ihm in den blendend blauen Himmel auf – und glaubten natürlich jedes Wort!

Ob ich heute noch so einfach bei einem solchen Ausflug mitmachen würde, weiß ich nicht, käme vermutlich auf die Verwertung der Fische an. Jene, die wir damals fingen, hatten dunkles, öliges Fleisch, das wohl nicht jeder mag. Zurück im Hafen posierten wir mit unseren schönen, blau glänzenden Trophäen für Fotos – ich brauchte beide Arme, um meine vor die Brust zu halten. Danach schnitt sich der Kapitän jedoch nur ein paar neue Köder heraus und verfütterte den Rest an die Pelikane.

Angeln ist ja sowieso nicht jedermanns Ding, ob man nun ein Buch über die Geschichte der Nahrung liest oder nicht. Nach unserer kleinen Tauchtour im letzten Kapitel wollte ich in diesem eigentlich mit Ihnen nach Urzeitfischen angeln. Aber vielleicht ist es ganz in Ordnung, dass das zumindest bei den frühen Exemplaren wenig Sinn macht: Sie hätten gar nicht anbeißen können.

Die ersten Fische, die in der großen Fischsuppe der Urmeere herumschwammen, waren so klein, dass man für eine Suppe sehr viele hätte fangen müssen. Sie entstanden schon zur Zeit der kambrischen Explosion, also vor mehr als 500 Millionen Jahren, und wie so oft ist äußerst umstritten, ob sie bereits als Fische gelten dürfen. Sie ähnelten winzigen Sardellen mit Flossensaum und hatten Kopf, Äuglein, Kiemen sowie ein einfaches Rückgrat. An den Fossilien, die in diesem Fall vor allem aus China stammen, wollen Forscher sogar schon die gleichen aufgereihten Schwimmmuskeln erkennen wie bei heutigen Fischen. Durch das Bindegewebe dazwischen ergibt sich die feine helle Schraffur, die uns von Lachs- oder Forellenfilets vertraut ist.

Was jenen Winzlingen noch fehlte, waren sowohl Schuppen als auch ein Maul, das nach einem winzigen Angelhaken hätte schnappen können. Stattdessen filterten sie womöglich wie Muscheln Plankton mit ihren Kiemen oder sogen es mit kleinen Knorpelmündchen ein.

Das typische Fischmaul fehlte auch noch bald darauf folgenden »Fischen«, die bereits glubschäugigen kleinen Aalen ähnelten. Von ihnen wurden zwar jede Menge Zähne gefunden, doch gehörten sie wohl zu einer Art beweglichem Fangkäfig. Ungefähr zur selben Zeit nahmen ebenfalls aalähnliche Verwandte ihren Anfang, die bis heute als lebende Fossilien durch Flüsse und Meere schwimmen. Wer als Angler mal das Pech hatte, ein Neunauge an seinem Fang kleben zu haben, kennt die Kameraden. In der Ostsee kommt es sogar manchmal vor, dass die »Vampirfische« sich an Rücken oder Beine von Badenden heften. Neun Augen haben sie nicht, das sieht nur wegen den auffälligen Kiemenlöchern und dem Nasenloch auf der Stirn so aus. Dafür haben sie ein horrorhaftes, mit unzähligen Hornzähnchen besetztes Saugmaul, mit dem sie bei Fischen Fleisch abraspeln und Blut schlürfen. Noch alienartiger wirkt das mit senkrechten Zahnreihen besetzte, ausstülpbare Knorpelmaul ihrer Vettern, der Schleimaale. Diese bizarren Tiere können sich verknoten, um ihren toten oder verletzten Mahlzeiten besser Happen aus dem Leib zu reißen. Ihren eigenen Jägern verderben sie mit Wolken aus zähem Schleim den Appetit.

Bei uns Menschen standen solche eklen Urviecher natürlich nie auf der Speisekarte, oder? Na, aber wie: Neunaugen, die auch als Lampreten bekannt sind, wurden bereits von den alten Römern in Teichen gezüchtet (und laut dem Gelehrten Plinius manchmal sogar mit Sklaven gefüttert). In England gilt Lampretenpastete seit jeher als Krönungsessen, und nur weil die Tiere inzwischen geschützt sind, wich man jüngst bei Charles auf Schwein als Füllung aus. Auch in Deutschland hat man Neunaugen früher körbeweise aus den noch unverbauten Flüssen geholt, wenn sie zum Laichen aus Nord- und Ostsee kamen, und in Portugal werden die Blutsauger bis heute gerne im eigenen Blut gekocht. In Korea wiederum, dessen kulinarische Scheulosigkeit wir schon im letzten Kapitel bewundern durften, werden Schleimaale nicht nur in Sesamöl gebraten. Ihr Schleim gilt wohl auch als willkommener Ersatz für Eiklar.

Neunaugen waren in Deutschland mal »Fische des Jahres«, doch werden sie und ihre ganze Stammlinie nicht immer als Fische akzeptiert. Das ist auch bei anderen Exemplaren aus jener fernen Zeit so, die früher unter dem Namen Schalenhäuter zusammengefasst wurden. Sie hatten zwar schon Brustflossen und sahen recht fischig aus. Doch als Maul hatten wohl auch sie nur einen einfachen Muskelschlund, mit dem sie durch den Urschlamm wühlten. So ist von ihnen nur eine unüberschaubare Vielzahl von Kopf- und Rückenschilden übrig geblieben. Trotz ihrer Schwimmmuskeln setzten auch sie offenbar immer noch auf jenen handfesten Schutz, den wir schon von den Urmeeresfrüchten kennen. Wenn man das Meer mit urtümlichen »Vampirfischen«, baumlangen Kopffüßern und gewaltigen Seeskorpionen teilt, ist das vielleicht verständlich.

Auch die nächste Neuerscheinung im fischigen Fossilbericht legte diesen Schutz nicht ab – ganz im Gegenteil. Diese sogenannten Panzerfische hatten an Brust und Hinterleib alle Flossen, die man von einem Fisch so erwartet, und werden auch meist so genannt. Vorne trugen sie jedoch eine dicke Rüstung aus Knochenplatten. Sie breiteten sich im Zeitalter des Devon, das vor rund 420 Millionen Jahren begann, so stark aus, dass es als (erstes) Zeitalter der Fische gilt. Großen Anteil an ihrem Erfolg hatte vermutlich eine evolutionäre Errungenschaft, die für das Thema dieses Buchs kaum wichtiger sein könnte. Nämlich der erste Kiefer, mit dem die Panzerfische kraftvoll zubeißen und so schlechter gepanzerte Meeresbewohner auf ihren Speiseplan setzen konnten.

Mit ihrem Kiefer könnten Panzerfische natürlich auch endlich beim Angeln anbeißen, und so robust, wie die Burschen sind, dürfen wir uns das vielleicht selbst zu reinen Schauzwecken kurz erlauben. Wie im Kambrium liegen Kontinente und Küsten noch hauptsächlich auf der Südhälfte der Erde, die Luft ist warm, und an Land kann man das erste Grün sehen. Im flachen Wasser verteilen sich bereits große Riffe aus Schwämmen, Korallen und Seelilien, und auf den Grund dazwischen, vielleicht am besten in der Nähe einer Flussmündung, lassen wir unseren Köder sinken. Was wir nun an Bord ziehen, ähnelt einer Mischung aus Rochen und Meeresschildkröte, die es allerdings beide noch nicht gibt, und hat vorne eine Luke für Augen und Nasenlöcher, die so klein ist wie bei einem Weltkriegspanzer. Es handelt sich um so etwas wie die Seezunge oder Flunder jener Zeit, die nur vor irgendwas furchtbare Angst hatte. Wovor, erfahren wir vielleicht, wenn wir etwas weiter raus aufs Meer fahren.

Hier kreuzt ein gepanzerter Leviathan und Spitzenprädator mit dem schönen Namen *Dunkleosteus* die See, der als T-Rex der Urmeere bekannt ist. Nach dem amerikanischen Urzeitforscher David Dunkle benannt, galt er lange als fast so groß wie ein Bus, könnte jüngsten Schätzungen zufolge aber eher die Maße eines VW-Bullis gehabt haben. Sein Maul war trotzdem doppelt so groß wie das eines Weißen Hais und hatte wohl viel mehr Beißkraft. Überlegen wir also lieber zweimal, bevor wir die Angel auswerfen. Kappt das Vieh nicht gleich die Schnur, zertrümmert es wahrscheinlich erst mit seinem Knochenpanzer das Boot und lässt dann das schlimmste Seemannsgarn meines Kapitäns aus Florida wahr werden.

Wie hätte *Dunkleosteus*-Filet ausgesehen und geschmeckt? Außer dass die Maserung wie bei Neunaugen weniger stark gezickzackt war und an einer Seite für Fische ungewöhnliche, vielleicht etwas zähe Bauchmuskeln lagen, geben die Fossilien darüber wenig Auskunft. Bei so viel Beißkraft hätten sich unterm Kopfpanzer mächtige Bäckchen verbergen müssen, immer ein besonders begehrtes Stück. Doch wie wäre man ohne einen sehr großen Hummerknacker herangekommen?

Da die Panzerfische am Ende des Devon, also vor rund 360 Millionen Jahren, zusammen mit den bereits stark dezimierten Schalenhäutern ausstarben, müssen wir uns darüber keine Gedanken mehr machen. Grund für den Abgang der Schild- und Panzerträger waren vermutlich Umweltveränderungen. Doch wurde er auch schon mit dem Aufstieg anderer Fische in Zusammenhang gebracht, die sich damals entwickelten. Sie hatten weniger schwer zu tragen und haben es vom ersten Zeitalter der Fische bis zum zweiten und so auf unseren Teller – oder sogar davor – geschafft.

Da waren zum einen die Knorpelfische. Eins meiner meistgeliebten Andenken, das meine Großeltern mir bei den anfangs erwähnten Reisen auf die Kanarischen Inseln schenkten, war ein Lederhalsband mit Haizahn. Später in Florida machte ich dann nicht nur beim Angeln nähere Bekanntschaft mit den zugehörigen Fischen. Als dünner Knabe lag ich mit einem Wasserski an den Füßen im Wasser, als plötzlich dreieckige Flossen neben mir auftauchten. Ich war stolz auf meinen trotzdem gelungenen Start, doch offenbar waren es nur in der Lagune patrouillierende Offiziersbarsche. Etwas später beim Wellenreiten rief dann die Strandwacht ganz offiziell einen Hai im Wasser aus. Nur leider interessierte das keinen der tätowierten Typen um meinen jugendlichen Cousin und mich herum, sodass auch wir bibbernd auf unseren Brettern ausharren mussten. Bei anderer Gelegenheit sprang direkt vor mir ein großer brauner Spinnerhai mit eleganter Drehung aus der Dünung. Ich paddelte ein wenig rückwärts, fragte einen alten Freak auf einem Longboard, ob die Sorte beißt, und werde nie die Antwort vergessen. »Ach Jungchen, weißt du«, sagte er, »beißen tun sie alle.«

Frühe Haiverwandte schwammen wohl schon vor dem ersten Zeitalter der Fische durch die Urmeere und feierten nach dessen Ende eine Party. Es bildeten sich Formen mit seltsamen Bügeln und ambossartigen Auswüchsen auf dem Rücken. Später trugen busgroße Exemplare eine bizarre Zahnspirale im Maul, mit der sie vermutlich wie mit einer Kreissäge Tintenfische zerkleinerten. Auch bildeten Haie ihr typisches Revolvergebiss aus, dessen ständig ausfallende Zähne sowohl Urzeitforscher als auch kleine Jungs erfreuen. Die größten je gefundenen hätten an meinem Hals gehangen wie ein Mühlstein und gehörten zum legendären Riesenhai Megalodon. Schätzungen zufolge war sein Maul so enorm, dass selbst ein Basketballspieler aufrecht hineingepasst hätte. Der großmäulige Schrecken der Meere entstand erst nach dem Exitus der Saurier, als auch für Haie und ihre jüngeren Verwandten, die Rochen, neue Ökonischen frei wurden. Vor gerade mal dreieinhalb Millionen Jahren hätte man ihm noch über den Weg schwimmen können.

Kürzlich erregte eine chinesische Food-Bloggerin weltweites Aufsehen, weil sie einen geschützten Weißen Hai, die größte heute lebende Art, grillte und aß. Eine evolutionäre Eigenheit von Haien ist der Harnstoff, der ihr Fleisch im Salzwasser vor dem Austrocknen schützt und ihm auf dem Teller einen stechenden Geruch verleihen kann. Wie bei allen großen, langlebigen Raubfischen können sich in ihrem Gewebe zudem Quecksilber und andere industrielle Schadstoffe sammeln. Trotzdem werden Haisteaks in Zeiten schwindender Fischbestände auch abseits der berühmten Flossensuppe immer beliebter. Dazu beitragen könnte ausgerechnet, dass Fischer nach dem Abschneiden der Flossen den Rest nicht mehr so einfach über Bord schmeißen dürfen. Die oft betrügerischen Etiketten sind dabei so fantasievoll wie bei uns in Deutschland, wo Hai laut Tierschützern außer als Schillerlocke auch als Kalbsfisch, Königsaal oder Steinlachs angeboten wird. Rochen wird bei uns selten serviert, kommt aber etwa in Frankreich traditionell mit Kapern und brauner Butter auf den Tisch. Die Filets werden dabei auf die gleiche Weise von den mittleren Knorpelstrahlen der Flügel gelöst wie von den Gräten einer Seezunge.

Womit wir wieder bei den Fischen mit hartem knochigen statt weichem knorpeligen Skelett wären und damit bei den Strahlenflossern. Sowohl sie als auch die Haie könnten von frühen Panzerfischen abstammen, aber wie meistens ist die Sache nicht klar. Auch Strahlenflosser entstanden schon ganz früh im ersten Zeitalter der Fische, schwammen aber lange in urtümlichen Formen durch Flüsse und Meere, an die heute noch die Störe erinnern. Dann tauchen zur Zeit der Dinos, vielleicht aber auch schon davor, die ersten wirklich modernen Fische auf, die unter anderem effektivere Schwanzflossen und Kiemen haben. Früh spalten sich die evolutionären Äste der Heringe, Karpfen, Welse, Hechte, Forellen und Lachse ab, ebenso jener der heute hoch spezialisierten Aale. Zu einem neueren Ast gehören bereits Dorsch, also Kabeljau, und Alaska-Seelachs, also Fischstäbchen. Im zweiten Zeitalter der Fische, das laut manchen Forschern schon vor dem großen Meteoritenbums beginnt, breiten sich dann von all diesen Strahlenflossern besonders stark die sogenannten Barschverwandten aus. Ihnen verschafft vielleicht ihr vorschnellendes Schnappmaul einen Vorteil, an das man am ehesten bei dicken Zackenbarschen denkt. Neben Thuns, Makrelen, Doraden, Rotbarschen und Zandern gehören zum Beispiel auch die ausgerechnet mit Segelfischen und Barrakudas verwandten Plattfische sowie die Kugelfische zu dieser riesigen jungen Gruppe.

Thunfische haben die ängstliche gepanzerte Existenz der Urmeeresfrüchte aus Kapitel 3 weit hinter sich gelassen und machen ausgedehnte Wanderungen durch die Meere. Dabei helfen ihnen nicht nur ihre seit dem ersten Zeitalter der Fische perfektionierten Schwimmkünste, sondern auch ihre uralten »Vorfahren« aus Kapitel 2, die Bakterien. Sie brachten der Erde einst den Sauerstoff, den die Thuns heute über ihre Kiemen aus dem Wasser aufnehmen und übers Blut zu ihren Muskeln leiten. In den Muskelzellen warten dann zu kleinen Kraftwerken umfunktionierte Bakterien namens Mitochondrien, die mithilfe dieses Sauerstoffs Zucker in Energie umwandeln. Das ist eine besonders ergiebige Form der Umwandlung, die vor allem in roten, auf Ausdauer angelegten Muskelanteilen stattfindet, von denen Thunfische mehr als andere Fische haben. Die rote Farbe kommt dabei von dem eisenhaltigen Muskelfarbstoff Myoglobin. Er übernimmt den Sauerstoff von dem Blutfarbstoff Hämoglobin und befeuert damit die Mitochondrien wie ein Heizer die Kessel eines alten Ozeandampfers.

Wegen diesem Muskelfarbstoff sind die Thunfischscheibchen auf unserem Sushi-Reis so schön rot, und seinetwegen erinnern Thunfischsteaks so sehr an die von Rindern. Auch Rinder, die ihren schweren Körper tragen müssen, haben nämlich besonders viele rote Muskelfasern, die über Myoglobin mit Sauerstoff versorgt werden, genau wie menschliche Marathonläufer. Der eisenhaltige Farbstoff trägt wohl sogar zum leicht metallischen Geschmack von rohem Thun bei und sorgt beim Braten für die Entfaltung steakähnlicher Aromen. Ebenso soll auch hier der Verzehr Eisenmangel vorbeugen.*

Ganz anders liegt der Fall bei Plattfischen wie meiner geliebten Seezunge, die den größten Teil ihres Lebens liegend verbringen. Ihr zu einer Art fliegendem Teppich umgewandelter Fischkörper besteht hauptsächlich aus weißen Muskelfasern, die ganz anders funktionieren als rote. Sie beziehen ihre Energie aus einem älteren evolutionären Prozess, bei dem Zucker ohne Sauerstoff zu Milchsäure umgewandelt wird. Auch diesen Prozess kennen wir von den Bakterien aus Kapitel 2, denn es ist derselbe Vergärungsprozess, durch den Milch sauer und dick wird. Dabei entsteht schnell viel Energie, sodass Plattfische blitzartig vom Meeresboden flüchten können, wenn ein Hai sie entdeckt. Zu lange darf der sie aber nicht verfolgen, denn anders als die roten Muskeln eines Thuns oder Marathonläufers fangen weiße »Sprintermuskeln« aufgrund der vielen Milchsäure schnell an zu brennen und ermüden auch rasch. Es ist die gleiche Art Muskeln wie jene in der weißen Brust eines Haushuhns, das damit erschrocken aufflattern, aber nicht wie eine rot-

* Wieso ist das Fleisch in Thunfischdosen nicht rot, sondern eher graurosa? Aus dem einfachen Grund, weil es nicht mehr roh ist. Die Thuns, die es liefern, werden erst im Ofen gebacken, weil sich so Haut und Gräten leichter entfernen lassen. Nach dem Abfüllen in Dosen wird das Fleisch dann noch mal erhitzt, um wie bei der Milch in Kapitel 2 Keime abzutöten.

brüstige Wildente lange Strecken fliegen kann. Der farbliche Unterschied entsteht hauptsächlich dadurch, dass weiße Muskeln nicht mit Sauerstoff »nachheizen« und daher kaum den roten Muskelfarbstoff Myoglobin enthalten.

Solche hellen »Fluchtmuskeln« dominieren bei sehr vielen Fischen, die wir essen, und in der Pfanne entwickeln sie entsprechend ein milderes, weniger fleischiges Aroma. Gleichzeitig benötigen ihre vom Wasser getragenen Muskeln weniger und nicht so hitzebeständiges Kollagen als Stütze, wie es bei Landtieren der Fall ist. Daher wird ihr glasiges, eiweißreiches Fleisch in der Pfanne nicht nur schnell weiß, sondern zerfällt auch rasch in lose Muskelsegmente und Fasern. Reste eines dunklen Seitenstreifens aus Marathonmuskeln sieht man auch oft auf den Filets von hellfleischigen Fischen, weil auch sie damit längere Strecken bewältigen. Schwarm- und Wanderfische wie Heringe und Lachse speichern für solche Reisen viel Fett im Körper, gerade wenn sie durch kaltes Wasser wandern. Durch die rasche Oxidation dieses Fetts schmecken solche Fische besonders fischig. Gleichzeitig liefern sie besonders viele der gesunden Omega-3-Fettsäuren. Ist die Fischnote allzu streng, weist das jedoch eher auf den fortgeschrittenen Abbau eines Stoffs hin, mit dem Fische zu Lebzeiten ihre Eiweiße schützen – und damit auf mangelnde Frische.

Das leuchtende Orange bis Rot, mit dem uns Räucherlachs und Lachsfilets locken, hat weniger mit Myoglobin zu tun als mit gewissen Fressvorlieben. In der Natur stammt der schöne Ton von einem karotinartigen Farbstoff, den Shrimps und andere Krebschen mit Algen aufnehmen und der dann weiter oben in der Nahrungskette im Lachsfleisch landet. Bei Zuchtlachsen wird dieser Farbstoff durch ein künstliches Imitat ersetzt, was aber offenbar dem typischen Lachsaroma, zu dem er beiträgt, keinen Abbruch tut. Ob der Ersatz auch genauso gesund ist wie die natürlichen Pigmente, ist bisher ungeklärt.

Damit hätten wir nun einen groben Überblick über die lange, komplexe Entwicklung der Fische und ihrer kulinarischen Eigenschaften. Eine extrem wichtige Sparte von Fischen fehlt allerdings noch. Wie Neunaugen und Schleimaale schwimmen sie bis heute in Form von lebenden Fossilien durch Meere und Flüsse. Zu diesen lebenden Urfischen gehören einerseits die 1938 im Indischen Ozean wiederentdeckten Quastenflosser, zum anderen die auf das Überleben in ausgetrockneten Tümpeln spezialisierten Lungenfische. Zusammen sind diese langgestreckten, manchmal fast lurchartigen Wesen die letzten bis heute existierenden Fleischflosser. Zumindest – und genau da wird es wichtig – wenn man nur die Fische zählt.

Wie die ersten Fossilien von strahlenflossigen Fischen sind jene der ersten Fleischflosser mehr als 400 Millionen Jahre alt und stammen aus der Anfangszeit des Devon, also des ersten Zeitalters der Fische. Wie Strahlenflosser könnten auch Fleischflosser von frühen Panzerfischen abstammen, aber auch da ist man sich nicht sicher. Sicher ist man sich hingegen, dass Fleischflosser im Laufe des Devon ihre muskulösen Flossen immer mehr wie Beine benutzten und bereits während oder kurz nach diesem Zeitalter wie urtümliche Salamander an Land herumkrochen. Wie in Kapitel 8 noch etwas genauer erläutert wird, sind aus diesen vierbeinigen Urzeitlurchen dann sämtliche Landwirbeltiere hervorgegangen, ob Frosch, Eidechse, Dino, Vogel, Löwe, Lamm oder wir. Rein systematisch gesehen heißt das, dass sowohl wir als auch die allermeisten Landtiere, die wir essen, eigentlich Fleischflosser und damit Fische sind, die wie alle Fische, also auch Strahlenflosser und Haie, möglicherweise einen gepanzerten Urfisch als gemeinsamen Vorfahren haben.

Wir Menschen sind also diejenigen Fische, die nicht auf, sondern vor dem Teller gelandet sind. Noch großzügiger als urzeitliche Spitzenprädatoren wie *Dunkleosteus* oder Megalodon können wir uns aus dem gesamten Fischreich bedienen. Ob es sich um die gut

30 000 in Meeren und Flüssen verbliebenen, meist strahlenflossigen Fischarten handelt. Oder um die etwa ebenso große Artenvielfalt der an Land und in der Luft lebenden »Fische«, die einst auf fleischigen Flossen das Wasser verließen.

Wie sehr wir auch heute noch Fische sind, merkt man an vielen Ähnlichkeiten. Als ich damals in Florida wie verrückt an der Angel kurbelte und meine Beine gegen das Fußbrett des tollen Sitzes stemmte, tat ich das mit Gliedmaßen, die sich genauso von einem einzelnen Knochen in viele verästeln wie die von Fleischflossern. Der Kapitän zerlegte mit ehemaligen Flossen die Thuns, und Sie und ich führen damit jedes Stück Fischfilet zum Mund. Wir pusten darauf aus einer Lunge, die auch frühe Fleischflosser in einfacher Form schon hatten und die sich bei den Strahlenflossern zur Schwimmblase entwickelte. Die milden, fleischigen oder fischigen Aromen des Happens erschnuppern wir mit den Nasenlöchern der frühen Fische. Und schmecken können wir solche Unterschiede dann nur, weil sich diese Löcher schon damals eine Verbindung zum Gaumenraum suchten. Die verblüffendsten Homologien, wie solche Ähnlichkeiten in der Fachsprache heißen, ergeben sich jedoch beim Kauen.

Der zweiteilige Kiefer, der Panzerfische zu den ersten »echten« Fischen machte, entwickelte sich vermutlich aus dem vordersten Kiemenbogen. Als Embryos im Mutterbauch haben wir ähnliche kiemenartige Strukturen, aus denen sich auch bei uns der Kiefer bildet. Kommen diese seitlich liegenden »Kiemen« nicht richtig zusammen, bildet sich eine Hasenscharte. Auch die seitlichen »Fischaugen« müssen nach vorne wandern, Eierstöcke oder Hoden von ihrer fischigen Nähe zur Leber nach unten rücken. Am erstaunlichsten sind allerdings die bis in die Urmeere zurückreichenden Ursprünge unserer Zähne. Haihaut wurde früher als Schleifpapier benutzt, und die winzigen Zähnchen, aus denen sie besteht, setzen sich genauso aus Mark, Zahnbein und Zahnschmelz zusammen wie unsere Beißer. Ganz ähnliche Schichten fand man in den Panzerschuppen der ersten Fische, und eine Theorie lautet, dass solche »Hautzähne« irgendwann vom Körper ins Maul wanderten und so die ersten Zähne entstanden. Allerdings hatten manche Urfische Zähne im Rachen, sodass sie ebenso gut von dort ins Maul und dann als Schuppen auf den Rücken gewandert sein könnten. Was auch immer stimmt: Das in Zähne eingelagerte Mineral verleiht ihnen jedenfalls eine Härte, die selbst die von Krebs- oder Muschelschalen übertrifft.

Essen wir Fische, tun wir das also mit vielen uralten Errungenschaften, die wir ihnen verdanken. Und da gewissermaßen alle Landwirbeltiere Fische sind und solche Homologien aufweisen, essen wir eigentlich kaum was anderes als Fische. Nur Walfische, die ins Meer zurückgekehrte »Landfische« (und damit offiziell keine Fische) sind, kommen bei uns zum Glück nur noch selten auf die Karte.

DAS SALZ DER ERDE

Kennen Sie diese Leute? Das Essen kommt auf den Tisch, und das Erste, was sie tun, ist ordentlich nachsalzen. Bevor sie überhaupt probiert haben!

Die Gewohnheit gilt als unhöflich gegenüber dem Koch, und im Internet kursieren Anekdoten über den US-Autopionier Henry Ford, der das Einstellungslunch mit Bewerbern sofort abgebrochen haben soll, wenn er sie bei so voreiligen Entscheidungen erwischte. Da die gleiche Anekdote (wie fast alles im Netz) auch Albert Einstein angedichtet wird, ist wahrscheinlich wenig dran. Tatsächlich vorsichtig mit dem Salz sollte man aber bei Geschäftsessen in der Schweiz sein. Hier fühlt sich der Einladende offenbar schon gekränkt, wenn man überhaupt salzt, und fehlen auch außerhalb der Schweiz in feinen Restaurants Salz und Pfeffer auf dem Tisch, sollte man wohl erst gar nicht danach fragen. Ähnliches gilt, wenn der Partner morgens frisches Rührei ans Bett bringt. Schmeckt das dann aber fad, hat man gleich ein doppeltes Problem. Erstens darf man nicht salzen, weil das wie ein wenig liebevoller Vorwurf wirken könnte. Zweitens kann es aber auch mit der Liebe nicht so weit her sein, wenigstens wenn man einer Studie zum Geschmacksempfinden von Verliebten glaubt. Im Hormonrausch schmecken die tatsächlich Salz nicht so stark – weshalb sie wie der sprichwörtliche Koch eigentlich eher versalzene Speisen servieren sollten.

Ist Salz ein Gewürz? Da es, wenn, meistens zusammen mit Pfeffer auf dem Tisch steht, kann man das schnell denken. Doch halt: Die kleinen weißen Kristalle machen ja einen ganz anderen Eindruck als die unregelmäßigen dunklen Körner. Erst recht als grüne Oreganoschnipsel oder eine Gewürznelke. Aber was – wenn wir schon mal dabei sind – ist dann mit Zucker? Dessen Kristalle ähneln schließlich jenen von Salz so sehr, dass man den Unterschied im Zweifelsfall nur erkennt, indem man ein paar davon vom feuchten Finger leckt.

Wiederholt man diesen Versuch und hält sich dabei die Nase zu, wird man feststellen, dass man sowohl Zucker als auch Salz trotzdem noch schmecken kann. Anders ist es bei einer Fingerspitze Pfeffer oder Zimt, die ohne Beteiligung der Nase nach gar nichts schmeckt. Das ist schon ein Hinweis darauf, dass es sich sowohl bei Zucker als auch bei Salz um sehr alte und grundlegende Stoffe handelt, die für das Leben schon immer sehr wichtig waren. Im Gegensatz dazu sind Pfeffer, Zimt, Kräuter oder Nelken eher Verfeinerungsmittel, deren Bedeutung begrenzter ist und die in der Naturgeschichte der Nahrung auch erst viel später auftauchen. Es handelt sich dabei um ganze oder zerkleinerte Teile von Pflanzen, und tatsächlich dürfen in Deutschland auch nur solche geschmackgebenden Pflanzenteile offiziell als Gewürze bezeichnet werden. Das ist zum einen vermutlich historisch bedingt und soll zum anderen verhindern, dass Salz und Zucker auf Lebensmitteln als Gewürze »getarnt« werden.

Wenn auch kein zerkleinerter Pflanzenteil und damit kein Gewürz, wird Zucker doch aus Pflanzen, nämlich Zuckerrüben oder Zuckerrohr, gewonnen. Die in dem herausgelösten Saft enthaltenen Zuckermoleküle sind relativ einfach gebaut, weshalb sie wie Salz recht leicht jene ordentlichen Gitterstrukturen bilden, die wir Kristalle nennen. Trotzdem werden Zucker eher den Pflanzen, Tieren und überhaupt allem Leben zugerechnet. Unser Speisesalz und andere Salze kommen hingegen aus jenem toten Reich, aus dem wir Kristalle am häufigsten kennen. Es sind weder Pflanzen noch »lebendige« Zucker, sondern Minerale – und damit mehr oder weniger Steine, die wir erstaunlich gerne essen.

Trotz seiner steinigen Natur wird gerne behauptet, dass alles Salz aus dem Meer stammt. Wenn Sie die letzten zwei Kapitel gelesen haben, werden Sie ahnen, dass mir dieser Ursprung durchaus sympathisch ist, und tatsächlich zierten alle Packungen Salz, die ich bisher in meinem Leben gekauft habe, immer Wellen, Muscheln oder Fische. Hätte ich ein bisschen nachgedacht, hätte ich aber genauso gut die »andere« Sorte Salz kaufen können, also jene mit den Alpen auf der Packung aus den Bergen. Denn grundsätzlich trifft die Aussage zu, und auch solches Salz ist eigentlich Meersalz, das eben nur in den Bergen oder anderswo im Boden gelandet ist.

Wie die Frage nach Huhn oder Ei, zu der wir später kommen, lässt sich aber auch diese Frage noch ein bisschen weiterdrehen. Und wenn wir kurz noch mal ganz bis an den Anfang aller Köstlichkeit zurückkehren, merken wir, dass die Antwort eigentlich eine andere ist.

Salz stand schon immer auf dem großen Tisch der Erde, noch vor den ersten Meeren und vor dem ersten Leben. Das Leben bediente sich dann ausgiebig davon – wie Gäste ohne Manieren oder von Essen und Liebe enttäuschte Eheleute.

Vor ein paar Jahren stellten Astronomen fest, dass ein junger Stern im Sternbild Orion, das im Winter auch mit bloßem Auge nachts gut zu erkennen ist, einer großen Margarita gleicht. Wie den berühmten Cocktail auf Tequilabasis ziert den fernen Himmelskörper ein Ring aus Salz, der rund dreißigmal so viel davon enthalten könnte wie alle Weltmeere zusammen. Für die Forscher war das überraschend, weil sie solche gasförmigen Salzschichten eher von sterbenden Sternen kennen, die sie abstoßen wie tote Haut nach einem Sonnenbrand. Auch wird kosmisches Salz selten aufgespürt, wohl weil es sich schnell mit kosmischem Staub verbindet und dann für die Geräte der Sterngucker nicht mehr zu erkennen ist.

Wie viele Elemente werden die Zutaten zu Salz in großen, massereichen Sternen ausgebrütet und bei deren Explosion im All verteilt. Es handelt sich um das ebenfalls zu Explosionen neigende Leichtmetall Natrium sowie das giftige Gas Chlor, die zusammen gut bekömmliches Natriumchlorid – alias Koch-, Speise- oder Tafelsalz – ergeben. Wie alle leichteren Elemente wurden die beiden im Magma der jungen Erde nach oben getragen und in die Kruste eingebacken. Durch die Einschläge großer Himmelskörper könnte zwar viel Chlor wieder ins All geblasen worden sein, was vielleicht ganz gut war, weil die frühen Meere sonst zu salzig fürs Leben geworden wären. Doch bleibt es dabei, dass das Salz der Erde oder zumindest seine Elemente ursprünglich zu ihrem festen Teil gehören. Alles Salz kommt also streng genommen doch nicht aus dem Meer – ich fände es ja selbst andersrum schöner.

Die ersten Meere und Flüsse begannen jedoch bald, an den frühen Kontinenten wie an einem großen Salzstein zu lecken. Dadurch wurde immer mehr Salz ins Meer gespült, wo es auch blieb, wenn das aus den Flüssen zugeführte Wasser wieder zu Wolken verdampfte. Regnen sich diese Wolken über den Landmassen ab, löst sich erneut Salz aus Felsen und Böden und wird gen Meer getragen. Gleichzeitig treten die elementaren Zutaten zu Salz ständig aus unterseeischen Spalten, Schloten und Vulkanen aus. Eigentlich, so der logische Schluss, müsste sich auf diese Weise immer mehr Salz im Meer sammeln. Zu diesem Schluss kam Anfang des 18. Jahrhunderts auch der britische Astronom Edmond Halley, als er sich gerade nicht mit dem nach ihm benannten Kometen beschäftigte. Halley entwickelte daraus die clevere Idee, das damals noch nicht bekannte Alter der Erde anhand des Salzgehalts des Meerwassers zu berechnen. Dass das nicht klappte, hat damit zu tun, dass heute jedes Salz in gewisser Weise eben doch aus dem Meer stammt.

Salz wird von uns Menschen vor allem auf zwei Arten gewonnen. Zum einen trocknen wir an den Küsten Meerwasser zu Salz, was oft in seichten, von der Sonne beschienenen Becken geschieht. Aus diesen Salzgärten stammt in der Regel sowohl das Meersalz in der maritim gestalteten Packung, zu der ich im Supermarkt greife, als auch das von der Oberfläche der Becken abgeschöpfte Fleur de Sel, das Feinschmecker sich leisten. In Deutschland wird Meersalz wie Austern nur auf Sylt hergestellt. Dafür gehören wir weltweit zur Spitze der Länder, die Salz auf andere Art produzieren.

Im nördlichen Flachland und auch im Süden liegen bei uns gewaltige Salzschichten unter der Erde, die wir in Schächten abbauen oder mit Wasser ausspülen, kochen und trocknen. Dieses Stein- und Siedesalz wird für unzählige Zwecke verwendet, vom Streuen im Winter oder dem Konservieren von Lebensmitteln bis hin zur Herstellung von Leder, Farben oder Plastik. Das Bad Reichenhaller »AlpenSalz«, das in Deutschland das beliebteste Speisealz ist, macht dabei nur einen winzigen Teil aus.

Auch dieses aus Bergen und Boden geförderte Salz schwamm jedoch einst im Meer herum. Wie die Muscheln und Ammoniten aus dem vorletzten Kapitel gehörte es zu Meeren und Meeresarmen, die vor mehr als 200 Millionen Jahren große Teile Europas bedeckten. Dieses Meerwasser trocknete irgendwann zu ähnlichen Salzpfannen aus, wie man sie aus Utah oder Bolivien kennt. Die Schichten sanken tief in die Erde, stiegen durch geologische Prozesse wieder auf und werden heute fern der Ozeane abgebaut wie Kohle oder Erz. So ist jedes Körnchen Salz, das wir auf unser Essen streuen, tatsächlich Meersalz (das sich ganz ursprünglich trotzdem irgendwann mal aus Magma oder Fels löste).

Ob Meere immer gleich komplett austrocknen müssen, um Salzvorkommen zu hinterlassen, ist umstritten. Möglicherweise kann Salz auch auf andere Weise große Ablagerungen auf dem Meeresgrund bilden. Klar scheint jedoch zu sein, dass die Ablagerung von Meersalz, das zu Steinsalz wird, ein wichtiger Grund ist, warum Edmond Halleys Rechnung nicht aufgehen konnte. Obwohl das Meer aus Flüssen und anderen Quellen ständig »nachgesalzen« wird, wird es nicht immer salziger. Im Durchschnitt hat es heute einen Salzgehalt von 3,5 Prozent. Das heißt, in einem kleinen Glas Meerwasser sind etwa dreieinhalb Gramm Salz enthalten – ungefähr so viel wie in einer großen Laugenbrezel.* Laut Modellrechnungen ist

* Anders als bei der Brezel besteht bei Meerwasser ein kleiner Teil des Salzgehalts nicht aus Tafelsalz, sondern aus anderen Salzen wie Magnesiumchlorid oder Calciumsulfat.

dieser Wert, der auch durch die Zufuhr von Schmelzwasser von den Polen beeinflusst wird, über die vergangenen 500 Millionen Jahre erstaunlich konstant geblieben. Davor könnte er jedoch höher gewesen sein, weshalb Forscher sich fragen, ob ein sinkender Salzgehalt dazu beitrug, dass in den Urmeeren einst das Leben explodierte.

Im Toten Meer, das rund zehnmal salziger ist als »normal«, leben zum Beispiel fast ausschließlich an solche extremen Bedingungen angepasste Bakterien und Urbakterien. Schwimmt ein Fisch mit den Wassern des Jordan in die salzige Brühe, geht er rasch über selbigen. Das Paradoxe daran ist, dass wir und viele Lebewesen, die wir essen, eine Prise Salz zum Leben unbedingt brauchen.

Als der Fisch sich eben ins Wasser des Toten Meers verirrte, entzog das durch Haut und Kiemen in sein Gewebe dringende Salz seinen Zellen so viel Flüssigkeit, dass er daran verendete. Aus demselben Grund könnten wir eine solche Salzlake oder auch trockenes Salz vom Ufer nun verwenden, um den Fisch wie einen Salzhering zu konservieren. Denn wie die Körperzellen des Fisches vertragen auch jene Bakterien, die sich normalerweise über tote Fische hermachen, bis sie stinken, kein allzu salziges Milieu. Anders als ihre salzliebenden Verwandten im Toten Meer haben sie keine speziellen Anpassungen für solche Lebensumstände. Daher entzieht auch ihnen die salzige Umgebung so viel Wasser, dass sie einschrumpeln wie eine Rosine.

Kürzlich gemachte Funde im Sudan legen nahe, dass wir Menschen schon seit fast 10 000 Jahren Salz benutzen, um Fische zu konservieren. Tötet Salzlake dabei schädliche Mikroben, entzieht Einlegen in trockenes Salz dem Fisch zusätzlich Wasser, was ihn noch haltbarer macht. Etwas nördlicher und später, im alten Ägypten, wurde bereits Salz aus dem Mittelmeer oder inländischen Salzpfannen verwendet, um auch Fleisch zu pökeln. Selbst Menschen, Hunde und Katzen wurden dort irgendwann in Salz eingelegt, um sie als Mumien fürs Jenseits zu konservieren.

Der biologische Prozess, auf dem der tödliche Wasserentzug durch Salz beruht, ist derjenige, mit dem viele von uns schon in der Schule gequält wurden: die Osmose. Dabei wandert Wasser durch die Hülle von Zellen oder die Wände von Gefäßen, um die Konzentration von Salz und anderen Teilchen auf beiden Seiten anzugleichen. Da sich so der Wasserhaushalt im Körper nicht nur auf tödliche Weise stören, sondern auch regulieren lässt, ist Salz für uns und andere Lebewesen so wichtig.

Dabei gibt es verschiedene Strategien. Sollten die ersten Urzellen sich tatsächlich wie in Kapitel 2 dargestellt in den Gesteinsporen heißer Schlote am Meeresgrund gebildet haben, hätte sie das in Form gehalten. Spätestens beim Aufbruch ins salzige Meerwasser drohte jedoch auch ihnen Wasserentzug. Den hätten sie nun verhindern können, indem sie Salz und andere osmotisch wirkende Stoffe aufnehmen und so ihr wässriges Inneres genauso »salzig« machen wie das Meer um sie herum. Diese Methode der Anpassung praktizieren heute viele im Salzwasser lebende Bakterien und Urbakterien. Das Gleiche gilt für die Schalen- und Krustentiere aus Kapitel 3, wenn sie im Meer leben, während Haie denselben Effekt mit dem in Kapitel 4 erwähnten Harnstoff erreichen. Grätige Fische, unsere Vorfahren, haben zwar auch »Salzwasser im Blut«, doch ist es dünner als bei anderen Meeresbewohnern. Das könnte daran liegen, dass es aus einer Zeit mit weniger salzigen Meeren »stammt«, vielleicht macht es aber auch einfach ihre innere Chemie effizienter und unabhängiger. Jedenfalls geben sie sich große Mühe, ihren inneren Salzgehalt von rund einem Prozent in jeder Umgebung aufrechtzuerhalten.

Meeresfische zum Beispiel sind ständig durstig. Nicht ganz so wie das Tote Meer, aber doch auf recht entschiedene Weise möchte das umgebende Salzwasser ihrem weniger salzigen Körper dauernd Wasser entziehen. Daher nehmen Salzwasserfische die ganze Zeit über Haut und Kiemen viel Wasser auf und trinken es tatsächlich auch, um ihr Inneres wässriger zu halten als Salzwasser. Das überschüssige Salz, das so in ihren Körper gelangt, geben sie über spezielle Zellen in den Kiemen und extrem salzigen Urin wieder ab.

Ganz anders ist es bei Fischen in Flüssen und Seen. Sie wissen nicht, was es heißt, durstig zu sein, denn da bei ihnen Blut und Gewebe salziger sind als Süßwasser, strömt Wasser ständig von allen Seiten in sie hinein. Dadurch würden ihre Zellen anschwellen und explodieren wie kleine Wasserbomben, wenn nicht auch Süßwasserfische sich an diese Umstände angepasst hätten. Im Gegensatz zu Meeresfischen behalten sie möglichst viel von dem Salz, das sie aus Umgebung und Nahrung aufnehmen, im Körper. Das viele überschüssige Wasser hingegen scheiden sie durch ständiges Auspinkeln von sehr dünnem Urin wieder aus.

Wie so vieles haben wir Menschen unseren kleinen »inneren Ozean« von den Fischen geerbt. Zwar besteht unser Körper mit etwa 60 Prozent nicht aus ganz so viel Wasser wie ihrer. Doch wie bei Fischen und den meisten Wirbeltieren haben auch bei uns die inneren Flüssigkeiten eine »Salzigkeit« von etwa einem Prozent. Anders als bei Meeresfischen saugt nicht ständig salziges Wasser an uns, selbst wenn wir mit unserer gut abgeschlossenen Körperhülle im Meer baden. Dafür verlieren wir Wasser über Verdunstung aus der Haut, Schwitzen, Atmen sowie die Ausscheidung von Urin und Stuhl. Dieses Wasser an Land nachzufüllen ist nicht immer einfach, daher ist vielleicht Durst für uns ein noch schlimmeres Gefühl als für Meeresfische. Wer aber zu den notorischen Nachsalzern vom Anfang des Kapitels gehört oder von einer einmal geöffneten Packung Salzcracker nicht lassen kann, weiß, dass auch die Lust auf Salz nicht zu verachten ist.

Da wir statt im Wasser an der Luft leben, brauchen wir Salz vor allem, um unsere inneren Flüssigkeiten in osmotischer Balance zu halten. Wandert Wasser unkontrolliert zwischen Blut, Gewebe und Zellen hin und her, kann es auch bei uns Probleme mit Druck und Volumen geben. Zudem brauchen wir besonders das Natrium im Salz für die Weiterleitung von Nervenreizen, also das berühmte

Aktionspotenzial (das in der Schule ähnliches Nervpotenzial wie die Osmose hatte). Auch für die Kontraktion der Muskeln ist Natrium wichtig, ebenso für die Aufnahme von Nährstoffen aus dem Darm. Chlor wiederum, Natriums chemischer Partner, sorgt vorher als entscheidender Teil der Magensäure dafür, dass Nahrung zu Nährstoffen zersetzt wird.

Zu viel Salz im Körper ist gefährlich. Trinkt ein Schiffbrüchiger Meerwasser, werden seine Nieren überfordert, denn die können nur Urin produzieren, der weniger salzig ist als das Meer. Um das Salz wieder abzuführen, müssen sie also mehr Wasser ausscheiden, als getrunken wird, was den Durst erhöht und den Körper austrocknet. Zugleich werden Blut und Gewebe trotzdem salziger, was auf die Zellen einen ähnlichen Effekt hat wie auf jene des Fischs im Toten Meer. Die Folgen sind Müdigkeit oder Unruhe, später Zuckungen und Krämpfe, schließlich sogar Koma oder Tod.* Meeresschildkröten und Seevögel haben spezielle Drüsen an Augen oder Schnabel, um überschüssiges Salz wieder loszuwerden, Wale und Robben sehr leistungsfähige Nieren. Wir aber bräuchten für jeden Liter Meerwasser, den wir trinken, fast zwei Liter Süßwasser zum Nachspülen, um gesund zu bleiben.

Allerdings sollte man es mit dem Nachspülen nicht übertreiben, denn auch das Gegenteil, zu wenig Salz und viel Wasser im Körper, kann böse enden. Sinkt der Salzgehalt des inneren Ozeans unter einen kritischen Wert, kommt es zu ähnlichen Symptomen wie bei verdurstenden Schiffbrüchigen, von Schwäche, Erbrechen und Desorientierung bis zu Krämpfen und Koma. Statt Wasser zu verlieren,

---

* Seriös dokumentierte Fälle von Salzwasserkonsum bei Seenot sind erstaunlich schwer zu finden. Durch die Presse ging vor einiger Zeit der Fall eines 19-Jährigen in den USA, der beim Aufnahmeritual einer Studentenverbindung einen Liter Sojasauce trank, in der sich noch fünfmal mehr Salz als in Meerwasser verbirgt. Nach Krampfanfällen fiel er ins Koma, aus dem er erst nach Infusion von sechs Litern Zuckerlösung wieder erwachte. Noch tragischer sind ebenfalls vorkommende Fälle, bei denen sich Menschen mit Sojasauce das Leben nehmen oder Eltern ihren Kindern Salzwasser als Brechmittel einflößen, um eine mögliche Vergiftung zu bekämpfen.

saugen sich die Zellen bei dieser Form der osmotischen Imbalance damit voll, was besonders im Hirn zu tödlichen Schwellungen führen kann. Fälle sind von Wassertrink-Challenges und verunglückten Entgiftungsversuchen bekannt (ganz ähnlich wie bei den Salzvergiftungen in der letzten Fußnote). Noch häufiger kommen sie aber bei Marathons, Triathlons oder exzessiven Tanznächten auf Ecstasy vor, weil dabei so viel Salz ausgeschwitzt wird, dass selbst salzige Sportdrinks es nicht immer ausgleichen können. Tatsächlich sind Ärzte sich einig, dass übermäßige Flüssigkeitszufuhr bei solchen Gelegenheiten viel gefährlicher ist als die allseits gefürchtete Dehydrierung. Selbst im Alltag sollten wohl vor allem Frauen und ältere Menschen darauf achten, dass ihr innerer Salzspiegel nicht ständig etwas zu niedrig ist. Denn dadurch leiden offenbar Konzentration und Koordination, und es erhöht sich die Gefahr von Stürzen.

Die Rolle, die Natrium bei der Reizübertragung spielt, ist eng mit der beim Wasserausgleich verwandt, und dabei wird die Bedeutung von Salz für den Körper vielleicht noch deutlicher. Das hochwirksame Nervengift der Kugelfische, das im letzten Kapitel erwähnt wurde, setzt nämlich genau bei dieser Rolle an und blockiert die winzigen Kanäle, durch die Natrium für die Übertragung schlüpfen muss. Die Folge sind jede Menge inaktiv bleibende Aktionspotenziale und so nicht weitergeleitete Reize – was rasch in Atemstillstand und Tod mündet.

Da wir nun wissen, wie wichtig Salz für unseren Körper ist, können wir auch das Geheimnis hinter der Geschmacksprobe am Anfang des Kapitels auflösen. Im Gegensatz zu Gewürzen können wir Salz selbst mit zugehaltenem oder verschnupftem Riechorgan schmecken, weil wir dafür spezielle Geschmacksknospen auf der Zunge haben. Genau wie Zucker gehört Salz zu einer privilegierten kleinen Gruppe von Stoffen, die für uns so wichtig sind, dass unsere Zunge über eine besondere Ausrüstung verfügt, um sie zu erkennen.

Sind Sie stolz auf Ihren feinen Gaumen, mit dem Sie noch subtilste Noten von Pfeffer, Oregano oder Nelken aus einem Gericht herausschmecken können? Nun, wie Sie vermutlich bereits wissen, wenn Sie sich ein bisschen mit dem Thema beschäftigt haben: Weder der Gaumen noch die Zunge, die dabei ebenfalls gerne ins Spiel gebracht wird, haben mit solcherlei Unterscheidungen viel zu tun. Wenn sich Feinschmecker auf ein Körperteil etwas einbilden können, dann höchstens auf ihre Nase.

Die verrät schon beim Schnuppern an Essen oder Wein viel über Zutaten und Aroma. Dabei saugen wir Duftmoleküle über die Nasenlöcher ein, von wo sie die weit oben in der Nase sitzenden Riechzellen erreichen. Nehmen wir dann einen Bissen oder trinken einen Schluck, passiert aber seltsamerweise das Gleiche. Beim Kauen und Schlucken gelangen die aromatischen Moleküle in den Rachen, von wo sie beim Ausatmen erneut, sozusagen durch die Hintertür, zu den Riechzellen in der Nase gelangen. In den meisten Fällen, in denen wir glauben, etwas zu schmecken, riechen wir es also eigentlich. Dieses Riechen über den Rachen unterscheidet sich in manchem vom Schnüffeln durch die Nase, und anscheinend sind wir so gut darin, dass selbst Meisterschnüffler wie Hunde nicht mithalten können. Dass wir dabei denken, Aromen über Zunge und Gaumen aufzunehmen, liegt wahrscheinlich daran, dass die Nahrung sich gerade dort befindet und wir oft wirklich gleichzeitig gewisse Dinge schmecken. Besonders zu verwirren scheint das Ganze die eigentlich für ihre Esskultur bekannten Schweizer (die in diesem Buch auffällig oft Seitenhiebe abkriegen). Sie haben in Schwyzerdütsch kein eigenes Wort für »riechen«, sondern nennen einfach alles »schmöcken«.

Wirkliches Schmecken ist im Vergleich zu Riechen eine viel primitivere Angelegenheit. Zwar haben wir mit den etwa 400 verschiedenen Arten von Geruchsrezeptoren, die in unseren Riechzellen stecken, viel weniger als die über tausend, die etwa Hunde oder Mäuse besitzen. Doch können wir damit jüngsten Studien zufolge nicht nur Tausende, sondern insgesamt sage und schreibe eine Billion Gerüche unterscheiden. Die Geschmacksknospen in unserer Zunge hingegen, mit denen wir tatsächlich schmecken und es nicht nur beim Riechen denken, verfügen über gerade mal fünf Grundarten von Rezeptoren, die auf genauso wenig Geschmäcke ausgelegt sind. Dabei handelt es sich um salzig, süß, sauer, bitter und herzhaft – vom japanischen Entdecker der fünften Geschmacksnote umami genannt.

Die winzigen Hubbel auf unserer Zunge sind keine Geschmacksknospen, sondern warzenartige Erhebungen, die viele solcher Knospen enthalten. Jede Knospe enthält wiederum Geschmacksrezeptoren, und all das verteilt sich über Spitze und Rückraum der Zunge sowie über den Gaumen. Für süß, herzhaft und bitter gibt es »echte« Rezeptoren, für salzig und sauer wohl eher wie bei der Reizübertragung feine Kanäle. Würden sich Restaurants ausschließlich auf die Geschmäcke konzentrieren, die wir über den Mund wahrnehmen, sähe das merkwürdig aus. Statt eines ganzen Gerichts ständen vor uns Schälchen mit Salz, Zucker, Zitronensaft, Sojasauce und wahrscheinlich ein Espresso. Die Geschmäcke süß und sauer werden in Kapitel 10 und 12 dieses Buchs behandelt, bitter hat in 13 seinen Platz, und Fleischig-Herzhaftes wird spätestens ab 14 wichtig. Salzig, den uralten Geschmack unserer nassen Heimat, werde ich aber schon hier abschließend zu erläutern versuchen.

Als die Fleischflosser aus dem letzten Kapitel vor rund 350 Millionen Jahren ihre nasse Heimat verließen, fraßen sie krabbelnde Kost wie Tausendfüßer, Spinnentiere und Insekten – bald vermutlich auch einander. Als Tier andere Tiere zu fressen, also als Fleischfresser zu leben, hat einen großen Vorteil: Man bekommt alle Elemente und Moleküle, die der Körper so braucht, mehr oder weniger eins zu eins wieder geliefert. Das gilt auch für Salz und das davon so besonders wichtige Natrium. Als rund 50 Millionen Jahre nach dem Landgang die echsenähnlichen Nachfahren der Fleischflosser begannen, sich vom inzwischen üppig sprießenden

Grün der Erde zu bedienen, gab es jedoch ein Problem. Pflanzen unterscheiden sich in ihrer chemischen Zusammensetzung stark von Tieren, und Salz ist einer der Stoffe, die Pflanzen in der Regel nicht in ausreichender Menge liefern können. Heutige Pflanzenfresser wie Rehe suchen deshalb gezielt mineralreiche Stellen im Erdreich auf und lassen sich von Jägern mit Lecksteinen locken. Schmetterlinge naschen Salz aus schlammigen Pfützen, den Tränen von Krokodilen oder menschlichen Schweißtropfen. Elche fressen im Sommer salzige Sumpfpflanzen und lecken im Winter mit Streusalz bespritzte Autos ab. Manche afrikanischen Elefanten tasten sich sogar wie Bergleute in stockdunkle Vulkanhöhlen vor, um mit ihren rauen Rüsseln salzigen Sand von den Wänden zu kratzen.

Auch unsere nächsten Verwandten, die Affen, ernähren sich hauptsächlich von Früchten und anderer pflanzlicher Kost. Die meisten Arten ergänzen das aber mit Insekten, kleinen Säugern und ähnlichen Fleischhappen. Ebenso wird auch bei Affen oft beobachtet, dass sie Erde fressen, vermutlich um unter anderem ihren Bedarf nach wichtigen Mineralen wie Salz auszugleichen. Vor rund 10 Millionen Jahren begannen in Afrika dichte Wälder immer mehr offeneren Landschaften zu weichen, und in diesen entwickelten wir uns wohl von kletternden Affen zu aufrecht gehenden Jägern der Savanne. Mit ausreichend Fleisch in der Ernährung brauchten wir keine salzige Ergänzung; das legt jedenfalls der nicht vorhandene Salzkonsum von heutigen Rindernomaden und modernen Jägern und Sammlern nahe. Erst der vor etwa 10 000 Jahren beginnende Übergang zu Landwirtschaft und Getreideanbau scheint die »Salzlust« wieder mehr geschürt zu haben. Nun wurde Salz bald gezielt abgebaut, was sicher wie in Ägypten auch mit seiner konservierenden Wirkung zu tun hatte.

Dass das Wort Salär auf mit Salz bezahlte römische Legionäre zurückgeht, ist ein hübscher, aber laut einem neuseeländischen Altphilologen schlecht belegter Mythos. Der Salat hingegen scheint tatsächlich von mit Salz gewürztem italienischem Grünzeug seinen

Namen zu haben. Und die Salami ist Wurst, die nicht nur mit Milchsäurebakterien, sondern auch mit Salz haltbar und schmackhaft gemacht wurde.

Wie sehr stammt unsere Lust auf Salz aus uralten Meeren? Wie sehr von auf Bäumen lebenden Affen? Wie sehr von der früh aufgekommenen Gewohnheit, Nahrung mit Salz zu konservieren und zu veredeln? Aufs Körnchen genau lässt sich das nicht beantworten. Dass der Körper von sich aus einen gewissen Korridor beim Salzkonsum vorgibt, merkt man daran, dass die ungesalzene Suppe zwar fad, die versalzene aber auch nicht gut schmeckt. Trotzdem ist es beim Salz wie beim Zucker: Viele glauben, dass wir uns aufgrund alter Prägungen aus dem heutigen Überangebot zu reichlich bedienen. Die Folge: Bluthochdruck und ein erhöhtes Risiko für Herzinfarkt und Schlaganfall.

Die Erklärung für die ungesunden Folgen lautet grob gesagt, dass durch das Salz zu viel Wasser im Körper behalten wird, so der Blutdruck steigt und das auf Dauer Gefäße, Nieren und Herz schädigt. Wie das genau abläuft, wird noch erforscht, doch statistisch gilt der Zusammenhang als gut belegt. Die Weltgesundheitsorganisation und auch die Deutsche Gesellschaft für Ernährung empfehlen deshalb, den Salzkonsum zu reduzieren. Der liegt derzeit in Deutschland bei durchschnittlich gut acht Gramm pro Tag bei Frauen und zehn Gramm bei Männern, sollte aber wohl besser bei höchstens fünf oder sechs Gramm liegen. Das entspricht ungefähr einem Teelöffel Salz oder hundert Gramm Salami. Doch auch in Lebensmitteln wie Brot und Käse kann sich viel Salz verbergen – und erst recht natürlich in salzig eingelegten Heringen.

Wer die mag, wird gerne von ketzerischen Studien hören, die jüngst den Nutzen einer Reduzierung in Zweifel zogen. Die wissenschaftliche Debatte um Salz ist zwar nicht so alt wie historische Konflikte um Salzmonopole, währt jedoch auch schon über hundert Jahre. Beim jüngsten Scharmützel hieß es sogar, die Abkehr vom Salz könne selbst Herz und Gefäßen schaden, worauf sofort gesalzene Kritik von anderen Experten folgte. In einem scheint man sich inzwischen allerdings halbwegs einig zu sein: Ähnlich wie bei der Laktose aus Kapitel 2 oder dem Gluten aus Kapitel 9 ist die Reaktion des Körpers auf Salz nicht bei allen Menschen gleich, und manche vertragen hohe Mengen gut, andere schlechter. Bevor Sie jetzt aber sofort wieder munter zum Salzstreuer greifen, seien Sie gewarnt: Laut einer ebenfalls jüngst erschienenen Langzeitanalyse britischer Gesundheitsdaten kostet Sie genau diese Gewohnheit nicht nur in der Schweiz den Job, sondern als Frau im Schnitt eineinhalb und als Mann sogar über zwei Jahre Ihres Lebens.

Nur um eins müssen sich notorische Nachsalzer keine Sorgen machen: dass ihnen das Salz irgendwann ausgeht. Im Gegensatz zu anderen Ressourcen ist es nach all der Zeit sowohl in Meer als auch Boden in schier unerschöpflichen Mengen vorhanden. Das Salz der Erde, also die hauptsächlich von alten Meeren abgelagerten Vorkommen an Steinsalz, werden dabei gerne auf 100 Billionen Tonnen beziffert. Das ist wohl so eine Zahl, die selbst von seriös scheinenden Quellen genauso leichtfertig wiederholt wird wie ungeprüfte Zitate von Einstein.* Doch wenn ist sie zu niedrig, was heißt, dass bei den derzeitigen Fördermengen selbst das Salz der Erde für mindestens 400 000 Jahre Salzkonsum reichen würde. Hinzu kommt das offenbar einfacher zu berechnende Salz der Meere (bei dem ehrlich gesagt auch mir die genaue Prüfung zu

---

* Die Zahl findet man so zum Beispiel beim Deutschen Salzmuseum, bei planet wissen, Quarks & Co. und der *Süddeutschen Zeitung*. In einer Broschüre der Bundesanstalt für Geowissenschaften und Rohstoffe heißt es, allein schon die geologischen Steinsalzvorkommen Deutschlands dürften 100 Billionen Tonnen leicht überschreiten. Die Vermessungsbehörde des US-Bundesstaats Kansas gibt an, allein dort könnten 13 Billionen Tonnen Steinsalz schlummern. Unter Texas und Oklahoma sind es vielleicht noch mal 57 Billionen Tonnen, und unter der alten Autostadt Detroit könnten 71 Billionen Tonnen auf passionierte Nachsalzer warten. Dem Heringsfass den Boden aus schlagen jedoch die Salzvorkommen unter dem einst ausgetrockneten Mittelmeer: Hier könnten noch mal etwa 3000 Billionen Tonnen Steinsalz liegen, was sechs Prozent des in heutigen Ozeanen enthaltenen Meersalzes entspricht.

anstrengend wurde). Es ist noch einige Hundertausend Mal üppiger vorhanden und würde genügen, um sämtliche Länder der Erde bis zur Spitze des Kölner Doms mit einer 150 Meter hohen Schicht Salz zu bedecken.

Und wenn das immer noch nicht reicht, können wir vielleicht irgendwann die noch größeren Mengen der kosmischen Margarita im Orionnebel anzapfen.

IN DIE PILZE

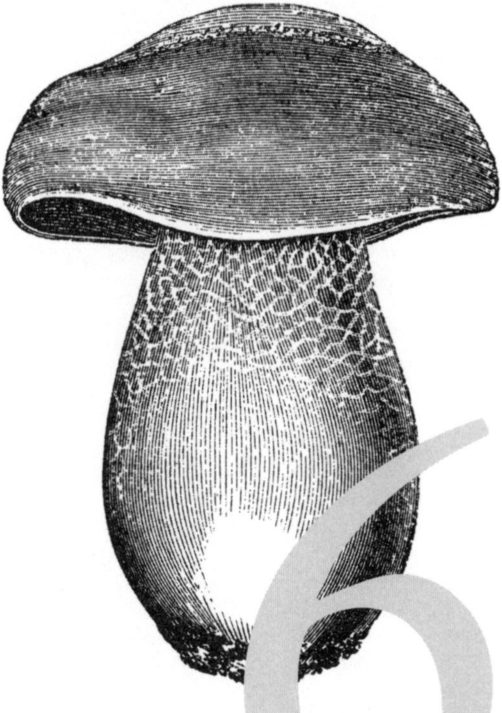

6

Ich gebe zu: Ich bin kein großer Pilzkenner. Anders als bei Meeresfrüchten oder Fisch beschränken sich meine frühen Erfahrungen bei dieser großen Gruppe von Lebensmitteln auf die wohl schnödesten Vertreter ihrer Zunft: zerkochte Champignons auf Schnitzeln, Pizzen und in sämigen Hühnerfrikassees. Später war ich zumindest ein-, zweimal Pilze sammeln, habe aber auch dabei die kulinarische Entscheidung über Leben und Tod anderen überlassen. Es gab eine Phase, in der ich aus eigenem Antrieb Kräuterseitlinge vom Einkaufen mit nach Hause brachte, und klar, wenn es bei Freunden Steinpilze oder Pfifferlinge gibt, lobe ich sie, ohne flunkern zu müssen. Trotzdem haben Pilze als Speise nie so meine Fantasie beflügelt wie zum Beispiel die Geschöpfe des Meeres, mit denen immer die faszinierenden Tiefen der Ozeane mit auf dem Teller zu landen schienen. Dass die Pilze, die wir essen, Botschafter einer kaum weniger faszinierenden Welt sind, war mir lange nicht bewusst.

Pilze sind in jeder Hinsicht verwirrende Organismen. Als Esser denken wir dabei natürlich erst mal an die eben erwähnten Speisepilze, aber auch der weiße, grüne oder graue Schimmel, der viele unserer Speisen zerstört, ist ja ein Pilz. Auf Camembert oder Brie ist das Zeug harmlos, im Gorgonzola die blaue Aderung sogar eine Delikatesse. Färben die gleichen Lebewesen die Ritzen unseres Bads oder sogar die Ecken unserer Wohnung neu ein, ist das aber weniger köstlich. Pilze sind, wenn wir uns richtig erinnern, doch die Hersteller so wichtiger Medikamente wie Penizillin. Gleichzeitig quälen sie uns als juckende Besiedler von Füßen, Kopfhaut oder noch empfindlicheren Stellen. Wie verträgt sich das mit den gleichen unscheinbaren Organismen, ohne die wir weder Brot, Bier noch Wein genießen dürften? Und wie mit jenem ebenfalls von Pilzen stammendem »Fleisch der Götter«, das schon die Azteken in andere Sphären schickte?

Auch die Wissenschaft wusste lange nicht, was sie von Pilzen halten sollte. Früher dachte man verständlicherweise, sie seien so etwas wie Pflanzen. Heute weiß man, dass sie den Tieren näherstehen. Trotzdem unterscheiden sie sich in so vielem von beidem, dass man ihnen schließlich ihr eigenes biologisches Reich zugestanden hat. Wie die Bakterien aus Kapitel 2 sind Pilze praktisch überall und werden gerne als die heimlichen Herrscher der Welt bezeichnet. Wie die Azteken vielleicht geahnt haben, sind sie potenziell unsterblich. Und einzelne Exemplare gehören heute nicht nur zu den größten, sondern auch den ältesten Lebewesen, die wir kennen.

Dass ich als junger Esser in den 1970ern praktisch nur Champignons vorgesetzt bekam, ist kein Wunder. Außer im Wald und im Restaurant gab es damals in Deutschland kaum was anderes. Aus Gründen, zu denen wir noch kommen, lassen sich die meisten Pilze nicht gut züchten, das gilt jedoch nicht für Champignons. Sie wurden zum ersten Mal im 17. Jahrhundert in Frankreich angebaut und haben daher ihren deutschen Namen, der auf Französisch schlicht »Pilz« bedeutet.* Die »Pariser Pilze« oder »Beetpilze«, wie sie im Französischen heißen, wurden bald in Europa so beliebt, dass man auch Franzosen gerne mal als Champignons bezeichnete. Zum wirklichen Massenprodukt und bis heute in westlichen Ländern mit Abstand meistgezüchteten Pilz mauserten sie sich nach dem Zweiten Weltkrieg. In Deutschland gibt es derzeit

* Als erster Champignonzüchter der Welt wird gerne ein Hofgärtner von Ludwig XIV. genannt, der die Pilze im Garten von Versailles auf Gestellen mit aufgeschichtetem Pferdemist anbaute. Später wurde die Zucht dann wohl nach Paris und zeitweise in die dortigen Katakomben verlegt. So jedenfalls die Erklärung für die französische Bezeichnung *champignon de Paris* oder *de couche* (Schicht, Beet). Geschäfte und andere Dinge können auch im Französischen wie Pilze aus dem Boden sprießen, Kinder außerdem wie ein Pilz wachsen. Und hat es Ihr französischer Beifahrer eilig, bittet er Sie nicht aufs Gas, sondern *sur le champignon* zu drücken.

rund hundert Champignonzüchter, die mit ihren Erträgen etwa die Hälfte des hiesigen Bedarfs decken. In dunklen, feuchten Hallen bedecken sie breite Regale mit einer Schicht aus Mist, Stroh, Gips und Erde und können die schnell wachsenden weißen und braunen Köpfchen alle zwei Tage ernten. Aus ähnlichen Hallen in Polen und den Niederlanden kommt der größte Teil unseres restlichen Champignonbedarfs.

Eine noch viel längere Tradition hat die Pilzzucht in China. Allerdings werden dort seit jeher ganz andere Pilze angebaut, nämlich vor allem Baumpilze, die heute oft auf Sägemehlmischungen großgezogen werden. Dazu gehören die Shiitakepilze und die mit den Kräuterseitlingen verwandten Austernpilze ebenso wie die labbrigen Judasohren und lustigen kleinen Enokipilze, die man aus der asiatischen Küche kennt. Seit den 1980ern kommen solche Pilze auch immer öfter bei uns auf den Tisch und werden in Deutschland angebaut. China ist inzwischen auch der mit Abstand größte Pilzproduzent, vor allem für den enormen asiatischen Bedarf. Es ist ein bisschen wie mit den Meeresfrüchten aus Kapitel 3: Allein Chinesen und Japaner essen mit sechs Kilo pro Kopf und Jahr nicht nur dreimal so viele Pilze wie wir, sondern auch viel mehr verschiedene Arten und Exemplare. Selbst die wilden Steinpilze und Pfifferlinge, mit denen wir ein bisschen auftrumpfen könnten, kommen bei uns heute hauptsächlich aus Osteuropa. In unseren eigenen Wäldern sind sie geschützt und dürfen höchstens in kleinen Mengen für den heimischen Herd gesammelt werden.

Dieses Suchen und Sammeln ist aber natürlich für viele der eigentliche Genuss an Pilzen. Haben Sie vielleicht auch einen alten Korb, ein ausgetretenes Paar Wanderschuhe und ein abgegriffenes Taschenmesser, die in einer stillen Kammer auf den Herbst warten? Dann holen Sie das jetzt heraus, denn nachdem wir im Urmeer den Ursprüngen des Käses, der maritimen Küche und des Salzes nachgespürt haben, betreten wir nun Land. Wir gehen in die Pilze – und dabei wieder ganz weit zurück in die Geschichte der Nahrung.

Kurioserweise müssen wir aber auch bei unserer prähistorischen Pilzsuche erst mal wieder ins Wasser. Heute verbinden wir Pilze vermutlich wie kaum ein anderes Lebewesen mit dem Wald, zerfallendem Laub und duftender Erde. Trägt der Finder sie stolz heim, kleben ja sogar oft noch dunkle Krümel dran, und wie die meisten von Ihnen sicher schon wissen, liegt das eigentliche Zuhause vieler Pilze tief im Erdreich. Doch wie Bakterien, Pflanzen und Tiere haben sie ihren Ursprung in feuchteren Gefilden.

Man nimmt an, dass der Ursprung der Pilze etwa eine Milliarde Jahre zurückliegt. Damals waren im wimmelnden Leben der Meere und Gestade vermutlich schon die pflanzlichen Urzeller entstanden, von denen in Kapitel 2 die Rede ist. Nun spaltete sich eine nah verwandte Linie der Eukaryoten auch in die ersten Vorgänger der Tiere und Pilze. Beide Gruppen unterscheiden sich bis heute vor allem dadurch von Pflanzen, dass sie keine Fotosynthese betreiben und so ihren Broterwerb anders regeln müssen. Zwar ähneln Pilze Pflanzen durch die feste Wand, die ihre Zellen umschließt. Doch besteht die nicht wie bei Pflanzen aus Zellulose, sondern hauptsächlich aus Chitin, wie man es von Insektenpanzern kennt. Den Pflanzen näher bringt heutige Pilze wiederum ihre Art zu wachsen, die Aufnahme von Nährstoffen aus Substraten wie Erde – sowie ihr offensichtlicher Mangel an Mobilität. Von all dem ist beim ersten winzigen Urpilzchen, das durch die Meere der Vorzeit schwamm, allerdings noch wenig zu erkennen.

Zwar war auch dieser pilzige Urzeller vermutlich schon von einer chitinhaltigen Zellwand umschlossen. Ansonsten ähnelte er aber mehr jenen lebhaften Winztierchen, die man durchs Mikroskop in einem Wassertropfen sieht. Noch heute haben die Sporen, die bei Pilzen die Funktion der Samen übernehmen, bei manchen Arten peitschenartige Schwänzchen, mit denen sie über nasse Pflanzen und durch feuchtes Erdreich zappeln. Genau so ein Schwänzchen hatte wohl auch der erste Pilz. Noch verblüffender ist jedoch, was er damit anstellte. Er schwamm zu winzigen Algen, drückte sein Inneres in sie hinein und verschlang dann wie eine Amöbe ihre »Eingeweide«. Erinnert Sie das irgendwie an die grausame Methode, mit der Seesterne in Kapitel 3 über Miesmuscheln herfallen? Nun, kein Wunder, die Evolution wiederholt gerne jedes Erfolgsrezept. Mit dem einverleibten Zellinhalt als Grundlage bildete der Urpilz neue Zappelsporen, damit das Spiel von Neuem beginnen konnte. Wenn Sie das nächste Mal aus Osteuropa eingeführte Steinpilze oder Pfifferlinge essen, dann denken Sie daran, dass Pilze in jeder Hinsicht einen langen Weg hinter sich haben.

Für unsere kleine Gruppe aus urzeitlichen Pilzsammlern taugen solche Exemplare aber natürlich wenig. Es ist wie bei den ersten Winzfischen aus Kapitel 4: Zum Sattwerden hätte man statt dem Pilzmesser eher einen sehr feinmaschigen Kescher oder sogar einen Laborfilter mitbringen müssen. Das ändert sich erst, als Pilze den Schritt in das von uns mit ihnen verbundene Terrain machen, nämlich an Land. Dann allerdings nehmen sie bald solche Dimensionen an, dass unsere Ausrüstung auf andere Weise wieder nicht reicht.

Man kann oft lesen, dass Pilze noch vor den Pflanzen das Land eroberten – deshalb haben sie auch in den Kapiteln dieses Buchs knapp die Nase vorn. Die ältesten allgemein anerkannten Pilzfossilien sind 440 Millionen Jahre alt, die älteste versteinerte Landpflanze ist etwas jünger. Zugleich gibt es ältere Fossilien von Pflanzensporen wie auch sehr viel ältere Kandidaten für Pilzfossilien. Vermutlich machten beide den großen Schritt Hand in Hand. Pilze könnten im Innern von Algen oder als Besiedler von Mikrobenmatten ans Ufer gerutscht sein. Auch über einen frühen Landgang von Flechten, in denen Pilze mit Algen kooperieren, oder sogar den Umweg über urzeitliches Eis wird spekuliert. Pilze gingen mit Pflanzen schon frühe enge Partnerschaften ein, zu denen wir gleich kommen. Ebenso haben sie sehr wahrscheinlich eine entscheidende Rolle dabei gespielt, die kargen Felslandschaften der Vorzeit in fruchtbare Böden zu verwandeln.

Wir Menschen warfen unseren Affenschwanz ab, als wir von den Bäumen hinab auf festen Boden stiegen. Die Pilze behielten ihre Ruderschwänzchen an Land nur in gewissen Gruppen für ihre Sporen (die damit tierischen Spermien ähneln). Generell änderten sie jedoch vollkommen ihre Gestalt. Sie wurden selbst zu Fäden und wattefeinen Geflechten, wie wir sie von Schimmel auf Lebensmitteln kennen. Diese Fäden und nicht die scheinbar so andersartigen Pilze mit Hut sind ihre eigentliche Lebensform. Pilze entwickelten diese Geflechte wahrscheinlich einst, um sich an Land besser auf und in ihrer Nahrung ausbreiten zu können. Ähnlich wie Bakterien sondern sie dabei Enzyme und andere zersetzende Stoffe ab. So ernähren sie sich von toten Pflanzen und Tieren, machen aber auch vor lebenden Opfern und selbst Stein nicht Halt. Wie Bakterien gehören sie zu den großen Zersetzern und Verwertern der Welt – und damit zu jenem Teil des Lebens, der das Leben erst möglich macht.

Wie sehr der gemeine Wald- und Wiesenpilz dem Schimmel auf einer Zitrone ähnelt, wird vielleicht am besten am Beispiel der berühmten Hexenringe klar. Diese kreisförmigen Anordnungen von Pilzen galten früher als heimlicher Treffpunkt von Hexen und Feen. In Wirklichkeit entstehen sie jedoch durch ein rundes Geflecht aus unterirdischen Pilzfäden, das jedes Jahr etwas größer wird. Einen noch wichtigeren Pakt gingen Pilze nicht mit überirdischen Wesen, sondern sehr früh mit Pflanzen und Bäumen ein. Rund 90 Prozent aller Landpflanzen stehen heute über ihre Wurzeln mit unterirdischen Pilzgeflechten in Kontakt, die ihnen Wasser und Mineralstoffe gegen Zucker liefern. Diese lebendige Partnerschaft macht es auch so schwer, unter Bäumen wachsende Waldpilze zu züchten. Weil Bäume das Geflecht nutzen, um auch untereinander Nährstoffe und chemische Botschaften auszutauschen, ist es als Wood Wide Web berühmt geworden. Ob an dieser Geschichte wirklich alles so schön ist, wie gerne erzählt wird, wurde jüngst allerdings durch eine große Übersichtsstudie in Zweifel gezogen.

Zugleich ist nicht jedes im Boden verborgene Pilzgeflecht ein freundlicher Partner. Die auch bei uns verbreiteten Hallimasche etwa, die mit Champignons, Parasols und Fliegenpilzen verwandt sind, nutzen es, um Bäume zu befallen und von unten anzufressen. In den Wäldern des US-Staats Oregon hat es ein einziges Exemplar so auf ein unterirdisches Geflecht aus teils schnurdicken Fäden gebracht, das fast dreimal so groß ist wie der Central Park. Damit ist der *Humongous Fungus*, wie man ihn liebevoll nennt, zwar nicht das größte, aber immerhin das zweitgrößte Lebewesen, das die Welt kennt. Mit einem Gewicht von bis zu 30 000 Tonnen und einem möglichen Alter von über 8000 Jahren gehört er außerdem zu den schwersten und ältesten Organismen.*

Würden Sie auch gerne mal einen Riesenpilz finden – und dazu einen, der sich nicht im Boden versteckt? Dann kommen Sie mit, dafür machen wir unsere Exkursion ja. Jetzt am Anfang des Devon, also rund 420 Millionen Jahre zurück, blüht im Wasser längst das Leben, und dort am Fluss könnten wir die ersten Panzerfische angeln. Hier an Land sprießt aber kaum mehr als das erste Pflanzenfossil, von dem eben die Rede war, ein stängeliges kurzes Kraut, zwischen dem urtümliche Spinnlein und Tausendfüßer krabbeln. Die Felshänge sind noch kahl, wie dieser, den wir jetzt umrunden, doch dahinter wartet eine Überraschung. Na, hab ich's nicht gesagt: Auch jetzt können Sie mit Ihrem Pilzmesser wieder nichts anfangen, sondern bräuchten eine Motorsäge!

---

* Haben Sie auf »Pando«, die berühmte Kolonie aus Pappelklonen im nahen Utah, als größten Organismus getippt? Die ist mit kaum einem halben Quadratkilometer Ausdehnung wesentlich kleiner als der fast zehn Quadratkilometer große Hallimasch. Viel größer als beide zusammen ist jedoch eine kürzlich in der australischen Shark Bay untersuchte Seegraswiese. Vor etwa 4500 Jahren aus einem einzigen Samen entsprungen, durchzieht sie heute auf einer Fläche von 200 Quadratkilometern die gewaltige Meeresbucht.

Prototaxites bedeutet so viel wie Ur-Eibe, weil man die ersten Fossilien der acht Meter hohen Gebilde, die wie außerirdische Spargel vor uns aufragen, für Bäume hielt. Später wurden sie lange als gewaltige Meeresalgen eingeordnet, wohl auch, weil sie so viel größer waren als alle anderen Landfossilien aus jener Zeit. Erst vor 20 Jahren schaute sich ein Urzeitforscher die seltsamen Dinger noch mal genauer an und stellte fest, dass sie wie Pilze aus winzigen Fäden bestanden. Auch eine chemische Analyse der rätselhaften Teile wies in diese Richtung, und seither gelten sie als sehr eigenwillige frühe Interpretation des Riesenchampignons. Im Guinness-Buch der Rekorde sind sie jedenfalls als höchste Pilze aller Zeiten vermerkt.

Wenn der weiße Schimmel auf Ihrem Toast grüne Flecken bekommt, dann möchte er sich fortpflanzen. Dazu bildet er aufrechte Fäden mit grünen Pinseln oder schwarzen Köpfchen, die mit jedem Luftzug Sporen in Ihrer Wohnung verteilen. Die Farbe hat nicht den Sinn, Sie vor dem Verzehr zu warnen (obwohl auch das sicher schon einem Biologen durch den Kopf gegangen ist). Offenbar soll die Pigmentierung die kostbaren Sporen vor UV-Licht schützen. Gleichzeitig kommen auch andere Wellenlängen nicht mehr zum Wirt durch, mit denen dieser, wäre er nicht sowieso schon alter Toast, Abwehrstoffe bilden könnte.

Ob Wiesenchampignon, unter Bäumen wachsender Steinpilz oder aus totem Holz sprießender Shiitake: Sie alle dienen der Fortpflanzung wie die Sporenträger auf dem Schimmel, und auch sie gehen alle aus schimmelartigen Fäden hervor, die in diesem Fall nur in Boden oder Holz verborgen sind. Es sind, wie die meisten von Ihnen natürlich längst wissen, nicht wirklich Pilze, sondern nur deren Fruchtkörper, so wie Äpfel am Baum dessen Früchte sind. Wie Äpfel Samen in Form von Kernen enthalten, sind die Pilzfrüchte voller Sporen, die sie allerdings oft eher wie Blütenstaub verbreiten. Anders als Äpfel sind die Früchte von Pilzen auch stets komplett aus Pilzfäden geformt – also solchen wie im Schimmel. Durch Verweben und Verknüpfen dieser Fäden, die hauchfeinen, mit Chitin verstärkten Zellschläuchen ähneln, können Pilze alle Formen von »Pilzen« hervorbringen, die es gibt.

Selbst jenen bizarren Pilzbaum, der auf so merkwürdige Weise am Anfang ihrer Nahrungsgeschichte steht? Nun, während unsere weichen Speisepilze tatsächlich nur aus »Schimmelgewebe« bestehen, werden harte Baumpilze wie Porlinge oder Schwämme zusätzlich von anderen Fäden gefestigt. Statt schnell aus dem Boden zu sprießen und wieder zu vergehen, wachsen sie oft über Jahre in Ringen – und genau solche Ringe sieht man auch an den Fossilien von *Prototaxites*. Als Pionier der Landbesiedlung könnte er von einem riesigen Geflecht am Boden gespeist worden sein und wurde deshalb so hoch, weil nur so seine Sporen die nächste Urzeitoase erreichten. Ungestört von noch nicht existierenden Pflanzenfressern konnte er auf diese Weise lange die Szenerie dominieren. Bis ihm schließlich die immer üppiger wachsenden Pflanzen und Bäume den Rang abliefen.

War das erste große Landgewächs der Welt ein Versuch der Pilze, sich sozusagen selbst die Rolle der Bäume zu sichern? Stellten sie dazu überall in den jungfräulichen Landschaften des Devon ihre riesigen Siegessäulen auf? Wenn es so war (was immer noch nicht wirklich klar ist), dann dauerte dieser Versuch immerhin 50 Millionen Jahre und damit fast bis ins Karbon, das folgende Zeitalter der »Kohlewälder«. Dann verschwand das rätselhafte Gewächs, nach dessen hübschen Bruchstücken deutsche Fossilienjäger gerne in rheinischen Kiesgruben suchen, von der Bildfläche.

Für Pilzjäger war das wahrscheinlich ganz gut, denn sonst müssten sie heute wirklich mit der Axt in den Wald, und es gäbe weder eine Pilzsaison noch wirklich eine Pilzsuche. So aber konnten sich die lustigen kleinen Geschöpfe mit Hut entwickeln, den sie in unseren Breiten nur einmal im Jahr aus der Erde schieben, um uns mit ihrem köstlichen Fleisch zu herbstlichen Ausflügen zu locken. Auch wenn es erst mal sehr lange nicht danach aussah.

Gehören Sie zur aussterbenden Gattung der Hutträger? Haben Sie sich schon mal über den Unterschied zwischen einem Sombrero, der nach seiner Funktion als Schattenspender benannt ist, und der abfallenden Krempe eines Südwesters Gedanken gemacht? Dann bringen Sie die besten Voraussetzungen mit, um die Evolution der Pilze zu verstehen.

Vielleicht lag es an dem missglückten Versuch, zu Bäumen zu werden: Für sehr lange Zeit nach *Prototaxites* hielten Pilze den Ball äußerst flach. Sie breiteten sich ausschließlich in Formen übers Substrat, die dickem Schimmel, Kissen oder geleeartigen Blasen ähnelten. Möglicherweise aus Rache an den Bäumen lernten sie, Holz zu zersetzen, und waren so vielleicht für die plötzlich sinkende Ablagerung der für uns so wichtigen »Kohlewälder« verantwortlich. Schließlich wuchsen sie als kleine Keulen aus dem Boden, die bald seitliche Rillen bildeten, wie sie heute noch Pfifferlinge haben. Sonne wie bei Mexikanern, Regen wie bei Fischern und vermutlich auch lästige Käfer und Keime überzeugten Pilze dann: Wir brauchen einen Hut!

Vor etwa 120 Millionen Jahren, als der von großen Dinos und kleinen Säugern bevölkerte Riesenkontinent Gondwana gerade zerbrach, fiel ein Pilz in einen Fluss. Er wurde in eine salzige Lagune gespült und von Sedimenten bedeckt. Dann füllte über sehr lange Zeit das funkelnde Mineral Katzengold sein Gewebe aus und wurde zu Goethit, das nach keinem anderen als unserem universalgelehrten Geheimrat benannt ist. Das in Kalkstein gebannte Fossil wurde vor ein paar Jahren in Brasilien gefunden und ist genauso schön anzusehen wie die in Kapitel 3 erwähnten Abdrücke von uralten Quallen. Obwohl kaum daumengroß und für kein Omelett mehr zu verwenden, war der Fund eine Sensation. Von Pilzen gibt es noch weniger Versteinerungen als von Quallen, und die bis dahin bekannten Fossilien waren alle kleiner und wie Insekten in Bernstein konserviert. Bei der Untersuchung mit dem Elektronenmikroskop waren unter dem uralten Hütchen mit Stiel sogar noch die Lamellen zu erkennen – genau wie bei einem heutigen Champignon. Die Forscher tauften den so ungewöhnlich gut erhaltenen Fund stolz auf den Namen *Gondwanagaricites magnificus*.

Genau um die Lamellen zu schützen, die auch die Form von Röhren, Runzeln oder Zotten haben können, entwickelten Pilze ihren Hut. Denn hier verbergen sich winzige Träger mit Sporen, also dem potenziellen Nachwuchs, den es vor schädlichen Einflüssen zu bewahren gilt. Bei den wie kleine Trichter aus dem Boden sprießenden Pfifferlingen, die wohl eine Art Übergangsform bilden, sind diese Anlagen stark exponiert. Spätere Pilze zogen dann sozusagen die Hutkrempe nach unten und legten sie um die kostbare Saat, wie eine Henne die Fittiche über ihre Küken legt. Zugleich besannen sie sich auf die alten Tugenden von *Prototaxites* und wuchsen in die Höhe, um die Sporen besser in den Wind streuen zu können. So entwickelten sie ihre typische Form mit Stiel und Hut, die einem Regen- oder Sonnenschirm gleicht. Die Sporen werden daraus aktiv hervorkatapultiert wie winzige Geschosse, und sogar den Wind »lenken« Pilze, indem die Verdunstung über dem Hut für günstige Aufwinde sorgt. Komplett geschlossene Formen wie Stäublinge, die ihre Sporen nur bei Berührung auspusten, könnten entstanden sein, um die Anlagen noch besser vor dem Austrocknen zu schützen. Wie ein halber Hut aus Bäumen wachsende Baumpilze wiederum brauchen nicht unbedingt einen Stiel: Sie werden ja vom Stamm in die Höhe gehoben.*

Forscher schätzen, dass sich die ersten Pilze mit Stiel und Hut noch lange vor dem versteinerten Urchampignon bildeten, nämlich vor ungefähr 180 Millionen Jahren. Die evolutionäre Innovation verschaffte ihnen einen ähnlich großen Vorteil wie den strahlen-

* »Um zu«, »besannen sich«, »lenken«: Solche Vokabeln machen das Geschehen lebendig, sind Evolutionsbiologen aber ein Graus. Um es wie in Kapitel 1 noch mal deutlich zu sagen: Keine dieser Entwicklungen fand geplant oder in Richtung auf irgendein Ziel statt. Sie waren, wie fast alles in diesem Buch, Ergebnis des blinden Prozesses der Evolution, bei dem für Überleben und Fortpflanzung günstige Eigenschaften sich eher verbreiten.

flossigen Fischen aus Kapitel 4: Als sogenannte Hutpilze wurden sie zur mit Abstand am weitesten verbreiteten Form. Hinzu kamen ebenfalls in die Höhe wachsende, aber eher kugelige, korallenartige oder becherförmige Spielarten. Inklusive aller Schimmel und einzelliger Formen, zu denen wir noch kommen, bringen Pilze so heute zwar bei Weitem nicht so viel Biomasse auf die Waage wie Pflanzen oder Bakterien. Aber doch viel mehr als die enger mit ihnen verwandten Tiere.

Der Erfolg der im Wald stehenden Männlein (die in dem Kinderlied eigentlich Hagebutten sind) wird gerne darauf zurückgeführt, dass sie durch den erhöhten Hut besser mit ihrem liebsten Sporenspediteur, dem Wind, zusammenarbeiten konnten. Doch auch zu den Tieren des Waldes und letztlich zu uns bildeten sich dadurch neue Beziehungen. Diese sind kaum weniger komplex als jene, bei denen Pilze scheinbar gezielt natürliche Luftströme zu ihrem Nutzen umlenken.

Pilze werden von Rehen, Hasen, Mäusen, Elefanten, Affen, Schildkröten, Vögeln, Schnecken, Käfern und vielen anderen Tieren gefressen. Wie die Kerne von Früchten werden die Sporen so anderswo ausgeschieden und können dort neue Pilzgeflechte bilden. Ähnlich wie Nüsse werden Pilze auch in Bauen und Nestern gehortet oder von Eichhörnchen zum Trocknen in Zweige gehängt, was ebenfalls ihrer Verbreitung nutzt. Gelockt werden viele Tiere dabei wohl von der gleichen Geschmacksnote wie wir, nämlich umami: Wie salzig oder süß ist der fleischig-herzhafte Geschmack ein wichtiges Grundaroma, das wertvolle Proteine verheißt. Wie jüngst eine Studie an kleinen Nagern zeigte, sind tierische Fresser dabei für die Verbreitung manchmal noch wichtiger als der Wind. Zum Beispiel wenn Pilze tief im Wald, aber dort nicht in so windgünstiger Lage wie Baumpilze wachsen.

Was für uns menschliche Pilzsucher allerdings noch lange nicht heißt, dass wir sie bedenkenlos essen können. Der grüne Knollenblätterpilz etwa wächst gerne unter Eichen und Buchen und kann einem leckeren Champignon gleichen. In Wirklichkeit ist er jedoch einer der gefährlichsten Giftpilze der Welt, der auch in Deutschland mit Abstand für die meisten tödlichen Verwechslungen verantwortlich ist. Was einen natürlich zu der Frage bringt, warum er einem das nicht genauso klar signalisiert wie sein naher Verwandter, der Fliegenpilz. Denn den kann selbst ein Kleinkind leicht von einem Speisepilz unterscheiden.

Diese Frage ist nicht einfach zu beantworten. Zum einen scheinen Rehe, Nager und andere wilde Tiere viele Pilze problemlos zu verzehren, die für uns oder sogar unsere Haustiere giftig bis tödlich wären. Deshalb ist es auch keine gute Idee, Fraßspuren an Pilzen als Zeichen für ihre Essbarkeit zu deuten. Eichhörnchen scheinen selbst Fliegenpilze mit Genuss zu verspeisen. Anderen Waldtieren bekommen sie schlechter, doch müssen sie das offenbar erst lernen. Versuche mit Schimmel deuten darauf hin, dass Pilzgifte grundsätzlich schon gegen unerwünschte Fresser gerichtet sind. Allerdings bauen ja Pilze mit Stiel und Hut oft auf genau solche Fresser als Verbreiter, was die Sache erheblich verkompliziert. Signalisieren Pilze vielleicht noch mehr als mit Farbe und Aussehen mit Gerüchen, die wir nicht wahrnehmen können, ob sie gefressen werden wollen oder nicht?

Ein ungiftiger Beleg für diese These könnten Trüffeln sein. Auch bei ihnen handelt es sich um Pilze, also von Pilzgeflechten produzierte Fruchtkörper, nur dass sie in diesem Fall unter der Erde liegen. Wie sind sie dort hingekommen? Indem sie sich aus Hutpilzen entwickelten, denen offenbar ihr Hut als Schutz gegen widrige Wetterbedingungen nicht mehr genügte und die sich deshalb ins Erdreich zurückzogen. Um Hitze und Frost zu entgehen, nahmen sie sozusagen ihren Hut und bildeten ihn zu einer Erdknolle um. Einziges Problem: Im Erdreich weht kein Wind, und Tiere können einen auch nicht mehr sehen. Um Wildschweine und andere Verbreiter trotzdem zu sich zu locken, entwickelten Trüffeln ihr selbst für uns deutlich erkennbares Aroma.

Oder ist das auffällige Purpurkleid von Fliegenpilzen vielleicht genau das Gegenteil von dem, wofür wir es halten? Giftige Salamander und Insekten tragen solche Farben gerne, um vor sich zu warnen. Doch möchten das Männlein im Walde uns und andere Fresser vielleicht eher wie eine leuchtende rote Frucht zu sich locken? Auch darüber lässt sich durchaus spekulieren.

Manche Pilze locken nämlich zum Beispiel Insekten, die ihre Sporen verbreiten sollen, durch ekligen Aasgeruch an, andere jedoch, indem sie wie ein grünes Irrlicht im Dunkeln leuchten.* Selbst das sind aber noch eher harmlose Manipulationskünste. Nisten sich etwa die Sporen bestimmter tropischer Pilze in Ameisen ein, wächst in deren Körper ein Geflecht aus Fäden, die ihren Wirt steuern wie eine Marionette. Bald klettern die infizierten Insekten hinauf in die Vegetation und verbeißen sich dort, damit der aus dem Kopf sprießende Sporenträger seine tödliche Saat besser verbreiten kann. Wer die auf diesen sogenannten Zombiepilzen basierende TV-Serie *The Last of Us* gesehen hat, kennt das grausame Spiel. Noch übler verfahren andere Pilze mit Zikaden. Hier verwandelt sich der Hinterleib der dicken Fluginsekten noch zu Lebzeiten in eine brüchige Sporenmasse, die sie im Flug und bei der Paarung verbreiten. Der Pilz manipuliert seine Opfer dabei so geschickt, dass sie praktisch sexbesessen werden und sich Männchen auch eifrig mit ihresgleichen paaren.

Was um Himmels willen das mit unserem hübschen heimischen Fliegenpilz zu tun hat? Nun, warten Sie ab. Die Pilze scheinen die

* Auf den fiesen Aasgeruch der berühmten Stinkmorcheln kann man auch bei uns im Wald stoßen. Er geht von der schleimigen dunklen Masse auf dem spitzen Hut der Pilze aus und ist dazu da, Schmeißfliegen anzulocken. Diese saugen die vor Sporen strotzende Masse auf und bekommen zur besseren Verbreitung gleichzeitig ein pilzeigenes Abführmittel verabreicht. Stinkmorcheln stinken nicht nur, sondern sehen auch anrüchig aus: Ihr lateinischer Fachname bedeutet so viel wie »schamloser Penis«. Im Pilzkorb landen sie verständlicherweise nicht. Kenner schätzen allerdings das noch nicht zum Pilz aufgeschossene Vorstadium, das als rundes weißes »Hexenei« auf dem Waldboden zu finden ist.

Zikaden nämlich mithilfe von Drogen zu Sexzombies zu machen, und neben einem natürlichen Aufputschmittel ist eine davon Psilocybin. Das ist der bewusstseinserweiternde Stoff in den berühmten Magic Mushrooms, den schon die alten Kulturen Mittelamerikas bei religiösen Ritualen nutzten und der gerade wieder für die Psychotherapie entdeckt wird. Seine Wirkung ähnelt jener der psychedelischen Droge LSD, auf die der Schweizer Chemiker Albert Hofmann ebenfalls bei Versuchen an einem Pilzgift stieß.* Die zierlichen kleinen Zauberpilze haben sich noch weitaus später aus Hutpilzen entwickelt als Trüffel, nämlich als vor etwa 66 Millionen Jahren ein Meteorit die Dinos auslöschte. Eine These lautet, dass das Psilocybin als Gift gegen all die Schnecken entstand, mit denen sich die Pilze um die Reste der Katastrophe stritten. Eine andere, dass es als magisches Mittel gegen Insekten diente, als die »Psilos« später begannen, auf den Fladen grasender Säugetiere zu sprießen. Ebenso wird aber spekuliert, ob der Stoff nicht auch hier eher der Manipulation als der Abwehr dient, wie bei den Zikaden. Denn verlieren kleine und große Pilznascher im Rausch die Orientierung, können auch sie die Sporen besser verbreiten.

Ähnliche Spekulationen lassen sich über unseren braven deutschen Fliegenpilz anstellen. Er gilt zwar als Giftpilz schlechthin und ist auch in meinem altgedienten BLV-Naturführer mit einem Totenkopf gekennzeichnet. Doch wie viele bunte Pilze ist er in Wirklichkeit gar nicht so gefährlich und verursacht im Gegensatz zu seinem Vetter, dem Grünen Knollenblätterpilz, praktisch nie tödliche Vergiftungen. Ja, in manchen Regionen wird er sogar als Speisepilz verwendet, was wohl kein Problem ist, wenn man ihn vorher in reichlich Salzwasser kocht (und das Wasser dann wegschüttet!).

* Hofmann war auch der Erste, der Psilocybin in chemischer Reinform isolierte und als Stoff benannte (und dabei wie immer selbst ausprobierte). Obwohl man es leicht denken könnte, hat der Name nichts mit der psychoaktiven Wirkung der Pilze zu tun, sondern bezieht sich schlicht auf ihren wissenschaftlichen Gattungsnamen: Kahlköpfe.

Selbst mit seinen Fähigkeiten als Fliegengift, die meist als Grund für seinen Namen angeführt werden, ist es nicht weit her. Manche glauben daher, dass das »Fliegen« einen anderen Hintergrund hat – oder sich zumindest eher auf das wie »irre« wirkende Herumschwirren der kleinen Insekten bezieht.

Fliegenpilze sind wohl noch später als die Zauberpilze entstanden, nämlich irgendwann im Laufe der letzten 20 Millionen Jahre. Sie kommen ursprünglich aus der Region des heutigen Sibirien und breiteten sich mit dem kälter werdenden Erdklima allmählich nach Süden aus, wo sie wie in ihrer Heimat gerne unter Birken und Fichten wachsen. Im hohen Norden wurden sie zum beliebten Spätsommersnack der Rentiere, die laut manchen Berichten durch den Verzehr wie betrunken werden und ziellos durch die Gegend laufen. Das fiel später wohl auch Rentiernomaden wie den Samen auf, und bei ihnen gibt es eine Tradition, Fliegenpilze für psychedelische Trips zu verwenden, die noch älter sein könnte als die der Zauberpilze. Zu den durch ganz andere Stoffe ausgelösten Symptomen gehören neben komatösen Phasen auch gesteigerter Bewegungsdrang, das Gefühl übermenschlicher Kraft sowie Eindrücke des Schwebens und Fliegens. Nimmt man jetzt noch Übelkeit, Erbrechen und Durchfall hinzu, die wie bei anderen Pilzvergiftungen ebenfalls auftreten können, ist man fast schon wieder bei den Zikaden von eben, die ein Pilzforscher mal als »fliegende Salzstreuer des Todes« bezeichnet hat.

Zugegeben, eine wilde Theorie. Aber nichts gegen das, worauf andere Leute gekommen sind, die sich eindringlich (vielleicht ein bisschen zu eindringlich) mit Fliegenpilzen beschäftigt haben: Ein bunt gekleideter Sami-Schamane, der genauso viele Fliegenpilze intus hat wie die Rentiere vor seinem Schlitten und jetzt mit ihnen von einem oben offenen Zelt zum anderen »fliegt«, um nicht Sporen, sondern Geschenke zu verteilen – und zwar genau unter jener Tanne, wo Fliegenpilze gerne wachsen. Ist das nicht der Weihnachtsmann, der auch uns im tiefsten Winter vom Nordpol aus besuchen kommt? Sieht er nicht selbst ein bisschen aus wie ein großer, dicker Fliegenpilz? Und hat Rudolph, das vorderste Rentier, nicht eine auffällig rote, runde Nase?

Nein, natürlich nicht, denken Sie – bis Ihnen all die kleinen »Glückspilze« auffallen, die zu Weihnachten an Christbäumen hängen und aus Tannenkränzen sprießen! Willkommen in der Welt der Pilze, einem köstlichen Geschenk der Evolution, das ganz nebenbei auch unsere Gedanken kontrollieren kann.

Der von Fliegenpilzen verursachte Rausch wird manchmal als »besserer« Alkoholrausch beschrieben, und selbst nachdem ihnen die Zivilisation Alkohol brachte, schien so mancher Rentiernomade – wie heute mancher Jugendliche – lieber auf die guten alten Pilze zu vertrauen. Ein Produkt von Pilzen ist aber natürlich auch die Droge Alkohol, nur dass die Pilze in diesem Fall wesentlich kleiner und unauffälliger sind.

Hefepilze, meist schlicht und einfach Hefen genannt, sind noch viel wichtiger für unsere Ernährung als jeder Steinpilz oder Pfifferling. Sie helfen uns Brot zu backen, Bier und Wein herzustellen, und tragen auch beim Käse aus Kapitel 2 dazu bei, jenes entsäuerte Milieu herzustellen, das für die Reifung wichtig ist. Es handelt sich um einzellige Organismen, die ein Stück größer sind als Bakterien, aber sich wie diese schnell und fleißig durch winzige Knospen oder Zellteilung vermehren. Man könnte sie leicht für schwanzlose Urpilze halten, doch in Wirklichkeit haben sie sich wohl in der langen Geschichte der Pilze wiederholt aus fädigen Landpilzen »zurückentwickelt«. So richtig in Fahrt kamen sie durch die Entstehung der süßen Früchtchen, um die es in Kapitel 10 gehen wird.

Das große Talent der kleinen Hefen besteht darin, Zucker in CO_2 und Alkohol umzuwandeln. Dabei nehmen die Einzeller süße Kohlenhydrate wie Trauben-, Frucht- oder Malzzucker auf und scheiden als Abfallprodukt Kohlendioxid und Ethanol aus. Der Vorteil oder die vorteilhafte »Strategie« hinter der Produktion von

Alkohol ist dieselbe wie bei den Laktobakterien im Käse: Wie deren Milchsäure schafft auch der Alkohol ein für andere Mikroben giftiges Milieu und hindert sie so daran, an der zuckrigen Mahlzeit teilzuhaben. Ebenfalls ähnlich wie bei Käsebakterien: Früher landeten Hefen zufällig in Teig, Maische und Milch oder waren dort längst – weil sie wie Bakterien sowieso praktisch überall sind. Heute werden sie als Brot-, Bier-, Wein- oder auch manchmal als Käsehefen bewusst gezüchtet und hinzugesetzt. Im Käse tragen sie zur Reifung bei, das Brot lassen sie durch die abgesonderten CO_2-Gase aufgehen, während der Alkohol später beim Backen verfliegt. Wenn sie für uns Trauben oder Gerste vergären, ist dieser Alkohol aber natürlich gerade der Punkt – worum es in Kapitel 12 noch ausführlicher gehen wird.

Bevor jetzt Leser, die vernünftigerweise lieber Limo als Lager trinken, die Nase rümpfen: Auch ihr Getränk wird heute hauptsächlich mithilfe von Pilzen hergestellt und die wesentliche Zutat, nämlich Zitronensäure, in großen Tanks »gebraut«. Das kann ebenfalls mithilfe von Hefen oder auch Bakterien geschehen. Am häufigsten wird jedoch ein bestimmter Schimmelpilz verwendet, der in Form von kleinen Klumpen in Zuckersirup schwimmt, was wesentlich billiger ist, als echte Zitronen auszupressen. Auch um vielen anderen Lebensmitteln eine erfrischend saure Note zu verleihen, wird die Pilzsäure verwendet. Ebenso zur Säureregulierung und als Konservierungsmittel.

Die Freunde von Schokolade, Kaffee, Salami oder Sojasauce verdanken ihren Genuss ebenfalls Pilzen. Denn wie Bakterien tragen sie seit jeher durch ihre Gärtätigkeit zu Geschmack und Haltbarkeit dieser Lebensmittel bei. Selbst die Enzyme, die Pilze dabei zur Verdauung absondern, werden ihnen inzwischen separat entlockt. Sie eignen sich nämlich nicht nur, um Säfte klarer und Fleisch zarter zu machen, sondern auch, um die Flecken von Säften und Steakabenden zu entfernen. Entdeckt man auf seinem Joghurt die Angabe »natürliches Aroma« statt »natürliches Erdbeeraroma«, ist es ebenfalls ein bisschen so, wie kleine grüne Flecken beim Öffnen zu finden. Denn auch bei der Herstellung solcher Aromen kommen oft Schimmelpilze und Hefen zum Einsatz.* Sogar alternatives »Fleisch« wird schon lange von einer englischen Firma in riesigen Pilztanks gebraut. Die aus winzigen Pilzfasern geformten Schnitzel und Burger sollen für ein noch echteres Fleischfeeling sorgen als Tofu oder Erbsenpulver und sind bereits seit etlichen Jahren auch bei uns erhältlich. Pflanzenburger wiederum kann man mithilfe von »natürlichen« Pilzaromen fleischiger schmecken lassen.

Sicher dauert es nicht mehr lang, bis kluge Biotechniker Pilze wachsen lassen können, die statt eines Huts einfach gleich eine braune Bulette oder ein rot-weiß geädertes Steak tragen. Allerdings war auch hier die klügste Erfinderin von allen, nämlich Mutter Natur, mal wieder schneller. So werden zum Beispiel Austernpilze, die zu den Seitlingen gehören und bei uns fast genauso beliebt sind wie Kräuterseitlinge, wegen ihres festen, saftigen Fleisches auch Kalbfleischpilze genannt. Riesenboviste, die bei uns im Spätsommer wie kleine Volleybälle aus Wiesen und Weiden ploppen, geben in Scheiben geschnitten und paniert prima Schnitzel ab. Der wie Seitlinge seitlich an Bäumen wachsende Leberreischling kann sowohl einer Leber als auch einer rauen roten Ochsenzunge ähneln, was daher sein zweiter Name ist. Schneidet man ihn auf, gleicht das Innere gemasertem rohem Fleisch und sondert sogar einen blutartigen Saft ab. Im Englischen heißt er denn auch *beefsteak fungus*, und trotz seines säuerlichen Geschmacks soll er früher als Steak des armen Mannes gedient haben.

---

* Die Aromaindustrie möchte den Konsumenten gerne mehr Aromen anbieten, die nicht auf Basis von Erdöl oder durch chemische Umwandlung von Naturstoffen hergestellt werden. Die Mitarbeit von Pilzen und Bakterien an Aromen, die das begehrte Attribut »natürlich« tragen dürfen, scheint der Branche aber auch nicht immer angenehm zu sein. Sind Schimmelpilze beteiligt, legt sie jedenfalls großen Wert auf die Klarstellung, dass die Aromen nicht *aus*, sondern nur *mithilfe* der fädigen Toastverderber entstehen.

Heute dienen solche fleischähnlichen Pilze eher als Fleischersatz des guten Mannes (und natürlich auch der guten Frau und jeder anderen Orientierung). Zwar weiß man ja inzwischen, dass Pilze näher mit Tieren verwandt sind als mit Pflanzen. Doch sie und auch in Tanks gezüchtetes »Pilzfleisch« werden trotzdem prinzipiell als vegan akzeptiert, weil bei der Entstehung keine Tiere ausgebeutet werden oder leiden.* Besonders spitzfindige Fleischfans könnten nun allerdings einwenden, dass das nicht ganz stimmt. Die beliebten Austernpilze etwa sind in Fachkreisen schon lange berühmt dafür, dass sie winzige Fadenwürmchen jagen und fressen. Sie benutzen dazu mikroskopisch kleine Giftballons, die an ihren wurzelartigen Fäden wachsen und vor der »Nase« der Würmchen platzen. Auch die von mir geschätzten Kräuterseitlinge erlegen solche Beute mit Gift, die schmackhaften Schopftintlinge schlagen dazu erst Wunden mit Morgensternen. Andere Pilze legen sogar chemische Köder und fangen die Würmchen dann mit klebrigen Netzen oder sich plötzlich zuziehenden Schlingen. Danach werden die Opfer stets von hungrigen Fäden durchwachsen.

Die Jagd auf solche allgegenwärtigen Nematoden ist schon sehr alt und wurde wohl auch wieder besonders nach großen Massensterben verfeinert. Der ironische Grund: Mit der tierischen Nahrung wollen die Pilze auf faulem Holz oder kargen Böden vermutlich gewisse Nährstoffe ausgleichen – ähnlich wie Veganer es bei tierloser Ernährung häufig müssen.

Zu viel des einseitigen Spotts? Ja, stimmt wahrscheinlich, deshalb jetzt noch etwas für eingefleischte Karnivoren, besonders wenn sie über das neumodische Pilzfleisch aus Bioreaktoren den Kopf schütteln: Mithilfe solcher Reaktoren wird ja eigentlich auch jedes saftige Filetsteak, Entrecôte und Kalbsschnitzel hergestellt –

* Quorn, der bisher erfolgreichste Fleischersatz aus Pilzfäden, wird meist mit Eiklar gebunden, weshalb der Großteil der Produkte zwar vegetarisch, aber nicht vegan ist. Es gibt jedoch Varianten, bei denen stattdessen Kartoffeleiweiß als Bindemittel verwendet wird.

nur dass sie sich in dem Fall im Bauch von Rindern befinden. Die Reaktoren nennen sich Pansen und gleichen einer großen Gärkammer, in der die zähe Pflanzennahrung der Wiederkäuer aufgespalten und verwertbar gemacht wird. Neben Bakterien, Wimperntierchen und anderen edlen Helfern sind hier auch winzige Pilze beteiligt, die sich wohl besonders der harten und holzigen Anteile des Grünzeugs annehmen. Wie es zum Ende dieses Kapitels wunderbar passt, gleichen sie zunächst den allerersten Urpilzchen mit Schwimmschwanz, legen den dann aber ab, um wie die ersten Landpilze ihre Fäden ins Substrat zu bohren. Nicht nur die so verdaulich gemachten Halme, auch die mitverdauten, proteinreichen Pilzchen selbst nähren auf diese Weise unsere Steaks und Buletten. Ganz ähnlich wie in den großen Pilztanks, die pro Einheit und Stunde das Gewicht einer Kuh an Fleischersatz liefern.

Das Zusammenspiel zwischen Gras, Wiederkäuern und Pilzen ist evolutionär gesehen noch relativ jung. Wie nicht wenige Anfänge aller Köstlichkeit, die sich heute ganz unmittelbar auf unsere Speisen auswirken, ist es wohl erst nach dem Abgang der Dinos entstanden. Es wird in Kapitel 11, vor allem aber im vorletzten Kapitel – Alles Gras ist Fleisch – noch mal eine Rolle spielen. Wenn wir das Fleisch dann essen, egal ob von Pilz oder Rind, warten auch in unserem Darm wieder Pilze. Die Rolle, die dieses vergleichsweise kleine Mykobiom in unserem Mikrobiom spielt, wird jedoch gerade erst näher beleuchtet.

Bleibt höchstens noch die Frage, wer den ersten Pilz gegessen hat – also einen, den man auch sehen kann. Was uns Menschen betrifft, gibt es mögliche Spuren von Steinpilzen an den Zähnen von Steinzeitmenschen, die gegen Ende der letzten Eiszeit, also vor mehr als 10 000 Jahren, eine Höhle im heutigen Hinterland der nordspanischen Küste bewohnten. Dort war es schon warm genug, um statt Mammuts und Rentieren Rotwild und Steinböcke zu jagen, und vielleicht gehörte der Pilz zu einer Art Jägerschnitzel. Auch als der Eismann Ötzi vor 5000 Jahren in den Alpen selbst Opfer einer Jagd wurde, hatte er Pilze bei sich. Diese dienten wohl eher medizinischen Zwecken sowie der kulinarischen Kunst des Feuermachens, die im letzten Kapitel wichtig wird. Denken wir an die uralten Schalenhaufen von mutigen Austernessern aus Kapitel 3, ist es aber wahrscheinlich, dass der erste Mensch den ersten Pilz schon lange vor diesen archäologischen Pilzfunden probierte.

Der erste Dino war natürlich noch früher dran. Dinos sind eigentlich nicht unbedingt den Pilzfreunden zuzurechnen, denn Pilze könnten sie daran gehindert haben, nach dem großen Meteoriteneinschlag noch mal auf die Beine zu kommen. So lautet jedenfalls eine Theorie, die im Kern besagt, dass wir Säugetiere als Warmblüter besser gegen Pilzinfektionen geschützt sind als kaltblütige Reptilien und deshalb nach der Katastrophe einen Vorteil hatten. Auch zurzeit rafft ein Hautpilz, der eng mit den Pansenpilzen von eben verwandt ist, weltweit Amphibien dahin, die wie Reptilien kein inneres Feuer wärmt, was die These stützen könnte. Einziger Haken bei der Sache: Es bestehen immer mehr Zweifel, ob Dinos wirklich so kaltblütig waren, wie man immer dachte.

Wie dem auch sei: Eine ganze Weile vor ihrem Exitus, nämlich vor rund 100 Millionen Jahren, könnten Dinos einen Pilz gemampft haben, der zwar keinen Hut wie der Urchampignon, dafür aber eine besondere Wirkung hatte. Das in Bernstein verewigte Exemplar wurde im heutigen Myanmar gefunden, und zwar an einer Stelle, wo langhalsige Sauropoden ästen. Der aus unzähligen dunklen Fäden geformte Zipfel wuchs aus einer Ähre der ersten Gräser – und war wahrscheinlich eine frühe Form des sogenannten Mutterkorns, aus dem Albert Hofmann später sein LSD mischte.

VORSPEISENSALAT

7

Am Anfang des letzten Kapitels habe ich gesagt, ich kann mit Pilzen nicht viel anfangen. Dann wurde es das bisher längste Kapitel im Buch. Wenn ich jetzt gestehe, dass ich auch kein ausgesprochener Salatesser bin, müssen Sie dann das Gleiche befürchten? Nun, warten wir's ab.

Das mit dem Salat stimmt auch nicht ganz (und tat es ja schon bei den Pilzen nicht wirklich). Die ersten Salate meines Lebens waren ganz klassische deutsche Beilagensalate, wie man sie in den 1970ern zum Beispiel zum Jägerschnitzel mit Labberpilzen bekam. Von Wiesbaden aus, wo ich aufgewachsen bin und bis heute lebe, ist meine Familie damals gefühlt jeden zweiten Tag mit uns Kindern in den nahen Rheingau gefahren. Noch heute betrete ich dort vermeintlich unbekannte Gasträume oder Terrassen und wundere mich, wenn ich sofort weiß, dass hinterm Haus ein alter Spielplatz oder Ameisenhaufen liegt. Obwohl wir also sehr viele Gaststätten besucht haben müssen, sieht der Beilagensalat in meiner Erinnerung immer exakt gleich aus. Es war dieses typische Arrangement aus geraspelten Möhren, Weißkraut, Gurken, Mais und Tomaten, das grundsätzlich in einer weißen, dünnen, zugleich süßen und sauren Soße schwamm. Allein beim Gedanken daran läuft mir das Wasser im Munde zusammen, und begleitet in einer gutbürgerlichen Stube eins dieser altmodischen Kunstwerke den Hauptgang, falle ich nach wie vor mit großem Appetit darüber her. Nur ausdrücklich bestellen würde ich es aus irgendeinem mir selbst nicht ganz ersichtlichen Grunde nie.

Wirkliche Salatblätter gehörten meiner Erinnerung nach gar nicht unbedingt zu dieser Art Salat. Wenn schienen sie nur als eine Art Auflage zu dienen; selbst die gläsernen Schälchen, so meine ich, waren stets aus nachempfundenen Salatblättern zusammengesetzt. Erst später während des Studiums, als ich bei Freunden aus kultivierterem Hause zu Gast war, verstand ich, dass diese Blätter auch die Hauptsache sein können. Es handelte sich dann natürlich nicht um schnöden Garten- oder Kopfsalat. Auch nicht um den knackigen, geschmacksfreien Eisbergsalat, der bei mir daheim manchmal als unter viel Schinken und Käse begrabener Hauptgang serviert wurde. Nein, es waren Sorten mit klingenden Namen wie Frisée oder Lollo rosso, auch die bittere Rauke hatte damals schon in die verfeinerte deutsche Küche Einzug gehalten. Und garniert wurde das Ganze mit einer sorgsam zubereiteten Vinaigrette.

Genau so einen Salat mache ich mir heute noch, wenn ich etwas Grünes als Begleitung zu einem selbst gebratenen Steak möchte. Die Betonung liegt auf »wenn«. Denn irgendwann habe ich leider herausgefunden, dass es mir hauptsächlich um die säuerliche Essignote als Ergänzung zu Fleisch, Baguette und Butter geht. Die liefert auf bequemere Weise auch ein Glas Bordeaux, wodurch das Grünzeug hinten runterfällt.

Damit erfülle ich natürlich alle männlichen Rollenklischees. Doch zum Glück dreht sich dieses Kapitel nicht um die viel diskutierte Frage, warum Frauen lieber Salat und Männer lieber Steak essen und ob sich das irgendwie evolutionär begründen lässt. Nein, es geht darum, dass beide Geschlechter hungrig geblieben wären, bevor eine bestimmte Gruppe von Pflanzen in der Evolution auftauchte. Sie sind so etwas wie die Strahlenflosser bei den Fischen oder die Hutträger bei den Pilzen und Grundlage so ziemlich aller Salate, die wir essen. Ob es sich dabei um einen klassischen Beilagensalat, einen schicken Rucolasalat, einen Kartoffel-, Gurken-, Bohnen-, Linsen- oder Obstsalat handelt. Selbst Eier- und Fleischsalat gehen nicht ohne, weil Öl, Essig, Gewürze und auch das Futter der beteiligten Tiere von solchen Pflanzen stammen. Ebenso der Mais im Beilagensalat sowie das Mehl für einen Nudelsalat oder mein Baguette. Sogar mein Steak gäbe es in seiner heutigen Form ohne diese Pflanzen nicht, genauso wenig wie ein Glas Wein.

Die Rede ist, wie viele längst erraten haben, von den Blütenpflanzen, also grob gesagt allen Pflanzen außer Nadelbäumen, Farnen und Moosen. Sie machen heute den weitaus größten Teil aller Pflanzen aus, und es gibt sie in viel mehr verschiedenen Arten als alle Fische, Hutpilze und Landwirbeltiere zusammen. Sie stellen auch den mit Abstand größten Teil der irdischen Biomasse und sind an Land Grundlage des allermeisten Lebens. Ob in Form von Getreide, Gemüse, Obst und Nüssen oder als Futter für unsere Nutztiere, Blütenpflanzen *sind* praktisch unsere Nahrung, selbst wenn wir ihre Blüten in vielen Fällen überhaupt nicht kennen. Daher sind sie spätestens ab dem übernächsten Kapitel auch aus keinem Abschnitt dieses Buchs mehr wegzudenken und spielen überall eine mal mehr, mal weniger prominente Rolle.

Bis dahin ist allerdings noch eine gewisse Zeit zu überbrücken. Denn die Blütenpflanzen entwickelten sich erst vor ungefähr 130 Millionen Jahren, als die Blütezeit der Dinosaurier bereits ihren Höhepunkt erreichte. Davor wären Fleischesser mit viel Mut an irgendeine Form von Steak gekommen. Vegetarier hingegen hätten zumindest aus heutiger Sicht eine sehr ausdauernde Vorliebe für Farnsalat mit Pinienkernen beweisen müssen.

Aus diesem Grund habe ich dieses Kapitel »Vorspeisensalat« genannt. Dennoch war diese etwa 300 Millionen Jahre währende »Vorgeschichte« ungemein wichtig. Denn in ihr entwickelten sich bereits alle Pflanzenteile, die später zu leckerer Pflanzenkost wurden (oder die wir dazu machten). Von den Blättern, die uns heute als Kopfsalat, Kohl, Spinat oder Kräuter dienen, über die Wurzeln und Stängel, die uns Karotten, Kartoffeln oder köstlichen Spargel liefern, bis zu Samen und einfachen Blüten, ohne die es weder Weizen und Walnuss noch Apfel, Tomate oder Traube gäbe. Zusätzlich schufen die Pflanzen in dieser Zeit bestimmte Stoffe, die für unsere Beschaffung, Zubereitung, Beförderung und Verarbeitung von Nahrung essenziell wurden. Wie auch für unsere gesamte jüngere Geschichte.

Um all diesen Anfängen heutiger Köstlichkeiten (und manchen Kummers) nachzuspüren, müssen wir nur wieder an dieselbe Flussbiegung wie im letzten Kapitel zurückkehren. Denn schließlich haben Pilze und Pflanzen ihren Landgang ja zusammen oder zumindest zu einer ähnlichen Zeit gemacht.

Alle Landpflanzen stammen von Grünalgen ab, von denen eine essbare Form passenderweise der an den Felsküsten der Welt wachsende Meersalat ist. In den Gewässern der Urzeit wimmelten diese Algen aber noch ähnlich wie die Urpilze als kleine grüne Einzeller mit Schwimmgeißeln herum. Die Energie dazu und ihre grüne Farbe hatten sie bereits wie Pflanzen von Chloroplasten, die in ihrem Innern mithilfe des Sonnenlichts Zucker herstellten. Wie in Kapitel 2 erwähnt, gehen diese zur Fotosynthese fähigen Organe sehr wahrscheinlich auf winzige Bakterien zurück, die irgendwann ein Vorfahr der Grünalgen verschluckte. Obwohl sie mit diesen internen Solarfabriken das an Landpflanzen weitergaben, was das Wichtigste für Pflanzen (und damit uns) ist, werden Grünalgen offiziell nicht zu den Pflanzen gezählt. Einige Wissenschaftler überlegen inzwischen allerdings, ob es nicht sowieso andersrum sein sollte: Wie man alle Landwirbeltiere aufgrund ihrer Vorfahren als Fische betrachten könnte, so könnte man alle Landpflanzen nämlich auch zu den Algen zählen.

Als erste »echte« Landpflanze gilt jenes stängelige Kraut, durch das wir uns im letzten Kapitel schon den Weg zu den mysteriösen Riesenpilzen bahnten. Nach einer australischen Urzeitforscherin benannt, trägt es den schönen Namen *Cooksonia* und wuchs um die Anfangszeit des Devon, also vor rund 420 Millionen Jahren. Vorher hatten es schon einfache Flechten und Moose an Land geschafft, doch *Cooksonia* und ihre Verwandten reckten sich zum ersten Mal zu einer halbwegs beachtlichen Höhe auf.* Auf Abbildungen erinnern sie mit ihren gegabelten Stielen an Schafgarbe, die im Sommer bei uns auf der Wiese blüht. Nur hatten diese ersten Pflanzen weder Wurzeln noch Blätter noch kleine weiße Blüten, sondern wirkten wohl ähnlich nackt und karg wie die Landschaft um sie herum. Oben auf ihren Stielen wuchsen auch nur einfache Sporenträger, fast wie bei Pilzen, trotzdem brachten sie schon wichtige Neuerungen ins Spiel. Da waren zum einen die winzigen Atemlöcher an den Stängeln, die heute meist unten an den Blättern liegen. Hinzu kam eine natürliche Wachshülle, die heute auch Äpfel im Supermarkt vor dem Austrocknen schützt. Das Wichtigste waren jedoch einfache Gefäße zum inneren Stofftransport, ohne die Pflanzen weder anständig wachsen noch eine saftige Beilage ergeben würden.

Das in Deutschland mit Abstand beliebteste Stängelgemüse, der Spargel, entstand als Pflanzengattung wohl vor 10 bis 15 Millionen Jahren im südlichen Afrika (und war damit natürlich längst eine Blütenpflanze). Von dort verbreitete sich das Gewächs in vielen verschiedenen Formen nach Europa und Asien und wurde spätestens seit den Römern nicht nur als Heilpflanze genutzt, sondern auch gegessen. Wie heute noch fast überall außer in Deutschland kam der Spargel aber zunächst nur in seiner »natürlichen«, also grünen Gestalt auf den Tisch. Wie bei den ersten Landpflanzen handelt es sich um einen mit Chloroplasten Sonnenlicht tankenden Spross, den man jedoch jung erntet und erst später zu einem gefiederten Strauch anwachsen lässt. Das tut auch der gekappte Ansatz unserer weißen Stangen nach dem Johannistag, dem offiziellen Ende der Spargelsaison. Weiß bleibt der Spargel vorher bei uns nur, weil man hierzulande irgendwann darauf kam, ihn mit Erdwällen beim Wachsen vor spätem Frühlingsfrost zu schützen. Deshalb überzieht sich dieser sogenannte Bleichspargel, den man wie jeden

* *Cooksonia* wäre uns kaum bis zum Knöchel gegangen. Doch andere, vor allem aus einer Lagerstätte in Schottland bekannte Vertreter schafften es immerhin auf Wadenhöhe.

Spargel alle paar Tage neu ernten kann, nicht mit lichthungrigem Grün. Freunde des grünen Spargels mokieren sich gerne darüber, wie verrückt man in Deutschland nach dem »weißen Gold« ist. Aber sie haben natürlich keine Ahnung.

Ein anderes bekanntes Stängelgemüse, das wir den allerersten Pflanzenstängeln verdanken, sind Bambussprossen. Wir kennen sie hauptsächlich als kleine gelbliche Streifen im Thaicurry. Doch direkt nach dem Ernten und Schälen ähneln auch sie bleichen Spargelstangen. Oft ebenfalls zum Stängelgemüse gezählt werden die knackigen grünen Stangen des Staudenselleries sowie die sauren roten des Rhabarbers. Doch Botaniker werden Ihnen bei einer Bloody Mary oder einem Glas Rhabarbersaft gerne erklären, dass es sich hier eigentlich um Stielgemüse handelt, weil wir die aus dem Boden wachsenden Blattstiele der Pflanzen nutzen. Diese Stiele wurden ebenso durch Züchtung verdickt wie auf noch extremere Weise der kugelrunde Kohlrabi, bei dem es sich in Wirklichkeit um einen Stängel handelt. Wenn Sie wie ich Rosenkohl mögen, werden Sie wahrscheinlich bereits wissen, dass auch diese köstlichen kleinen Kohlknospen an Stängeln wachsen. In dem Fall wurden sie einer hohen, großblättrigen Kohlvariante angezüchtet wie einem Pudel die Locken.

Wie die des Spargels stammt die Gattung der Kohlgewächse ursprünglich wohl aus Afrika und ist vor gut 20 Millionen Jahren im Osten des Kontinents entstanden. Lässt man Kohlrabi oder Rosenkohl blühen, tun sie das gelb wie Raps, der wie Senf und manche Rübe auch zu dieser spannenden Gattung gehört. Wie jüngst eine aufwendige Genanalyse ergab, wächst der Urahn von Kohlrabi und Rosenkohl heute noch als hübsches, gelb blühendes Felsenkraut auf den griechischen Inseln. Durch mindestens seit der Antike währenden Züchtungseifer sowie wilde Einkreuzungen ist daraus praktisch jeder Kohl, den wir essen, entstanden. Das gilt für Grün-, Weiß- und Rotkohl ebenso wie Blumenkohl, Broccoli, Blattkohl und Wirsing. Damit ist der griechische Urkohl sowas wie der Wolf der Gemüsezüchter, den sie in ähnlich diverse Formen umgemendelt haben wie Mops, Spitz und Dogge. Werden diese Formen mithilfe der Bakterien und Hefen aus den vorigen Kapiteln fermentiert, ergeben sie so leckere Köstlichkeiten wie Rotkraut, Sauerkraut sowie das Weißkraut aus meinem ersten Beilagensalat.

Die Ähnlichkeit zwischen Kohl- und Salatköpfen ist dabei wieder hauptsächlich auf züchterische Fantasie (oder Mangel daran) zurückzuführen. Sehr alte Salatköpfe sind zwar schon an den Wänden ägyptischer Grabkammern abgebildet. Doch der evolutionäre Ursprung des Gemüses liegt in diesem Fall nicht in Afrika, sondern in Asien und wird auf eine Zeit vor weniger als 10 Millionen Jahren geschätzt.

Womit wir natürlich längst bei den Blättern wären, die wir sowohl bei Kohl als auch Salat noch viel öfter essen als den Stängel. Schon manche der ersten Stängelpflanzen waren mit blattartigen Auswüchsen überzogen. Die so verbesserte Lichtausbeute sorgte offenbar bereits damals dafür, dass sie zu den größten und kräftigsten Pflanzen an unserer Flussbiegung gehörten. Heute begegnen uns diese Bärlappgewächse unter so schönen Namen wie Schlangenmoos oder Wolfsklaue noch als kleine Wald- oder Heidepflänzchen, die ein bisschen an aus dem Boden wachsende Tannenzweige erinnern. Kulinarischen Nutzen haben sie kaum. Dafür entwickelten sie sich seinerzeit im Devon zu gewaltigen »Schuppenbäumen«, die oft den größten Anteil an den wichtigen Ablagerungen hatten, zu denen wir noch kommen.

Doch zunächst zurück zu den pflanzlichen Solarkollektoren, die sich in der uns vertrauten, flächigeren Form erst nach der Schmalspurversion von Bärlappen und Konsorten entwickelten. Das geschah wohl um die Mitte des Devon, und zwar indem Seitenzweigchen von nackten Stängelpflanzen verschmolzen und sich zwischen ihnen Gewebe bildete wie zwischen den Zehen einer Ente. So entstanden die mit vielen solchen Blättchen bestückten Wedel der Farne sowie ähnliche Wedel an frühen Bäumen. Aus Letzteren sind dann über sehr viele weitere Abzweigungen und Umwege sämtliche heutigen Kohl-, Salat-, Spinat-, Minz-, Lorbeer-, Basilikum-, Petersilien-, Rosmarin- und unzählige andere Blätter entstanden. Die meist breiten, stark geäderten Blätter der Blütenpflanzen könnten dabei mit ein Grund gewesen sein, warum sie letztlich den Sieg über die lange regierenden Farne und Nadelhölzer davontrugen. Besonders gut lässt sich die netzartige Äderung, die wohl besonders Laubbäumen Vorteile bei der Atmung verschaffte, an einem großen Blatt Wirsing bewundern.

In die Höhe wachsende, von Gefäßen durchzogene Stängel sowie Blätter, die sich daran ausklappen wie die Solarpaneele eines Mars-Rovers: Laut Forschern waren es vor allem diese zwei Innovationen, durch die sich die ersten Pflanzen ähnlich stark an Land vervielfältigten, wie es eine Weile zuvor – während der kambrischen Explosion – die Tiere im Wasser getan hatten. Wer Bratkartoffeln mit Zwiebeln (und Speck) mag, gerne Radi im Biergarten isst, brav (wie ich) Karottensaft trinkt oder ohne Knoblauch nicht leben kann, wird allerdings auf die Würdigung von Pflanzenteilen warten, die auf weniger offensichtliche Weise zum Erfolg ihrer Besitzer beitragen. Als Basis hatten Pflanzen zunächst noch waagrechte Stängelteile gedient. Sie verliefen mal auf, mal im sandigen Schwemmgrund und trugen höchstens feine Härchen, die aber wohl mehr der Verankerung dienten. Bald jedoch bohrten sie echte Wurzeln in den dank ihrer selbst immer tiefer werdenden Boden und arbeiteten dabei auch schon mit den ersten Wurzelpilzen zusammen. Was immer wie sie an Land entstand und verging, trug so bald ebenso zum Wachstum der Pflanzen bei wie oben das Licht.

Zum waschechten Wurzelgemüse gehören wohl Karotte, Rettich, Pastinake und Süßkartoffel. Ganz sicher kann man sich aber nicht sein, weil praktisch jede Quelle etwas anderes sagt. Die Wurzel allen botanischen Übels scheint dabei ein gewisser Teil zwischen Wurzel und Stängel zu sein, der mal mehr am Gemüse beteiligt ist, mal weniger, auch wenn man das beim Essen natürlich nicht merkt. Diesem etwas höher liegenden Teil werden auch

Knollengemüse wie Rote Beete, Knollensellerie und Radieschen zugeordnet, obwohl man Letztere traditionell ja eher von unten sieht. Zwiebelgemüse ist noch mal ein Sonderfall, da aus Spross und Blättern geformt, doch wenigstens sind hier Speisezwiebeln und Knoblauch eng verwandt. Das kann man bei Mohrrübe, Zuckerrübe und Steckrübe wiederum nicht sagen, zumal Letztere eigentlich ein Kohl ist und noch eigentlicher ein Raps.

Ähnlich schwer wie die Rüben machen es einem Kartoffel und Süßkartoffel. Auch sie stammen botanisch gesehen aus verschiedenen Familien, von denen die eine vor gut 50 Millionen Jahren in Südamerika, die andere zu einer ähnlichen Zeit in Asien entsprungen ist. Zudem sind Kartoffeln nicht wie Süßkartoffeln verdickte Wurzeln, sondern an unterirdischen Stängelteilen wachsende Knollen – was sie zu einer merkwürdigen Mischung aus Wurzel-, Stängel- und Knollengemüse macht.

Eins haben all diese Wurzeln, Zwiebeln und Knollen jedoch gemeinsam: Es handelt sich um Speicherorgane, die den Pflanzen helfen, schwierige Zeiten zu überstehen. Das ist in unseren Breiten meist der Winter, können anderswo aber auch Dürre oder Jahresabschnitte mit vielen Bränden sein. Dabei produziert der aus Stängel, Blättern sowie oft erstaunlich hübschen Blüten bestehende obere Teil in der Wachstumssaison Nährstoffe und lagert diese vor dem Absterben unter der Erde ein. Das geschieht wie bei der Kartoffel oft in Form von Stärke, kann wie bei der Zuckerrübe aber auch ein hoher Gehalt an einfacherem Zucker sein. Die Strategie ähnelt der des Bären, der sich Speck für den Winterschlaf anfrisst – oder unserer Vorratshaltung, wenn wir im Sommer Kartoffeln, Rüben und Zwiebeln für den Keller ziehen.* Die Vorräte erlauben den

---

* Ein Tier, bei dem die Ähnlichkeit der Strategien besonders auffällt, ist der in Regenwäldern Süd- und Mittelamerikas lebende Rübenschwanzgecko. Das bis zu 20 Zentimeter lange Reptil benutzt seinen Schwanz zum Speichern von Fettreserven, wodurch dieser die Form einer dicken Rübe annimmt. Wird der Gecko von Angreifern verfolgt, kann er die »Rübe« zur Ablenkung abwerfen. Später wächst ein neuer Schwanz nach, der aufgrund der dünn bleibenden Bruchstelle noch mehr einer Rübe gleicht.

Pflanzen, im Frühling wieder auszutreiben oder zum ersten Mal zu blühen, und dass Licht und Wärme dafür den Startschuss geben, erklärt die üblichen Lagerbedingungen. Ist es Kartoffeln zu warm und hell, keimen sie und schützen ihre Triebe mit Gift, weshalb man sie lieber entfernen sollte. Bei Zwiebeln und Knoblauch ist aber gerade der scharfe Abwehrstoff gegen Mikroben und wühlende Schnauzen das, was uns an ihnen so schmeckt.

Wie beim Fleisch, zu dem wir später kommen, gibt es zu stärkereichen Wurzeln und Knollen die Theorie, dass sie uns einst bei der Menschwerdung halfen, indem sie als feuergegarte High-Carb-Bomben unser Hirnwachstum förderten. Ironischerweise ist genau das der Grund, warum manche Ernährungsexperten heute die sowieso schon zwischen allen Stühlen sitzende Kartoffel zum Nichtgemüse erklärt wollen: Man kann einfach zu leicht ungesunde Pommes daraus machen. Die WHO erklärt in ihren Ernährungsempfehlungen bereits ausdrücklich, dass die beliebte Knolle nicht zum Gemüse zählt: Niemand soll denken, dass es zur Deckung des täglichen Bedarfs an gesundem Grünzeug genügt, wenn man eine Portion French Fries zum Burger bestellt. In den USA überlegt man sogar, Kartoffeln aufgrund ihres hohen Gehalts an Kohlehydraten gleich ganz einer anderen Lebensmittelgruppe zuzuschlagen – nämlich dem Getreide.

Womit wir bei der letzten Gruppe der bereits vor langer Zeit angelegten und heute für unsere Nahrung wichtigen Pflanzenteile sind: den Samen, Blüten und Früchten. Wie bereits erwähnt, pflanzten sich die ersten Landpflanzen ja noch ähnlich wie Pilze mit Sporen fort. Drehen Sie bei einem Waldspaziergang Farnwedel um, finden Sie auch heute noch bei manchen Wedeln solche Sporen in Form von kleinen braunen Pünktchen. Noch in der Zeit des hier sehr oft vorkommenden Devon, das von etwa 420 bis 360 Millionen Jahre vor unserer Zeit dauerte, fingen jedoch Farne und andere Pflanzen an, diese Sporen zu verändern. Sie ließen sie auf mehr als nur eine kümmerliche Zelle anwachsen, fügten eine Hülle hinzu und auch schon eine Öffnung zur externen Befruchtung. Daraus wurden dann die nackten, holzigen Samen der frühen »Nadelbäume«, die uns damals schon etwas Ähnliches wie Pinienkerne für unseren Farnsalat hätten liefern können. Ebenso – sehr viel später – die jene Samen umschließenden süßen Früchte, harten Nüsse und gesunden Fruchtgemüse der Blütenpflanzen, denen wir uns in Kapitel 10 widmen.

Samen mit schützenden Hüllen erlaubten es Landpflanzen, sich unabhängiger vom Wasser zu vermehren. Dieser Innovation werden wir im nächsten Kapitel wiederbegegnen, wenn die ersten Tiere an Land kriechen. Das ist auch kein Wunder, denn im Grunde sind die Samen der Pflanzen nichts anderes als die Eier, die viele Tiere legen. Und wie unser Frühstücksei bekamen Pflanzensamen auch schon früh ein »Frühstück« aus reichhaltigen Nährstoffen mit, das ihnen beim Keimen hilft. Aus der Befruchtung von zwei Eizellen pro Samen könnte sich dabei ein besonderer Kniff der späteren Blütenpflanzen entwickelt haben. Durch die sogenannte doppelte Befruchtung bereiten sie das »Frühstück« sozusagen erst zu, wenn die Bestäubung erfolgreich war. Dabei entsteht aus der einen Befruchtung der Keimling, aus der anderen ein dicker Klumpen Nährgewebe, von dem er zehrt. Im Reich der Tiere wurde jüngst eine grausame Parallele bei den hübschen Wiedehopfen entdeckt. Wie die meisten Vögel legen sie mehrere Eier. In dem Fall aber wohl mit ähnlicher Absicht: nämlich um später geschlüpfte Küken an die älteren verfüttern zu können.

Harmloser und appetitlicher ist da, dass die nahrhaften Klumpen in Pflanzensamen der Grund sind, warum man ihnen heute stärkereiche Speicherorgane wie die Kartoffel zuordnen möchte. Den für uns wichtigsten Samen, nämlich dem an Gräsern wachsenden Getreide, wenden wir uns dann im übernächsten Kapitel zu.

Bleiben jene Materialien pflanzlichen Ursprungs, die wir zwar nicht essen, aber die für die Geschichte unserer Nahrung und überhaupt für unsere Geschichte enorm wichtig wurden. Eins davon ist Holz, und natürlich keineswegs nur, weil man daraus so schöne Esstische, Schneidebretter und Salatschüsseln machen kann.

Zwar habe ich im letzten Kapitel gesagt, wir könnten an unserer frühdevonischen Flussbiegung nach Panzerfischen angeln. Doch woraus hätten wir eigentlich unsere Angelrute gefertigt? Und woraus ein Boot, um uns wie ein prähistorischer Kapitän Ahab jenseits der Mündung mit dem mächtigen *Dunkleosteus* zu messen? Aus welchem Material hätten wir uns einen Speer geschnitzt, um entweder im Wasser seltsames Meergetier aufzuspießen oder die ersten vierbeinigen Urzeitlurche an Land (wobei wir natürlich aufpassen müssten, nicht ausgerechnet unseren eigenen Vorfahren zu erwischen)? Wo wären später die Früchte unserer äffischen Ahnen gewachsen und worauf hätten sie sich vor Säbelzahntigern in Sicherheit gebracht? Womit hätten die Menschen der Steinzeit Urzeitpferde, Riesenelche und Mammuts erlegt, womit Paläosteaks und Pflanzenknollen gebraten, und woraus wären Ötzis Pfeil und Bogen gewesen? Woraus hätten die ersten Bauern Hacke, Joch, Pflug, Gatter und Schuppen gebaut, woraus Rad und Karren zum Transport ihres Ertrags? Woraus Mühlen zum Mahlen und Seilzüge zum Heben, woraus Handelsschiffe für kleine und Gewürzschiffe für große Ozeane? Selbst die nächsthärteren Materialien der Menschheit, Kupfer, Bronze und Eisen, brauchten zunächst dieses zur Entstehung. Genau wie bei uns heute noch herrlich rauchige Koteletts, Würstchen oder Burger vom Grill.

Rein vom Gewicht her ist Holz immer noch das am meisten verwendete Material der Welt, und auch abseits von westlichen Kamin- und Grillabenden ist es in vielen Ländern ganz einfach zum Heizen und Kochen da. Kochrezepte stehen heute oft im Internet statt auf Papier. Doch Bananenkisten, Pizzakartons und Hello-

Fresh-Lieferungen kommen weiterhin schlecht ohne aus Holzbrei hergestellte Grundstoffe aus.

An Bäumen kennen wir Holz vor allem als steifes Stützgewebe und »Baumaterial«; als Letzteres benutzen wir es ja selbst. Doch dient es auch dazu, Wasser und Mineralien von den Wurzeln in die Wipfel zu leiten, und darin lag wohl sogar sein ursprünglicher Zweck. Verholzte Zellen im Innern der ersten Pflanzen bildeten eine Art Strohhalm, mit dem sie ihre oberen Teile feucht halten konnten. Bald stellte sich jedoch heraus, dass das Zeug auch ein fabelhaftes Podest für die mit Sporen und Solarzellen bestückten Blätter abgab, und der bis heute währende Kampf um Höhe war eröffnet. *Archaeopteris,* der bereits vorhin erwähnte frühe Baum mit den Farnwedeln, galt lange als erster Baum überhaupt, so wie der spätere *Archaeopteryx* als erster Vogel. Mit seinem holzigen Stamm erreichte er wohl Höhen von bis zu 30 Metern und dominierte viele der ersten Wälder. Allerdings wurde er zum Ende des Devon von den ebenfalls schon erwähnten »Schuppenbäumen« übertrumpft. Obwohl leichter gebaut und kurzlebiger, bildeten diese ungewöhnlich hohen Bärlappgewächse zusammen mit Schachtelhalmen und Baumfarnen die großen Steinkohlewälder, die dem nächsten Erdzeitalter seinen Namen geben.

Dieses sogenannte Karbon (was auf Lateinisch Kohle bedeutet) dauerte von ungefähr 360 bis 300 Millionen Jahre vor unserer Zeit, womit wir uns schon der Mitte unserer Nahrungsgeschichte nähern (zumindest seit dem Kambrium gerechnet). Die Kontinente sind eng zusammengerückt, und am Äquator gibt es viele feuchte Becken und Sümpfe, in denen sich unzählige tote Schuppenbäume und andere Pflanzen sammeln, ohne zu verrotten. Vielleicht liegt es, wie im letzten Kapitel spekuliert, an den noch fehlenden Baumpilzen, vielleicht an der regelmäßigen Überlagerung mit Schlamm und Schlick. Jedenfalls werden die Schichten mit der Zeit zu riesigen Kohleflözen gepresst, mit denen wir Menschen später unsere Industrielle Revolution befeuern. Die natürlich inkohlte Urzeitflora landet in den Dampfkesseln von Fabriken, Loks und Ozeanschiffen und hilft so, menschliche »Ökosysteme« auf ein neues wirtschaftliches Niveau zu hieven.

Auch in den Kochherden der Welt wird die harte schwarze Steinkohle, die länger glimmt als Holz und nicht so stark raucht wie die jüngere Braunkohle, damals zum heißen neuen Brennstoff. In vielen Haushalten kohlereicher Länder wie China oder Indien ist sie das bis heute. Doch sollten wir deshalb nicht zu stolz auf unseren topmodernen Induktionsherd blicken. Denn auch auf dem kochen wir zumindest zum Teil weiterhin mit Kohle. Zwar fördert Deutschland selbst keine Steinkohle mehr und möchte schnellstens aus der Nutzung jeglicher Kohle aussteigen. Doch derzeit werden noch hier abgebaute Braunkohle und von anderswo eingeführte Steinkohle in großen Mengen verstromt. Rein rechnerisch erhitzen sie so – oder taten es jedenfalls noch im ersten Halbjahr 2024 – jedes fünfte unserer am E-Herd zubereiteten Gerichte.

Denn das ist natürlich die Kehrseite des energiereichen Geschenks aus dem Karbon: Was die noch ungeborenen Baumpilze damals nicht an Kohlenstoff mampften und so wieder natürlichen Kreisläufen zuführten, landet durch die Verfeuerung heute bei uns als Kohlendioxid in der Atmosphäre. Das Kuriose dabei: Urpflanzen, Schuppenbäume und der ganze große Vorspeisensalat könnten schon damals für einen Klimawandel gesorgt haben. Nur in die andere Richtung.

Die meisten Wissenschaftler scheinen sich einig zu sein, dass im Laufe von Devon und Karbon, den vorvor- und vorletzten Abschnitten des Erdaltertums, der CO_2-Gehalt der Atmosphäre extrem sank. Klar, könnte man denken: Pflanzen brauchen Kohlendioxid zum Leben, und dann ist noch der ganze gebundene Kohlenstoff mit den Schuppenbäumen im Sumpf versunken. Genau deshalb sollen heute ja auch Bäume gepflanzt oder sogar in der Erde vergraben werden, um das Klima zu retten! Tatsächlich hatte die sinkende CO_2-Konzentration wohl mehr damit zu tun, dass die Pflanzen mit ihren Wurzeln Felsen zu unseren zukünftigen Äckern verwitterten und sich so massenhaft Kohlenstoff aus der Luft mit Mineralien im Boden verband (was über Umwege wiederum einen Teil unserer zukünftigen Fischfilets und Meeresfrüchte ausrottete). Letztendlich trat aber genau der Effekt ein, den wir uns heute so wünschen: Das Klima wurde ähnlich kühl, trocken und von saisonalen Schwankungen geprägt, wie es nach vielen zwischenzeitlichen Heißphasen auch jetzt wieder ist. Schlecht war das für die Schuppenbäume in ihren schwülen Sümpfen. Gut hingegen für Pflanzen mit geschützten Samen und Tiere mit ähnlichen Erfindungen, die in trockeneren Verhältnissen Vorteile haben.

Gut für Tiere, die damit umzugehen lernten, war auch der ganze Sauerstoff. Wie heute ohnehin schon viel reichlicher in der Luft vorhanden als das Spurengas CO_2, stieg sein Gehalt im Karbon auf einen Rekordwert von über 30 Prozent. Der Grund war in dem Fall genau der, den man annimmt, nämlich die überall brummende Fotosynthese der vielen neuen Pflanzen, bei der Sauerstoff als Abfallprodukt freigesetzt wird. Das Überangebot könnte für das extreme Wachstum der riesigen Libellen und Tausendfüßer verantwortlich gewesen sein, die man auf Abbildungen des Karbons so oft durch die Sumpfwälder streifen sieht. Vertreter der Meinung, dass wir mehr klimafreundliche Insektennahrung essen sollten, um der späten Verfeuerung dieser Wälder entgegenzuwirken, wären auf ihre Kosten gekommen (und jedes noch so mutige Mitglied des Dschungelcamps hätte seinen Meister gefunden). Tatsächlich sind die Urahnen von Heuschrecken und Grillen, die in der EU jüngst im Namen des Klimas als »neuartige Lebensmittel« zugelassen wurden, ausgerechnete in genau jenen Kohlewäldern zum ersten Mal durch die Vegetation gekreucht.

Genauso war es mit den ersten Landschnecken, die im späten Karbon auftauchten. Sie gehören zwar noch weniger zu den Insekten als Tausendfüßer, haben aber ebenfalls klimaschonendes Potenzial und als Escargots mit Kräuterbutter oder Badische

Schneckensuppe in Europa bereits gute Akzeptanz. Wie in Kapitel 3 erwähnt, stammen sie von Meeres- beziehungsweise Süßwasserschnecken ab, die ja auch in sehr ähnlichen Häusern wohnen. Im Vergleich zu den Insekten, die vermutlich schon im Devon anfingen, an den ersten Pflanzen zu zuzeln, kamen sie zwar erst sehr spät an Land gekrochen (worüber sie sich jeden blöden Witz verbitten). Doch wie unser Gemüsebeet im Garten wirkt der große terrestrische Vorspeisensalat offenbar äußerst verlockend auf sie, denn sie haben die Verwandlung von Wasser- zu Landlebewesen seither mindestens 30-mal wiederholt. Das liegt vielleicht auch daran, dass sie ihren Körper nur relativ wenig dafür verändern müssen, selbst ihr Haus kann ja im Großen und Ganzen bleiben, wie es ist. Dient es im Wasser vor allem als mobiler Panic Room, in den sich die Weichtiere bei Gefahr zurückziehen können, kommt an Land noch der Schutz vor Sonne und Trockenheit hinzu.

Nicht die Pflanzen, sondern wenn schon eher die davon lebenden Insekten und andere proteinreiche Happen lockten unsere vierbeinigen Vorfahren an Land. Bis sich unter ihnen der erste Pflanzenfresser und damit sozusagen der Urahn aller heutigen Vegetarier entwickelte, dauerte es erstaunlich lang. Oder zumindest legen das die bisher gefundenen Fossilien nahe: Denn als am Ende des Karbons die ersten vierbeinigen Pflanzenfresser mit Mahlzähnen auftauchen, sind sie bereits so groß wie Kälber, nur dass sie eher schmerbäuchigen Echsen mit Rückensegeln gleichen. Tatsächlich handelt es sich dabei um frühe echsenartige Vorfahren der Säugetiere, mit denen sich jetzt an Land zum ersten Mal »moderne« Ökosysteme etablieren, in denen viele Pflanzenfresser Nahrung für wenige Fleischfresser sind. Diese Entwicklung fand im Perm statt, dem aufs Karbon folgenden Erdzeitalter, und die frühsten und bekanntesten Fossilien, die sie belegen, stammen aus einem alten Steinbruch im Thüringer Wald.

Bevor Löwe und Gazelle oder Mensch und Reh dieses uralte System, das durch den an Land sprießenden Vorspeisensalat möglich wurde, nachspielen, sind jedoch erst mal andere dran. Vor rund 250 Millionen Jahren, am Ende des Perms, kommt es zum größten Massensterben, das jemals die Erde heimsuchte. Fast die gesamte an Land aufgeblühte Vielfalt stirbt wieder aus, auch im Meer sind die Verluste verheerend. Schuld oder zumindest mit schuld könnte wie beim späteren Ende der Dinos ein gewaltiger Meteorit sein – nur dass er diesmal ihren Aufstieg einläutet. Das seit den Urmeeresfrüchten währende Erdaltertum wird vom Erdmittelalter abgelöst, und hier werden die »schrecklichen Echsen« zur alles bestimmenden Lebensform. Selbst die großen echsenartigen Vorfahren der Säugetiere, die zuvor kurz regieren, müssen sich wieder an den Katzentisch der Nahrungsgeschichte zurückziehen. Und an dem sitzen für sehr lange Zeit zunächst auch die ersten kleinen Säugetiere selbst.

ECHSE ODER EI?

8

Vor ungefähr 310 Millionen Jahren lebte ein kleines eidechsenartiges Wesen in den großen Steinkohlewäldern, um die es im letzten Kapitel ging. Im Schatten von hohen Bäumen mit ähnlich auffälligen Blattnarben am Stamm wie die Schuppenbäume jagte es nach Insekten, Spinnentieren und Würmern. Das Klima am Äquator war noch warm und feucht, trotzdem blieben die anderen salamander- und lurchartigen Wesen in den Sumpfwäldern lieber näher am Wasser. Ihnen fehlte etwas, ohne das zwar nicht sie selbst, aber doch ihr Nachwuchs nur schwer überleben konnte, wenn sie ihr Dasein zu weit ans trockene Land verlegten.

Die »Eidechse« plumpste vielleicht aus Versehen in einen hohlen Stumpf der leicht abknickenden und innen aus schnell verrottendem Mark bestehenden Bäume. Vielleicht flüchtete sie vor einer Überschwemmung oder einem Feuer, das sich wegen des vielen Sauerstoffs in der Luft im feuchten Wald entzündet hatte. Vielleicht hausten sie und ihre Artgenossen aber auch gerne in solchen Stümpfen oder nutzten sie sogar als Kinderstube.

Jedenfalls schafft es dieses Exemplar nicht mehr heraus und wird umgeben von der wie mit tausend Siegeln geprägten Rinde versteinert. Sehr viel später findet es ein Schüler des berühmten britischen Geologen Charles Lyell, als er in der Nähe einer Kohlemine an der kanadischen Küste nach Fossilien sucht. Es ist 1859, das Jahr, in dem Lyells Freund Charles Darwin seine Evolutionstheorie veröffentlicht, und aus den tropischen Sumpfwäldern des einstigen Superkontinents Pangäa sind die großen Kohleflöze Nordamerikas und Europas geworden.

Die kohle- und fossilreichen Klippen in der ostkanadischen Bay of Fundy, direkt über dem US-Bundesstaat Maine, sind heute Weltkulturerbe. Und *Hylonomus lyelli*, die nach dem Pionier der Geologie benannte »Eidechse«, gilt weiterhin als wichtigster Fund für alle, die zum Frühstück gerne ein Ei, mittags ein Omelett – oder abends ein Weißweinhühnchen essen.

Wie schon in Kapitel 4 erwähnt, ist Geflügel neben Fisch und Meeresfrüchten die am meisten konsumierte Art von Fleisch. Es hat Schwein und Rind längst überflügelt, gilt wie Fisch als gesünder und wird vor allem von den aufstrebenden Mittelschichten Asiens wegen seines guten Preis-Protein-Verhältnisses geschätzt. Laut Daten der Welternährungsorganisation werden pro Jahr etwa 75 Milliarden Hühnchen allein für den Verzehr geschlachtet – das sind beinahe zehn für jeden Menschen auf der Welt. Es wird angenommen, dass noch nie zuvor in der Geschichte der Erde so viele Vögel einer einzelnen Art existierten. Selbst die einst in riesigen Schwärmen übers Land ziehenden Wandertauben können nicht mithalten, und dazu sind die meisten Masthühner durch Züchtung noch fünfmal so schwer wie in den 1950ern. Wenn sich Archäologen später durch unsere Mülldeponien wühlen, glauben Forscher, werden die Knochen von Broilern ihnen genauso typisch für unsere Zeit vorkommen wie Schuppenbäume fürs Karbon.

All die von dünneren Legehennen produzierten Eier werden sich schlechter im Fossilbericht halten. Doch ihre Zahl ist laut einem Branchenverband mit dem schönen Namen International Egg Commission noch unglaublicher und bringt jährlich ein Gewicht von rund 90 Millionen Tonnen auf die Waage. Bei durchschnittlich 60 Gramm pro Ei sind das 1,5 Billionen Eier – also knapp 200 Eier pro Jahr und Mensch. Mehr als doppelt so viele Eier werden in Mexiko gegessen, wo man offenbar jede morgendliche Tortilla mit ein oder zwei Spiegeleiern zu *huevos rancheros* aufpeppt. Auch Japaner essen jede Menge Eier zu Reis und Ramen, Chinesen gerne als in Tee gekochtes Straßengericht. Bei Hühnchen und Geflügel wiederum sind die USA, Australien, aber auch südamerikanische Länder wie Brasilien, Argentinien und Peru die größten Konsumenten. Deutschland gehört bei Eiern nur zum hochzeitnudligen Mittelfeld und isst auch immer noch lieber Wurst und Braten vom Schwein als Chicken Wings.

Vielleicht weil Letztere in den USA so beliebt sind, ist dort »tastes like chicken« zum geflügelten Wort geworden. Einmal saß ich zum Beispiel in einem kleinen Schuppen in Florida, entdeckte auf der Karte »Alligator Bites« und war blöd genug, meinen dort aufgewachsenen Cousin zu fragen, wie die sind. »Schmecken wie Hühnchen«, kam wie aus der Pistole geschossen, dazu ein treuherziger, aber mit unverkennbarer Ironie garnierter Blick. Der Witz an der Antwort ist, dass es die unvermeidliche Standardantwort ist – egal ob es um Alligator, Frosch, Schlange, Hund, Katze, Pinguin oder irgendeine andere ungewöhnliche Fleischsorte geht. Die Dinger schmeckten dann tatsächlich auch wie Hühnchen, waren allerdings so dick in Panade gepackt, dass man ebenso Teile meiner Schuhsohle als Chicken Nuggets hätte servieren können. Darunter stieß ich manchmal auf gummiartigere, fettigere Stellen, bei denen ich ehrlich gesagt ganz froh war, dass es in dem Schuppen gefühlt hundert verschiedene Craftbiere zum Runterspülen gab.

Der Witz mit dem Hühnerfleisch ist in englischsprachigen Ländern so verbreitet, dass es bereits etliche mehr oder weniger ernst gemeinte Versuche gab, ihm auf den evolutionären Grund zu gehen. Besonders weit getrieben hat die Sache der amerikanische Biologe Joe Staton im wissenschaftlichen Satireblatt *Annals of Improbable Research*, das auch jedes Jahr den Ig-Nobelpreis für besonders skurrile Forschungsleistungen vergibt. Staton hat dort schon vor längerer Zeit einen evolutionären Stammbaum aufgestellt – allein an der Frage orientiert, ob heutige Tiere und ihre Stammlinien eher nach Hühnchen oder nach anderen Fleischsorten schmecken.

Da sind zum einen die Shrimps und ähnliche »Urmeeresfrüchte«, deren Geschmack, wie beim Hummer in Kapitel 3, so facettenreich und schwer zu ergründen ist. Manchen Forschern zufolge geht ihr typisches Aroma nach Meer, Küste und Jod, das Zuchtgarnelen oft fehlt, auf mit wilder Nahrung aufgenommene Bromverbindungen zurück. Ob jedoch gezüchtet oder nicht, frittierte Shrimps lassen sich in der Regel gut von Hühnchenteilen unterscheiden, da kann die Panade noch so dick sein. Das ist auch auf der nächsten Sprosse der evolutionären »Hühnerleiter« in der Regel noch so, bei den Fischen. Obwohl es ja hier, wie in Kapitel 4 erwähnt, bereits deutliche Anknüpfungspunkte gibt.

Wie vom Meeresboden aufflatternde Flundern in den »Flügeln« haben Hühnchen weiße Muskeln in der Brust, die auf schnelle Fluchtbewegungen ausgelegt sind, aber nur selten benutzt werden und rasch ermüden. Das macht diesen Teil so mild, zart und beliebt, während die öfter benutzten Beine schon einen größeren Anteil an roten, auf Ausdauer ausgerichteten Muskelfasern haben. Die weißen und roten Fasern sind bei Landtieren nicht so deutlich getrennt wie bei Fischen und können sich zu rosafarbenen oder »dunkleren« weißen Muskeln mischen. Wie beim Thunfisch sorgt bei den dunkleren Hühnerschlegeln der rote Farbstoff Myoglobin, der den Muskeln Sauerstoff zuführt, für einen intensiveren Geschmack, ebenso das als Energiereserve gespeicherte Fett. Das in Ausdauermuskeln stärker vertretene Bindegewebe macht die Schlegel allerdings auch etwas zäher.

Mit diesen Schlegeln haben wir dann auch schon einen ungemein wichtigen Punkt im großen Hühnerbaum des Lebens erreicht. Denn es sind ja nichts anderes als Beine, also Gliedmaßen, die Hühner, wir und praktisch alle an Land lebenden Wirbeltiere von den vierbeinigen Urzeitlurchen geerbt haben, die in den letzten Kapiteln schon öfter kurz ans Ufer gekrochen sind. Das passierte im Laufe der großen Begrünung der Erde, die im vorigen Kapitel beschrieben wurde, also im Devon und dem darauf folgenden Karbon mit seinen Kohlesümpfen. Zunächst lebten die aus fischigen Fleischflossern hervorgegangenen Vierbeiner, die im Fachjargon Tetrapoden heißen, vermutlich noch im seichten

Wasser und benutzten ihre Stummelbeine nur, um sich durch den Schlamm oder zum nächsten Tümpel zu schieben. Wie erwähnt könnte sie dann aber die immer üppiger zwischen Farnen und Bärlappbäumen wimmelnde Nahrung an Land gelockt haben, oder größere Jäger vertrieben sie aus ihrem nassen Heim. So genau weiß man das alles nicht, dafür gibt es nicht genug Fossilien. Und es handelt sich ja auch – wie bei so vielen großzügig skizzierten Entwicklungen in diesem Buch – um eine im Grunde unvorstellbar lange Zeitspanne von gut 100 Millionen Jahren.

Jedenfalls waren die echten Lurche, also die Amphibien, wohl die frühste Linie von Landwirbeltieren, die von den »Urzeitlurchen« abzweigte. Das scheint angesichts der eben beschriebenen Lebensweise nur natürlich; allerdings gibt es auch hier wieder Lücken auf dem Weg zu heutigen Fröschen, Kröten und Salamandern. Freunde von Froschschenkeln wären wohl vor 250 Millionen Jahren im heutigen Madagaskar zum ersten Mal fündig geworden, also kurz nach Anbruch der Saurier-Ära. Viel dran war aber noch nicht, denn der zugehörige Frühfrosch beherrschte zwar schon den Froschbeinschlag, konnte aber noch nicht springen. Das konnte zwar der erste echte Frosch, der 70 Millionen Jahre später gegen Mitte des Juras auftauchte. Doch während die langhalsigen Sauropoden damals begannen, sich zu monumentaler Jurassic-Park-Größe zu entwickeln, war das Fröschlein kaum größer als eine Grille, und Liebhaber der gehobenen französischen Küche wären wieder hungrig geblieben. Die volle Auswahl von etlichen Tausend Frosch- und Froschschenkelarten bildete sich wie so vieles erst nach dem Ende der Dinos in der Erdneuzeit– der jüngsten, jetzigen Ära der Nahrungsgeschichte.

Ich war als Student zwar länger in Frankreich, doch offenbar konnte ich damals in kulinarischer Hinsicht noch keine großen Sprünge machen. Ganz sicher war ich mir ehrlich gesagt nicht, doch ein schneller Blick ins Internet hat mir Gewissheit verschafft: An diese auf unheimliche Weise an die strammen Beine eines altmodischen Zirkusartisten gemahnenden Schenkel hätte ich mich erinnert. Wie Alligator, Schildkröte oder Schlange, die alle erst viel später als die Amphibien von der vierbeinigen Stammlinie abzweigen, sind Frösche aber natürlich ein Paradebeispiel für die Antwort: »Schmeckt wie Hühnchen.« Durch das artistische Anspringen gegen die Schwerkraft haben sich auch schon die komplexen, festen Muskeln gebildet, die dafür sorgen, dass das Fleisch von Landtieren beim Braten nicht so leicht zerfällt wie die scheibenförmig angeordneten Muskeln der Fische. In China werden auf Reisfeldern gefangene und auf Straßenmärkten angebotene Ochsenfrösche sogar als »Feldhühner« bezeichnet, und auch der Biologe Joe Staton lässt seine evolutionäre »Hühnerleiter« bei den Amphibien ansetzen. Frage ich das Internet, wie Froschschenkel schmecken, bekomme ich sofort ein Zitat aus einem älteren Kochbuch serviert, in dem es heißt: »Das überaus zarte Wadenfleisch der Frösche schmeckt beinahe wie das von jungen Hühnern.«

Die größten heute lebenden Amphibien sind die Chinesischen Riesensalamander, die in den Zuflüssen des Jangtse auf Fische, Frösche und andere kleine Happen lauern. Seit Kurzem gehört ein fast zwei Meter langes Präparat namens »Lurchi« auch zu den schönen naturkundlichen Ausstellungen des hessischen Landesmuseums in meiner Heimatstadt Wiesbaden. Als hätten Amphibien nicht schon genug mit dem tödlichen Hautpilz aus Kapitel 6 zu tun, stehen die faszinierenden Riesenlurche in freier Wildbahn aber leider unter Druck. Einst als »schmutzige« Unglückstiere gemieden, gelten sie seit einiger Zeit als delikates Luxusfood, das in großen Farmen gezüchtet wird. Wilde Exemplare aus ihren klaren Bergflüssen zu zerren, ist zwar streng verboten, wird aber trotz der Farmen weiter gemacht. Wie chinesische Flussschildkröten landen die Salamander statt direkt auf dem Teller jetzt eben nur in der Zucht.

Jüngsten Funden zufolge haben sich die ersten Salamander bereits in der Anfangszeit der Dinos entwickelt. Zu mannsgroßen Riesensalamandern brachten sie es aber erst nach deren Aus. Von den

Sümpfen des Karbons bis in die Zeit der Dinos gab es auch eine Gruppe von noch viel größeren Ur-Amphibien, die eher gewaltigen Krokodilen glichen. Doch ihre Verbindung zu den heutigen Amphibien ist nicht klar. Klar scheint nur zu sein, dass sie erst unter den echsenartigen Vorfahren der Säugetiere litten, die vor den Dinos eine Weile am Drücker waren, und dann unter echten Ur-Krokos.

Joe Staton ordnet Riesensalamander (auf rein theoretischer Basis) wie alle Amphibien bei den hühnchenartigen Fleischsorten ein. Auch in der internationalen Berichterstattung über den bedrohten Lurch dient Hühnchen wie immer als bevorzugter Vergleich. Auf dem Weg zum echten Huhn fehlt der frühen amphibischen Abzweigung der Landwirbeltiere jedoch ein entscheidender Schritt. Denn sie zeichnet sich neben oft glatter, schleimiger Haut und einem kaulquappen- oder axolotlartigen Jugendstadium vor allem durch die Eiablage im Wasser aus.

Was zuerst da war, Huhn oder Ei, ist ja eine der meistdiskutierten Fragen am Frühstückstisch. Wenn man jetzt die evolutionäre Hühnerleiter nicht wie Joe Staton hinauf-, sondern hinabsteigt, müsste die Frage aber eigentlich ganz anders lauten. Nämlich Dino oder Ei, Kroko oder Ei, Schildkröte oder Ei, Schlange oder Ei oder Echse oder Ei, was eigentlich nichts anderes als Reptil oder Ei bedeutet.

Womit wir wieder bei *Hylonomus lyelli* angelangt wären, der kleinen »Eidechse«, die vor gut 300 Millionen Jahren im Stumpf eines Siegelbaums gelandet ist. Es ist das erste allgemein anerkannte Reptil der Nahrungsgeschichte. Und hatte für diese ein unschätzbar wertvolles Geschenk »im Gepäck«.

Mein bereits öfter erwähnter floridianischer Cousin war eine Zeitlang selbst Gastronom und hat dabei entsprechend bunte Charaktere kennengelernt – an denen es in Florida keinen Mangel hat. Als ich einmal zu Besuch war, kam er zum Beispiel nicht um einen Lunchtermin mit einem anglostämmigen Ostküstenaristokraten mit bereits weißblondem Scheitel, aber immer noch kernig geschnittenem roten Sportlergesicht herum. Bei 40 Grad in der Sonne empfing er uns in einem dunklen, auf winterliche Temperaturen gekühlten Restaurant, wo er und sein kleiner grauer Hund als einzige Gäste auf Barhockern an einem runden Stehtisch hockten. Auf dem Tisch stand eine große Flasche Wodka sowie eine Magnumdose Belugakaviar, die er und Percy (der Hund) sich einmal in der Woche gönnten. Wir hatten die große Ehre, an diesem Ritual teilhaben zu dürfen.

Mit viel Wodka wird fast jedes Mittagessen lustig, und irgendwann gesellten sich noch zwei junge Kerle mit Muskelhemden und entsprechenden Oberarmen hinzu. Ich dachte mir nicht viel dabei (außer vielleicht, warum sie nicht froren), bis es schließlich an die Verabschiedung ging. Unser Gastgeber legte mir etwas zu freundschaftlich die Hand auf den Oberschenkel, gab mir seine Karte und fragte, ob ich nicht mal in seinem Hotel vorbeikommen wolle. Mein Cousin lachte sich innerlich tot und setzte die gleiche Unschuldsmiene auf wie in dem Alligator-Schuppen.

Die ältesten versteinerten Eier der Welt stammen passenderweise aus einer Felsformation in China, wo man auch gerne mit Kalk und Asche konservierte Tausendjährige Eier isst. Die Fossilien sind allerdings winzig klein und wurden vor etwa 600 Millionen Jahren, also noch vor der kambrischen Explosion, vermutlich von korallenähnlichen Meerestieren in die Welt gesetzt. Korallen entlassen ihre Eier und Spermien oft in einigen wenigen extrem romantischen Nächten nach Vollmond massenhaft ins Wasser. Muscheln und Austern sind in der gleichen wenig mobilen Lage und deshalb ebenfalls Fans des Massenlaichens, das der Fortpflanzung von Pilzen oder Pflanzen ähnelt. Anders als Shrimps oder Krabben, die auf echten Koitus stehen, setzen auch Fische oft auf die außerkörperliche Befruchtung, lassen dabei aber größere Nähe oder sogar Nest- und Brutpflege zu. Belugastöre zum Beispiel, deren dunklen Rogen Percy und sein Herrchen so lieben, führen in ihren Laichflüssen erst ein kurzes Paarschwimmen auf, bevor sich ihre Keimzellen in der Strömung vereinen. Die lebenden Fossilien, die auch schon mal kurz durch Kapitel 4 geschwommen sind, sind wie Riesensalamander überjagt und bringen in der Zucht erst nach vielen Jahren Kaviar – daher ist das Zeug so teuer.

Fischeier sind meist von einer relativ festen Eiweißhülle umgeben, in der wie bei Hühnern oft ein einzelner Dotter schwimmt. Zusätzlich gibt es oft mehrere Öltröpfchen im Innern, die offenbar Einfluss darauf haben, ob das Ei schwimmt oder zu Boden sinkt. In der Hülle befindet sich außerdem eine kleine Öffnung, die den Spermien den Zugang erleichtert. Nach der Befruchtung legt sich der Embryo um den Dotter wie eine winzige, glubschäugige Sardelle – was aber natürlich bei Kaviar und anderem Fischrogen, der vorher entnommen wird, noch nicht so ist. Die Eier von Amphibien sind grundsätzlich ähnlich aufgebaut, haben aber eine dicke Geleehülle, die sich direkt nach der Ablage mit Wasser vollsaugt. So wird auch hier die winzige Lurchlarve im Innern geschützt und feucht gehalten, bis sie schlüpfen kann.

Manche Fischpaare springen gemeinsam auf übers Wasser hängende Blätter, um ihren Laich dort in Sicherheit vor anderen Fischen abzulegen. Bis der Nachwuchs ins Wasser tropft, muss ihn das Männchen aber mit regelmäßigen Spritzern seiner Schwanzflosse befeuchten. Auch einige Frösche legen ihren Laich nicht in Tümpeln ab, sondern in großen Schaumballen an Zweigen, aus denen die Kaulquappen dann ins Wasser plumpsen.* Manche Baumfrösche gehen noch weiter: Sie ziehen ihren Nachwuchs komplett in mit Regenwasser gefüllten Astgabeln und anderen kleinen Becken auf Bäumen auf.

---

* Frösche mit Schaumnestern gibt es nur in wärmeren Gefilden. Klebt in unseren Breiten Schaum an Zweigen und Wiesenpflanzen, dann stammt er höchstwahrscheinlich von den Larven von Schaumzikaden, die sich damit wie Froscheier feucht halten und vor Feinden schützen. Auch Schaum am Fuß oder Stamm von Bäumen wird nicht von Fröschen oder Kröten hinterlassen. In diesem Fall sind der Grund natürliche Seifenstoffe, mit denen Bäume sich vor Schädlingen schützen und die bei Regen aus der Rinde gewaschen werden können.

Eine gewisse Verbindung zum Wasser brauchen jedoch alle Fische und auch die als erste von ihnen abgezweigten Amphibien. Nicht nur weil sie selbst, sondern vor allem ihre Eier ohne genügend Feuchtigkeit vertrocknen und eingehen würden. Reptilien hingegen leben und vermehren sich heute munter in den trockensten Sand- und Salzwüsten, manche legen ihre Eier sogar am Boden von Vulkanen ab. Das hat zum einen mit ihrer dicken schuppigen Haut zu tun, die wie unsere eigene besser gegen Wasserverlust schützt, vor allem aber damit, dass ihre Eier ebenfalls mit einer festeren »Haut« sowie anderen Innovationen ausgerüstet sind. Solche Eier nennen sich im Fachjargon amniotische Eier – und in ihrer heute (und wahrscheinlich jemals) häufigsten Form begegnen sie uns im zum Frühstück genossenen Hühnerei.

Amnioten, also Lebewesen, die anfangs vermutlich alle solche Eier legten, sind schon eine Weile vor *Hylonomus lyelli* entstanden – den wir der Einfachheit halber ab jetzt nur noch *Hylonomus* nennen. Von irgendeinem uns unbekannten amniotischen Vorfahren zweigten damals einerseits die reptilienartigen Vorfahren der Säugetiere, andererseits echte Reptilien wie *Hylonomus* ab. Weil er der erste anerkannte versteinerte Amniot ist, setzt bei ihm die flächendeckende Eroberung des Festlands durch vierbeinige Wirbeltiere an. Seine Eier zeichneten sich einerseits durch eine festere Schale oder »Haut« aus, die besser gegen Austrocknung schützt. Andererseits durch eine als Amnion bezeichnete Membran im Innern, die dem kleinen Zellophanbeutel ähnelt, in dem man einen frisch gekauften Goldfisch nach Hause trägt.

Während ich dieses Buch geschrieben habe, ist mein Kühlschrank kaputtgegangen. Ich könnte es auf sinkende Herstellerqualität schieben, aber in Wirklichkeit habe ich die Tür offen gelassen. Da ich auch sonst ein sehr bequemer Mensch bin, dauerte es lange, bis ein neues Gerät kam. Ein Nahrungsmittel, dem solche persönlichen Unzulänglichkeiten egal sind, sind Eier. Sie halten sich selbst im Sommer mindestens zwei Wochen, ohne dass es eines künstlichen Hilfsmittels bedarf. Es sind kleine Wunderwerke der natürlichen Konservierung, die man gar nicht genug preisen kann.

Lassen Sie uns, wie ich es auch jetzt, wo ich wieder einen Kühlschrank habe, weiter morgens oft tue, zusammen ein Ei aufschlagen. Dabei können wir Schritt für Schritt seine biologische Genialität und evolutionäre Geschichte zurückverfolgen.

Da ist zum einen die Form, die wir eiförmig nennen, die für Vögel aber eher im runden Bereich des Spektrums liegt. Viele andere Vogeleier sind noch asymmetrischer und länglicher. Welchen Sinn die Eiform hat, besonders in ihren Extremen, darauf haben Wissenschaftler lange herumgebrütet. Lassen sich die Eier so besser im Nest zusammenlegen und wärmen? Werden materialsparende runde Eier eher in Gegenden gelegt, wo es an Kalzium in der Nahrung mangelt? Oder fallen eiförmige Eier nicht so leicht aus Nestern auf Klippen, weil sie immer im Kreis rollen?

So schlau all diese Erklärungen klingen: Wie jüngst eine Studie an 50 000 Eiern von weit über tausend Vogelarten ergab, ist des Rätsels Lösung wohl viel einfacher. Die Eier passen sich meist der Körperform an, ähnlich wie die länglichen Eier von Schlangen. Schlanke Vielflieger wie Mauersegler, Kraniche oder Sturmtaucher haben eher längliche oder asymmetrische Eier, das gilt selbst für unter Wasser »fliegende« Pinguine. Den ganzen Tag auf ihrem Ast schlafende Eulen und Uhus haben hingegen die rundesten Eier der Vogelwelt. Wie schon ihre wilden Vorfahren, zu denen wir gleich kommen, sind unsere Haushühner ebenfalls keine großen Flieger. Daher frühstücken wir eher rundliche Eier.

Als Nächstes ist die Schale dran, die – unabhängig von der Form – mit das Wichtigste an der Sache ist. Denn sie hält den ganzen an Land verlegten »Tümpel«, als der amniotische Eier gerne bezeichnet werden, zusammen, schützt ihn und dichtet ihn ab. Was nicht bedeutet, dass nicht trotzdem Luft und Feuchtigkeit durchdringen, das Ei sozusagen »atmen« kann. Dafür sorgen Tausende winzige Poren, die in die Schale eingelassen sind. Diese besteht wie die »Schalen« von Muscheln und Krebsen aus einem mit Kalk verhärteten Proteingerüst. Bei Vögeln ist sie stark kalkhaltig und fest. Bei *Hylonomus,* unserer kleinen karbonischen »Waldeidechse«, wäre sie aber wie bei heutigen Eidechsen und Schlangen weicher und lederartiger gewesen, weshalb das Aufschlagen in einer ziemlichen Schweinerei geendet hätte. Da sich solche Eier als Fossilien sehr schlecht halten, wird bei *Hylonomus* auch eher aus seiner Anatomie gefolgert, dass er einer der ersten amniotischen Eierleger war – versteinerte Eier gibt es von ihm nicht. Das allererste Eifossil hatte eine härtere Schale und stammt aus einer sehr viel späteren Zeit.

Schmeißen Sie die Schale nach dem Aufschlagen nicht gleich weg, denn auch auf der Innenseite gibt es noch etwas zu entdecken. Kratzen Sie ein bisschen mit dem Nagel, dann löst sich ein Häutchen, das eigentlich aus zwei Häutchen besteht. Sie schützen das Innere gegen Bakterien, die sich durch die Kalkporen reinmogeln wollen, und sorgen außerdem für die Delle, die man so oft am dicken Ende von gekochten Eiern findet. Nach der Ablage aus dem warmen Hühnerkörper zieht sich der weiche Inhalt stärker zusammen als die Schale, so entsteht zwischen den zwei Häutchen ein Polster aus Luft. Wollen Sie ein schön rundes Ei ohne Delle, müssen Sie deshalb das Ei vor dem Kochen am dicken Ende anpieksen. Ich verzichte eigentlich aus Bequemlichkeit darauf, habe es aber für dieses Buch ausprobiert – es klappt!

Das Anpieksen wird auch gerne als Trick gegens Aufplatzen beim Kochen oder zum leichteren Pellen angeführt. Dazu kann ich weniger Experimentalwerte liefern, außer dass bei mir auch ungepiekste Eier nicht platzen, wenn sie nicht zu sehr im sprudelnden Wasser herumhüpfen. Andererseits sind bei den ungepieksten gekochten Bioeiern, die ich gerne kaufe, die äußeren Eihäutchen tatsächlich oft mit dem Ei verklebt. Selbst in seriösen Quellen ist manchmal zu lesen, es sei hauptsächlich die Lufttasche zwischen den zwei Häutchen, über die Sauerstoff zum Embryo gelangt. Wie wir gleich sehen werden, stimmt das aber nicht ganz, und wenn, wird diese Tasche höchstens am Ende wichtig, wenn das Küken kurz vorm Schlüpfen ist.

Womit wir bei dem Teil des Eis wären, der beim Aufschlagen aus der Schale flutscht. Der hat allerdings bei den Eiern, die wir essen, nur noch sehr wenig mit Küken zu tun. Bankivahühner, die Vorfahren unserer Haushühner, leben in den Dschungeln Südostasiens. Der Hahn gleicht einer bunten Prachtversion unserer Hähne, die Hennen sind schlank und braun. In freier Wildbahn legen sie um die 20 Eier im Jahr, oft auch nur ein Gelege mit sechs oder sieben, die sie dann ja auch noch ausbrüten und aufziehen müssen. Wie bei anderen Vögeln kommt es vor, dass sie Eier legen, die kein Hahn befruchtet hat, doch bei unseren Legehennen hat man diese Ausnahme zur Regel gemacht. Bei ihnen handelt es sich um hochgezüchtete Legewunder, die das ganz Jahr über Eier legen, selbst wenn kein Hahn auch nur in der Nähe ist. Mit viel Licht und guter Nahrung werden ihnen ständig günstige Brutbedingungen vorgegaukelt. Gleichzeitig wird ihnen jedes gelegte Ei sofort wieder weggenommen, sodass sie nie ein vollständiges Gelege zusammenkriegen. Sie sind das schlanke Gegenstück zu den auf schnellen Fleischaufbau getrimmten Masthühnern und legen wie das Huhn in dem alten Schlager tatsächlich fast jeden Tag ein Ei. Auf bis zu 320 Stück bringen sie es im Jahr – und das alles vollkommen jungfräulich.

Höchstens auf kleinen Bauernhöfen sowie manchmal in der Frei- und Biohaltung darf sich auch mal ein Herr zwischen all die Damen mischen. Von dort stammen dann normalerweise auch die Eier, wenn über zu Hause ausgebrütete Supermarktküken berichtet wird. Wenn Sie beim Aufschlagen einen kleinen roten Punkt auf Dotter oder Eiklar finden, heißt das allerdings nicht, dass auch hier schon ein Küken am Werden war. Dieser sogenannte Hahnentritt, den viele für ein Zeichen der Befruchtung halten, geht auf kleine

Blutstropfen oder Gewebeteile zurück, die auf dem Weg durch den schlauchartigen Legedarm im Ei landen. Wie in einer Fabrikationsstraße werden hier die Dotterkugeln mit Eiklar, Eihaut und Schale umhüllt. Dabei können die feinen Einschlüsse entstehen, die jedoch für den Verzehr völlig unbedenklich sind.

Ebenso unbedenklich und ebenso wenig ein Hinweis auf ein befruchtetes Ei sind die gekräuselten weißen »Hagelschnüre«, die man oft am Dotter findet. Sie habe auch ich lange für die Anfänge neuen Lebens gehalten (was mich aber glücklicherweise nie vom Essen abgehalten hat). In Wirklichkeit handelt es sich um die Reste zweier Eiweißstränge, an denen der Dotter in der Schale aufgehängt ist wie ein Punchingball. Nur in diesem Fall mit dem Sinn, Schläge und Erschütterungen zu verhindern, indem der Dotter in der Mitte des Eiklars gehalten wird.

Wollen Sie wissen, wie Sie trotzdem den Befruchtungsstatus Ihres Eis checken können? Schauen Sie auf dem Dotter statt nach einem roten nach einem unscheinbaren weißen Fleck. Hat der in der Mitte einen dunklen Kreis? Dann kam tatsächlich ein eigentlich nur zur besseren Hühnerharmonie beigesellter Hahn zum Zug, und eins seiner Spermien hat nach der mühsamen Wanderung durch den Legedarm sozusagen ins Schwarze getroffen. Egal wie Sie den Dotter wenden, selbst nach dem Abreißen der verdrehten Hagelschnüre ist er noch so gewichtet, dass der Fleck immer oben bleibt. So bekäme er beim Brüten stets die volle Wärme der Glucke ab.

Auch dieses Ei können Sie ohne Weiteres essen – zum Selber-Ausbrüten ist es ja sowieso zu spät. Aus dem Fleck geht unter natürlichen Bedingungen der Embryo hervor, der sich dann rasch mit mehreren Häuten umgibt, von denen die wichtigste das Amnion ist. Es füllt sich mit Fruchtwasser und bildet so den eigentlichen »Tümpel«, in dem sich der Embryo wie ein Fisch im Wasser oder eine Kaulquappe im Teich entwickeln kann. Dabei kann er von einem viel größeren »Frühstück« zehren, als es der massenhaft abgesonderte Nachwuchs dieser Wasserwesen mit auf den Weg bekommt. Einen so großen Dotter aus Eiweiß, Fett, Vitaminen und Mineralien platzieren höchstens manche Haie und Rochen in ihren seltsamen Eikapseln, die man manchmal auch an den Stränden der Nordsee finden kann. Zusätzlich ist der Kükenembryo mit einem kleinen Abfallbeutel ausgestattet, dessen Haut zugleich mit einer anderen Haut bis an die Eihäute der Schale wächst. All das ist mit Gefäßen durchzogen, und über diese nimmt der Embryo durch die Poren der Schale Sauerstoff ins Blut auf und gibt Kohlendioxid ab – ähnlich wie ein werdendes Menschenkind über die Nabelschnur.

An der inneren Haut der weiter oben erwähnten Lufttasche bilden sich zwar besonders viele Gefäße. Doch »atmen« tut das von seinem kleinen Tümpel umgebene Wesen über die ganze Schale, aus der es auch Kalzium für seine Knochen zugeführt bekommt. Nach drei Wochen ist dann das Eiklar alle, ein Rest Dotter für später in den Körper gewandert, und das fertige Küken hackt mit einem speziellen Zahn die Schale seines amniotischen Heims auf. Wie ein Schiffbrüchiger im Film, der aus einem gesunkenen Wrack entkommen möchte, nutzt es dabei wohl tatsächlich die Lufttasche am dicken Ende für seinen ersten Atemzug.

Ob der fern des Wassers ablegbare »Tümpel« und damit das amniotische »Landei« wirklich so wichtig für das weitere Leben an Land war, wird heute von manchen Wissenschaftlern angezweifelt. Sie glauben, dass viele frühe Reptilien Häutchen wie das Amnion »erfanden«, um ihre Jungen länger im Körper zu behalten, sie dann aber ohne Ei aus dem Leib pressten – in der auch heute noch bei ihnen möglichen Form der Lebendgeburt. Unbestritten ist jedoch, dass sich Amnion und Ei als große Erfolgsrezepte der Evolution herausstellten. Die, wie wir am Ende des Kapitels sehen werden, auch für uns nicht nur beim Frühstück wichtig sind.

Wenn Sie jetzt jemand fragt, ob zuerst Huhn oder Ei da war, haben Sie ja auch schon mal eine gute Antwort parat. Das Ei natürlich, schon vor mehr als 300 Millionen Jahren von *Hylonomus* gelegt.

Bliebe nur noch zu klären, wie aus diesem Ei dann das erste Huhn entstanden ist. Und das ist eine sehr lange Geschichte für Dinofans.

Kurioserweise beginnt auch diese Geschichte wieder im Jahr 1859. In diesem Jahr wird nicht nur an der Küste Kanadas *Hylonomus* entdeckt und in London Darwins *Über die Entstehung der Arten* veröffentlicht. Im Süden Frankreichs, am Fuß der Pyrenäen, stößt ein Abt und Hobbyarchäologe auf die ersten jemals gefundenen Dinosauriereier. Zu dieser Zeit sind schon viele Knochen der »schrecklichen Echsen« gefunden worden, und man geht auch bereits davon aus, dass sie Eier legten. Nur ist das vermutlich noch nicht zu dem französischen Geistlichen durchgedrungen, und so begeht er bei der Beurteilung der großen Bruchstücke einen im Nachhinein prophetischen Fehler: Er hält sie für die Scherben eines Eis, das einst von einem riesigen Vogel gelegt wurde.

Nachdem *Hylonomus* die »ersten« Eier an Land gelegt hatte, traten viele andere Reptilien in seine Fußstapfen – und die wurden zunehmend größer. Im aufs Karbon folgenden Zeitalter der Trias dominierten zunächst krokodilartige Ursaurier das Feld. Doch damals entstanden auch schon die ersten echten Dinos, und als vor rund 200 Millionen Jahren ein weiteres Massensterben das Zeitalter des Juras einläutete, begann ihre große Zeit. Wie schon erwähnt, erhoben sich langhalsige Pflanzenfresser nun allmählich zur enormen Größe von *Brontosaurus* oder *Diplodocus* – und legten dabei erstaunlich kleine Eier. Auch entwickelten sich andere bekannte Vegetarier wie der mit abstehenden Rückenplatten geschützte *Stegosaurus* sowie Urformen des mit einem großen Nackenschild ausgestatteten *Triceratops*. Über die Köpfe all dieser Dino-Reptilien segelten auch schon sehr früh spitzschnablige Flugsaurier. Doch sie sind weder echte Dinos noch – wie man vielleicht annehmen könnte – die Vorfahren heutiger Vögel.

In dieser Hinsicht wird eine Gruppe von Dinos wichtiger, die vielleicht die bekannteste ist. Zu ihr gehören T-Rex, *Allosaurus* und die in Spielbergs Filmen so gruselig dargestellten Raptoren. Sie laufen bereits seit der Trias auf zwei Beinen, sind meistens Fleischfresser und so der Grund für die schützende Größe oder Panzerung der Pflanzenfresser. Auch zur Strategie von *Diplodocus* & Co., lieber kleine Eier zu legen, könnten sie durch ihre Gefräßigkeit beigetragen haben (obwohl es da, wie wir sehen werden, einige Missverständnisse gab). Ihre durch den aufrechten Stand frei gewordenen Arme konnten sie zum Greifen und als Waffe einsetzen. Wesentlicher für unsere heutigen Chicken Wings ist, wofür dieser Teil der von den Tetrapoden geerbten Gliedmaßen damit noch frei war. Aber bis sich diese Erkenntnis durchsetzte, dauerte es sehr lang.

Erst mal wird kurz nach Veröffentlichung von Darwins Thesen in Bayern der versteinerte Urvogel *Archaeopteryx* gefunden. Er flatterte (oder glitt auch nur) vor 150 Millionen im damals noch näher am Äquator gelegenen Deutschland umher. Mit seinem langen Schwanz, den Klauen an den Flügeln und Zähnen im Schnabel wirkt er wie ein perfekter Übergang zwischen Reptil und Vogel. Er wird auch lange als Vorfahr unserer heutigen Piepmätze gesehen und gilt nach wie vor als einer der ersten Vögel. Vom stolzen Ahnherrn der Könige der Lüfte wurde er aber inzwischen zu einer schnell wieder abgestürzten Neben(flug)linie innerhalb der wahren Abstammungsgeschichte degradiert.

Auch Darwin kümmerte sich seinerzeit erstaunlich wenig um den Fund, der seine Theorie von der allmählichen Entwicklung der Arten so eindrucksvoll zu bestätigen schien. Einer seiner Unterstützer, auch gerne »Darwins Bulldogge« genannt, machte sich allerdings damals schon Gedanken zur Herkunft der Vögel, die inzwischen genauso prophetisch wirken wie der Eier-Irrtum des französischen Abts. Würde man das Bein eines halb entwickelten Hühnerkükens vergrößern und versteinern, meinte er, dann ließe es sich kaum von dem eines Dinosauriers unterscheiden. Und hätte ein kleinerer Verwandter von T-Rex & Co. Federn gehabt, wäre es schwer zu sagen, ob es sich um einen »reptilienartigen Vogel oder ein vogelartiges Reptil« handelt.

Solche Federn werden schließlich auch entdeckt – doch zunächst kommt es zu noch mehr eierbezogenen Missverständnissen. So werden 1923 in der mongolischen Wüste Gobi wunderbar erhaltene Dino-Nester gefunden, und auf einem der zerdrückte Schädel eines zweibeinigen Raubsauriers. Dieser bekommt prompt den Namen *Oviraptor*, also »Eierdieb«, angehängt und fällt in populären Darstellungen lange über die Eier her oder trägt sie sogar in seinen Klauen davon. Erst in den 1990ern werden weitere ähnliche Nester gefunden und in einem der Eier: ein *Oviraptor*! Auf einem anderen Gelege findet man sogar einen der vermeintlichen Eierdiebe in Bruthaltung, und heute ist klar, dass auch das erste Nest ihr eigenes war. Statt diebischen Raubechsen glichen sie eher Laufvögeln, die ihre Eier hingebungsvoll bebrüteten und verteidigten wie Straußeneltern. Die größte Variante war fast so groß wie ein T-Rex und legte riesige grüne Eier mit länglicher Form, die ordentlich im Kreis ausgelegt waren wie Wassermelonen auf einem Wochenmarkt.

Nun findet man auch versteinerte Zweibeiner mit Federn und kommt immer mehr zu dem Schluss, dass aus der Verwandtschaft solcher gefiederter Raubsaurier, zu der auch T-Rex und der Urvogel gehören, unsere heutigen Vögel hervorgegangen sind. Mit am deutlichsten merkt man das ausgerechnet an den *Velociraptoren,* die in den Jurassic-Park-Filmen als so furchteinflößende Jagdechsen dargestellt werden. Nicht nur stammen sie wie T-Rex und andere Dino-Stars eigentlich aus der Kreide, also dem auf das Jura folgenden letzten Zeitalter der Dinos. Auch glichen sie in Wirklichkeit wohl eher üppig gefiederten Laufkuckucken und wären uns höchstens bis zur Hüfte gegangen. Der Rest der Verwandtschaft sieht auf neueren Darstellungen ebenfalls so aus, als wollte er zum Karneval in Rio. Selbst der stolze T-Rex ähnelte frisch geschlüpft wohl einem langschwänzigen Entenküken und hatte als Erwachsener alberne Federbüschel auf dem Kopf. Jüngst wiesen uralte Scharrspuren sogar darauf hin, dass Dinos wie Vögel Balztänze aufführten. Vielleicht verständlich, dass die Jurassic-Macher da lieber bei ihren guten alten Schuppenechsen bleiben. Im neusten Film der Reihe stapft wenigstens ein prächtiger roter Dino-Hahn herum, dessen Fossilien schon vor längerer Zeit nach einem Waldbrand in Südfrankreich gefunden wurden.

Dass Vögel von Dinos abstammen, gilt heute als offizielle Lehrmeinung, mit der sich selbst die zunächst skeptischen Vogelkundler abgefunden haben. Die Taube auf dem Dach, der Spatz in der Hand und auch das Hühnchen auf dem Teller: Sie alle sind heute noch lebende Dinosaurier, die einfach nur viel ihrer einstigen Größe und Macht eingebüßt haben. Wollen Sie Ihre dinobegeisterten Kinder ärgern, dann kaufen Sie Chicken Nuggets in Dinoform, die es natürlich auch mit zugkräftigem Jurassic-World-Aufkleber gibt. Dann erklären Sie ihnen, dass die zum Sortiment gehörende Raptorklaue nicht nur vom Geschmack her, sondern auch ganz real vom engsten Verwandten der heutigen Hühnchen stammt. Aufgrund der eng verwobenen Abstammungslinien ordnet der anfangs erwähnte Evolutionsbiologe Joe Staton auch T-Rex klar in der Kategorie »Schmeckt wie Hühnchen« ein. Andere Experten stimmen prinzipiell zu, vermuten aufgrund von Streifzügen und Beute aber etwas dunkleres Fleisch und eine strengere Raubvogelnote.

Auch mein Cousin in dem Alligator-Schuppen damals hatte allerdings recht: Denn wenn Vögel Dinos sind, sind sie auch wie Dinos Reptilien (und natürlich Amnioten). Und innerhalb des uralten Stammbaums der Evolution gelten sie als enger mit Alligatoren und Krokodilen verwandt als diese mit Schildkröten, Schlangen und jenen kleinen Eidechsen, denen bereits *Hylonomus* ähnelte.

Wie man heute weiß, spaltete sich von den gefiederten Raubsauriern noch während der Zeit der Dinos nicht nur *Archaeopteryx* ab. Ebenso erhob sich eine bunte Schar anderer Urvögel in die Lüfte, die nun auch richtig fliegen konnten. Als der große Wumms vor 66 Millionen Jahren alle anderen Dinos auslöschte, wurden auch diese Dinovögel stark dezimiert. Dann passierte jedoch etwas, was wir schon von den Fischen kennen:

Die Flattermänner nutzen die Umwälzung aus, um sich rasch in alle möglichen neuen (Flug-)Linien aufzufächern. Geholfen könnte haben, dass weder Flugsaurier noch Urvögel mit Zähnen noch gefiederte Raubsaurier weiter als Konkurrenz auftraten. Zusammen mit den Reptilien (zu denen sie ja eigentlich auch gehören) sind Vögel heute die vielfältigsten Wirbeltiere nach den Fischen. Es sind rund 11 000 Spielarten bekannt und damit fast doppelt so viele wie bei den Säugetieren. Aufgrund ihrer oft kleinen Größe, leichten Knochen und schwindenden Lebensräume stellen wildlebende Vögel aber nur einen Bruchteil der Biomasse, die allein wir Menschen auf die Waage bringen.

Der größte heute lebende Vogel ist der Vogel Strauß, und er legt auch die größten Eier. Noch größer und schwerer waren die Eier der Elefantenvögel, die noch vor tausend Jahren durch die Urwälder Madagaskars gestapft sind. Sie ähnelten drei Meter hohen, bulligen Straußen und legten Eier, die wohl zehn Kilo schweren Medizinbällen glichen. Der kleinste heutige Vogel und auch der mit den kleinsten Eiern ist dagegen ein reizender kubanischer Kolibri namens Bienenelfe. Seine Eier sind kaum größer als die Fisch- und Froscheier, mit denen die ganze Sache angefangen hat. Und er legt sie in ein aus Moos und Spinnweben gebautes Nest, das kleiner ist als ein Eierbecher.

Hühner sind aus einer der drei Hauptlinien hervorgegangen, die den Einschlag überlebten. Wie kaum verwundern dürfte, gehören zu ihren nächsten Verwandten heute Rebhühner, Wachteln und Puten (beziehungsweise Truthähne), ebenso aber Fasane und Pfauen. Enge Cousins all dieser Hühnervögel sind die mit Schwimmfüßen ausgestatteten Gänsevögel, also Gänse, Enten und die von uns nur selten verspeisten Schwäne. All dieses Geflügel könnte von kleinen »Hühnergänsen« abstammen, die kurz vor dem Abgang der großen Dinos lebten. Die Bankivahühner spalteten sich dann vor etwa 15 Millionen Jahren zusammen mit hübschen Verwandten wie dem Ceylonhuhn ab und nahmen in den letzten paar Millionen Jahren ihre jetzige Form an. Angefangen, sie als Haushühner zu halten, könnte man dann vor 10 000 Jahren, vielleicht aber auch erst vor knapp 2000 Jahren haben. Darum werden noch wissenschaftliche Hahnenkämpfe ausgetragen.

Apropos Hahnenkämpfe: Warum wir uns ausgerechnet solche Bodenbewohner als Nutztiere ausgesucht haben, scheint auf der Hand zu liegen. Sie sind leichter zu fangen und zu halten, haben dickere Brüste und Keulen und legen größere Eier als Spatz oder Schwalbe.* Allerdings scheint gar nicht klar zu sein, dass es uns von Anfang an tatsächlich um Fleisch und Eier ging. Eher könnten von Getreideresten angelockte Dschungelhühner vielleicht als heilige Tiere oder gackernde Alarmanlage gehalten worden sein. Genau diese Doppelrolle sollen ja die möglicherweise noch früher gezähmten Gänse einst bei der Rettung Roms gespielt haben. Andere spekulieren über Hähne als frühe Wecker und führen auch die weltweite Ausbreitung eher auf den männlichen Teil der Spezies zurück: Als Kampfhähne eher denn als Legehennen sollen sich Hühner von Südostasien über den Nahen Osten bis nach Europa ausgebreitet haben. Als Dank werden die für Legebetriebe nutzlosen »Bruderhähne« heute massenweise direkt nach dem Schlüpfen geschreddert. Nach dem offenbar nur halb funktionierenden Verbot in Deutschland soll nun eine EU-weite Gesetzesinitiative der Praxis ein Ende setzen.

Nicht nur wir Menschen mögen Geflügel und Eier. Manche Schlangen verwandeln sogar ihren Körper in einen Zweig oder ihr Schwanzende in eine Spinne, um gefiederte Happen anzulocken. Der Fuchs stiehlt nicht nur im Lied die Gans (oder zumindest ihre Küken), und grazile afrikanische Raubkatzen jagen aufge-

---

* Was nicht bedeutet, dass nicht auch Singvögel auf unserem Speiseplan landen. In Italien werden Zugvögel wie Rotkehlchen, Lerche und Fink mit Schrot und Netzen gefangen oder gehen ihren Jägern auf den sprichwörtlichen Leim, um dann mit Speck und Salbei gebraten zu werden. In Frankreich gelten spatzengroße Fettammern als Delikatesse. Nach zwei Wochen Mast ertränkt man sie in Armagnac und verspeist die gebratenen Vögelchen unter einer vornehm über den Kopf gestülpten Serviette.

schreckte Perlhühner, indem sie sie mit meterhohen Sprüngen aus der Luft fischen. Als Eierdiebe beweisen gewisse Geier besondere Fantasie. Sie suchen sich geeignete Steine und schleudern sie mit dem Schnabel auf dicke Straußeneier, um an den Inhalt zu kommen. Einen anderen Trick verwenden manche mit den Erdmännchen verwandte Mangusten: Sie katapultieren widerspenstige Eier durch die Hinterbeine gegen Felsen, um unsere morgendliche Pellen- oder Köpfen-Frage zu beantworten.

Womit wir bei den Säugetieren wären – die nicht nur Eier gerne verspeisen, sondern ursprünglich auch selbst welche legten. Wie bereits erwähnt, ging noch vor *Hylonomus* aus der Linie der Amnioten auch jene der reptilienähnlichen Vorfahren der Säugetiere hervor. Aus diesen teils recht imposanten Geschöpfen entwickelten sich vor etwa 200 Millionen Jahren fellige kleine Wesen, die meist nicht größer als Mäuse oder Wiesel wurden. Sie waren die ersten Säuger oder zumindest Ursäuger, und wie die Reptilien hat diese gesamte Linie vielleicht nicht nur, aber doch noch sehr lange Eier gelegt. Genauso machen es die ebenfalls zu den Säugetieren gehörenden Schnabeltiere und Ameisenigel noch heute.

Irgendwann verfielen die im Schatten der Dinos umherhuschenden Säuger, um die es in Kapitel 11 näher gehen wird, jedoch darauf, lieber lebende Junge zur Welt zu bringen. Einer Theorie zufolge hatte ihr Nachwuchs so unter der Herrschaft der »schrecklichen Echsen« bessere Überlebenschancen. Amnioten blieben sie dennoch, und genau wie bei Reptilien, Dinos und Vögeln wächst auch der Embryo von uns menschlichen Säugetieren in seinem eigenen kleinen »Tümpel« auf. Nur dient dem nicht mehr eine Eierschale, sondern der Bauch der Mutter als äußerste Hülle. All die komplizierten »Hühnerhäutchen« im Innern gibt es immer noch, allerdings verbinden sie sich mit der in der Gebärmutter wachsenden Plazenta als Lebenslieferant. Und auch wenn seine Rolle nicht dieselbe ist, sind wir in den ersten Wochen unseres Lebens mit einem Dottersack verbunden.

SEHR ALTES BROT

9

Brot hat einen schlechten Ruf bekommen. Gluten, eine Art aus Proteinen bestehender Klebstoff, der in verschiedenen Mehlarten vorkommt, ruft bei vielen Menschen Verdauungsprobleme hervor. Ich selbst liebe Mischbrot mit hohem Roggenanteil, das ich zur Verwirrung vieler Bäckereiangestellter immer noch »Graubrot« nenne. Doch auch ich bin ein bisschen vom Brotkonsum abgekommen, ohne dass ich genau wüsste, warum. Liegt es an meiner Bequemlichkeit, dass ich oft einfach nur Schinken, Käse und Trauben snacke, statt mir eine Stulle zu schmieren? Mache ich heimlich eine Low-Carb-Diät? Oder hatte ich nicht auch schon manchmal das Gefühl, dass mir mein geliebtes »Graubrot« schwer im Magen liegt? Der ausgezeichnete Konditor des amerikanisch-vietnamesischen Cafés, über dem ich wohne, rührt selbst jedenfalls keine Mehlspeisen an und tut manchmal so, als könne er den Leuten genauso gut Drogen verkaufen.

Gluten ist eins der am frühsten entdeckten Proteine (die nur deshalb auch Eiweiße genannt werden, weil jene im Eiklar noch früher entdeckt wurden). Im Deutschen darf das Wort auf beide Arten ausgesprochen werden, über die Sie gerade nachdenken, und auf Lateinisch bedeutet es »Leim«. Es handelt sich eigentlich um ein Proteingemisch, das in Weizen, Roggen, Gerste und gewissen anderen Getreidesorten vorkommt. Ich habe ja schon geschrieben, dass Pflanzensamen, zu denen Getreidekörner natürlich gehören, im Grunde die »Eier« der Pflanzen sind. Wie im vorigen Kapitel gibt es auch hier Häutchen und eine schützende Schale, ebenso einen Embryo, der in diesem Fall Keimling heißt, aber ebenfalls oft eine Art Dotter und Eiklar als erstes Frühstück mitbekommt. Dieses Eiklar ist in Getreidekörnern das Gluten oder ein anderes

Gemisch aus Eiweißen, in das in dem Fall noch jede Menge nahrhafte Stärkekörnchen, also die von Diätlern gemiedenen Carbs eingelagert sind. Mahlt man Getreidekörner und mischt das Mehl mit Wasser, bildet Gluten tatsächlich eine Art Leim, der dafür sorgt, dass sich der Teig gut kneten und formen lässt. Ebenso fängt das elastische Netz aus Proteinen beim Aufgehen das CO_2 der Hefen aus Kapitel 6 auf – was meinem Graubrot seine wie aus tausend Bläschen gebildete Struktur verleiht.

Essen Menschen mit genetisch bedingter Abwehrreaktion gegen Gluten, der sogenannten Zöliakie, nun dieses Brot, ist das Ergebnis jedoch weniger schön. Der Dünndarm entzündet sich und bildet im schlimmsten Fall seine Darmzotten zurück, sodass Nährstoffe nicht mehr richtig aufgenommen werden können. Klinisch dingfest gemacht wurde die Krankheit von einem holländischen Kinderarzt, der seine Annahmen über die potenzielle Schädlichkeit von Brot und Zwieback bestätigt sah, als sie im Zweiten Weltkrieg fehlten. Heute gibt es außer der im Blut nachweisbaren Zöliakie noch eine weniger klar eingeordnete Empfindlichkeit gegenüber Gluten, die viele Menschen dazu bringt, Erzeugnisse wie die meines »Hauskonditors« zu meiden. Forscher glauben, dass es mit der Zöliakie ein bisschen wie mit der Sichelzellanämie bei Malaria oder der Laktoseintoleranz aus Kapitel 2 sein könnte: Die Vorteile, ob für Ernährung oder Krankheitsabwehr, wiegen die Nachteile oft auf – deshalb halten sich die Anlagen dazu im menschlichen Genpool. Anhänger der sogenannten Paleo-Diät sehen jedoch in der ebenfalls schon in Kapitel 2 erwähnten neolithischen Revolution den Anfang allen Übels. Damals fing der Mensch an, sich als Bauer stärker von Milch und Brot statt als Jäger und Sammler von Fleisch und Früchten zu ernähren. Seither, so die Verfechter des Steinzeit-Food, sei es mit unserer Gesundheit bergab gegangen.

Diese komplexe Diskussion in all ihren Facetten zu beleuchten, würde den Rahmen dieses Buchs sprengen (zumal ich in den übrigen Kapiteln sowieso ein bisschen an Seiten sparen muss). Interessant ist vielleicht trotzdem, dass schon die Dinosaurier in gewisser Weise Brot aßen und manche Affen es heute noch tun. Andererseits scheinen selbst Mäuse – die berüchtigsten Broträuber aller Zeiten – es nicht immer gut zu vertragen.

Wenn Sie sich mit Ihrer Pausenstulle mittags auf einem Stück Rasen im Park niederlassen, essen Sie nicht nur Brot, sondern sitzen gewissermaßen auch darin. Getreide gehören zu den Gräsern, und riesige goldene Weizenfelder, durch die in sanften Wellen der Wind zieht, sind im Grunde nichts anderes als ein perfekt gestutzter englischer Rasen, nur dass wir beide auf andere Weise an ihrer eigentlichen Bestimmung hindern. Den Rasen säen wir zwar aus, rasieren ihn dann aber immer wieder ab, sodass er nie jene hohen, mit Ähren oder Rispen besetzten Halme bilden kann, die Gräsern zur Fortpflanzung dienen. Auf Viehweiden erledigen Rinder und Schafe als natürliche Rasenmäher dieses Geschäft, und dass Gras trotzdem immer wieder hartnäckig nachwächst – sozusagen nie seine grüne Hoffnung verliert –, macht es als Futterpflanze so kostbar. Laufen Sie im Frühling oder Sommer hingegen über eine vernachlässigte Wiese, wie ich es in meinem liebsten Wiesbadener Naturschutzgebiet gerne tue, kitzeln Sie ganz ähnliche Halme an den Beinen, wie sie auch auf Feldern wachsen.

Diese Halme haben es nicht nur besser als ihre kurzgehaltenen Cousins auf dem Rasen, sondern auch als ihre Vettern auf dem Acker. Anders als Rasen- oder Weidegras dürfen sie in die Höhe schießen und unscheinbare Blüten an ihren Ähren und Rispen bilden, die sich dann in großen, vom Winde verwehten Staubwolken gegenseitig befruchten. Entstehen anschließend aus den Blüten Samen, also winzige »Getreidekörner«, dürfen Wiesengräser diese auch aussäen – indem sie sie erneut in den Wind streuen oder einem vorbeispazierenden Naturfan oder Fuchs an den Pelz heften. Das ist bei Getreidehalmen jedoch anders. Auf die für Allergiker so unangenehmen Blütenstauborgien verzichten Sorten wie Weizen,

Gerste und Hafer von Natur aus. Um von staubigen Sexpartnern unabhängig zu sein und günstige Eigenschaften nicht genetisch zu verwässern, bestäuben sie sich selbst. Die Früchte dieser Bestäubung würden sie aber vermutlich schon gerne wie Wildgräser in die Welt entlassen. Doch durch Auswahl und Zucht haben wir ihnen nicht nur beigebracht, starke Halme mit dicken Körnern zu bilden, die alle synchron reifen und sich dann beim Dreschen leicht von der Spreu trennen lassen. Unsere gezähmten Gräser klammern sich auch so lange an ihren Nachwuchs, bis es zur natürlichen Aussaat zu spät ist – und wir ihre pflanzlichen »Eier« leicht ernten können.

Der Trick ist fast noch fieser als beim Rasen. Denn während dieser nie auch nur in die Nähe der natürlichen Fortpflanzung kommt, hat sie das Getreide praktisch schon vor Augen. Auch an die Legehennen aus dem letzten Kapitel mit ihren unfruchtbaren Eiern erinnert die Praxis. Andererseits haben Getreidehalme und Hühner genau wie der Kaffee, die Meeresfrüchte, Fische, Pilze und Gemüse aus den vorigen Kapiteln bei all dem auch einen Vorteil: Mit dem Menschen haben sie einen extrem effizienten symbiotischen Partner gefunden, der ihren Fortpflanzungserfolg durch Anbau und Zucht auch so oft garantiert.

Getreidegräser gelten als die wichtigsten von all unseren gezähmten Köstlichkeiten. Zu ihnen gehören nicht nur Weizen, Roggen, Gerste und Hafer, sondern auch Reis, Mais und zahlreiche Arten von Hirse. Zusammen belegen sie weit vor Ölsaaten wie Raps oder Soja und erst recht vor Gemüse, Früchten und Nüssen den größten Teil der Anbauflächen dieser Welt. Nimmt man noch die unzähligen Hektar an Weideland hinzu, so wächst auf unseren landwirtschaftlichen Flächen eigentlich kaum etwas anderes als Gras. Allein in Form von Getreidefeldern und Weiden bedeckt es so etwa ein Drittel des Festlands der Erde. Zusammen mit wildem Grasland noch viel mehr.

Für den menschlichen Verzehr angebautes Getreide liefert der Menschheit über die Hälfte ihrer tagtäglich verbrauchten Kalorien.

Zählt man Getreide für Tierfutter, Weidegras als Grundlage für Fleisch und Milchprodukte sowie Zuckerrohr hinzu, sieht man auch hier wieder das Gras vor Halmen kaum. Der Anteil ist nicht ganz so hoch wie an den landwirtschaftlichen Flächen, weil zum Beispiel Rindfleisch pro verbrauchter Fläche vergleichsweise wenig Kalorien liefert. Doch auch er beläuft sich auf etwa drei Viertel unserer aus Nahrung bezogenen Energie. Geht es um die für Aufbau und Funktion unseres Körpers nötigen Proteine, fallen Grünland und Getreide sogar noch mehr ins Gewicht.

Pflanzen mögen die grüne Grundlage unseres Lebens sein – aber vor allem sind es Gräser. Ihre gezielte Zähmung begann vor ungefähr 10 000 Jahren. Doch wie immer in diesem Buch fing ihre Geschichte viel früher an.

Es gibt einen schönen Film der vor Fantasie sprühenden Pixar-Studios, in dem am Anfang grasende Dinos zu sehen sind. Der Meteorit, der ihnen in Wirklichkeit vermutlich das Licht auslöschte, rast auf die Erde zu. Doch alle recken nur kurz ihre langen Hälse – und der tödliche Himmelskörper zischt wie eine große Sternschnuppe an der Geschichte der Nahrung vorbei.

In der nächsten Szene pflügen langhalsige Sauropoden mit ihrer Schnauze Äcker, säen Getreide und besprühen es wie lebendige Sprinkler mit Wasser aus dem nahen Fluss. Sie haben statt uns die Landwirtschaft erfunden, während wir als lästige kleine Schädlinge ihre Kornvorräte stibitzen. Das führt natürlich zu Konflikten, doch am Ende löst sich alles – wie immer in diesen pädagogisch wertvollen Hollywoodträumen – im Wohlgefallen der artübergreifenden Freundschaft auf.

Grasende Dinos galten lange als irreführender Anachronismus in populären Darstellungen der Urzeitriesen. Gräser, so glaubte man, seien erst aus dem Boden der Erde gesprossen, als die Saurier schon nicht mehr darauf weilten. Heute wissen wir (siehe voriges Kapitel), dass jede an unseren Grünflächen zupfende Grau- oder

Nilgans eigentlich ein grasender Dino ist. Macht sich ein Schwarm gackernd über den frisch gekeimten Weizen eines Bauern her, ist es also die gleiche Situation wie in dem Film, nur mit umgekehrten Rollen. Zugleich hat man inzwischen Fossilien gefunden, die belegen, dass Gräser älter sind, als man immer dachte. Und dass auch nicht zu den Vögeln gehörende Dinos wie in dem Film tatsächlich schon die grasige Grundlage unseres Brots fraßen, bevor sie vor 66 Millionen Jahren ins Gras bissen.

Kaum etwas freut Urzeitforscher bei ihren Expeditionen mehr, als ein schönes dickes Stück Dinokot zu finden. Das ist nicht ganz so schlimm, wie es sich anhört, denn das Zeug ist ja versteinert. Als besonders aufschlussreich stellten sich vor einiger Zeit Exemplare solcher Kotsteine aus Indien heraus. Die sogenannten Koprolithe enthielten jede Menge Phytolithe, winzige kristallartige Pflanzensteinchen, die besonders Gräser in ihr Gewebe einlagern, um Grasfressern die Mahlzeit zu verderben. Die versteinerten Hinterlassenschaften stammten vermutlich von Titanosauriern, den größten Landtieren aller Zeiten, die kurz vor dem großen Meteoriteneinschlag eine letzte Henkersmahlzeit zu sich genommen hatten. Diese bestand wie bereits bekannt aus Palmfarnen und den bitteren Zweigen urzeitlicher Nadelbäume. Doch wie die Forscher anhand der charakteristisch geformten Phytholithen feststellten, gehörten überraschenderweise auch alle möglichen Gräser dazu.

Die langhalsigen Riesen hatten nicht nur die Vorfahren von asiatischen Graspflanzen wie Bambus oder Reis aus dem Boden gerissen. Auch aus der großen Sippe, die wir heute als Weizen, Gerste, Roggen und Hafer für Brot (und Bier) anbauen, hatten sie sich bedient. Insgesamt, so schlossen die Forscher aus der bereits vorhandenen Vielfalt, mussten Gräser nicht erst nach dem Fall der Dinos, sondern mindestens bereits vor 80 Millionen Jahren entstanden sein.

Noch weiter zurück verlegte die Geburt von Gras und Getreide ein Fund, der bereits am Ende von Kapitel 6 vorkam. Dabei geht es um den Mutterkornpilz, der besonders gerne in den von mir geschätzten Roggenähren wächst und wie viele Pilze einen komplett durchgeknallten Lebenszyklus hat. Er wächst wie ein langes dunkles Korn aus reifen Ähren, fällt zu Boden, bildet kleine Pilzchen, infiziert mit deren Sporen neue Ähren und lockt mit einer Art Honigtau Insekten als weitere Sporenträger an. Essen Menschen mit Getreide geerntete Mutterkörner, was im Mittelalter oft geschah, haben sie entweder nur sowas wie einen LSD-Trip oder gehen jämmerlich zugrunde. Wie die Pflanzensteinchen der Getreidegräser selbst dient wohl auch das potente Pilzgift zur Abwehr von Pflanzenfressern. Und ein in Bernstein konserviertes »Urmutterkorn«, das in Südostasien gefunden wurde, deutet darauf hin, dass das schon zur Zeit der Dinos so war.

An diesem Mutterkornfossil ist nicht nur die Vorstellung von haushohen Sauropoden interessant, die wie geflashte Hippies durch Wald und Wiesen stampfen. Auch versetzt es die Entstehung der Gräser in eine Zeit vor rund 100 Millionen Jahren zurück, also noch weiter als der Dinokot. Eine neuere Studie aus China, bei der wieder Phytolithe eine Rolle spielen, geht sogar noch weiter. Laut ihr könnten die äußerst markanten und erfolgreichen Entenschnabelsaurier (die mit der lustigen Trompete auf dem Kopf) noch eine ganze Weile davor angefangen haben, wie große vierbeinige Gänse Gräser vom Boden zu zupfen. So hätte das Wachstum des ersten irdischen Rasens möglicherweise bereits vor 130 Millionen Jahren eingesetzt.

Womit wir an jenem Punkt in der von Dinos dominierten Kreidezeit angekommen wären, an dem überhaupt die ersten Blütenpflanzen auftauchten. Zu dieser überaus wichtigen Gruppe gehören auch die Gräser. Doch wenn wir über eine Wiese laufen, verbinden wir wohl eher bunte Blumen oder die Blüten eines wilden Apfelbaums damit. Tatsächlich gelten Gräser als eine Art Rückentwicklung unter den Blütenpflanzen. Diese fingen ungefähr zu jener Zeit an, mit auffälligen Blüten Insekten als Bestäuber anzulocken und mit leckeren Früchten dafür zu sorgen, dass Tiere auch ihre Samen verbreiten. Doch Gräser klinkten sich aus dieser Entwicklung aus, bildeten ihre Blüten zurück und setzten beim Blümchensex lieber wieder wie olle Ginkgos und Nadelbäume auf den Wind. Auch ihre Samen heften sie zwar manchmal mit Borsten und Härchen, den sogenannten Grannen, Tieren und Wanderern an den Leib. Gefressen werden sollen die Körner aber wohl eigentlich nicht, so jedenfalls eine Deutung von besonders langen Grannen wie an Gerste oder Roggen. Wie um ihre Unabhängigkeit von der Tierwelt zu beweisen, nutzen manche Samen die von wechselnder Feuchtigkeit verbogenen Grannen sogar dazu, selbst wie ein Tier über den Boden zu kriechen und sich wie von Geisterhand in die Erde zu »pflanzen«.

Wegen diesem »primitiven« Hang zum Eigenbrötlertum, der beim Getreide natürlich alles andere als aufgegangen ist, habe ich dieses Kapitel über Brot dem nächsten über Früchte vorangestellt. Wann all diese Eigenschaften genau entstanden sind, ist nicht klar. Entdeckungen wie die oben zeigen, dass Gräser älter sind als lange angenommen und bereits die Dinos am evolutionären Teig unseres Brotes mitgeknetet haben könnten. Richtig aufgeblüht sind die Gräser dann aber erst ab einer Zeit vor ungefähr 30 Millionen Jahren, und zwar im Zusammenspiel mit anderen großen Grasfressern. Damals kühlte sich die Erde allmählich noch weiter ab, als sie es seit der Zeit der Dinos sowieso schon getan hatte. Kalte Luft speichert weniger Regen, den üppige Wälder zum Wachstum brauchen. So bildeten sich die endlosen Savannen, Prärien, Pampas, Steppen und Tundren, die heute zusammen mit grasigem Grünland rund zwei Drittel der Kontinente bedecken. Dort liefen nun immer mehr vierbeinige Grasfresser herum, die zwar nicht ganz so groß und hungrig wurden wie Dinos, aber mit Gras einen noch engeren Pakt eingingen. So wurde es nicht nur für unser Brot, sondern auch für Milch und Fleisch wichtig – worüber wir in Kapitel 11 und 14 mehr erfahren.

Dass Gräser auf ihren riesigen Spielwiesen eher auf den Wind als auf Insekten bei der Bestäubung setzten, ist nur folgerichtig: Wer braucht auf einsame Blüten spezialisierte Amorengel, wenn alle Halme sowieso so eng gedrängt stehen wie in einem überfüllten Swingerclub? Sogar eine neue Form der Fotosynthese ließen sich die Gräser einfallen, um in heißen, trockenen Regionen noch besser wachsen zu können. Auch unseren auf Bäumen lebenden Vorfahren, so jedenfalls eine gängige Theorie, eröffneten sie mit ihren endlosen Savannen eine völlig neue Lebensform. Mit dem Abstieg aus luftigen Ästen begann der Aufstieg der Gattung Mensch.

Nun entstanden die ersten Jäger und Sammler und damit die urzeitlichen Vorbilder der heutigen Paleo-Jünger. Statt nur friedlich Früchte von den Bäumen zu pflücken und vielleicht höchstens mal ein paar Insekten und Kleintiere zu verspeisen, hetzten sie die ersten lebendigen Steaks durchs Gras. Beeren, Nüsse und Pilze dienten weiter als willkommene Beilage, und eine gern wiederholte Definition der Steinzeitdiät lautet, nur das zu essen, was man auch jagen oder sammeln könnte. Dass die frühen Menschen und wahrscheinlich schon ihre Vorfahren auch die Körner von Gräsern sammelten und aßen, wird dabei allerdings selten mit erwähnt.

Im grünen Hochland Äthiopiens lebt ein seltsamer Affenstamm. Es handelt sich um sogenannte Dscheladas, auch Blutbrustpaviane genannt, deren Männchen ironischerweise so aussehen, als bestünde ihre Brust aus rohen Koteletts. Die Tiere verbringen die Nacht auf schützenden Felshängen, doch bei Tagesanbruch lausen sie sich erst ausgiebig und breiten sich dann über die wolkenverhangenen Hochebenen aus. Hier machen sie etwas, was sonst kein Affe tut: Sie fressen Gras, ziehen es wie große Viehherden mit den Händen aus dem Boden – und streifen dabei gerne auch nur die feinen Samen ab.

Dscheladas gelten als letzte, in einsame Höhen zurückgezogene Überlebende einer einst viel erfolgreicheren Affengattung. Wie der Nautilus aus Kapitel 3 oder der Quastenflosser aus Kapitel 4 sind sie ein bisschen sowas wie lebende Fossilien, nur dass sie in diesem Fall viel jünger sind. Auch mit den Nadelhölzern aus Kapitel 7 oder den Dinos aus dem letzten Kapitel lassen sie sich vergleichen, die ihre einstige Dominanz anderen überlassen mussten. Und wie bei den Dinos könnte man bei ihnen spekulieren, ob mit ein bisschen mehr Glück nicht auch sie unseren Platz in der Geschichte der Nahrung hätten einnehmen können.

Wie echte Paviane, Meerkatzen und Makaken gehören Dscheladas zu den Hundsaffen. Diese meist Schwanz tragende Affenfamilie hat sich vor etwa 25 Millionen von unserer schwanzlosen Familie, den Menschenaffen, getrennt. Der Verlust des Schwanzes wird oft mit unserem Abstieg von den Bäumen in Zusammenhang gebracht, obwohl zum Beispiel Menschenaffen wie Orang-Utans oder Gibbons noch reine Baumbewohner sind. Andererseits leben auch Paviane hauptsächlich in freiem Gelände und ziehen sich nur zum Schlafen in Bäume oder unzugängliche Felsen zurück – wie es ja auch die Dscheladas tun.

Deren ungewöhnliche Lebensweise hat wohl vor ungefähr vier Millionen Jahren ihren Anfang genommen. Das ist auch für uns ein wichtiges Datum, denn ungefähr aus dieser Zeit stammen die ersten Abdrücke und Fossilien von Menschenaffen, die auf zwei Beinen liefen – also den ersten Vormenschen. Trotz ihres weiterhin vierbeinigen Gangs haben die frühen Vertreter der Dscheladas jedoch in gewisser Weise eine fortschrittlichere Lebensweise gewählt. Anders als breiter aufgestellte echte Paviane konzentrierten sie sich bei ihrer Futtersuche immer stärker auf die in den afrikanischen Savannen reichlich vorhandenen Gräser und ihre »Getreidekörner«. Und wie ihre zuhauf in halb Afrika gefundenen Fossilien zeigen, ging diese Strategie wohl zunächst auch auf.

Die frühen Verwandten der Gras fressenden Affen wurden vermutlich fast so groß und schwer wie heutige Menschen. Damit waren sie dreimal so groß wie moderne Exemplare und auch massiger als die durch die Savannen stolzierenden Vormenschen. Dass sie sich letztlich trotzdem in ihre von Wolken umspielten Enklaven im äthiopischen Hochland zurückziehen mussten, hatte wahrscheinlich zwei Gründe.

Zum einen konnten sie mit den großen vierbeinigen Grasfressern nicht mithalten, die sich noch viel mehr auf das aus dem Boden sprießende Grünzeug spezialisierten, als es die Dinos je getan hatten. In den heißen Steppen waren jene Gräser mit der neuen Turbo-Fotosynthese gerade dabei, ihren Siegeszug zu vollenden. Sie wuchsen zwar schneller, waren aber weniger nahrhaft. Zebras kauten wie Pferde ewig darauf herum, um das Letzte herauszuholen. Wiederkäuer wie Büffel, Gnus und Antilopen würgten den grasigen Pflanzenbrei zum selben Zweck sogar wieder hoch. Letztere hatten außerdem spezielle Gärkammern im Bauch, in denen Bakterien und Pilze die zähen Fasern für sie zersetzten. Alles Gras wurde so zu Fleisch – das wir uns fürs vorletzte Kapitel aufheben. Mit ihren langen behuften Beinen war die Konkurrenz auch besser darin, den vom Regen abhängigen Grünflächen hinterherzuziehen. Da blieb für die Grasaffen oft nicht viel übrig.

Das andere Problem waren die lieben Verwandten. Gelang es Weidetieren immer besser, die großen Grasflächen für sich zu nutzen, so entwickelten die frühen Menschen eine stetig wachsende Meisterschaft darin, sozusagen über Umwege vom allgegenwärtigen Grünfutter zu profitieren. Dabei machten sie trotz ihrer genetischen Nähe und der beeindruckenden Größe auch vor den urzeitlichen Riesendscheladas nicht Halt. In Kenia wurden jedenfalls etwa 500 000 Jahre alte Knochen der Tiere gefunden, die kaum einen anderen Schluss zulassen, als dass frühe Menschen sie systematisch jagten und mit Handäxten zerlegten. So blieb den kleineren Nachkommen der grasenden Riesenaffen schließlich nur die Flucht nach oben.

Was besonders bitter daran ist: Wir blutrünstigen nackten Menschenaffen sind ja gewissermaßen den evolutionären Weg der Dscheladas zu Ende gegangen und ernähren uns heute ebenfalls zum großen Teil von Gras. Wenn auch fast ausschließlich von den bei ihnen ebenfalls so beliebten Samen. Und tatsächlich hat das – egal was Ihnen irgendein Paleo-Guru erzählt – auch bei uns schon eine sehr lange Geschichte.

Von den Tausenden von Wildgräsern, die es auf der Welt gibt, bilden mindestens 300 Samen, die man sammeln und essen kann. In Afrika wird zum Beispiel traditionell viel Hirse angebaut. Doch in Jahren mit schlechter Ernte weichen die Menschen in der trockenen Sahelzone auch immer noch auf natürlich wachsende Wildhirse aus. Sie wird geschnitten, getrocknet und gedroschen wie die vom Feld. Manchmal werden die reifen Körner auch direkt mit Körben von den noch stehenden Halmen gestreift. Liegen die Samen schon auf dem Boden, wird das Gras abgebrannt, damit sie sich leichter zusammenfegen lassen. Auch wilder Reis wird in der Region gesammelt und gekocht. Aus den winzigen Körnchen wilden Teffs, bei uns auch als Zwerghirse bekannt, wird Bier gebraut. Ingesamt, so das Ergebnis einer älteren Studie, werden allein in Afrika noch über 60 verschiedene Arten von Wildgräsern als Getreide genutzt.

Eine Studie, bei der die Zähne von Vormenschen auf ihre chemische Zusammensetzung untersucht wurden, eröffnet die Möglichkeit, dass auch wir aufrecht gehenden Menschenaffen vor vier Millionen Jahren den Weg der Dscheladas eingeschlagen haben könnten. Denn auch bei uns stammen die gefundenen Isotope statt von Früchten und Blättern, der traditionellen Affennahrung, nun zum großen Teil von schnell wachsendem Savannengras. Wie die verantwortlichen Forscher selbst zugeben, kann das aber genauso auf den zunehmenden Verzehr von grasenden Tieren zurückzuführen sein. Selbst regelmäßige Snacks aus Raupen, Heuschrecken und anderen Gras fressenden Insekten hätten zum selben Bild geführt.

Eindeutigere Hinweise liefern uralte Steinwerkzeuge aus einer Höhle in Mosambik, wo vor 100 000 Jahren bereits Menschen aus unserer eigenen Art, also *Homo sapiens*, lebten. An den einfachen

Gerätschaften wurden Reste zerstoßener Hirse und anderer Grassamen gefunden, die darauf hinweisen, dass die Bewohner der Höhle ihre Paleo-Diät aus Wild, Knollen und Früchten schon damals durch wildes Getreide ergänzten. Bereits davor hatten Funde in Israel die gezielte Nutzung und vielleicht sogar den ersten Anbau von Getreide um das Doppelte auf eine Zeit vor über 20 000 Jahren zurückdatiert. An den Ufern des Sees Genezareth fand man einen über Generationen genutzten Lagerplatz von Jägern und Sammlern, die mit einfachen Sicheln regelmäßig Gräser ernteten. Auch Mahlsteine mit Resten von Weizen und Gerste entdeckte man, ebenso Feuerstellen, an denen vielleicht schon Brot gebacken wurde. Andere Funde vom Balkan legen nahe, dass auch in Europa Jäger und Sammler bereits lange wildes Getreide sammelten und mahlten, bevor gezähmte Sorten aus dem Nahen Osten zu ihnen gelangten.

Dort, und etwas später auch anderswo, startete die systematische Nutzung der großen Familie der Gräser ab einer Zeit vor etwa 10 000 Jahren richtig durch. Im Fruchtbaren Halbmond, zu dem auch das Gebiet des heutigen Israel gehörte, wurden Weizen und seine nahen Verwandten Emmer und Einkorn erstmals angebaut. Auch die für Biertrinker wichtige Gerste, der von Pferden und Porridgefans geschätzte Hafer sowie der für altmodische Graubrotesser unverzichtbare Roggen standen hier zum ersten Mal auf dem Feld. In Mittelamerika wurde nicht viel später der Mais für Tortillas, Popcorn und die Beilagensalate meiner Kindheit erfunden. In Afrika, Indien, China und Japan wurden mehr Arten von Hirse gezähmt, als sich jeder Kanarienvogel merken kann. China darf sich auch die Erfindung des Reises auf die Fahnen schreiben, der selbst in Afrika seine einzige Konkurrenz, den afrikanischen Reis, immer mehr verdrängt.

Im fernen Neuguinea wurde das ebenfalls zu den Gräsern gehörende Zuckerrohr zum ersten Mal angebaut, das wie Bambus nicht nur äußerlich aus der Art schlägt. So wie man Bambus kulinarisch gesehen wegen der leckeren Sprossen aus Kapitel 7 anbaut, geht es auch beim Zuckerrohr nicht um die Samen, sondern um die stockartigen Halme. Aus diesen werden weltweit noch viel größere Mengen an Zucker hergestellt als aus den Zuckerrüben, die in kühleren Regionen wie bei uns aus dem Acker schauen.

Apropos aus der Art schlagen: Zur unerwartet bunten näheren Verwandtschaft der Gräser gehören nicht nur Bananen- und Ingwerpflanzen, sondern auch die schönen Bromelien und hoch aufschießenden Palmen. Letztere haben botanisch gesehen sogar so viel mit unserem Getreide gemein, dass viele sie nicht als Bäume, sondern eher als große Gräser betrachten. Nur ihre »Körner« werden etwas größer. Mit bis zu 25 Kilo schweren, seltsam aufreizend geformten Kokosnüssen produziert die Seychellenpalme die größten Samen der Welt.

Sind wir mit dem Anbau und Konsum von Gräsern und ihren Körnern einer »neuen Mode« gefolgt? Hat uns das – ein bisschen wie in der Bibel – unseren »ursprünglichen« Zustand als Frucht- und Fleischfresser gekostet? Will Ihnen von nun an ein übereifriger Paleo-Jünger diese einfache Sicht der Dinge auftischen, so können Sie zumindest eins entgegnen: Wie immer in der Naturgeschichte der Nahrung scheint die wahre Geschichte etwas älter und kompliziert zu sein.

Was natürlich keineswegs bedeutet, dass man Weizen oder andere Getreide unbedingt weiter essen muss, wenn man sich nicht wohl dabei fühlt. Selbst wenn man von der Diagnose auf Zöliakie verschont geblieben ist. Die winzigen Steinchen in den Gräsern, die zu Abschreckung oder Anklammern gedachten Grannen, die mal erfolgreiche, mal weniger erfolgreiche Anpassung an das Turbogras: Man merkt ja, wie vielschichtig und wechselhaft das Zusammenspiel von Fressern und Gefressenen ist. Ganz eindeutige Lösungen – also die perfekte Diät – gibt es dabei vermutlich nur selten. Und vieles bleibt ein zugleich mit Vor- und Nachteilen behafteter Kompromiss.

Die heftige Abwehr gegen den staubigen Sex der Gräser, der vorhin schon erwähnte Heuschnupfen, wird ja ebenfalls oft als fehlgeleitete Zivilisationskrankheit interpretiert. Manche Forscher glauben jedoch an einen anderen Hintergrund. Die übertriebene Reaktion könnte nicht nur einst Parasiten getötet haben, sondern niest und schleimt bis heute potenziell gefährliche Stoffe aus dem Körper. Vielleicht ist des Rätsels Lösung auch hier wieder ein Kompromiss, der besseren Infektionsschutz für Neugeborene durch lebenslange Allergien als Erwachsener erkauft. Hinzu kommen bei all dem genetische und möglicherweise auch biochemische Zufälle, die die ganze Sache noch persönlicher und komplizierter machen.

»Was des einen Menschen Nahrung, ist des anderen bitteres Gift«, schrieb schon vor gut 2000 Jahren der römische Dichter Lukrez. Gar nicht so selten ist Nahrung aber wohl auch beides: Nahrung und Gift.

Im äthiopischen Hochland fressen die Dscheladas nicht nur wilde Gräser. Manchmal machen sie sich auch über örtliche Weizen- und Gerstenfelder her. Ob dann auch ihnen das Gluten nicht bekommt, weiß man nicht. Angesichts mit Stöcken, Speeren und Gewehren bewaffneter Bauern, die ihre Ernte genauso erbittert verteidigen wie die Dinos aus dem Pixar-Streifen, ist das vermutlich auch ihr geringstes Problem.

Als man Laboraffen mit chronischem Durchfall glutenfreies Futter gab, besserte sich ihr Zustand schnell. Fütterte man sie wieder mit den üblichen weizenhaltigen Pellets, kamen die für Zöliakie typischen Stuhlprobleme, Darmveränderungen und Antikörper zurück. Laborkaninchen reagieren auf Gluten ebenfalls mit solchen Antikörpern, bleiben aber beschwerdefrei. Bei irischen Settern ist es umgekehrt: Die Hunde entwickeln Darmprobleme, aber keine Antikörper.

Mäuse gehören seit jeher zu den berüchtigtsten Schädlingen auf Getreidefeldern und in Kornspeichern, die es gibt. Aufgrund ihrer schnellen Vermehrung, könnte man meinen, sollte sich jede Art von Glutenempfindlichkeit inzwischen bei ihnen weggemendelt haben. Tatsächlich entwickelten selbst genetisch veränderte Laborexemplare, die man auf Zöliakie trimmte, höchstens einen Hautausschlag. Allerdings scheint selbst bei Mäusen die angestammte Ernährung von Gräsern und ihren Körnern ihre Schattenseiten zu haben. Die kleinen Nager werden auch gerne als »Taschenmenschen« bezeichnet, weil sie uns genetisch so ähnlich sind.

Jüngst gab man Labormäusen Futter mit demselben Glutengehalt von etwa fünf Prozent, wie er der durchschnittlichen menschlichen Ernährung entspricht. Darmprobleme und andere Folgen blieben offenbar aus. Dafür bildeten sich im Hirn mehr Immunzellen und führten zur Entzündung jenes Teils, der für die Regulierung des Blutzuckers und Körpergewichts entscheidend ist.

SÜSSE FRÜCHTCHEN

10

Essen Sie gerne Sauerkraut? Oder trinken Sie gerne Gin? Ich weiß, das ist keine allzu übliche Kombination. Doch genau wie viele Wildgerichte werden diese Köstlichkeiten mit Wacholderbeeren gewürzt. Und die sind in der Geschichte der Nahrung eine kleine Besonderheit.

Ähnlich ist es mit den leuchtend roten Beeren, die im Herbst an manchen Eibenhecken erscheinen. Die sind im Gegensatz zu den harzig-bitteren Wacholderfrüchten sogar ein bisschen süß. Nur den in dem becherartigen, schleimigen Fruchtfleisch verborgenen Samen darf man auf keinen Fall mitessen. Denn er enthält tödliches Gift.

Weit weniger verlockend wirken die etwas später in Alleen und Parks reifenden Früchte von Ginkgobäumen. Sie sehen zwar aus wie kleine Mirabellen, verströmen jedoch einen ekligen Geruch. Trotzdem werden sie in Asien gesammelt wie bei uns Kastanien, wenn sie aus der schönen gelben Krone fallen, und sogar in großen stinkenden Plantagen angebaut. Mit Handschuhen vom ätzenden Fruchtfleisch getrennt, haben die Samen wohl auch was von kleinen Esskastanien. Nur gründlich vor dem Verzehr kochen oder rösten sollte man sie unbedingt.

All diese etwas speziellen Früchte haben etwas gemeinsam: dass es eigentlich gar keine Früchte sind. Streng botanisch gesehen können diese nur aus dem Fruchtknoten einer Blüte entstehen, also dem dicken unteren Teil des in der Mitte liegenden Stempels. Im Innern dieses weiblichen Organs liegen die Anlagen, aus denen die Samen reifen, weshalb Blütenpflanzen auch Bedecktsamer genannt werden. Der ganze Fruchtknoten wird dann zum Beispiel zu einem Getreidekorn oder Sonnenblumenkern, die zugleich Samen und Früchte sind. Die Früchte können aber auch üppigere Formen annehmen, wie bei Walnüssen, Äpfeln oder Kürbissen, die dann die Samen (oder Kerne) in sich einschließen. Bei den sogenannten Nacktsamern, zu denen Wacholdersträuche, Eibenhecken und Ginkgobäume gehören, ist das alles etwas anders.

Ohne dass sie so genannt wurden, sind wir den Nacktsamern zum letzten Mal in Kapitel 7 begegnet. Damals, vor ungefähr 350 Millionen Jahren, entstanden auf den warmen, noch weiter südlich gelegenen Kontinenten die ersten Samenpflanzen. Es handelte sich um die heute ausgestorbenen Samenfarne, die vermutlich aus farnartigen Bäumen wie *Archaeopteris* hervorgingen. Dieser hatte sich noch wie Pilze mit winzigen Sporen an den Wedeln fortgepflanzt, die der Wind leicht trug, die dann aber viel Feuchtigkeit für alles Weitere brauchten. Die Samenfarne produzierten nun stattdessen zum ersten Mal dicke, nahrhafte Samen mit einer harten Schale, die vor Trockenheit schützt. Das brachte ihnen ähnliche Vorteile bei der Ausbreitung an Land wie den ersten Reptilien ihre amniotischen Eier.

Wie bei echten Farnen die Sporen bildeten sich die Samen der Samenfarne noch weitgehend offen an den Blättern. Es gab höchstens kleine Kelche, aber weder richtige Blüten noch Stempel. Deshalb waren die ersten Samenpflanzen Nacktsamer und wurden mit der Zeit zu allen Nacktsamern, die wir heute kennen. Das sind hauptsächlich Nadelbäume, Palmfarne und müffelnde Ginkgos. Auch sie bilden blütenartige Strukturen, weshalb man vor allem in Deutschland, wo man es ja immer etwas genauer nimmt, auch gerne mal sämtliche Samenpflanzen, also Bedeckt- und Nacktsamer, als Blütenpflanzen bezeichnet. Doch in der Regel gehen bei Nacktsamern aus solchen Strukturen nur nackte Samen und keine umhüllenden Früchte hervor. Das macht Wacholderbeeren, Eibenbeeren und Ginkgofrüchte ja gerade so besonders.

Die beiden »Beeren« sind eigentlich so etwas wie Tannenzapfen. Zapfen sind sozusagen die Blüten der Nadelbäume (und in noch weit größerer Form jene der Palmfarne). Die getrennten weiblichen und männlichen Zapfen sehen auch zunächst oft aus wie zapfenförmige rote oder gelbe Blüten. Erst nachdem der Wind den Blütenstaub der männlichen Zapfen zu den weiblichen getragen hat, nehmen diese ihre vertraute holzige Gestalt an. Nackt auf den Schuppen entwickeln sich die Samen, meist wie bei Ahorn oder Esche mit einem Flügel versehen (den die Nadelbäume aber viel früher erfunden haben). Bei kaltem und nassem Wetter werden auch diese nackten Samen mit den zuschwellenden Schuppen der Zapfen »bedeckt«. Nur wenn es warm und trocken ist, öffnen sich die Luken, damit die auch wieder vom Wind getragenen Samen möglichst weit davonfliegen können.

Die Zapfen von Wacholder- und Eibengewächsen, die beide zu den Nadelbäumen gehören, weichen jedoch von diesem Muster ab. Bei ihnen bilden die kleinen weiblichen Zapfenblüten nach der Bestäubung keine holzigen, sondern fleischige Schuppen. Bei Wacholderbeeren kann man noch gut sehen, wie drei davon um die winzigen Samen im Innern zur »Frucht« verschmolzen sind. Bei Eibenbeeren stülpt sich eine ringförmige Schuppe von unten wie ein kleiner Becher über einen einzelnen Samen. Beide Arten von »Zapfenbeeren« locken so bestimmte Vögel an, die sie meist im Ganzen schlucken und die Samen irgendwo anders wieder ausscheiden. Sie sind wohl deshalb bitter oder giftig, damit andere Tiere sie nicht fressen und die Samen dabei zerkauen. Bei den Freunden von Sauerkraut, Wildbraten oder Gin ist diese Strategie nicht zu hundert Prozent aufgegangen.

Eiben haben vermutlich schon vor sehr langer Zeit, nämlich während des Aufstiegs der Dinos, begonnen, statt auf den Wind auf lebendige Samenspediteure zu setzen. Zypressengewächse, zu denen der Wacholder gehört, kamen hingegen erst sehr viel später auf die Idee. Die uralten Ginkgos, von denen heute nur noch eine Baumart als lebendes Fossil unter uns weilt, sind ein noch spannenderer »nacktsamiger« Fall. Bei ihnen ähneln die männlichen Blüten kleinen grünen Kätzchen, und bei der Bestäubung schwimmt eine Art

Spermium den »Eileiter« weiblicher Knospen hinab. Die so entstehenden Stinkfrüchte werden heute in freier Wildbahn nur noch von Schleichkatzen wie aus Kapitel 1 und ähnlichen Fleischfressern verzehrt. Manche Forscher glauben deshalb, dass die beliebten Zierbäume auch heute noch mit ihrem seit Äonen verbreiteten Gestank versuchen, Aas fressende Dinos zu uns in den Park zu ziehen.

Die ebenfalls leicht fleischigen Samen der in warmen Regionen lebenden Palmfarne werden heute noch von Elefanten gefressen. Lange davor dienten vermutlich aber auch sie als Dinofood. Diese bei uns höchstens als schmucke Kübelpflanze gehaltenen Nacktsamer sind aus einem weiteren Grund wichtig. Lange dachte man, sie würden sich vor der Reife ihrer Samenfrüchte wie alle Nacktsamer vom Wind bestäuben lassen. Doch inzwischen weiß man, dass vor allem Insekten wie Rüsselkäfer, Motten und die von Zimmergärtnern gefürchteten Thripse dabei die Vermittler sind.

All das zeigt, dass Blütenpflanzen – also alle Bedecktsamer mit »echten« Blüten und Früchten – eigentlich gar nicht die »Erfinder« ihrer Ausbreitungsmethode sind. Doch die durchaus vorhandenen Ansätze, die sich bei den Nacktsamern finden, haben erst sie zur Perfektion gebracht. Einst bildeten Nacktsamer die allgegenwärtige grüne Kulisse für Dinos und Urzeittiere. Doch inzwischen wachsen von dieser früher so erfolgreichen Pflanzengruppe nur noch etwa tausend Arten auf der Erde. Über die Hälfte davon sind Nadelhölzer, von denen sich viele ein bisschen wie die Dscheladas aus dem letzten Kapitel in höhere Breiten und Lagen zurückgezogen haben. Überall um sie herum blühen und gedeihen dagegen etwa dreihundertmal so viele Arten von Bedecktsamern. Also eine schier unendliche Vielfalt von etwa 300 000 Spezies von Blütenpflanzen im »wahren« Sinn.

Die, Entschuldigung, Früchte dieses Erfolgs sind ja auch kaum zu übersehen, wenn Sie die Auslage eines Super- oder Wochenmarkts betrachten. Von Äpfeln, Bananen und Kirschen bis hin zu Orangen, Mangos und Litschis gibt es einen so bunten Reichtum an bedecktsamigen Köstlichkeiten, dass kein Riesenammonit dafür als Füllhorn reichen würde. Hinzu kommen Gemüsefrüchte wie Tomaten, Gurken und Auberginen sowie die kartoffeligen Knollen, rübigen Wurzeln und salatigen Blätter aus Kapitel 7, die auch alle von Blütenpflanzen stammen. Walnüsse, Mandeln und Cashews sind ebenfalls auf die eine oder andere Weise aus Blüten entstanden, selbst »nackte« Körner wie Sonnenblumenkerne oder Chiasamen. Die noch kleineren Getreidekörner für unser Brot hatten wir gerade, sie und das verantwortliche Gras dienen als Grundlage für Fleisch, Milch, Käse, Joghurt und Bier, andere Früchte wiederum für die langen Regale der Weinabteilung. Die Kräuter, Gewürze und Drogen, zu denen wir später nach dem Alkohol kommen? Wieder die Erzeugnisse von Blütenpflanzen, ebenso wie Kaffee, Tee und Schokolade.

Haben Sie was für evolutionäre Mauerblümchen übrig und wollen Nacktsamern was Gutes tun? Dann servieren Sie einen Rehbraten in Wacholderrahm, dazu einen Salat aus Fichtenspitzen mit gerösteten Pinienkernen und als Aperitif einen Gin Tonic. Rein pflanzlich gesehen wäre es das perfekte Paleo-Dinner.

Der Aufstieg und die heutige Dominanz von Blütenpflanzen in der Nahrungsgeschichte werden meist auf eine Fähigkeit zurückgeführt, die uns als Erfolgsrezept nur zu vertraut ist: die Bereitschaft zur Kooperation. Die Bedecktsamer gingen diese Zusammenarbeit erst mit Insekten ein, dann mit anderen Tieren und schließlich mit dem nützlichsten Partner von allen – uns Menschen.

In Kapitel 7 haben wir die Pflanzen bei der Eroberung des Festlands begleitet. Von Algen im Wasser entwickelten sie sich vor rund 420 Millionen Jahren zum ersten kleinen Uferkraut. In jüngerer Zeit erlebten Forscher bei ihrer schon lange währenden Suche nach den ersten echten Blütenpflanzen eine kleine Überraschung. Denn wie so viele Köstlichkeiten in diesem Buch starteten auch diese wohl zunächst wieder im nassen Element.

Grundsätzlich wird angenommen, dass sich die Entwicklungslinie der Bedecktsamer schon zur Anfangszeit der Dinos von jener der Nacktsamer trennte. Darauf deutet zumindest uralter Blütenstaub aus der Schweiz hin. Doch der derzeit beste versteinerte Kandidat für eine ganze Blütenpflanze stammt aus einer sehr viel späteren Zeit, nämlich der frühen Kreide, als die Dinos schon seit Ewigkeiten die Welt regierten. Die Fossilien wurden in den Ablagerungen einstiger Seen im heutigen Spanien gefunden und sind 130 Millionen Jahre alt.

In Kalkstein gebannt wirkt das Pflänzchen wie verbrannter Thymian. Zu Lebzeiten ähnelte es wohl zauseligem Aquariumsgrün. An den Zweigchen wurden die allerersten Fruchtknoten und bedeckten Samen – also echte Früchte – gefunden. Die schlichten Blüten ließen ihren Blütenstaub vermutlich noch durchs Wasser treiben, genau wie später die Samen. Bald darauf reckten jedoch Wasserpflanzen mit dem schönen Namen *Archaefructus* ihre zipfeligen Blüten schon wie Seerosen in die Luft. Außer bedeckten Samen hatten sie zwei weitere Merkmale, die man heute bei den meisten Blütenpflanzen findet. Ihre einfachen Blüten waren Zwitter, vereinten also männliche Pollenspender und weibliche Stempel an einem Ort. So eine Anordnung wird allgemein als günstig für Merkmal Nummer zwei betrachtet: Die Blüten könnten bereits kleine Fliegen als Bestäuber benutzt haben und sonderten dafür vielleicht sogar lockende Säfte ab.

Fliegen sowie Käfer, Motten und Thripse wie bei den Palmfarnen gehörten wohl auch an Land zu den ersten Liebesengeln der Blütenpflanzen. Bei diesen handelte es sich zunächst nur um kleine Kräuter und Sträucher mit grasartig einfachen Blüten. Ihr Leben fristeten sie noch genauso im Schatten der bisherigen Urzeitflora wie die Säugetiere in dem der Dinos. Bald wurden ihre geäderten Blätter, klebrigen Pollenkügelchen und lockenden Blütenkelche denen heutiger Blütenpflanzen jedoch immer ähnlicher. Im Fossilbericht tauchen gleichzeitig haufenweise neue Insektenarten auf, was auf den Anfang einer wunderbaren Freundschaft schließen lässt.

Ein wichtiges Zeugnis dieser Freundschaft wurde jüngst in denselben Bernsteinvorkommen in Myanmar gefunden, die schon das Dino-LSD aus dem letzten Kapitel lieferten. In dem durchsichtigen Klümpchen erwischte man einen Käfer in flagranti nach einem Blütenbesuch. Die Mundwerkzeuge des nur wenige Millimeter großen Krabblers waren wie zum Mampfen von Blütenstaub gemacht. Sein Körper war voller winziger Härchen, mit denen er die fruchtbare Mahlzeit zur nächsten Blüte trug.

Es wird angenommen, dass auf diese Weise die Zusammenarbeit zwischen Blütenpflanzen und Insekten angefangen hat. Letztere kamen als hungrige Feinde, gingen jedoch als Freunde, die der Bestäubung nutzten. Käfer haben schon die Sporen der Urzeitfarne gefressen. Beim Blütenstaub brachte die gleiche schlechte Angewohnheit nun überraschende Vorteile. So lockten Blüten solche und andere Bestäuber bereits früh an. Sei es mit dem Geruch von Dung, Aas, Sex oder süßen Speisen.

Insekten haben gegenüber dem Wind einen wichtigen Vorteil als Pollenbeförderer: Wie bei einem guten Paketservice landet die Sendung immer bei der richtigen Adresse und wird nicht in alle Winde verstreut. Doch wie stellt man sicher, dass stets auch der weibliche Teil des Haushalts anwesend ist, der auf das Päckchen wartet? Anders als die altmodischen Nacktsamer vereint man weibliche und männliche Geschlechtsorgane immer enger auf jeder zwittrigen Blüte, wie es ja schon bei *Archaefructus* war. So ist die Chance geringer, dass die Boten an der Haustür nur frustrierte Kerle antreffen, die eigentlich lieber selbst ein Paket aufgeben würden.

Und noch etwas anderes ist von Vorteil: Wenn die Boten nicht zu viel der süßen Pollenpost selbst fressen. Farne haben noch heute winzige Drüsen an den Blättern, die eine zuckerhaltige Flüssigkeit abgeben. Vermutlich möchten sie damit Ameisen anlocken, die sie vor anderen Insekten schützen. Blütenpflanzen verlegten solche Drüsen an den Grund ihrer Blüten. So konnten sie ihre Bestäuber vom Blütenstaub ablenken und zugleich mit einer neuen Attraktion locken. Genau dafür entwickelten sie wohl ihre großen bunten Blüten, die einem grellen Reklameschild für den neusten Softdrink ähneln. Nur dass in diesem Fall die Aufschrift lautet: Nektar!

Wer ist für solche Werbebotschaften besonders empfänglich? Natürlich die bisher noch nicht erwähnten bekanntesten Bestäuber von allen: Bienen. Sie naschten in Kapitel 1 schon die Starbucks-Version des süßen Blütensafts, nämlich mit Koffein gepimpt. Anfangs tat es aber sicher auch weniger raffiniertes Zuckerwasser. Man glaubt, dass die beliebten Tierchen aus fiesen kleinen Wespen entstanden sind, die noch heute Insekten betäuben, um sie als lebenden Vorrat für ihre Larven zu benutzen. Die urzeitlichen Raubinsekten könnten zunächst selbst ab und zu an Blüten genascht haben. Oder sie kamen auf den Geschmack, als sie mit Pollen bedeckte Thripse für ihren Nachwuchs fingen.

Eine Übergangsform wurde in dem gleichen 100 Millionen Jahre alten Bernstein gefunden, aus dem auch der Pollen fressende Käfer stammt. Das »Urbienchen« ist sogar noch winziger als dieser, doch an den Beinen sind schon gut die verzweigten Härchen zum Pollensammeln zu erkennen. Aus derselben Zeit stammt auch eine versteinerte Blüte mit frühen Nektardrüsen sowie ein erstes in die Erde gegrabenes Bienennest. Die Rechnung der Blütenpflanzen ging nicht ganz auf. Bienen saugten den Nektar und legten sich damit irgendwann sogar Vorräte in ihren Nestern an – also unseren süßen Honig. Doch auch den Blütenstaub nahmen sie mit und fütterten ihre Larven statt mit gepuderten Thripsen mit aus Pollen geformtem Bienenbrot.

Dennoch lohnte sich die Zusammenarbeit mit den neuen gelben DHL-Boten und gab der Ausbreitung der Blütenpflanzen einen weiteren Schub. Vom Äquator der immer vertrauter wirkenden Weltkarte aus besiedelten sie erst warme Küsten und drängten dann Nadelbäume, Palmfarne und Ginkgos im Laufe von nur wenigen Millionen Jahren in den Hintergrund. Selbst Charles Darwin, dem Vater der Evolutionstheorie, ging das alles zu schnell. Für ihn war die Explosion der Blütenträger in der letzten Blütezeit der Dinos ein »schreckliches Mysterium«. War vielleicht doch der liebe Herrgott mit einem großen Samentütchen in der Nahrungsgeschichte herumgelaufen und hatte überall seine neuen Kreationen gesät? Nein, zusammen mit anderen Innovationen war wohl vor allem diese extrem erfolgreiche Kooperation der Grund.

Heute saugen an manchen Blüten Schmetterlinge, deren Rüssel zweimal so lang ist wie sie selbst. Das ist jedoch noch gar nichts gegen die »Blüten«, die die Zusammenarbeit zwischen Blütenpflanzen und ihren Bestäubern auf Madagaskar treibt. Hier tauchen bestimmte Motten ihre 20 Zentimeter langen Saugorgane in ebenso tiefe Nektarschläuche, mit denen Orchideen sie zu ihrem Blütenstaub locken. Da können selbst Kolibris nicht mithalten, obwohl sich aus ihren langen dünnen Schnäbeln meist eine noch mal so lange Zunge streckt. Die kleinste Art dieser gefiederten Pollenboten ist so winzig, dass man sie »Bienenelfe« nennt. Glaubt man bei uns so einen Kolibri zu sehen, handelt es sich jedoch um einen dicken Schmetterling, der wie ein Vogel »Taubenschwänzchen« heißt. In Südamerika wiederum streiten sich mit Kolibris so große Hummeln um Blüten, dass man sie »fliegende Mäuse« nennt.

Entstanden Bienen aus Wespen, so entstanden die hübschen bunten Tagfalter, die wir meist mit Schmetterlingen meinen, vor rund 100 Millionen Jahren aus nachtaktiven Motten. Das heißt, selbst die großen Landdinos konnten sich noch an ihrem Anblick erfreuen. Kolibris erlebten sie hingegen nicht mehr. Diese kleinsten aller überlebenden Flugdinos haben sich erst vor etwa 40 Millionen Jahren von ähnlichen Vögeln wie Mauerseglern abgespalten. Heute leben sie ausschließlich auf dem amerikanischen Doppelkontinent. Gehen sie und andere Nektar schleckende Piepmätze schlafen, übernehmen oft Fledermäuse die Rolle der Bestäuber, ähnlich wie die Motten bei den Schmetterlingen. Wie viele andere Säugetiere bildeten sich jedoch auch Fledermäuse erst am Anfang der Erdneuzeit und laben sich seit etwa 50 Millionen Jahren am nachts geöffneten Blütengrund.

Auch bestimmte mausartige Beuteltiere und nachtaktive Äffchen naschen süßen Nektar. Wobei Letztere ihn offenbar besonders dann schätzen, wenn er bereits besonders viele alkoholische Gärprodukte enthält, zu denen wir im übernächsten Kapitel kommen. Größere Affen hingegen stopfen sich wohl eher gleich die ganzen Blüten in den Mund. Was für die Verbreitung des Blütenstaubs natürlich nicht unbedingt hilfreich ist.

Ich habe einmal frittierte Zucchiniblüten serviert bekommen, die frisch von einem Baum im Garten gepflückt waren. Es kommt mir fast so lange her wie die Entstehung der ersten Blüten – und als sei es gestern gewesen. Honig mag ich eigentlich auch. Doch offenbar nicht genug, als dass er im Küchenschrank nicht irgendwann zu Zucker kristallisieren würde.

Noch wichtiger als Nektar spendende Blüten ist für uns Menschen sowieso, was daraus wird. Und das ist – zumindest aus der Sicht der Blütenpflanzen – eine ganz ähnliche Geschichte.

Ein Vorteil so eines Spaziergangs durch uralte Zeiten ist ja, dass die Politik weitgehend außen vor bleiben kann. Bei der ohnehin umstrittenen Datierung der ersten Blütenpflanzen herrscht allerdings ein Konflikt, der an derzeitige Verhältnisse erinnert. Wie so vieles andere blüht in China auch die Erforschung urzeitlicher Pflanzen auf. Dabei wurden viele Fossilien gefunden, die den Ursprung der für uns so wichtigen Blütenpflanzen viel weiter zurückverlegen. Auch molekulargenetische Untersuchungen und die schon erwähnten Pollenfunde scheinen ja in diese Richtung zu weisen. Die traditionell von anderen Nationen dominierte Urzeitforschung erkennt diese Funde aus dem Reich der Mitte aber bisher nur bedingt an. Gleichzeitig wird ähnlich wie bei den Fischen aus Kapitel 4 viel und ausgiebig diskutiert, was denn nun eine Blütenpflanze genau auszeichnet. Selbst in einem so friedlichen Feld wie der Erforschung alter Blümchen kann das bisweilen zu heftigen Animositäten führen.

Zu den jüngsten Funden eines führenden chinesischen Urzeitbotanikers gehören drei winzige »Früchte«, die ein Zentimeter großen Pfirsichen gleichen. Tatsächlich handelt es sich in diesem Fall um neu untersuchte Fossilien aus Mexiko, die einst ein amerikanischer Forscher entdeckt hat. Zu Ehren dieses hochverdienten Experten, der auch viel in China geforscht hat, wurde die Art auf den schönen Namen *Dilcherifructus mexicana* getauft. Träfe die Einschätzung als Früchte tragende Blütenpflanze zu, was nicht alle glauben, so wären diese schon im Jura, also weit vor den Wasserblütlern aus dem vorigen Abschnitt, gewachsen.

Einig scheint sich die Forschung jedoch zu sein, dass es zu einem anständigen Obstkorb erst sehr, sehr viel später gereicht hätte. Zwar errangen die Blüten von ihrem anerkannten Ursprung vor 130 Millionen Jahren bis zum Abgang der Dinos vor 66 Millionen bereits die Weltherrschaft. Doch ihre Samen und Früchte blieben zur Zeit der gewaltigen Echsen wohl noch eher klein. Erst danach begannen größere Eicheln, Kastanien, Walnüsse und Hülsenfrüchte an Bäumen und Sträuchern zu wachsen. Auch die Gräser entwickelten ausgeprägtere Körner. Statt in eine holzige Hülle waren die Samen nun auch immer öfter in saftiges Fleisch gehüllt. Das ist in der Regel zu vergänglich, um versteinert zu werden. Aus der Familie der Nachtschattengewächse gab es zum Beispiel bis vor Kurzem zwar etliche fossile Samen, aber keine vollständigen Früchte. Die Familie liefert uns heute Tomaten, Paprika, Auberginen, Tabak, die an Wurzeln wachsenden Kartoffeln sowie die hübschen Physalis- und die als Superfood geltenden Goji-Beeren. Vor ein paar Jahren wurden dann endlich zwei kleine versteinerte Abdrücke entdeckt, die lampionartigen Physalis oder Tomatillos ähneln (aus denen man in Mexiko leckere Salsa Verde macht). Fundort war eine karge Kraterlandschaft in Patagonien, in der vor 50 Millionen Jahren üppiger Regenwald stand.

Für wen waren solche Früchte gedacht? Für Tiere natürlich, die sie wie die Schleichkatzen in Kapitel 1 fressen und dann die Samen anderswo ausscheiden. Der Weltkonzern Amazon hat mit dem Versand von Büchern angefangen, seine langfristige Dominanz dann aber mit dem Versand von so ziemlich allem anderen gesichert. So ähnlich machten es auch die Blütenpflanzen. Kommt die Evolution auf eine gute Idee, hat sie keine Scheu, sich selbst zu kopieren, ob bei Pilzen mit Hut, schützenden Eiern oder nützlichen Partnerschaften. Nach den summenden gelben DHL-Kräften spannten die Blütenpflanzen auch immer mehr gefiederte Hermes-Boten und braunfellige UPS-Kuriere für sich ein. Und zwar nicht mehr nur zum Versand der winzigen Pollen.

Zum ältesten bisher gefundenen Fruchtesser wurde jüngst das chinesische Gegenstück zum deutschen Urvogel *Archaeopteryx* gekürt. In diesmal weniger umstrittener Detektivarbeit hat ein internationales Forscherteam die Nahrungsgewohnheiten des vor 120 Millionen Jahren lebenden Federdinos *Jeholornis* (also »Vogel aus der Jehol-Lagerstätte«) rekonstruiert. Der Allesfresser könnte einerseits kleine Tiere gejagt und zähe Blätter und harte Samen in seinem Kaumagen zermalmt haben. Zu anderen Jahreszeiten hat er aber wohl dicke »Stinkgofrüchte« und vielleicht auch schon die ersten kleinen Früchte von Blütenpflanzen verschluckt. Die Forscher spekulieren sogar, ob solche Früchte in der damals noch weitgehend nacktsamigen Flora aufzuspüren nicht die Flugkünste der ersten Dinovögel trainiert haben könnte. Sozusagen als sehr frühes Beispiel für die gegenseitige evolutionäre »Befruchtung«, die dann später noch viel stärker stattfand.

Vögel gehören auch heute noch zu den häufigsten Abnehmern aller möglichen Beeren, Kirschen und Samen, und manche Forscher glauben, sie hätten sozusagen die Fruchtproduktion für größere Tiere vorbereitet. Andere sehen erst nager- und affenähnliche Ursäuger am Werk und nach dem Abgang der Dinos dann moderne Nager und Affen. In dieser Sicht wären fliegende Spediteure, zu denen wie beim Blütenstaub auch Fledermäuse und Flughunde gehören, erst später ins Gewicht gefallen. Klar scheint jedoch zu sein, dass sich diese für uns besonders wichtige Phase in der Entwicklung der Blütenpflanzen vor allem in der Erdneuzeit abspielte. Auf den großen Einschlag vor 66 Millionen Jahren, der diese Zeit einläutete, folgte bald eine extreme Treibhausperiode, in der sich die warmen Wälder der Tropen bis in den hohen Norden ausbreiteten. Hier bauten Blütenpflanzen ihre Beziehungen zu Pollenboten und Fruchtessern weiter aus und vollendeten sozusagen ihren Siegeszug. Laut einer jüngeren Interpretation schuf die in der Spätzeit der Dinos einsetzende »terrestrische Revolution der Blütenpflanzen« so bis vor etwa 50 Millionen Jahren die Grundlage unserer heutigen Biodiversität.

Huftiere haben oft eine Vorliebe für Gras, Blätter und Knospen. In den Regenwäldern der Tropen bücken sich heute aber auch Hufträger wie Tapire und Hirschferkel nach zu Boden gefallenen Früchten. Neben eigentlich zu den Fleischfressern gehörenden Fruchtfreunden wie Schleichkatzen oder Waschbären ist ein Extremfall der Wickelbär, der in den Regenwäldern Mittel- und Südamerikas lebt. Das putzige Klettertier frisst fast ausschließlich Früchte, mehr als die meisten Affen. Die Palette reicht dabei von den allgegenwärtigen Feigen bis hin zu Brotnüssen und Brennnesselbeeren, insgesamt über 70 möglichst fleischige und süße Köstlichkeiten. Auch andere kleine und große Bären und Marder essen gerne Früchte. Überhaupt nicht erwarten würden wir es aber vermutlich bei Wölfen. Doch auch hier gibt es ein Beispiel: Der Mähnenwolf sieht aus wie eine langbeinige Mischung aus Fuchs und Wolf und schnürt vor allem in Brasilien durch feuchte Graslandschaften. Er ist so vernarrt in bestimmte Früchte, die wiederum einer Mischung aus Tomate und Aubergine gleichen, dass sie dort den Namen »Wolfsfrüchte« tragen.* Wie Forscher durch Einpflanzen der in der Losung gefunden Samen überprüften, dankt der südamerikanische Isegrim die Mahlzeit den »Wolfsbäumen« auch durch effektive Arbeit als Verbreiter.

Der Mähnenwolf ist nur ein entfernter Cousin der grauen Wölfe, die wir heute vor allem aus Nordamerika, Europa und Russland kennen. Sie sind wirklich eingefleischte Fleischfresser, die wohl höchstens als Welpen mal ein paar Beeren naschen. Hunde hingegen sind durchaus für süße Früchtchen zu interessieren und scheinen auch mit Getreide hergestelltes Trockenfutter einigermaßen zu vertragen. Forscher führen das auf die vielen Tausend Jahre zurück, die diese gezähmten Wölfe schon als unsere Haustiere verbringen. Erst lebten sie von unseren Abfällen, dann von unseren Leckerlis und haben sich dabei genetisch darauf eingestellt, Stärke und Zucker besser zu verdauen. Was man ihnen aufgrund der enthaltenen Gifte allerdings nicht geben sollte, sind Avocados, Kirschen, Trauben und von Mähnenwölfen geschätzte Nachtschattenfrüchte wie Tomaten.

Wer hingegen jede noch so süße Frucht von vornherein ablehnen dürfte, ist Ihre Katze. Sie gehört neben den Hundeartigen zur zweiten großen Gruppe der Raubtiere, die schon lange in unserer Gesellschaft lebt. Dabei hat sie aber nicht nur ihren eigenen Kopf, sondern auch ihren eigenen Geschmack behalten. In Kapitel 5 ging es ja schon um die fünf Grundaromen, die wir auch ohne Zutun unserer Nase wahrnehmen können, also süß, salzig, sauer, bitter und umami. Der Geschmack für energiereichen Zucker und fleischige Umami-

* Die großen, runden grünen Früchte, die im Innern Auberginen gleichen, werden im Englischen auch »Wolfsäpfel« genannt. Der zweite Teil des lateinischen Artnamens, *Solanum lycocarpum*, bedeutet ebenfalls »Wolfsfrucht«. *Solanum* ist die Pflanzengattung der Nachtschatten, zu der Tomaten, Auberginen und auch Kartoffeln gehören. Tomaten heißen auf Lateinisch mit Nachnamen ebenfalls *lycopersicum*, also »Wolfspfirsich«, was in dem Fall aber wohl auf allerlei Missverständnissen basiert. Ähnlich ist es bei den entfernter verwandten Goji-Beeren, *Lycium barbarum*, die ebenfalls oft Wolfsbeeren genannt werden.

Proteine wurde anscheinend schon während unseres fischigen Daseins in den Urmeeren auf unserer Zunge verdrahtet. Dementsprechend können auch viele andere Wirbeltiere, darunter Bären, Hunde und vermutlich Wölfe, Süßes und Fleischiges schmecken. Katzen waren aber immer schon die härteren Kerle. Wie viele ihrer Verwandten, zum Beispiel Löwen, Tiger und Hyänen, sind sie besonders radikale »Hyperkarnivoren«. Sie schmecken zwar Fleisch, haben aber die genetische Ausrüstung für süße Geschmäcke verloren.

Noch stumpfere Esser sind Delfine, die außer salzig wohl gar nichts mehr wahrnehmen. Obwohl fleißige Fruchtfresser, schmecken auch viele Vögel nichts Süßes. Generell könnte der Verlust mit der auch bei manchen Menschen zu beobachtenden Unsitte zu tun haben, Nahrung ungekaut herunterzuschlingen. Wie immer bei diesen Dingen ist aber nichts in Stein gemeißelt. Wie ein führender Forscher zum genetischen Geschmacksverlust zugab, gingen nach Veröffentlichung der Studien Hunderte Zuschriften von Katzenbesitzern ein, deren Lieblinge Eiscreme und andere Süßigkeiten schätzten. Seine ehrliche Antwort auf diese Alltagserfahrungen: »Offen gesagt habe ich keine Ahnung, warum das so ist.«

Im Amazonas, dem mächtigsten Fluss der Erde, nach dem Jeff Bezos seine Firma benannt hat, fressen auch viele Fische ins Wasser gefallene Früchte.* Manche springen sogar wie Delfine bei einer Aquashow nach den an Zweigen hängenden Happen. Auch hier funktioniert die Zusammenarbeit nicht nur wie bei den ersten Blütenpflanzen mit dem Strom selbst, sondern ebenso mit den schuppigen Boten.

Die schier unendliche Fülle der Partnerschaften, die die größte Versandhändlerin von allen im Laufe der Nahrungsgeschichte ein-

---

* Der ursprüngliche Name des 1995 gegründeten Online-Händlers lautete Cadabra, wie in Abrakadabra. Das wurde in den USA aber wohl zu oft als »Kadaver« verstanden, sodass Bezos den Bücherversand nach dem gewaltigen Fluss mit seinen vielen Verästelungen benannte. Steve Jobs, der Gründer von Apple, nannte das Unternehmen offenbar so, weil er damals als Frutarier, also ausschließlich von Früchten, lebte.

gegangen ist, hat uns eine fast ebenso große Auswahl an Früchten beschert. Bei einigen haben wir Mutter Natur die Boten weggenommen. Bei anderen haben wir uns gewissermaßen selbst zu Mutter Natur aufgeschwungen.

Die 50 Millionen Jahre alten physalisartigen Fossilien, von denen im letzten Abschnitt die Rede war, sind nicht nur wegen ihrer Seltenheit wichtig. Zum Graben nach Fossilien ist für Urzeitforscher in den letzten Jahrzehnten das »Graben« in Gen- und Proteinsequenzen dazugekommen. Früher verglichen sie vor allem Knochen und andere Merkmale. Heute werden mit komplizierten Programmen detaillierte Stammbäume von Arten, Gattungen und ganzen Reichen des Lebens erstellt. Die Zeit zwischen den Abzweigungen kann dabei mit der schon erwähnten molekularen Uhr, also der Rate der Veränderung, geschätzt werden. Zur genaueren zeitlichen Einordnung sind aber immer noch Fossilien als Fixpunkte nötig. Bei diesen wird ebenfalls eine Art natürliche Uhr, nämlich die Zerfallsrate bestimmter Atome, zur Datierung eingesetzt. Hinzu kommen die Lage in den Gesteinsschichten sowie durch das wechselnde Magnetfeld der Erde hinterlassene Spuren.

Laut genetischen Untersuchungen sollte die Gattung *Physalis* eigentlich auf einem eher jungen evolutionären Zweig der Nachtschattengewächse sitzen. Wie perfekt die lampionartigen Schirmchen der Fossilien bereits ausgebildet waren, deutet allerdings darauf hin, dass die ganze Familie wesentlich älter als die bisher angenommenen 50 Millionen Jahre sein könnte.

Anders als bei Lampions dient der Schirm wohl nicht dazu, Licht abzuschirmen. Vielmehr soll er Licht aufnehmen und so den Früchten im Innern zu besserem Wachstum verhelfen. Gleichzeitig könnte er wie ein persönliches Gewächshaus ein für Reifung von Frucht und Samen günstiges Mikroklima schaffen. Wer jetzt mit dem Gedanken spielt, seinen Balkontomaten durch die Verbindung mit neu angeschafften Balkonpanelen ähnliche Vorteile zu verschaffen, kann sich allerdings ziemlich sicher sein, an diesem hellsichtigen Trick der Nachtschattengewächse zu scheitern.

Eine andere für uns extrem wichtige Familie der Früchte tragenden Blütenpflanzen sind die Rosengewächse. Klar, wir denken dabei sofort an die Hagebutten von Heckenrosen, deren juckende Samen wir uns als Kinder gegenseitig unter die Kleidung gerieben haben. Auch hier ist wieder ein schlauer Trick im Spiel: Die Samen der Pflanze (die diesmal auf Latein nicht Wolfs-, aber immerhin Hundsrose heißt) tragen unangenehme Härchen, was vermutlich dafür sorgen soll, dass Tiere sie nach dem Verzehr der Hagebutten schnell wieder ausscheiden. Die Familie der Rosengewächse produziert aber auch noch viele andere Früchte, die zum Glück nicht mit solchen üblen Kniffen arbeiten. Die ursprünglichsten Formen sind wohl schon vor rund 100 Millionen Jahren, also noch zur Zeit der Dinos, entstanden. Ein Datum, das sich alle Liebhaber von Marmelade, Obstkuchen und (für meine hessischen Landsleute) Apfelwein unbedingt leuchtend rot im Kalender anstreichen sollten.

Rosengewächse haben uns eine besonders reiche Auswahl an Früchten beschert. Familien wie die Kreuzblütler, die wir zum Beispiel wegen ihrer Kohlblätter aus Kapitel 7 schätzen, als auch Hülsenfrüchtler produzieren oft schotenartige Früchte. Rebengewächse sind auf traubenartige Beeren spezialisiert, Gräser auf Körner. Rosengewächse waren da einfallsreicher. Beliebte Steinfrüchte wie Kirschen, Pflaumen, Aprikosen, Pfirsiche und auch die im steinigen Kern enthaltenen Mandeln haben sich als Linie bereits früh vom Rest des rosigen Fruchtkorbs getrennt. Etwas später waren auf einem ganz anderen Ast Sammelsteinfrüchte wie Brombeeren und Himbeeren, dann vor gut 60 Millionen Jahren erst die Hagebutten und anschließend die Erdbeeren dran, die beide Sammelnussfrüchte sind. Ganz woanders auf dem großen Baum der Rosengewächse begannen kurz darauf die dicken Sammelbalgfrüchte zu wachsen, die wir heute Äpfel und Birnen nennen. Was genau der Unterschied zwischen all diesen steinigen, sammligen und balgigen Wuchsformen ist, fragen Sie mich jetzt aber bitte nicht. Denn das ist schon bei nur dieser einzelnen Familie der Blütenpflanzen, die nur eine von mehreren Hundert ist, so kompliziert, dass man die Lust auf Marmelade für immer verlieren kann.

Viele »Obst« tragende Bäume und Sträucher der Rosengewächse gedeihen schon lange in den gemäßigten Breiten der Nordhalbkugel und ernähren dort unzählige Vögel, Säuger und andere Tiere. In wärmeren Gefilden sind jedoch andere Fruchtträger wichtiger. In tropischen Regenwäldern nehmen zum Beispiel Feigen eine Schlüsselrolle ein, die dort zu großen Urwaldbäumen mit gewaltigen Kronen anwachsen. Sie sind eine besonders enge Partnerschaft mit winzigen Wespen eingegangen, die sich zur Bestäubung in den Früchten fortpflanzen, und liefern so das ganze Jahr über Nahrung. Auch die bei uns vor allem für ihre Bohnen, Erbsen und Sojasprossen bekannten Hülsenfrüchtler produzieren dort proteinreiche exotische Schoten. Ebenfalls sehr fleißig fressen Urwaldbewohner die für uns wenig vertrauten Früchte der Sapotengewächse, aus deren kautschukartigem Baumsaft früher Kaugummi gemacht wurde.

Auch wenn solche Exoten nur selten den Weg zu uns finden, haben sie für uns eine besondere Bedeutung. Irgendwann stiegen die maus- oder hörnchenartigen Säugetiere, zu denen wir im nächsten Kapitel kommen, auf der Suche nach Insekten ins Blätterdach und wurden zu fruchtessenden Äffchen. Wann genau das war, ist wie so oft umstritten, doch viele dazu passende Fossilien stammen aus der Zeit vor etwa 55 Millionen Jahren, als tropische Blütenpflanzen fast die ganze Erde bedeckten. Diese Tiere waren die ersten Primaten, was grob alle affenartigen Säuger umfasst. Auch als die Regenwälder sich wieder mehr Richtung Äquator zurückzogen, suchten sie in den Kronen weiter nach süßen Belohnungen. Das könnte ihre kognitiven Fähigkeiten und Gedächtniskünste sogar noch stärker trainiert haben als ihr zunehmend komplexes Sozialleben. Wie bei anderen Tieren erleichterten ihnen die Pflanzen die Zusammenarbeit auf ähnliche Weise, wie wir heute eine Nachricht von der nächsten Packstation kriegen. Sind ihre Früchte reif genug, um die Samen im Innern abholen zu lassen, signalisieren sie das durch bunte Farben und lockende Düfte.

Das ist natürlich die gleiche Strategie wie schon bei den Blüten, und auch hier gibt es allerlei Spezialisierungen. Rote Früchte werden wohl von Vögeln besonders gut erkannt. Primaten finden oft auch grüne Früchte, die möglicherweise diese »unreife« Farbe behalten, um weiter Fotosynthese zu betreiben. Manche Klettermaxe können reife Früchte von Weitem riechen, andere erkennen so wohl erst beim Fressen die vielversprechendsten Exemplare. Was süß riecht, enthält dabei ehrlicherweise oft viel Zucker, doch manche Früchte locken auch mit eher säuerlich-frischen Noten. Das kennen wir heute am besten von den Zitrusfrüchten, die vor knapp 10 Millionen Jahren in Asien entstanden. Ihr saurer Geschmack, ebenso wie der von Essig oder Kefir, gehört wie süß zu einem der auf unserer Zunge festgelegten Grundaromen.

Forscher rätseln seit Langem, warum das so sein sollte. Eine jüngere Studie kommt zu dem Schluss, dass schon die Bewohner der Urmeere so Wasser mit gefährlich niedrigem pH-Wert erkannten. Auch heute kann der Geschmack auf Gefahren wie ätzende Säure oder verdorbenes Fleisch hinweisen. Gleichzeitig zeigt er aber auch wichtiges Vitamin C an, das die meisten Primaten (inklusive uns) wohl gerade aufgrund ihrer langen Geschichte als Fruchtesser nicht mehr selbst produzieren können. Ebenso könnte »sauer« auf bereits leicht vergorene und daher einfacher zu verdauende Nahrung oder – dazu kommen wir bald – auf einen gewissen Gehalt an Alkohol hindeuten.

Vor ungefähr fünf Millionen Jahren passierte dann das, worum es schon im letzten Kapitel ging. Die nach 50 Millionen Jahren Fruchtsalat nun wesentlich größeren Affen stiegen von den Bäumen wieder herunter, balancierten auf zwei Beinen und stellten ihre Ernährung einmal mehr um. Nun wurden plötzlich kleinblütige, windbestäubte Blütenpflanzen mit winzigen Früchten wieder wichtig – fast wie sie ganz am Anfang waren. Sie lieferten erst die Nahrung für Gras fressendes Jagdwild und sehr viel später im großen Stil für die sesshaft werdenden Nacktaffen selbst. Die hatten aber auch weiterhin eine Schwäche für saftigere und süßere Kost.

Wenn wir von der neolithischen Revolution und dem Beginn von Ackerbau und Viehzucht hören, denken wir meist an goldgelbe Getreidefelder. Doch beim jüngsten Bund, den wir vor rund 10 000 Jahren im Nahen Osten mit den Blütenpflanzen schlossen, gehörten auch früh schon andere Früchte dazu.

Die von Affen so sehr geschätzten Feigen könnten dabei sogar noch vor dem Getreide angebaut worden sein. Das schließen zumindest manche Forscher aus verkohlten Exemplaren, die vor einiger Zeit in der Nähe der alten Stadt Jericho gefunden wurden. Andere haben Zweifel, und generell ist der Nachweis frühen Obstanbaus nicht leicht. Durch gezielten Anbau veränderter Weizen zum Beispiel hat dickere Körner, die eine festere Ähre am vorzeitigen Abfallen hindert. Bei Obst hingegen sind fossile Kerne weniger aufschlussreich, während das weiche Fleisch nicht erhalten bleibt. Außer Feigen haben die ersten Siedler auf jeden Fall auch schon Trauben, Oliven und Kapern sowie die nussartigen Kerne von Pistazien- und Mandelfrüchten gegessen. Der Übergang vom wilden Ernten zum systematischen Anbau wird allerdings meist eine Weile später als beim Getreide angesetzt.

Als echte sogenannte Gründerarten gelten hingegen Linsen, Erbsen und Kichererbsen. Zusammen mit Getreide sind sie sogar im Guinness-Buch der Rekorde als älteste angebaute Nahrungspflanzen festgehalten. Bei ihnen können Archäologen den Zeitpunkt der Zähmung an glatteren Samen und geschlossen bleibenden Schoten erkennen, noch mehr aber an den plötzlich gelagerten Mengen. Schon die Affen im Urwald hatten solche Hülsenfrüchtler gern, weil sie eine fleischartige Alternative zur angestammten Insektenkost ihrer mausigen Vorfahren boten. Beim Übergang vom nackten Jagd- zum sesshaften Bauernaffen könnte es ähnlich gewesen sein. Hülsenfrüchtler arbeiten mit speziellen Bakterien an ihren Wurzeln zusammen. So können sie im Boden verteilten Stickstoff aus der Luft binden und in Aminosäuren verwandeln, die wiederum die Bausteine der kostbaren Proteine sind. Auch bei veganen Nacktaffen unserer Tage sind die alten Gründerarten ein beliebter Fleischersatz.

Von Getreide, Obst und Nüssen bis zu Gemüse, Gewürzen und Ölen: Rein mengenmäßig beziehen heute die meisten Gesellschaften mindestens die Hälfte und bis zu 90 Prozent ihrer Nahrung von Blütenpflanzen. Der Rest besteht hauptsächlich aus Wirbeltieren, von denen Zuchtformen und Wild auch wieder von Blütenpflanzen leben. Sowohl Algen und Nacktsamer als auch Pilze und Insekten spielen nur eine untergeordnete Rolle. Und selbst sie hängen in ihrer Existenz meist auf irgendeine Weise von Blütenpflanzen ab.

Von den anfangs erwähnten 300 000 Arten von Blütenpflanzen, die wir kennen, sind vermutlich um die 70 000 genießbar. Davon werden wiederum rund 7000 regelmäßig irgendwo auf der Welt von Menschen verzehrt. Der globalisierte Handel und Anbau hat viele von ihnen zu uns gebracht. Forscher haben sich den Spaß gemacht, eine typische Mahlzeit bei McDonald's nach den enthaltenen Blütenpflanzen und ihrer ursprünglichen Heimat aufzudröseln. Weizen, Gerste und Zwiebeln aus Vorderasien, Knoblauch, Salat und Raps aus dem Mittelmeerraum. Kartoffeln, Tomaten, Chilis und Mais aus Lateinamerika, Gurken, Pfeffer und Senf aus Indien, Sojabohnen aus China, Kaffeekirschen aus Afrika und Zucker aus Neuguinea. Selbst wer nur auf die Schnelle einen Big Mac mit Pommes und Kaffee zu sich nimmt, hat mit der weltweit verstreuten Nahrungsgeschichte von rund 20 Blütenpflanzen Bekanntschaft gemacht.

Gerade bei vielen Früchten und Gemüsefrüchten ging die Kultivierung dabei mit deutlicheren Veränderungen als nur ein bisschen größeren Körnern oder Erbsen einher. Wenn Sie bei einem

Spaziergang über Walderdbeeren stolpern, Glückwunsch: Die bei uns wachsende Wildform ist kleiner, aber fast noch köstlicher als die aus zwei Übersee-Arten gekreuzte Zuchtvariante. Auch viele andere Wildbeeren machen Freude, wenn man sie nicht gerade auf Fresshöhe von Füchsen und ihren Bandwürmern pflückt. Wilde Äpfel zum Beispiel sind aber nicht nur kleiner, grüner und saurer als gezüchtete Exemplare. Sie haben auch eine wenig fruchtige Konsistenz, wegen der man sie Holzäpfel nennt. Unsere großen, süßen, saftigen und gut haltbaren Supermarktsorten sind das Produkt extrem aufwendiger und langwieriger Züchtung. Dabei übernehmen Menschen nicht nur die Rolle der Bestäuber. Sie pfropfen die besten Sorten auch ein bisschen wie bei Frankenstein auf fremde Wurzeln auf.

Auch Pfirsiche haben sich von kleinen grünlichen Früchten mit fester Schale unter der Hand des Menschen in gelbfleischige, vor Saft triefende Köstlichkeiten verwandelt. Wie vermutlich Äpfel wurden sie erstmals in Asien gezüchtet und werden schon seit vielen Tausend Jahren auf günstige Eigenschaften hin ausgesucht. Die ebenfalls aus Asien stammenden Bananen sind zwar schon in der Urform krumm. Doch waren sie einst kleiner und steckten zumindest bei einem der beteiligten Ahnen noch voller dicker Samen. Auch Gemüsefrüchte wie Tomaten und Auberginen gelten als sehr weit von ihrem ursprünglichen Selbst entfernt. Beim Getreide ist es der Mais, aus dessen kümmerlichen Urkörnern man allerdings von Anfang an Popcorn machen konnte.

Ein besonders extremes Beispiel ist die Wassermelone. Die afrikanische Frucht bestand ursprünglich aus kleinen Kugeln mit hartem, bitterem bis fadem Fleisch. Angebaut hat man sie wohl einst nur als in Trockenzeiten nützlichen Wasservorrat. Ab der Antike wurde sie dann zu unseren süßen, rotfleischigen Giganten umgemendelt. Mittels früher »Gentechnik«, bei der statt Gen-Schere Chemikalien oder Strahlung zum Einsatz kommen, trieb man den Riesenbabys später auch noch die Kerne aus.

Eine besonders absurde Folge unserer langen Kulturarbeit an Früchten findet sich in Zoos. Hier wird manchmal Affen, also unseren fruchtversessenen »Vorfahren«, der Genuss von Bananen und anderen Früchten versagt, weil sie in ihrer heutigen Form zu süß und zuckerhaltig sind. Die Tiergärten berichten von Folgen wie schlechten Zähnen, Verdauungsproblemen und Diabetes, ja sogar von »Zuckerhighs« bei Kleinaffen, die dann aufgerieben wie überzuckerte Kinder seien. Das ist Wasser auf die Mühlen von Paleo-Diätlern, bei denen »überzüchtete« große Süßfrüchte ebenfalls oft als Teufelszeug gelten.

Wie eine fleißige amerikanische Food-Bloggerin herausgearbeitet hat, gibt es allerdings etwa in Afrika noch größere und süßere natürliche Zuckerbomben, die nie von einem Züchter angerührt wurden. Zugleich hat sich wohl der Gehalt an der besonders berüchtigten Fruktose durch Züchtung gar nicht immer so stark verändert. In der Natur wird er anscheinend nur oft durch einen höheren Gehalt an Säure überdeckt. Auch in Zoos könnte das wahre Problem nicht unbedingt die unnatürliche Süße der »Süßigkeiten der Natur« sein. Sondern dass Affen genau wie wir einfach zu oft danach greifen, wenn es diese Süßigkeiten im Überfluss gibt.

Bleiben noch jene Früchte, die auch ohne unser Zutun alles getan haben, um ihren Abnehmern zu gefallen. Aber für die in freier Wildbahn trotzdem kaum noch ein solcher Abnehmer zu finden ist.

Nehmen wir die wilden Äpfel, die uns nicht sonderlich schmecken, aber allein aufgrund ihrer Größe eigentlich besonders erfolgreiche Wildfrüchte sein sollten. Man sieht sie wenn am Rand von Lichtungen, aber selbst das ist relativ selten. Vögel picken an den Äpfeln, verbreiten die Samen aber weit weniger effektiv als bei kleinen Beeren und Kirschen. Nager fressen sich zu den Kernen durch, um diese dann zu vertilgen. Rehe und Hirsche sind willige Abnehmer, zerstören als Wiederkäuer aber womöglich ebenfalls die Samen. Wilde Pferde wären wohl gute Verbreiter, stehen bei uns aber nur noch in gezähmter Form hinterm Gatter. Auch Bären mögen Äpfel und könnten die Samen gut in der Landschaft verteilen. Aber sie haben wir wie Wildpferde in Europa weitgehend ausgemerzt.

Bleiben Wildschweine und vielleicht Füchse, ansonsten haben wilde Äpfel ihre natürlichen Samenboten verloren. Es sind sozusagen verwaiste Früchte, die einst für Tiere so groß wurden, die es heute bei uns in freier Wildbahn kaum noch gibt. In der Fachsprache werden solche nur noch selten erfolgreich versendeten Wildfrüchte »evolutionäre Anachronismen« genannt.

Äpfel sind davon nur das unauffälligste Beispiel. In Nordamerika gibt es zum Beispiel große grüne Milchorangen und in Mittelamerika einen halben Meter lange süße Schoten, die kein wildes Tier mehr frisst. Sie verrotten genauso »unversendet« unter ihren Bäumen wie bei uns meist wilde Äpfel. Als Forscher sich fragten, warum das so ist, kamen sie auf eine traurige Lösung.

Die Riesenfrüchte wurden früher von gewaltigen Rüsseltieren und Riesenfaultieren gefressen, die es heute nicht mehr gibt. Noch weit vor Ankunft der Europäer wurden sie vermutlich vor gut 10 000 Jahren von Ureinwohnern ausgerottet – und so war es wohl bei unzähligen anderen großen Früchten und ihren Samenboten auf der Welt. Haben Sie sich schon mal gefragt, wie es wäre, den Kern einer Mango oder Avocado zu schlucken? Oder die pfeffrig-scharfen und damit eigentlich nur zum Schlucken gedachten Kerne einer Papaya probiert? Nun, lassen Sie sich diese Früchte ruhig schmecken, doch Sie waren wahrscheinlich nie als Esser gedacht. Von Wildpferden in Europa bis zu Riesenvögeln auf Madagaskar und gewaltigen Kängurus in Australien haben wir Mutter Naturs Boten für XXL-Pakete offenbar brutal dezimiert.

Einzige Entschädigung für die Pflanzen: Oft sind wir dann als Verbreiter eingesprungen. Ein besonders prägnantes Beispiel sind Kürbisse, die es in freier Natur nur noch selten gibt. Auch sie stammen ursprünglich aus amerikanischen Gefilden und wachsen wie die verwandten afrikanischen Wassermelonen meist an über den Boden kriechenden Ranken. Kürbissamen wurden im Dung von amerikanischen Mammuts gefunden, die wohl wie unsere am Ende der letzten Eiszeit einem Mix aus Klima und Mensch zum Opfer fielen. Für kleinere Tiere sind die bitteren Wildkürbisse tendenziell giftig. Doch in Mittelamerika sprang genau zur richtigen Zeit der Mensch als neuer Partner ein, möglicherweise noch vor der Kultivierung von Mais und Bohnen. Das mag wie ein glücklicher Zufall wirken. Andererseits kann man sich auch fragen, was Menschen essen sollten, als es die von ihnen gejagten Riesentiere irgendwann nicht mehr gab.

Heute sind Kürbisse mit Abstand die größten Früchte, die man aus Blütenpflanzen züchten kann. Mit mehr als einer Tonne wiegen sie selbst so viel wie ein kleines Mammut. Den Europatitel hat sich 2023 ein bayrischer Student beim großen Kürbiswettwiegen in Ludwigsburg geholt. Ist man nicht gerade ein Mammut, kann man das als glänzendes Symbol dafür sehen, wie gut Blütenpflanzen nach der Zusammenarbeit mit Pollen- und Fruchtboten auch die mit ihrem jüngsten Partner gelungen ist.

Selbst Erdbeeren können unter unseren kundigen Händen heute größer werden als Äpfel (sehen dann nur ähnlich unförmig aus wie Riesenkürbisse). Was allerdings sind Erdbeeren ohne einen Schlag Sahne, wie sie beim Pferderennen in Ascot kredenzt werden? Oder, wie es sie im weniger extravaganten Haushalt meiner hessischen Kindheit stets gab, mit einem großen Schuss Milch.

MIT DER MUTTERMILCH

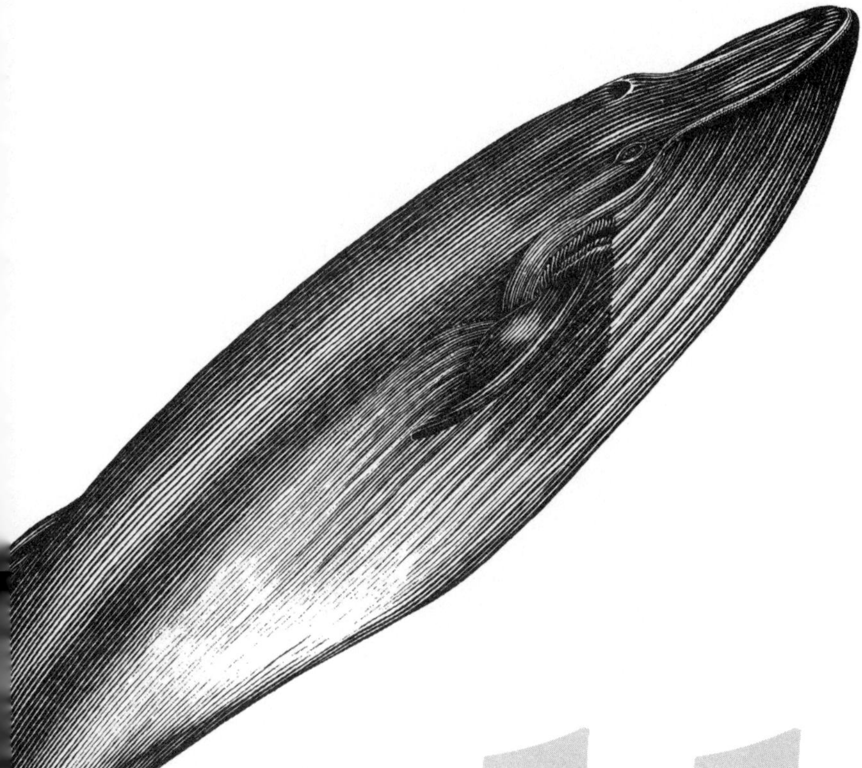

11

Wussten Sie, dass Sie jedes Mal, wenn Sie sich ein Glas Milch, ein Stück Käse, einen Becher Joghurt oder eine Kugel Milcheis schmecken lassen, eigentlich den Sternen danken müssten. Von dort fiel vor 66 Millionen Jahren ein großer Steinbrocken auf die Erde und läutete so vermutlich das Ende der Dinosaurier ein. Und damit den Aufstieg der Säugetiere.

So richtig einstimmig wären die Dankeshymnen allerdings heute nicht mehr. Das gilt besonders im Fall der Milch, sozusagen dem Ursprung all dieser Köstlichkeiten. In meiner Kindheit priesen noch Slogans wie »Milch macht müde Männer munter« oder »Die Milch macht's« den weißen Trunk als nahrhaftes Lebenselixier, das voller guter Sachen steckt. Doch wenn ich heute für einen Espresso in das Café bei mir im Erdgeschoss runtergehe, werden fast alle Lattes um mich herum mit Hafermilch bestellt. Selbst der wieder beliebt gewordene Haferbrei – neudeutsch Porridge – wird auf etwas doppelt gemoppelte Weise mit dem aus Hafer hergestellten Pflanzendrink angerührt.

Anfang der 1970er konsumierte noch jeder Bundesbürger im Schnitt 80 Liter Trinkmilch pro Jahr, was etwa einem Glas pro Tag entspricht. Schon in den 1990ern waren es nur noch 60 Liter, und inzwischen nähern wir uns langsam, aber sicher gerade mal der Hälfte des einstigen Konsums an. Was die Menschen von der Milch abbrachte, war zunächst ihr hoher Gehalt an Cholesterin und gesättigten Fettsäuren. Statt munter mache sie eher dick und herzkrank, fürchtete man, auch wenn sich das inzwischen wieder ein bisschen geändert hat. Dafür ist die Laktoseintoleranz auf der Bildfläche erschienen, um die es schon in Kapitel 2 ausführlich ging.

Mit diesem unzureichenden Abbau von Milchzucker ist es so ähnlich wie mit dem Gluten aus dem vorletzten Kapitel. Es gibt einen medizinisch nachweisbaren Mangel an Enzymen im Dünndarm, der die Beschwerden verursacht. An so einem Mangel leiden in Deutschland rund ein Fünftel aller Menschen (also viel mehr als jene, bei denen eine echte Zöliakie nachweisbar ist). Zusätzlich gibt es aber wie bei Gluten und Brot noch viele, die auch ohne klare Diagnose lieber auf Milch verzichten. Anscheinend kommen aus dieser Gruppe sogar die meisten, die bei mir unten im Café Hafermilch und laktosefreien Kuchen bestellen. Laut der Gesellschaft für Konsumforschung kommt bei den Käufern solcher Produkte zu den nachgewiesenen »Laktos« noch eine vielfach größere Menge an Menschen dazu, die eigentlich gar keine sind.

Kein Wunder also, dass in unserem gut versorgten Land von Milch und Honig Erstere immer weniger Kehlen hinabfließt. Um den gesunkenen jährlichen Pro-Kopf-Verbrauch von knapp 46 Litern von einer Melkmaschine abgesaugt zu bekommen, braucht eine moderne Kuh gerade mal zwei Tage. Für das relativ konstant bleibende Kilo Honig, das jeder von uns im Jahr verzehrt, müssen hingegen weiterhin rund hundert der 100 Millionen Jahre alten Bienen aus dem letzten Kapitel einen ganzen Sommer lang Nektar sammeln.

Auch die aus Milch gemachte Butter schmieren wir uns zwar deutlicher weniger dick als früher aufs Brot. Aber trotz Gluten und der Tendenz, die abendlichen Schnittchen durch ein warmes Dinner zu ersetzen, ist auch hier der Konsum nicht komplett abgestürzt. Mit Käse, egal ob aus den Alpen oder einem französischen Klosterkeller, ging es seit den 1950ern eigentlich immer nur bergauf; auch Joghurt ist weiterhin beliebt. Gemein haben diese vor allem aus Milchfett bestehenden oder von Bakterien vorverdauten Lebensmittel, dass sie selbst für Menschen mit Laktoseintoleranz meist einigermaßen verträglich sind. So könnte unser neuerlicher Umgang mit Milch jenem ähnlich sein, mit dem laut Käsehistoriker Paul Kindstedt ihre breitere Nutzung einmal angefangen hat.

In Großbritannien und den USA hat sich der Konsum von Milch in den letzten 50 Jahren ebenfalls mehr oder weniger halbiert. Dabei spielt offenbar wie bei uns nicht immer nur das eigene Wohlbefinden eine Rolle. Ebenso kann die Sorge um das Wohl der Kühe oder des Planeten ausschlaggebend sein.

Eine ganz besondere Abzweigung nimmt der große irdische Fluss aus Milch zurzeit in Indien. Das enorm bevölkerungsreiche Land hat inzwischen nicht nur die USA, sondern auch die EU als größter Milchproduzent der Welt überholt. Die Milch kommt dabei von heiligen Zeburindern, Wasserbüffeln und auch immer öfter von eingekreuzten Holsteinern. Männliche Kälber oder ausgemusterte Kühe schlachten darf man allerdings in vielen Regionen nicht, was zu teils tödlichen Konflikten führt. Wie komplex das Ganze ist, lässt sich vielleicht daran ablesen, dass Indien zwar praktisch seine ganze Milch selbst konsumiert, aber gleichzeitig auch zu einem der größten Exporteure von Rindfleisch aufgestiegen ist. Offenbar wird dabei oft das Fleisch von heiligen Kühen einfach als das von profanen Wasserbüffeln deklariert.

Gibt es in dem Land, das Kühe als heilige Milchspenderinnen verehrt, Laktoseinterolanz? Im Norden scheint das aufgrund der langen Tradition der Milchwirtschaft ähnlich selten wie bei uns der Fall zu sein. Das entsprechende Gen ist wohl vor langer Zeit mit einem Schub indoeuropäischer Milchbauern, vielleicht aber auch nur mit ein paar unempfindlichen Individuen in die Region gelangt. Im Süden sollten eigentlich viel mehr Menschen leiden, aber auch dort ist vielleicht vieles wie bei uns. Zwar kann man Statistiken finden, lauten denen die meisten Inder mindestens einen Liter und oft sogar mehr als drei Liter Milch pro Tag verzehren. Doch wenn man genauer hinsieht, scheint auch das oft eher in Form von Lassi, Panir oder Ghee zu geschehen – also besser verträglichem Joghurt, Käse oder Butterschmalz.

Auf den Weg gebracht wurden all diese köstlichen Dinge wie gesagt vor 66 Millionen Jahren, als nicht der blasse Käsemond, aber doch ein anderer mächtiger Himmelskörper auf die Erde fiel. Ihr eigentlicher Ursprung reicht jedoch noch viel weiter zurück, nämlich bis zu einer Zeit vor rund 200 Millionen Jahren. Und war für die großen, selbst gerade erst zur Weltherrschaft aufsteigenden Dinos ein viel weniger aufsehenerregender Event.

Ich glaube mich noch daran erinnern zu können, wie es war, einen wackligen Milchzahn zu haben. Und an das seltsam befriedigende Gefühl, wenn ich ihn endlich herauslösen konnte. Ähnlich wie bei einem schönen großen Stück Schorf – das sich rückblickend eigentlich ständig von meinen offenbar stark beanspruchten Knien und Ellbogen picken ließ.

Milchzähne heißen wohl nur wegen ihrer im Vergleich zum späteren Zahnsatz helleren Farbe so. Auch dass sie wachsen, während Kinder oft noch gesäugt werden, spielt offenbar hinein. Mit diesem Säugen haben sie also nicht direkt zu tun, sind aber trotzdem typisch für Säugetiere. Bei Fischen, Reptilien und anderen Wirbeltieren werden die Zähne ständig neu ersetzt; wir kennen das in Extremform von den Haien in Kapitel 4 und ihrem Revolvergebiss. Bei den meisten Säugetieren bilden sich jedoch im noch wachsenden Kiefer erst die Milchzähne und dann ein bleibendes Gebiss, mit dem sie für den Rest ihres Lebens auskommen müssen. Das ist dafür so komplex wie bei keiner anderen Tiergruppe. Mit seinen Schneide-, Reiß-, und Mahlzähnen ist es, je nach Spezialisierung und Appetit, praktisch für jede Art von Nahrung bereit.

Anzeichen für so einen Übergang vom Milch- zum Erwachsenengebiss haben Forscher jüngst an uralten Kiefern aus Brasilien gefunden. Sie gehörten zu einem Wesen, das vermutlich einer etwas größeren Spitzmaus glich und vor 225 Millionen Jahren auf dem warmen Riesenkontinent Pangäa lebte. Das Tierchen zog wohl wie heutige Spitzmäuse seine Jungen in Erdhöhlen groß. Nachts, wenn weniger hungrige Dinos unterwegs waren, ging es im Unterholz und vielleicht auch auf Palmfarnen und anderen Pflanzen auf die

Jagd nach Insekten und kleinen Reptilien. Anders als diese war es warmblütig, konnte also seine eigene Körperhitze erzeugen, hatte Fell, um sie zu halten, und nährte seinen Nachwuchs erst innerlich in einer Gebärmutter und dann mit Milch aus seinen Zitzen. All das glauben die Forscher an den Kiefern ablesen zu können und haben das Geschöpf namens *Brasilodon*, also »brasilianischer Zahn«, entsprechend zum ersten Säugetier der Natur- und Nahrungsgeschichte erklärt.

Wie Sie sich aber inzwischen bereits denken können: Wie bei den ersten Fischen, Vögeln oder Blütenpflanzen ist all das mal wieder sehr umstritten. Ich habe ja schon mehrmals die reptilienähnlichen und teils ziemlich großen Vorfahren der Säugetiere erwähnt. Diese waren in den frühen Tagen der Dinos bereits auf die kleineren »Hundezähner« geschrumpft, die wegen ihrer prominenten Eckbeißer so heißen. Daraus gingen wiederum jede Menge maus- und wieselartige Zeitgenossen wie *Brasilodon* hervor, die in den auf ihn folgenden 100 Millionen Jahren zwischen den immer größer werdenden Dinos herumhuschten. Wann aus diesen Ursäugern waschechte Säuger wurden, wie wir heute welche sind, wird aber ständig neu ausdiskutiert.

Außer ausgefuchstere Zähne zu entwickeln, lernten die Tierchen auch richtig damit zu kauen, statt wie Fische, Reptilien und Vögel einfach alles runterzuschlingen. Das mag erst mal nach einem großen zivilisatorischen Fortschritt klingen, bis man weiß, dass bei den anderen das Kauen oft versteckt in Rachen oder Magen stattfindet – was man sich bei manchen heutigen Essern vielleicht ebenfalls wünschen würde. Ähnlich ist es mit dem harten Gaumendach, das damals bereits Mund- und Nasenhöhle zu trennen begann. Es ermöglicht uns, erst beim Milchnuckeln und später beim Kauen zu atmen, was, wie wir seit Kapitel 5 wissen, nicht zuletzt für alle geruchsbedingten Gaumenfreuden ein großer Vorteil ist. Allerdings bedeutet es ebenso, dass Ihr Gegenüber beim Essen ungehindert schwafeln kann – eine aus Sicht des Freiherrn Knigge fragwürdige

Innovation. Dass wir das Geschwafel trotz unserer eigenen Kaugeräusche so gut hören, liegt an den damals vom Kiefer abgewanderten Ohrknöchelchen.

Härchen verspeister Fellträger finden sich schon früh in Kotsteinen, wie wir sie aus Kapitel 9 kennen. Auch die Vermessung uralter »Mäuseschädel« weist auf eine durch den Verlust der schuppigen Echsenhaut erweiterte Sensorik und Hirnrinde hin. Später kommen dann wunderschöne Fossilien von Ursäugern mit einem Pelz aus versteinerten Haaren hinzu. Aus kulinarischer Sicht scheint der zunächst wenig interessant. Außer dass man ihn früher zu feinen Diners trug und ihn so mancher dabei servierte Fellträger vorher ablegen musste.

Doch so ein Pelz weist auf das Bestreben hin, auch bei nächtlicher oder winterlicher Kälte die Körpertemperatur stabil zu halten. Dieses gleichbleibend warme Blut unterscheidet Säuger von den kaltblütigen Reptilien, die ihre Wärme aus Sonne und Umgebung beziehen. Warmblütigkeit erfordert jedoch mehr Energie und damit einen höheren Stoffwechsel und Appetit – womit wir doch wieder beim Essen wären. Auf etwas unappetitliche Weise hängt der Pelz der Säuger wohl sogar mit ihrer Fähigkeit zusammen, Milch zu spenden.

Diese Fähigkeit gilt ja allgemein als herausragendstes Merkmal unserer Tiergruppe. Aristoteles hatte in der Antike noch Hund, Katze, Maus unter der Kategorie der Vierbeiner zusammengefasst. In die wollte der schwedische Erfinder der doppelten Artnamen, Carl von Linné, im 18. Jahrhundert auch den Menschen stecken. Doch dagegen wehrten sich seine zweibeinigen Zeitgenossen, sodass Linné stattdessen den Club der Mammalia eröffnete. Dessen Namen leitete er vom lateinischen Wort *mamma* für Brust oder Zitze ab und definierte ihn als Gemeinschaft aller Tiere, die ihre Jungen säugen. Im Englischen wurden daraus auch in der Laiensprache die »mammals« und bei uns – wohl unter Bezugnahme auf Linné – die entsprechenden »Säugthiere«.

Ein ähnliches Wort wie »mamma« kennen viele Sprachen, und tatsächlich könnte es ursprünglich aus den zufriedenen Lauten entstanden sein, die wir beim Nuckeln an mütterlichen Milchdrüsen machen. Dass wir dann auch später oft unsere Mutter einfach Mama nennen, mag erst mal etwas reduktionistisch und uncharmant klingen. Andererseits macht es die zentrale Rolle deutlich, die Mütter im Leben aller Säugetiere spielen. Auf Französisch heißen Letztere »mammifères«, also schlicht Zitzenträger. Das trifft ja in gewissem Sinn sogar auf Männer zu, auch wenn ihre »Zitzen« nie Milch zu geben lernen. Dass sie trotzdem da sind, liegt wohl einfach daran, dass sie zur genetischen Grundausstattung der Säugetiere gehören.

So attraktiv Milchdrüsen gerade für Männer auch lange nach dem Abstillen wieder werden: Sie sind wohl einst aus Schweißdrüsen entstanden. Dabei noch nicht mal aus jenen über die Haut verteilten, die uns mit ihren salzwasserartigen Ausflüssen kühlen. Sondern eher aus jenen an »pelzigen« Stellen wie Achseln oder Schambereich, die mit ihren dickeren, bei Bakterien beliebten Säften für schwere Schweiß- und Schlafzimmerdüfte sorgen. Diese Drüsen entwickelten sich einst an den Haarwurzeln der Ursäuger, und eine ihrer frühen Funktionen könnte gewesen sein, beim Brüten die Eier feucht zu halten, die unsere fernen Vorfahren noch legten. Der Einfallsreichtum der Evolution fügte dann irgendwann antibakterielle Substanzen und schließlich auch Nährstoffe für die gedeihende Brut hinzu.

Als moderner Beleg für diese Theorie gilt das australische Schnabeltier. Das biberartige Wassertier mit Entenschnabel sieht so merkwürdig aus, dass es selbst auf Charles Darwin wirkte, als seien »zwei verschiedene Schöpfer« am Werk gewesen. Zusammen mit anderen Freaks wie dem Ameisenigel hat es sich wohl schon vor fast 200 Millionen Jahren vom Rest der Säuger abgespalten. Wie Reptilien legt es Eier, aus denen allerdings ähnlich unfertige Junge wie bei australischen Beuteltieren schlüpfen. Gesäugt werden die winzigen Schnabeltierchen dann aber nicht wie neugeborene Kängurus oder Wombats an rudimentären Zitzen. Stattdessen »schwitzt« die Mutter Milch aus Haardrüsen am Bauch, die die Kleinen aus dem Fell lecken.

Trinken wir mit jedem Glas Milch also eigentlich eine Portion Schweiß? Das würde wohl viele Hafermilch-Trinker aus meinem Café unten in ihrer Wahl bestärken. Und ist die Beziehung, die speziell wir Männer zu den »mammae« unserer Mama wie auch zu denen der Mama unserer Kinder pflegen, noch komplizierter, als wir immer dachten? Wer sich nur schwer mit der evolutionären Nähe zwischen Schweiß- und Milchdrüsen anfreunden kann, den lassen vielleicht die Ergebnisse einer jüngeren Studie aufatmen. Da sich Zitzen und ähnliche Gebilde noch weniger als Fell im Fossilbericht halten, zog auch sie wieder Kiefer- und Schädelreste von mausartigen Ursäugern wie *Brasilodon* zu Rate.

Das Ergebnis: Die ersten Ursäuger könnten vielleicht doch schon an mehr oder weniger wohlgeformten Milchdrüsen gesaugt haben. Die Schnabeltiere entwickelten ihren »Milchschweiß« dann nur, weil sie mit ihrem Entenschnabel zwar super nach Krebschen im Flussgrund wühlen, aber nicht mehr gut nuckeln konnten.

Komplexere Zähne, warmes Blut, wärmendes Fell, ein besseres Gehör, neue Fühl-, Kau- und Atemfähigkeiten sowie irgendwann lebend geborene, nuckelnde Kinder: So toll sich die Errungenschaften der frühen Säugetiere für uns anhören, sie waren wohl eher Notbehelfe. Wir lebten unser mausartig kurzes, hektisches, von Angst geprägtes Leben nicht nur einfach im Schatten der Dinosaurier. Sondern vermutlich vor allem dann, wenn sie diesen tödlichen Schatten nicht warfen: nämlich nachts.

Kürzlich wurde ein spektakuläres, vor 125 Millionen von einer vulkanischen Schlammlawine geschaffenes Fossil in China gefunden. Es zeigt, wie ein marderartiger Säuger (der nun auch schon definitiv als solcher eingeordnet wird) einen viel größeren, hornlosen

Cousin des späteren *Triceratops* angreift. Schon eine Weile davor hatte man ein Junges der schnabligen Pflanzenfresser im Magen einer etwa dachsgroßen Ausgabe des räuberischen Urzeitsäugers gefunden. Forscher glauben, dass er sich ebenso furchtlos auf seine schuppige Beute warf wie heute ein kanadischer Vielfraß auf Karibus oder Elche. Doch solche Begegnungen zwischen unseren felligen Ahnen und den Dinos waren wohl die Ausnahme.

Erst mit dem großen Gong aus dem All, der vor 66 Millionen Jahren in der Gegend des heutigen Mexiko erscholl, wurden die Sitzkarten an der Tafel des Lebens neu gemischt. Wir kennen das schon von den Fischen im Wasser und den Vögeln in der Luft. Auch an Land wurden nun alle möglichen ökologischen Nischen frei. Und die wurden von den flinken kleinen Säugern in geradezu rasender Geschwindigkeit neu besetzt.

Tatsächlich war im »nuklearen Winter«, der auf den Einschlag folgte, wohl gerade die kleine Größe der bisherigen Underdogs ein Vorteil. Sie brauchten nicht tonnenweise Grünzeug wie ein riesiger Sauropode und anders als ein T-Rex auch keine großen Vegetarier als Beute, um zu überleben. Zugleich trugen sie einen schönen warmen Pelz und konnten sich an ihrem inneren Feuer wärmen, während kleinere Echsen bis heute in Florida bei Kälte starr aus den Bäumen plumpsen. Und: In einem kuschlig warmen Bau wurden die Jungen fürsorglich mit nahrhafter Milch gesäugt, bis sie reif für die postapokalyptische Welt waren. Vielleicht schafften es auch noch ein paar nicht vogelartige Dinos, wie bisher aus dem Ei zu schlüpfen. Doch spätestens dann mussten sie erkennen, dass sich in der Nahrungskette zu viele Glieder in Luft aufgelöst hatten, um sich daran weiter auf XXL-Größe hochzuhangeln.

Denn selbst von den kleinen Milch- und Zitzenwesen hatte das große Massensterben nur jedes zehnte überlebt. Allerdings: In Abwesenheit ihrer alten Feinde schwangen sie sich nun selbst zu nie gekannter Größe auf. Anhand einer neueren Fundstelle in Colorado konnte die Entwicklung unmittelbar nach dem Umbruch detailliert nachgezeichnet werden. Nach gerade mal 100 000 Jahren waren die rattengroßen Überlebenden schon so groß wie Waschbären, nach 300 000 Jahren so groß wie Biber. Gleichzeitig wurde die Welt wieder wärmer, und in der sprießenden Vegetation fingen die pflanzlichen Partner aus dem letzten Kapitel an, mit neuen Früchten zu locken. Dank der proteinreichen Schoten der Hülsenfrüchtler brachten es so manche der in Colorado exhumierten Säuger bereits vor 700 000 Jahren auf das Gewicht eines kleinen Wildschweins. In Kombination mit ebenfalls eiweißreichen Blättern wuchsen andere etwas weiter südlich auf die Statur eines Schwarzbären an.

Praktisch unmittelbar nach der großen Dunkelheit verlegten die ersten Säugetiere auch ihr Leben von der Nacht in den Tag: Das Auge durfte also zum ersten Mal wirklich mitessen. Viele der neuen Fellträger sahen noch wie eine etwas unschlüssige Mischung aus Schleichkatze, Affe und Urwaldreh aus. Doch die nun heraufdämmernden Ökosysteme nahmen allmählich vertraute Formen an. Oben in den Bäumen kletterten frühe Primaten. Unten fraßen langbeinige Wesen mit behuften Zehen Früchte und Blätter, andere machten auf sie Jagd. Dazwischen suchten erste Nager nach Samen und Insekten. Manch kleiner Säuger führte die schon zur Zeit der Dinos entwickelte Fähigkeit des Gleitens als flatterndes Fledertier fort. Manch größerer ging einen ganz anderen Weg und wurde von einer Art Sumpfwolf zum Ahnherrn unserer heutigen Wale und Delfine. Wie bei den Strahlenflossern im Wasser waren es vor allem die Plazentatiere unter den Säugern, also die mit einer echten Plazenta wie wir, die von der neuen Freiheit zur Entfaltung profitierten.

Etwa auf halber Strecke zu uns wurden die Säuger dann schließlich selbst fast so groß wie einst die Dinos. Vor rund 30 Millionen Jahren, als die Erde längst wieder kühler wurde, stampfte eine seltsame Mischung aus Giraffe, Pferd und Nashorn durchs erste Grasland. Dieser größte Landsäuger aller Zeiten war doppelt so groß und fünfmal so schwer wie ein Elefant – und damit rund 50 000-mal so gewichtig wie die kleinen Säuger an der postapokalyptischen Startlinie. Ganz so gewaltig wie die größten Saurier wurde er nicht, da konnte er noch so fleißig wie sie seinen langen Hals nach den Kronen der Bäume strecken. Dafür entwickelten zu jener Zeit die Nachkommen des Walwolfs, die in Wahrheit eng mit Paarhufern wie Nilpferden, Schweinen und Kühen verwandt sind, eine neue Form der Nahrungsaufnahme. Statt Krebschen und Fischchen einfach zu verschlucken, filterten sie sie mit kammartigen Strukturen aus den Ozeanen.

Das erinnert ein wenig an die primitiven Methoden der ersten Schwämme und Urmeeresfrüchte. Doch in Form von Blauwalen sind die heutigen Bartenwale damit nicht nur zu den größten Säugetieren überhaupt geworden. Mit einer Länge von bis zu 30 Metern und einem Maximalgewicht von 150 Tonnen gelten sie noch vor den größten Dinos als gewaltigste Tiere der Natur- und Nahrungsgeschichte.

Die Welt der Dinos war meist eine tropisch warme gewesen. Die der Säuger wärmte sich in der zweiten Hälfte der Erdneuzeit noch mal kurz auf, doch bald saßen zwei feste Eiskappen an den Polen. Wir haben ja heute oft Angst, dass der Klimawandel unseren schönen grünen Planeten austrocknet. Aber tatsächlich ist es umgekehrt, und Kälte bringt mehr Trockenheit – sehr einfach gesagt, weil kühlere Luft weniger Regen speichert. Auf dem Weg zu uns lichteten sich so immer mehr offene Buschlandschaften, Savannen und Steppen. Hier tummelten sich zunehmend vertraut wirkende Huf-, Horn- und Rüsselträger. Auch katzen- und hundeartige Raubtiere sowie Bären und Marder gewannen erkennbare Gestalt, und manche schlüpften ebenfalls wieder zurück ins Wasser. Kleintierzüchter hätten an der wachsenden Vielfalt von Nagern, Hörnchen und Hasen ihre helle Freude gehabt. Und aus der erhabenen Perspektive der Bäume beobachteten alles – wie wir gerade – die immer vorwitziger werdenden Affen.

Die Welt der Säuger wurde unsere. Und mit ihrer Vielfalt wuchs naturgemäß auch jene der Arten, den Weg in sie hinein mit Milch zu ebnen.

Uns eingeschlossen gibt es heute rund 6400 verschiedene Spezies von Säugetieren auf der Welt. Sind wir wirklich die einzigen Geschöpfe, die ihre Babys beim Start ins Leben mit Milch versorgen? Na ja, nicht ganz.

Tauben zum Beispiel produzieren eine dicke Milch in ihrem Kropf, um ihre Küken zu versorgen. Und zwar nicht nur die Weibchen, sondern auch der Mann. Bei Flamingos ist diese Milch blutrot, was an den gleichen gesunden Farbstoffen aus Algen und Krebschen liegt, die auch ihr Gefieder und den Lachs aus Kapitel 4 einfärben. Je mehr das Küken davon trinkt, umso pinker wird es, während das selbstlose Elternpaar verblasst. Bei den Kaiserpinguinen brütet der männliche Part im kalten antarktischen Winter nicht nur das gemeinsame Ei aus. Trotz des langen Fastens füttert auch er das geschlüpfte Küken mit Kropfmilch, wenn das Weibchen nicht rechtzeitig vom Jagen zurückkommt. Selbst gewisse Spinnen nähren ihre krabbelnde Brut mit Milchtropfen. Manche Schaben und Fliegen säugen sie noch unfertig im Hinterleib.

Für eine Überraschung sorgte auch ein fünf Meter langer Weißer Hai, der vor einiger Zeit in den Netzen japanischer Fischer starb. Als Forscher den Bauch des Weibchens öffneten, schwammen dort mehrere hechtgroße Junge in einer Badewanne aus Milch. Wie einem niedlichen Milchlamm dient sie den Haiembryos offenbar anfangs als Nahrung. Erst später gehen die Tierchen dann dazu über, noch im Mutterleib über ihre eigenen Geschwister herzufallen.

An die enormen Mengen Milch, mit denen Blauwalkühe ihre Jungen säugen, kommt jedoch selbst eine Weiße Haidame nicht ran. Bis zu 300 Liter sind es pro Tag, die die in dem Fall bereits geborenen Kälber aus gewaltigen Drüsen am Unterbauch trinken. Die Walmilch enthält wenig süße Laktose, aber etwa zehnmal so viel Fett und fünfmal so viele Proteine wie Kuhmilch. So nehmen die Kälber täglich fast 100 Kilo, also um das Gewicht eines schweren Menschen, zu. In der etwa halbjährigen Stillzeit verzehnfachen sie ihre Körpermasse auf rund 20 Tonnen und legen eine dicke Fettschicht, nämlich den berühmten Blubber, an. Er ersetzt bei Meeressäugern das wärmende Fell und erlaubt den Walkälbern, ihren Müttern auch in kalte Meere hinterherzuschwimmen.

Robben sind evolutionär gesehen eine ganze Weile später als Wale ins Meer zurückgekehrt und haben meist noch Haare. Trotzdem »macht's« bei ihnen die Milch noch mehr und würde bei uns im Kühlregal die beeindruckende Aufschrift »60 % Fett« tragen. Die durstigen Babys bestimmter Robben legen so pro Tag rund ein Drittel ihres Geburtsgewichts zu – also fast das Gewicht des schwersten jemals geborenen Menschenkinds. Das haben sie jedoch auch bitter nötig. Denn nach einer Schwangerschaft von fast einem Jahr bringen die Mütter ihr Junges auf einer Eisscholle zur Welt und stillen es innerhalb von nur vier Tagen ab. Danach darf der propere Heuler zusehen, wie er sich in der frostigen Welt des arktischen Ozeans allein zurechtfindet.

Das genaue Gegenteil der Milch von Robben und Walen ist ausgerechnet die von Nashörnern – die eng mit dem vorhin erwähnten größten Landsäugetier aller Zeiten verwandt sind. Wie jenes leben afrikanische Spitzmaulnashörner im Grasland und säugen dort ihre Einzelkinder mit einem extrem wässrigen Sud, dessen Fettgehalt noch unter den 0,5 Prozent von entrahmter Magermilch liegt. Da in der Savanne keine fetten Heringe herumschwimmen, ist es anders wohl nicht zu machen. Dafür dürfen die kleinen Rhinos nicht nur ein paar Tage, sondern ganze zwei Jahre bei der Mutter trinken. Auch hat Rhinomilch mit rund sieben Prozent einen ebenso hohen Gehalt an Milchzucker wie die sehr süße menschliche Milch. Die von der Konsistenz her mehr an Schmand erinnernde Milch vieler Robben enthält hingegen – Hafermilch-Trinker aufgepasst – fast gar keine Laktose.

Menschliche Neugeborene könnten fette Robbenmilch wohl kaum verdauen; selbst Rhinobabys hätten vermutlich Schwierigkeiten. So wie das viele Fett mit dem im kalten Meer nötigen Blubber wird der viele Zucker in Menschenmilch oft mit den frühen Bedürfnissen unseres großen Gehirns in Verbindung gebracht. Gemessen an ihrer Größe gelten die als Kinder ebenfalls mit Süßmilch verwöhnten Rhinos allerdings als ziemliche Spatzenhirne. Und wenn es allein danach ginge, müssten die vor allem in Australien heimischen Beuteltiere die Einsteins unter den Säugetieren sein.

Speziell bestimmte kleine Kängurus im Süden des Kontinents füttern ihren Nachwuchs mit Milch, die noch mal doppelt so viel Zucker enthält wie unsere. Fast noch erstaunlicher: Die klugen Wallabymütter richten sozusagen eine Milchbar für die Kleinen ein, in der aus jeder Zitze ein anderer »Milkshake« sprudelt. Dabei werden die nackten Nesthäkchen im Beutel mit der rekordverdächtigen Süßmilch aufgepäppelt. Stecken hingegen die Älteren den Kopf zum Trinken hinein, bekommen sie eher etwas in Robbenrichtung serviert. Selbst die Art des in die Milch gemischten Zuckers passt sich offenbar den Bedürfnissen an. Die uns vertraute Laktose spielt nur eine untergeordnete Rolle. Wichtiger sind komplexere Zuckerarten, von denen viele auch in unserer Muttermilch zu finden sind. Sie locken die richtigen Bakterien in den Darm und scheinen – wie so vieles in der Muttermilch – auch sonst die Gesundheit zu fördern.

Hat man es auf einen Proteinshake abgesehen, muss man sich an Kaninchen halten. Bei ihnen gibt es welche, deren Muttermilch fünfzehnmal so viel Eiweiß enthält wie das eine Prozent, das bei uns zu finden ist. Die Hoppler setzen wohl auf den auch an Fett reichen Trank, weil sie zur Futtersuche oft außer Haus sind und die Kleinen wie bei den Robben schnell selbstständig werden müssen. Bei uns hingegen können sie sich mit dem Wachstum mehr Zeit lassen. Deshalb bekommen sie so wenig von der bei Bodybuildern beliebten Proteinnahrung wie vielleicht kein anderes Säugetier. Wer glaubt, schon in jüngsten Jahren könnte man durch Zusätze etwas nachhelfen, liegt aber wohl falsch. Bei einem Vergleich, bei dem Säuglinge zusätzlich zur Muttermilch mit Eigelb und anderen Proteinquellen gefüttert wurden, ergab sich im Wachstum jedenfalls kein Unterschied.

Verglichen mit den wenigen Tagen, die bei manchen Robben üblich sind, erscheint die in Deutschland meist als normal angesehene Stillzeit von sechs Monaten wie der pure Luxus. Fast zwanzigmal so lange, nämlich bis zu über acht Jahre, stillen Orang-Utans auf Borneo ihre Jungen. Das ist länger als bei jedem anderen Säugetier und liegt womöglich am sehr unsteten Nahrungsangebot im dortigen Dschungel. Auch Gorillamütter stillen ihre Kleinen erst nach etwa vier, unsere nächsten Verwandten, die Schimpansen, sogar erst nach ungefähr fünf Jahren ab. Allerdings fangen Schimpansenkinder wie bei uns ab etwa einem halben Jahr an, Pflanzenmark, junge Blätter und bald auch reife Früchte zu essen. Laut Zahnanalysen war es ähnlich bei afrikanischen Vormenschen. Ihre Kinder bekamen etwa ein Jahr hauptsächlich Muttermilch und gewöhnten sich gleichzeitig an feste Nahrung. Wann immer davon nicht genug da war, durften sie aber bis zum Alter von vier oder fünf auch weiterhin an die Brust.

Ähnliche Muster wurden bei heute lebenden indigenen Völkern und einfachen bäuerlichen Gesellschaften festgestellt. Hier werden die Kinder meist mit drei Jahren abgestillt, oft aber noch später. Weltweit wird derzeit knapp jeder zweite Säugling volle sechs Monate nur mit Muttermilch ernährt. Fast genauso viele Kinder bekommen sie mindestens bis zum zweiten Lebensjahr zusammen mit anderer Nahrung. Diese Spannen entsprechen den Empfehlungen der Weltgesundheitsorganisation, die versucht, natürliches Stillen zu fördern. Dank der übertragenen Antikörper seien Kinder so besser gegen Krankheiten wie Durchfall und Atemwegsinfekte geschützt. Die Kindersterblichkeit verringere sich, auch das Risiko späteren Übergewichts, während die Intelligenz profitiere. Selbst stillende Mütter würden seltener an Krebs und Diabetes erkranken.

Ausgerechnet das wohlhabende Deutschland ist aus dieser Sicht ein Sorgenkind. Denn so üppig sechs Monate gegenüber der Stillzeit mancher Robben erscheinen: Das hierzulande empfohlene ausschließliche Stillen über vier Monate gelingt nur vier von zehn Müttern, sechsmonatiges Nur-Stillen gerade mal einer. Größtes Problem ist wohl die mangelnde Milchproduktion, denn grundsätzlich stillen relativ viele Mütter ein ganzes Jahr, nur eben unter Zuhilfenahme von Säuglingsnahrung und Beikost. Säuglingsnahrung ist dabei aus Sicht mancher Experten ein Fluch. Sie habe im Westen überhaupt erst zur Abkehr vom Stillen geführt und tue das inzwischen auch bei aufsteigenden Mittelschichten im Rest der Welt (während gebildete westliche Mütter eher wieder stillen). Andere sehen die Ersatznahrung mehr als Segen. Denn immerhin erlaube sie es Müttern mit zu wenig Milch oder in wenig stillfreundlichen Gesellschaften, grundsätzlich ihre Kinder auch damit gut zu ernähren.

Der Ersatzstoff, der Babys nach heutigen Erkenntnissen nicht unbehandelt gegeben werden sollte, aber als Basis von Säuglingsnahrung als ungefährlich gilt, ist die Milch von Tieren. Meist handelt es sich um Kuhmilch – die wir, sofern wir können, auch später noch in vielen andern Formen als Erwachsene genießen.

Die wichtigsten Milcharten für uns Menschen und unsere Milchspeisen sind die Nährflüssigkeiten von Rindern, Ziegen und Schafen. All diese Tiere haben Euter im hinteren Teil der sogenannten Milchleisten am Bauch. Bei Menschen und Affen wachsen diese Euter an der Brust und heißen deshalb Brüste. Dasselbe gilt übrigens für die Brüste von Elefanten – und wer die noch nie gesehen hat, sollte diesen zugleich äußerst verwirrenden und seltsam erhebenden Anblick unbedingt im Internet recherchieren. Entsprechend unserer Zahl der Brustwarzen haben Ziegen und Schafe jeweils zwei Zitzen an ihren Eutern. Obwohl sie noch stärker dazu neigen, pro Geburt nur ein Junges zu bekommen, haben

Kühe hingegen vier. Eine Erklärung könnten ihre größeren Euter sein, die sich durch die Aufteilung in vier »Milchbeutel« wohl einfach leichter tragen lassen.

Dass andere Tiere bei der Fortpflanzung auf eine höhere Zahl an Nachkommen setzen, ist wohl mit ein Grund, warum wir sie nicht als Milchtiere nutzen. Einer Faustregel zufolge haben Säugetiere stets etwa doppelt so viele Zitzen wie Junge pro Wurf. Katzen besitzen zum Beispiel in der Regel acht, Hunde zehn, Mäuse ebenfalls zehn, Ratten zwölf und Schweine bis zu zwanzig. Da bei so vielen Zitzen jede meist nur wenig Milch gibt, wäre das Abschöpfen so anstrengend und widersinnig wie das sprichwörtliche Mäusemelken.

Für Forschungszwecke werden Mäusen jedoch tatsächlich winzige Mengen Milch abgezapft, und zwar mit Pipetten oder an Staubsauger angeschlossenen Schläuchen. Das lassen die kleinen Nager allerdings nur mit sich machen, wenn sie vorher eine Dosis Kuschelhormone gespritzt bekommen. Auf YouTube kann man sich immer noch einen Laborfilm aus den 1960ern ansehen, in dem Mäuse an regelrechte Melkmaschinen mit zehn kleinen Saugnäpfen angestöpselt werden. Auch in Deutschland war eine ähnliche Maschine lange an der medizinischen Fakultät der Universität Ulm in Betrieb. Der Erbauer durfte sogar in einer Show mit dem damaligen Starmoderator »Blacky« Fuchsberger auftreten, in der Prominente seine Erfindung erraten sollten.

Schweine wurden ebenfalls schon gemolken, halten aber offenbar noch weniger davon als Mäuse. Ein Sternekoch hat sich sogar mit ihrem Kot beschmiert und Ewigkeiten im Stall verbracht, um ihr Vertrauen zu gewinnen. Wie Mäuse sind Schweine Allesfresser, und wie vermutlich die von Raubtieren soll ihre Milch einen recht strengen Geschmack haben. Trotzdem ist es einem niederländischen Biobauern schon gelungen, eine paar Pfund sauteuren Käse daraus zu machen.

Üblicher ist es, sich beim Melken an Pflanzenfresser zu halten, vor allem an die größeren unter ihnen, die in der Regel Hufe tragen. So wurden in Skandinavien zum Beispiel lange Rentiere gemolken, in den Steppen Zentralasiens ist vergorene Stutenmilch beliebt, in Nepal zaubert Yakmilch Fettaugen in den Tee, und in Afrika gilt die angeblich von Kleopatra zum Baden benutzte Eselsmilch mancherorts als Heilmittel. Im Nahen Osten und den Wüsten Afrikas wird Kamelmilch sowohl von Nomaden getrunken als auch in Molkereien produziert. Von allen für uns exotischen Milchsorten fließt sie weltweit am üppigsten, gar nicht so viel weniger als aus der Türkei oder Griechenland stammende Schafsmilch oder jene der »Kuh des armen Mannes«, der vor allem in Afrika, dem Mittelmeerraum und Südasien gehaltenen Ziegen. Weil Kamelen Hitze nichts ausmacht und sie wenig Futter und Wasser in relativ viel Milch verwandeln, werden sie inzwischen sogar als nachhaltigere Alternative zu Kühen gehandelt.

Die produzieren auf jedem Kontinent und auch global mit mehr als 80 Prozent aber immer noch mit Abstand die meiste Milch. Danach kommen mit immerhin 15 Prozent die bereits aus Indien bekannten und wie Yaks zu den Rindern gehörenden Büffel. Wie alle unsere Milchtiere sind Kühe Huftiere, anders als Pferde oder Kamele aber Wiederkäuer und wie die kleineren Ziegen und Schafe Hornträger. Wollte man in der Dinowelt Vergleichbares finden, man müsste vermutlich versuchen, die riesigen Sauropoden oder gehörnten Triceratopse zu melken. Doch haben die natürlich nie Milch gegeben.

Das erste »Huftier« könnte schon in den letzten Tagen der Dinos durch den Urwald gehuscht sein. Doch gründet diese Mutmaßung mal wieder nur auf ausgegrabenen Zähnen, die wohl schon besser zum Zermahlen von Pflanzen geeignet waren. Auf ihre Zehen und Fingerspitzen stellten sich die Huftiere erst später und bildeten ihre Krallen, die wie unsere Fingernägel aus Keratin bestehen, zu schützenden Hufsohlen um. So konnten sie nicht mehr auf Bäume klettern oder sich einen schützenden Bau graben, hatten aber andere Vorteile. Der Zehenlauf verlängerte die Beine und damit die Schnelligkeit. Ein bis heute wichtiger Faktor bei der Flucht vor Säugern, die ihre mit Krallen bewehrten Patschepfoten behalten haben. Auch über weite Strecken saisonal wechselnden Angeboten an Grünzeug hinterherzuziehen, ist mit Hufen leichter, ganz wie mit einem sehr haltbaren Wanderschuh. Und kommt es hart auf hart, lässt sich von Huftritten auch mancher Löwe oder Wildhund beeindrucken, der die Zugstrecken wie den Fahrplan eines Foodtrucks kennt.

Tapire laufen vorne auf vier und hinten auf drei behuften Zehen durch den Urwald. Nashörner schreiten auf drei ähnlich gepolsterten Hufen durch die Serengeti. Und Pferde und Zebras sind die einzigen Huftiere, die auf nur einem behuften »Mittelfinger« durch die Landschaft galoppieren. Mit diesen ungeraden Zehenzahlen gehören sie alle zur relativ kleinen Gruppe der Unpaarhufer, während unsere Milchtiere in der Regel Paarhufer sind. Sie haben sich als gängige Universallösung für zwei Hufzehen entschieden. So trägt sie in angelsächsischen Ländern auch der bocksbeinige Teufel, der bei uns wiederum den sprichwörtlichen Pferdefuß versteckt. Zu früh abgespaltenen Paarhufern gehören die ursprünglich aus Amerika stammenden Kamele sowie Schweine. Wichtiger sind für uns die heute noch als lebende Fossilien durch afrikanische Urwälder schleichenden Hirschferkel. Denn ganz ähnliche Tiere wie die gerade mal hasengroßen Zwergböckchen haben ab einer Zeit vor rund 50 Millionen Jahren die Kunst des Wiederkäuens hervorgebracht.

Wiederkäuer haben einen Magen mit mehreren Kammern. Darin helfen ihnen die Bakterien und Urtierchen aus Kapitel 2 ebenso wie die Pilze aus Kapitel 6, faserhaltige Pflanzenkost zu verdauen. Ihren Namen haben Wiederkäuer von der etwas unfeinen Angewohnheit, ihre Nahrung immer wieder hochzuwürgen und erneut zu zerkauen. Dabei geht es neben dem Zerkleinern vor allem um fleißiges Einspeicheln, das man auch uns gerne empfiehlt. Während wir aber nur rund einen Liter Speichel pro Tag erzeugen, übersteigt der Speichelfluss bei Milchkühen sogar noch die Milchproduktion: Messungen ergaben Höchstmengen von bis zu 250 Litern pro Tag.

Kühe gehören zur großen Gruppe der Hornträger, die sich wie die ebenfalls wiederkäuenden Hirsche und Giraffen erst vor rund 20 Millionen Jahren zu entwickeln begannen. Heute gehören neben anderen Rindern wie Büffeln und Yaks auch Antilopen, Gnus sowie Schafe und Ziegen dazu. Sie können sich nicht nur mit den Hufen, sondern auch mit festen Hörnern am Kopf gegen Angreifer (und einander) wehren. Die zur Familie der Hirsche zählenden Rehe suchen im Wald gerne nach Knospen, Eicheln und Pilzen. Hornträger hingegen leben häufig im offenen Grasland und sammeln sich dort zum gegenseitigen Schutz manchmal zu riesigen Herden. Ganz auf Gras als Nahrung umzusteigen begannen viele wohl erst vor gut 10 Millionen Jahren, als die zunehmend kühlere, trockenere Erde immer mehr davon bot. Darum wird es auch im thematisch eng verwandten (und deshalb kurzen) vorletzten Kapitel noch mal gehen.

Unsere duldsamen Kühe stammen allesamt von wilden Auerochsen ab, die vor etwa zwei Millionen Jahren in Indien oder vielleicht erst später in Afrika entstanden sind. Die Bullen glichen übergroßen Kampfstieren mit mächtigen Hörnern. Die Kühe waren etwas kleiner und hatten im Vergleich zu heutigen Milchkühen noch winzige Euter. Zur Zeit ihrer größten Ausbreitung verteilten sich die imposanten Tiere über weite Teile Europas, Asiens und Nordafrikas. Sie grasten mit Wildpferden auf der Steppe und wurden wohl erst durch unsere eigene Ausbreitung in die Wälder zurückgedrängt. Die ältesten Fossilien stammen aus Tunesien, aber auch bei uns wurde ein 300 000 Jahre alter Schädel der »Urkühe« in einer Braunkohlegrube gefunden. In den berühmten Höhlenmalereien von Lascaux sind sie ebenfalls verewigt. Die letzten Exemplare stapften noch vor wenigen Hundert Jahren durch die Wälder Osteuropas. Heute versucht man, die wehrhaften Tiere nachzuzüchten: Wie einst sollen sie natürliche Weiden freihalten, ohne gleich wieder von ebenfalls ausgewilderten Wölfen und Bären gefressen zu werden.

Wie hieß es gleich noch in Kapitel 3? Mutig war der Mann, der als Erster eine Auster aß. Mutig war sicher auch der Mensch, der als Erster eine Auerkuh molk. Gezähmt wurden die Tiere vor etwa 10 000 Jahren im Nahen Osten, während der schon öfter erwähnten neolithischen Revolution. Genetischen Untersuchungen zufolge könnten alle unsere westlichen Hausrinder sogar nur von einer kleinen Herde aus rund 80 Tieren abstammen. Ähnlich wie die Legehühner aus Kapitel 8, die über 300 Eier im Jahr produzieren, haben wir Kühe zu wahren Wundern der Milchproduktion herangezüchtet. Mit mehr als 8000 Litern pro Jahr geben sie fast ein Viertel der Milchmenge, mit denen eine gewaltige Blauwalkuh ihr Junges füttert. Das Gegenstück zu Masthühnern ist die Rinderrasse der Weißblauen Belgier, die aufgrund eines Gendefekts groteske Muskelberge aufbauen, die sie wie die fleischigen Broiler kaum tragen können.

Hat sich all das für die Rinder gelohnt? Ist es ein Glück für sie, von allen Säugetieren auf der Welt ausgerechnet als jene Gruppe ausgewählt worden zu sein, die uns die meiste Milch (und sehr viel Fleisch) liefert? Schaut man sich moderne Haltungsbedingungen an, wohl eher nicht. Rein von den nüchternen Zahlen her könnte man hingegen schon auf die Idee kommen. Laut jüngst angestellten Schätzungen dazu, welche Gruppen von Säugetieren die größten Anteile an der globalen Biomasse haben, sprich zusammen am meisten wiegen, sind Nutzrinder in dieser Hinsicht die absoluten Spitzenreiter. Mit einem weltweiten Gesamtgewicht von über 400 Millionen Tonnen (das diesmal nicht nur als reiner Kohlenstoff berechnet wurde) schlagen sie selbst uns Menschen, die erfolgreichsten Säugetiere aller Zeiten, noch um eine feuchte Kuhnasenlänge.

Neben Rindern und Menschen bringen auch als Nutztiere gehaltene Schweine viel irdische Biomasse auf die Waage. Im geringeren Maße auch gezähmte Schafe, Ziegen, Pferde, Esel und Kamele.

Wilde, in Wäldern und Savannen lebende Paarhufer wie Rehe, Wildschweine und Antilopen fallen dagegen kaum mehr ins Gewicht. Wie überhaupt alle wilden Landsäugetiere und selbst die großen Wale und dicken Robben der Meere.

Rein zahlenmäßig sind uns die schweren Rinder und auch alle Schafe, Ziegen und Schweine weit unterlegen: An keinem Tag des Jahres leben jeweils mehr als eine bis eineinhalb Milliarden dieser Tiere in der Obhut von uns gut acht Milliarden Menschen. So gesehen war die Niederlage der Dinosaurier vielleicht doch nicht so komplett: Allein von den in gigantischen Massen gezüchteten Hühnern aus Kapitel 8 weilen an jedem Tag etwa 20 Milliarden auf der Erde. Hinzu kommen wohl mindestens 50 Milliarden wilde Vögel, sprich gefiederte Flugdinos.

Die Ehre der Säuger retten wohl nur diejenigen unter ihnen, die den wuselnden »Ursäugern« bis heute mit am ähnlichsten sehen: die Nagetiere. Genaue Berechnungen sind schwierig. Doch groben Schätzungen zufolge könnte allein die Zahl der Hausmäuse, die heute in unserem Schatten statt dem der Dinos leben, mit 100 Milliarden die aller Vögel der Welt noch um ein Weites übersteigen.

DER ERSTE DRINK

12

Nach dem Kaffee zum Einstieg und zehn Kapiteln Nahrungs(vor)geschichte ist unsere evolutionäre Speisekammer inzwischen ganz gut gefüllt. Vor allem können wir uns jetzt ein reichhaltigeres Frühstück als nur eins aus Kaffee zubereiten. Ich bin dabei durchaus für geräucherte Forellenfilets oder Lachsscheiben zu haben, gerne mit Meerrettich, einem mit Kohl verwandten Wurzelgemüse. In Hamburg – Moin, Moin – mit Freuden auch für Nordseekrabben, in London sogar für Pilze und Hülsenfrüchte zum Full English Breakfast (obwohl mir das ehrlich gesagt nur etwas vage von irgendwelchen Männerausflügen in Erinnerung ist). Mithilfe von Laktobakterien hergestellter Frisch- oder Schnittkäse ist natürlich ein Frühstücksklassiker. Ebenso aus süßen Früchtchen eingekochte Marmelade oder von fleißigen Bienchen gesammelter Blütenhonig.

Frühstücksklassiker sind auch Pfannkuchen, Waffeln und Arme Ritter. Letztere heißen auf Englisch eleganter French Toast, bei den zur Poesie neigenden Franzosen »verlorenes Brot« und bei den Schweizern, ähm, Fotzelschnitten. All diese morgendlichen Speisen bestehen aus Mehl, Eiern und Milch, also der »Babynahrung«, die viele Pflanzen und Tiere sozusagen selbst ihrem Nachwuchs als erstes »Frühstück« mit auf den Weg geben. Der so kumulierte Nährwert und die generell gute Bekömmlichkeit könnten der Grund sein, warum die Kombination auch bei kleinen und großen Menschen als Start in den Tag beliebt ist. Sie liefert viel Energie, ohne den Körper zu schwer und die Verdauung zu beschäftigt für die bevorstehenden Aufgaben zu machen. Der amerikanische Evolutionsbiologe Jonathan Silvertown lässt jedenfalls sein ähnlich gelagertes Buch mit Samen, Eiern und Milch als wichtigen

Meilensteinen der Nahrungsgeschichte – und deshalb mit Pfannkuchen – beginnen.

Bisher liegt das Werk mit dem schönen Titel *Dinner with Darwin* nur auf Englisch vor. Doch vielleicht macht ja dieses Buch genug deutschen Lesern Appetit auf mehr. Dann gibt es bestimmt eine Übersetzung, und auch lieber beim Deutschen bleibende Nahrungs- und Naturfreunde können die noch weitaus kundiger geschriebene Darstellung genießen.

Zugleich sind ja von den Zungenknospen geprüfter Nährwert und über die Darm-Hirn-Achse gemeldete Bekömmlichkeit nur eine Seite. Die menschliche Fähigkeit zum Genuss hängt damit zusammen, geht aber noch darüber hinaus. Diesem Aspekt widmen sich zwei andere Gelehrte aus den USA, das Forscherpaar Monica Sanchez und Rob Dunn. Der Titel ihres Gemeinschaftswerks zu dem Thema lautet übersetzt ungefähr »Köstlich – Wie die Evolution des Geschmacks uns zu Menschen machte«. Ebenfalls viel zu Nahrung, Genuss und allem, was damit zu tun hat, hat der auch auf Deutsch erhältliche Erfolgsautor Michael Pollan geschrieben. In einem Buch befasst er sich in seinem von persönlichen Erfahrungen geprägten Stil ausführlich mit der langen Beziehung, die wir Menschen zu Pflanzen und den aus ihnen gewonnenen Giften pflegen.

Im Deutschen gibt es für Substanzen wie Kaffee, Alkohol oder Tabak, die wir nicht wirklich wegen ihres Nährwerts zu uns nehmen, den speziellen Begriff »Genussmittel«, wobei der Übergang zu Suchtmitteln fließend ist. Im vorletzten Kapitel dieses Buchs wird es um Fleisch gehen, nicht weil ich es für die Krönung der Nahrungsgeschichte halte, sondern weil es sich von der Naturgeschichte her einfach so anbietet. Davor machen wir aber noch zwei kleine Ausflüge zu solchen Genussmitteln und ihrer tiefen »Verwurzelung« in der Geschichte der »Nahrung«. Sie sind sozusagen das Gegenteil des gesunden Kinderfrühstücks, Dinge, die wir als Erwachsene eher abends oder sogar erst spät nachts genießen.

Außer vielleicht bei einem fröhlichen Sektfrühstück. Oder dem stets etwas deprimierenden aus Bier, Zigaretten oder noch Heftigerem bestehenden »Frühstück der Gewinner«.

So wenig so ein Frühstück allerdings zur gesunden Ernährung beitragen mag: Einer Theorie zufolge ist speziell unser oft unvernünftiger Umgang mit Alkohol gerade aus dem Bedürfnis nach einer guten Ernährung entstanden. Die Theorie rückt das traurige Bierfrühstück auf interessante Weise in die Nähe der nahrhaften Pfannkuchen, die zusätzlich zu Mehl, Eiern und Milch ja meist noch eine gehörige Portion Zucker enthalten. Das spannende Gedankenspiel ist als Drunken-Monkey-Hypothese bekannt – auf Deutsch die Theorie vom »besoffenen Affen«.

Wenn Sie ungefähr mein Jahrgang sind (1971) und trotz (oder wegen) der recht poppigen Aufmachung zu diesem Buch gegriffen haben, dann könnte mich das zu ein paar weiteren Annahmen verleiten. Vielleicht ist Ihr Interesse an der Natur unter anderem dadurch entstanden, dass Sie als Kind wie ich nicht nur den Wald, das Meer und die echte Welt da draußen liebten, sondern auch die Sendungen von Heinz Sielmann. Er nahm die Bundesrepublik seit den 1960ern regelmäßig auf *Expeditionen ins Tierreich* mit – in irgendeiner Form laufen die Sendungen offenbar bis heute. In meiner Erinnerung verschwimmt der nette weißhaarige Herr mit dem zweiten großen »Tieronkel« der Nation, Bernhard Grzimek, seinem tragischen Zebraflugzeug und seinem Oscar-prämierten Film über die Serengeti. Schwer von diesem trennen kann ich wiederum die noch früher in den 1950ern entstandene Oscar-Doku *Die Wüste lebt* sowie den späteren, mit einem Golden Globe ausgezeichneten Streifen *Die lustige Welt der Tiere*.

Hätten Sie die Frage bei Trivial Pursuit, einem beliebten Spiel in meiner Jugend, gestellt, hätte ich Stein und Bein geschworen, dass sowohl *Die Wüste lebt* als auch die *Die lustige Welt* von Sielmann oder Grzimek gedreht wurden. In Wirklichkeit war der erste Film eine Disney-Produktion, und der zweite stammte von einem Regisseur aus Südafrika. Einzig die für mich fast noch interessanteren Filme von Jacques Cousteau heben sich ab – klar, sie spielten ja auch im Wasser. Der Macher des südafrikanischen Klassikers reiste dafür in die Wüsten Namibias und Botswanas sowie ins fruchtbare Okavango-Delta. Aus Letzterem stammen seine bis heute millionenfach auf YouTube geklickten Aufnahmen von betrunkenen Tieren.

In dem riesigen Binnendelta des Okavango wachsen Marulabäume, die während der heftigen Regenfälle des südlichen Sommers (unseres Winters) mirabellenartige Früchte tragen. Die Früchte werden traditionell zu Marulawein vergoren. Seit den späten 1980ern dienen sie auch als Grundlage des in Afrika beliebten Amarula-Likörs, einer Art fruchtigem Baileys mit einem großen Elefanten auf der Flasche. Tatsächlich lieben Elefanten die Früchte des Baums besonders, weshalb er auch Elefantenbaum genannt wird. Schon im 19. Jahrhundert berichtete ein französischer Naturforscher von Elefanten, die »wie Menschen ihr Hirn gerne mit von der Sonne vergorenen Früchten wärmen«. Genau diese alte, von Safari-Guides gern wiederholte Geschichte wird in *Die lustige Welt* in heiteren Bildern festgehalten.

Elefanten, aber auch Giraffen, Gnus, Warzenschweine, Strauße und Paviane laben sich in dem Film an den am Boden gammelnden Früchten. Danach kann man sie alle durch die Landschaft torkeln sehen wie englische Fußballfans nach einem Spiel von Manchester United. Selbst den bösen Kater am nächsten heißen afrikanischen Morgen spart der Film nicht aus. Einem besonders bemitleidenswerten Warzenschwein rieselt in seinem Bau Sand auf die Schnauze wie eine jedem Trinker vertraute morgendliche Heimsuchung. Der von manchem Kritiker nur halb ernst genommene Streifen zelebriert etwas, was auch diesem Buch nicht immer fernliegt: die von seriösen Forschern oft zu Recht bemängelte, allzu einfache Vermenschlichung tierischen Verhaltens.

Vor einiger Zeit haben Biologen der englischen Universität Bristol versucht, der auch bei Forschungskongressen immer wieder aufgewärmten Story von den »blauen Elefanten« auf den Grund zu gehen. Zwar ist aus Experimenten bekannt, dass Elefanten den Verlockungen des Alkohols durchaus erliegen können. Besonders große Bullen zeigten nach einem Drink zu viel die Neigung, Streit mit nüchternen Nashörnern anzufangen. Auch auf das Ende des Versuchs reagierten die Tiere äußerst ungehalten, und aus Indien sind tragische Fälle bekannt, in denen die Dickhäuter wortwörtlich über Leichen gehen, um ihre Rüssel in duftende Bierbottiche zu halten. Dennoch kamen die Forscher zu dem Schluss, dass sich Elefanten nur mit vergorenen Marulafrüchten nicht betrinken können. Ihren Berechnungen zufolge müsste jede Frucht hochprozentiger sein als ein Bier, und ein Elefant müsste weit mehr als tausend an einem Tag essen, um auch nur leicht angeheitert zu sein.* Für viele selbsternannte Mythenjäger war das ein ebenso gefundenes Fressen wie ein üppig tragender Marulabaum für Elefanten.

Im Internet kursieren heute Vermutungen, die Macher des Films hätten die Früchte in Alkohol eingelegt oder sämtlichen Tieren sogar Betäubungsmittel gespritzt, um an ihre Aufnahmen zu kommen. Ein Tierfilmer hat mir mal erzählt, dass es in der Zunft durchaus solche gestellten Szenen gibt. In einem Beispiel ging es meiner Meinung nach um Lemminge. So genau kann ich mich aber ehrlich gesagt nicht mehr erinnern – das Gespräch fand ausgerechnet in einer Bar statt. Was die Elefanten angeht, haben sich inzwischen allerdings Wissenschaftler aus Botswana selbst zu Wort gemeldet. Sie stellen nicht nur ebenso komplizierte Berechnungen zur Verbreitung der Marulabäume, dem Alkohol-

* Die Forscher spekulieren, das trunken wirkende Verhalten der Elefanten könnte auch andere Gründe haben. So leben in der Rinde von Marulabäumen, die die Tiere ebenfalls gerne fressen, giftige Käferlarven. Ebenso komme eine Überdosis der in den Früchten enthaltenen Nicotinsäure in Betracht.

gehalt der Früchte und den Verzehrmengen der Elefanten an. Vor allem bringen sie auch neuste Erkenntnisse zu den genetischen Fähigkeiten von Alkohol produzierenden Hefen sowie den Abbaufähigkeiten verschiedener Tiergruppen ein.

Die Forscher glauben, dass sich die in Afrika liebgewonnene Geschichte vom »blauen Elefanten« nicht einfach so als vermenschlichende Schnapsidee abtun lässt. Vielmehr könnte es sein, dass Elefanten Alkohol schlicht nicht besonders gut vertragen – und damit gar nicht so riesige Mengen an Marulas für einen Rausch notwendig sind. Das könnte auch auf die anderen betrunkenen Tiere aus *Die lustige Welt* und sogar auf die mit uns relativ nah verwandten Paviane zutreffen. Und zwar aus dem einfachen Grund, dass es weder Menschenaffen noch von diesen besonders trinkfeste Drunken Monkeys sind.

Hefen sind die winzigen einzelligen Pilzchen, um die es in Kapitel 6 schon kurz ging. Sie sind als Backhefe für das Aufgehen unseres Brots wichtig und auch an dem komplexen Verfallsprozess beteiligt, der uns manch köstliche Käsesorte beschert. Im Zusammenhang mit Alkohol sind sie uns aber natürlich hauptsächlich als Bier- und Weinhefen bekannt.

Die aus mehrzelligen Fadenpilzen »zurückentwickelten« Hefen sind schon sehr alt. Einen mächtigen Schub bekam ihre Entwicklung jedoch mit dem Aufstieg der Blütenpflanzen vor gut 100 Millionen Jahren, der Thema des vorletzten Kapitels war. Noch zur Zeit der Dinos entwickelten die Pflanzen süße Früchtchen, um Tiere zur Verbreitung ihrer Samen zu verlocken. Allerdings lockte der in den Früchten enthaltene Zucker auch jede Menge unerwünschte Mikroben an.

Bakterien sind noch kleiner als einzellige Hefen. Und ähnlich wie Mäuse im Vergleich zu uns Menschen vermehren sie sich auch wesentlich schneller. Das war im Wettstreit um noch am Baum hängende oder schon zu Boden gefallene Früchte einst ein großer

Nachteil für die Hefen. Der gewitzten Strategie, die die Pilzchen als Ausgleich entwickelt haben, verdanken wir heute jedes Glas Wein, jedes Bier sowie jeden anderen Drink.

Wie die meisten von uns nur zu gut wissen, die ab und zu mal einen über den Durst trinken, ist Alkohol ein Gift. Setzt man sich in den USA an eine Theke, fragt der Bartender ganz offen: »What's your poison?« Bei uns wirkt der Stoff als Nervengift, das Hirnleistung und Koordination beeinträchtigt (gleichzeitig aber Hemmungen abbaut und für die Ausschüttung von Glückshormonen sorgt). Bei winzigen Lebewesen wie Bakterien sind die negativen Effekte wesentlich direkter. Auf sie wirkt Alkohol in der Regel tödlich, weil er ihre Zellhüllen zersetzt und ihre Eiweiße denaturiert. Deshalb ist Alkohol als Desinfektions- und Konservierungsmittel so beliebt. Naturforscher legen darin Haiembryos ein und wir selbst noch manchmal süße Früchtchen, um sie dem Zugriff hungriger Mikroben zu entziehen. Ganz ähnlich haben es die ersten unserer heutigen Wein- und Bierhefen gemacht.

Wenn man eine Mikrobe ist, verdaut man Zucker am liebsten direkt zu CO_2 und Wasser, weil das die meiste Energie bringt. Wichtig ist dabei Sauerstoff, der für eine besonders reiche Energieausbeute und damit auch für einen schnellen Zellaufbau sorgt. Ähnlich wie ein Rennradfahrer, der sich das letzte »Körnchen« für den finalen Sprint aufhebt, entschieden sich unsere Alkoholhefen jedoch irgendwann für einen anderen Weg. War reichlich Zucker in Früchten vorhanden, verwandelten sie ihn unter Umgehung von Sauerstoff zunächst in Alkohol. Das ist energetisch ein Minusgeschäft, hat jedoch den enormen Vorteil, dass es wie beim Versprühen von Sagrotan alle weniger robusten Bakterien und Keime aus dem Rennen schlägt. Der besondere Clou: Läuft alles glatt, können die Hefen den von ihnen selbst produzierten Alkohol am Ende wieder mithilfe von Sauerstoff verwerten. Sie haben sozusagen eine giftige Reserve geschaffen, die ihnen erst die Konkurrenz vom Leib hält – und ihnen am Ende doppelt nützt.

Die taktisch clevere Art, wie bestimmte Hefen auf viel Zucker reagieren, ist unter Winzern, Bierbrauern und anderen Vergärprofis als Crabtree-Effekt bekannt. Herbert Grace Crabtree war ein englischer Biochemiker, dem der Effekt beim Studium ähnlich agierender Tumorzellen auffiel. Wir kennen den Kniff auch schon von den Milchsäurebakterien aus Kapitel 2, die zum Ausschalten der Konkurrenz Säure benutzen. Tatsächlich kommen solche Laktobakterien im Gegensatz zu vielen anderen Mikroben auch mit Alkohol ganz gut zurecht und mögen überhaupt das von den Hefen erzeugte Milieu. In Früchten arbeiten die zwei Schlaumeier sogar gerne zusammen und schießen sich dabei gegenseitig Nährstoffe zu.

Beim Weinmachen kann so ein leckerer Chardonnay oder Merlot entstehen. Hier haben die Laktobakterien natürliche Fruchtsäuren und saure Stoffwechselprodukte durch mildere Milchsäuren oder buttrige Noten ersetzt. In der Natur bedeutet das Zusammenspiel von Hefen, Laktobakterien und anderen Säureproduzenten aber oft, dass eine unter einem Baum vergärende Marula oder Mirabelle einfach nur sauer und alkoholisch ist. Anders als eine frische Frucht oder einen geschickt vergorenen Wein würden wir sie nicht anrühren. Anscheinend war das aber nicht immer so.

Im Regenwald Costa Ricas kann man Kapuzineraffen bei einem seltsamen Verhalten beobachten. Ihren Namen haben die Affen von den Kapuzinern, einem kurz nach dem Mittelalter entstandenen Mönchsorden. Das braune Fell der Affen ähnelt der mit einer spitzen Kapuze ausgestatteten Kutte der Mönche. Auch über ihrem weißen Gesicht scheinen die Tiere einen tonsurierten dunklen Haarkranz oder eine die kahle Stelle wärmende Mönchskappe zu tragen. Die italienische Kaffeevariante Cappuccino, die in Österreich Kapuziner heißt, hat ihren Namen von derselben Mischung aus kaffeebrauner Haube und sahneweißer Tonsur. Für das Thema dieses Kapitels ist jedoch die uralte Verbindung wichtiger, die Mönche zum Brauen von Bier und Keltern von Wein pflegen.

Die Kapuzineraffen klettern auf hohe, oft übers Kronendach hinausragende Urwaldriesen. Die Bäume werden »Waldmandelbäume« genannt, gehören in Wirklichkeit aber zu den Hülsenfrüchtlern. In der Krone wachsen große graugrüne Früchte, deren Hülle allerdings zu hart für das Gebiss der kleinen Äffchen ist. Man vermutet, dass die Früchte zu den verwaisten Anachronismen aus Kapitel 10 gehören. Nach dem natürlichen Abwurf waren sie vor langer Zeit ein beliebter Snack von Riesenfaultieren, doch heute fehlt dieser natürliche »Transportpartner«. Entsprechend frustriert wirken die Kapuzineraffen. Obwohl sie die Früchte nicht essen können, reißen sie sie von den Zweigen und werfen sie auf den Urwaldboden hinab. Das mag nach einem gerade für Mönche wenig geziemenden Akt sinnloser Wut aussehen, ist es aber nicht.

Nach ein paar Tagen kehren die Affen zurück. Inzwischen haben sich wie bei den Marulas Hefen und Milchsäurebakterien über die am Boden verstreuten »Waldmandeln« hergemacht. Die Hefen sorgen für eine leicht alkoholische Note, die man auch riechen kann. Die Laktobakterien geben den großen Hülsenfrüchten ein angenehm säuerliches Aroma, wie es der Rheinländer bei sauren Bohnen schätzt. Zugleich sind die nun sozusagen vorverdauten Früchte weicher, sodass sie auch die Kapuzineraffen problemlos essen können. Selbst über einen schlimmen Durchfall oder andere Folgen müssen sie sich wenig Sorgen machen. Der Alkohol der Hefen und die Säure der Laktobakterien haben ja vielen anderen Keimen aus klugem Eigennutz den Garaus gemacht.

Die kleinen Mönche des Urwalds haben vielleicht nicht wirklich Bohnen oder Sauerkraut milchsauer eingelegt. Auch von den Braukünsten mittelalterlicher Klöster sind sie weit entfernt. Doch vollkommen unähnlich war ihr Verhalten im Grunde nicht. Sie haben den Faktor Zeit sowie die Tätigkeit bestimmter Mikroorganismen gezielt genutzt. Das Ergebnis ist ein leichter essbares, bekömmlicheres und – wer weiß – vielleicht auch etwas köstlicheres und anregenderes Mahl.

Die Drunken-Monkey-Hypothese besagt, dass aus ähnlichen Situationen unsere Affinität zu Alkohol entstanden ist. Dabei sind die Kapuzineraffen ein besonderer und besonders spannender Fall. Denn sie vergären die Früchte ja nicht nur gezielt, sondern machen sie auch so erst essbar. Irgendwann vom Baum gefallen wären die dicken Hülsenfrüchte jedoch sowieso. Genau wie bei uns Äpfel, die ja ebenfalls ihren »evolutionären Partner« verloren zu haben scheinen, oder die weiterhin allseits beliebten Marulafrüchte in Afrika. Solche am Boden vergärenden Früchte anhand ihres säuerlich-alkoholischen Geruchs aufzuspüren, kann auch für nicht ganz so gewiefte Fruchtesser ein Vorteil sein – gerade bei sonst nicht üppigem Angebot. Das Gleiche gilt dafür, sich dann von dem etwas sehr reifen Geschmack nicht abschrecken zu lassen, sondern trotzdem munter zuzugreifen.

Generell scheinen die meisten Tiere frische Früchte vorzuziehen. Auch bei der natürlichen Reife produzieren diese jedoch oft schon einen gewissen Gehalt an Säure und Alkohol; das ist sogar häufig Teil ihres attraktiven Duftcocktails. Dringen noch am Baum Mikroben durch die verletzte Hülle oder sind sowieso schon im Innern vorhanden, verstärken sich die Noten weiter. Sauer, das schon bei unseren fischigen Vorfahren verdrahtete Grundaroma, signalisiert bei frischen Früchten gesundes Vitamin C. Bei überreifen oder schon am Boden liegenden Früchten könnte es jedoch ebenfalls ein positives Signal sein, das für eine gewisse Keimfreiheit steht. Auch Alkohol tötet Keime. Doch gerade aufgrund seines bitteren oder scharfen Aromas sollte er eigentlich leicht als das Gift zu erkennen sein, das er ist. Als wie unangenehm man ihn geschmacklich empfindet, scheint aber beim Menschen zum Beispiel von der genetischen Veranlagung abzuhängen. Selbst bei Mäusen zeigte sich, dass manche Mäusemänner »bitter« weniger stark schmecken und daher eher dazu neigen, »Alk« als genießbare Nahrung anzusehen. Gewisse Mäusefrauen setzen noch einen drauf und finden den harten Stoff anscheinend sogar süß. Hinzu kommt der natürliche

Nährwert von Alkohol, um den jeder Leser mit einem Bierbauch nur zu gut weiß.*

Erneut in Costa Rica durchgeführte Untersuchungen zeigten jedenfalls, dass überreife Früchte keineswegs nur von Kapuzineraffen geschätzt werden. Egal ob an Baum oder Boden angetroffen, haben auch andere Affen für einen Spritzer Alkohol durchaus etwas übrig. Genauso ist es bei ebenfalls zu den Säugetieren gehörenden Fledermäusen, Tapiren, Agutis und Rehen. Noch mehr offenbar als bei den dortigen Vögeln, obwohl diese ja ebenfalls schon lange von Früchten leben.

So sehr das jetzt als evolutionär vernünftige Vorliebe erscheinen mag: Wie bei einer überreifen Frucht, die irgendwann ins Eklige kippt, oder einem besoffenen Gast auf einer Party ist die Grenze zum Exzess schmal. Selbst für uns »besoffene Affen«, die für diese spezielle Art der Köstlichkeit eine eigene genetische Ausstattung entwickelt haben.

Den betrunkenen Pavianen aus *Die lustige Welt der Tiere* haften ja inzwischen gewisse Zweifel an. Laut Robert Dudley, dem Erfinder der Drunken-Monkey-Hypothese, neigen jedoch auch andere Affen zu solchen Ausschweifungen.

Auf Barro Colorado etwa, einer großen Insel im breiten Teil des Panamakanals, hangeln sich Brüll- und Klammeraffen durch den Wald. Sie haben eine besondere Vorliebe für die orangenen Früchte gewisser Palmen, die noch am Baum viel Alkohol bilden. Die Früchte hängen in dichten, verführerisch leuchtenden Rispen an den biegsamen Wedeln, werden jedoch von langen Stacheln am Stamm gegen vorzeitiges Pflücken geschützt. Die Affen schert das

* Der Alkohol selbst verwandelt sich dabei aber nicht direkt in Hüftgold. Er liefert nur viel Energie, die der Körper dann nicht aus »echten« Nährstoffen ziehen muss, hemmt die Fettverbrennung und regt den Appetit an. Trotz vieler Studien ist der Zusammenhang zwischen Alkohol und dem berühmten Bierbauch aber immer noch nicht ganz geklärt.

wenig. Wie »todesmutige Teenager«, so eine Beschreibung, springen sie von anderen Bäumen in die Krone und hängen sich mit vollem Gewicht an das schwankende Mahl. So gierig stopfen sie die gärenden Leckerbissen in sich hinein, dass sie sogar vergessen, ihren langen Schwanz als Sicherungsseil zu nutzen. In den kaum halbstündigen Fressorgien genehmigen sie sich ungefähr so viel Alk, wie in zehn Bier, Glas Wein oder Cocktails steckt. Auf ihre Art besaufen sie sich ähnlich gnadenlos wie ein entfesselter Pennäler beim Abi-Ball.

Wie bei einem Überfall von Abiturienten oder Junggesell*innen kommen sich auch Besucher der in der nahen Karibik liegenden Insel St. Kitts oft vor. Hier machen sich regelmäßig Meerkatzen über die tropischen Getränke von Strandtouristen her. Die von Menschen eingeschleppten afrikanischen Äffchen stibitzen die süßen Drinks bevorzugt dann, wenn ihre Besitzer sie halb leer zurücklassen oder halb trunken auf einer Liege schlummern. Als man die Tiere genauer studierte, war man dabei besonders über die frappierenden Parallelen überrascht, die sich zum Trinkverhalten der menschlichen Konsumenten selbst ergaben.

Die meisten Meerkatzen sind »soziale Trinker«, die nur zusammen mit anderen Artgenossen mit Alkohol aufgepeppte Fruchtsäfte genießen. Zu ihnen gehören besonders viele Weibchen, und sie trinken selten vor der Mittagszeit. Schon morgens beginnende Gewohnheitstrinker greifen hingegen auch gerne zu Hochprozentigem oder nur mit Wasser verdünntem Alk. Dennoch sind sie – vielleicht ein bisschen auf die Art von Winston Churchill – bei den karibischen Inselaffen als Anführer sehr beliebt. Anders ist es wiederum mit vielen jungen Männchen, die zum Komasaufen neigen und wie schlecht erzogene Resortgäste oft in Streitereien geraten. Kappt man ihnen nicht die Zufuhr, sind sie innerhalb von drei Monaten tot. Etwa jede zehnte Meerkatze ist im Gegensatz dazu so vernünftig und rührt Alkohol praktisch gar nicht an.

Menschenaffen sind größere Exemplare wie Schimpansen, Gorillas, Orang-Utans und wir selbst, die keinen Schwanz mehr (oder nur noch knochige Überbleibsel davon) haben. Uns selbst ganz klar ausgenommen, wurden sie bisher selten bei alkoholischen Exzessen ertappt. Die grundsätzliche Bereitschaft scheint aber vorhanden zu sein. In Westafrika zum Beispiel klettern Schimpansen regelmäßig auf Palmen, um sich an Plastikbehältern mit Palmwein gütlich zu tun. Der Wein besteht aus von der Krone oder anderen Stellen abgezapftem Pflanzensaft, der auf natürliche Weise vergärt. Er hat eine milchig-trübe Farbe, bis zu sieben Prozent Alkohol und ist nicht nur in Afrika ein äußerst beliebter Erfrischungsdrink.

Die Schimpansen falten Blätter zu kleinen Kellen oder zerkauen sie zu einer Art Schwamm, um den Palmwein aus den Behältern zu schöpfen. Beteiligt sind Jung und Alt, Weibchen und Männchen, doch auch hier haben die Herren der Schöpfung wieder besonders viel Durst. Trinken mehrere Schimpansen zusammen, wird schön der Reihe nach gedippt. Außer einer gibt den nimmersatten Tischgast, der immer nur sich selbst einschenkt. Manche Trinker bringen es auf diese Weise auf so viel Alkohol, wie in einer »echten« Flasche Wein enthalten ist, und verhalten sich entsprechend angeregt. Andere legen sich lieber schnell schlafen. Und wie bei den Meerkatzen gibt es etliche Abstinenzler, die überhaupt nichts mit dem feuchtfröhlichen Vergnügen anfangen können.

In Kapitel 5 gab es Elche, die Streusalz von Autos lecken, um ihren Mineralhaushalt aufzubessern. Vergärt im Herbst Fallobst in schwedischen Gärten, scheint man sie aber auch schon mal stockbesoffen aus den Ästen kleiner Bäume befreien zu müssen.* In Deutschland wurde vor einiger Zeit ein beduselter Dachs be-

---

* Die Story von dem jungen Elch, der in der Nähe von Göteborg von der Feuerwehr aus den Ästen eines kleinen Apfelbaums geschnitten werden musste, ging 2011 um die Welt. Betrunken wirkende Elche scheinen im Herbst in Skandinavien und Nordamerika keine Seltenheit zu sein. Allerdings besteht die Möglichkeit, dass der von Hefen produzierte Fruchtalkohol gar nicht die Ursache für den Zustand der Tiere ist. Vielmehr könnten durch den aufgenommenen Zucker Laktobazillen und andere Bakterien zu viel Milchsäure im Pansen der Wiederkäuer produzieren. Da sie normalerweise von Grünzeug leben, kann auch das zu Vergiftungserscheinungen führen.

rühmt, der nach zu viel überreifen Kirschen seinen Rausch mitten auf einer Straße in Niedersachsen ausschlief. Laut einer hinzugezogenen Expertin der Deutschen Wildtier Stiftung war er auch keineswegs der Erste seiner Art.

Um die Vorliebe vieler Vögel für Früchte ging es ja schon in Kapitel 10. Wintervögel wie Amseln und Rotkehlchen gelten bei uns als geübte Schnapsdrosseln, weil sie in den kalten Monaten oft nur noch vergorene Beeren finden. Die aus dem hohen Norden einfliegenden Seidenschwänze bringen für solche Mahlzeiten sogar eine besonders große Leber mit. Dennoch kommt es selbst bei ihnen vor, dass ganze Schwärme volltrunken gegen Panoramafenster oder Zäune klatschen. Besser schneiden da zumindest in Versuchen tropische Fledermäuse ab. Auch sie ernähren sich oft von vergorenen Früchten oder Nektar und sind offenbar genauso trinkfest, wie man es manchmal von nuschelnden Piloten fürchtet. Forscher in Belize verabreichten ihnen hochprozentiges Zuckerwasser und ließen sie durch einen kniffligen Parcours aus hängenden Plastikketten fliegen. Doch entgegen allen Erwartungen meisterten die kleinen Flugkünstler das Top-Gun-Training genauso gekonnt wie die nüchterne Testgruppe. Selbst die Echolaute, mit denen sie die winzigen Lücken in den Hindernissen orteten, blieben laut Messungen glasklar.

Als noch härter im Nehmen gelten nur Federschwanz-Spitzhörnchen. Die niedlichen kleinen Tierchen leben in den Urwäldern Malaysias und heißen wegen ihrem an eine Schreibfeder erinnernden Schwanz auf Englisch *pen-tailed shrews*. Wie Hemingway in Höchstform gehen sie fast jede Nacht auf Sauftour und halten sich trotzdem auf den Zweigen. Ihre Kneipen bestehen aus den mannshohen Knospenständen strauchartiger Palmen, die schäumende Nektartropfen absondern. Jede der unzähligen spitzen Knospen funktioniert wie ein kleiner Gärbottich, in dem Hefen den Zucker des Nektars zu Alkohol umwandeln. Von den schweren Braudüften angezogene Fruchtfliegen, Käfer und Bienen tragen weitere Hefemikroben heran. So entwickelt der Nektar einen Alkoholgehalt, der fast so hoch ist wie bei den überreifen Palmfrüchten auf Barro Colorado. Mit knapp vier Volumenprozent kann er ungefähr das Niveau von Bier erreichen.

Tagsüber besuchen Gewöhnliche Spitzhörnchen mit Puschelschwanz, bunte Schönhörnchen und Baumratten die Dschungelbars. Nachts klettern jedoch die Federschwänze von einem der seltsamen Gebilde zum anderen und lecken die gärenden Tropfen ab. Ähnlich wie die Affen in Panama bei ihren Sauforgien kommen sie so auf etwa zehn Glas Wein. Allerdings trinken sie nicht nur gelegentlich so viel, dass ein Mensch als betrunken gelten würde, sondern statistisch gesehen jede dritte Nacht. Als man ihre Haare auf gewisse Abbauprodukte untersuchte, fand man so viel wie bei chronischen Alkoholikern mit auffälligem Verhalten und lebensgefährlichem Konsum. Nur: Auszumachen scheint das den kleinen Trinkhörnchen wenig, und sie wurden noch nie bei auch nur einem ungeschickten Hopser ertappt. Vielmehr dienen sie den Palmen wohl als zuverlässige Bestäuber, die beim nächtlichen Aufgehen der »Saufknospen« den Blütenstaub weitertragen.

Die Hörnchen sind nicht nur wegen ihres selbst von der Fachpresse genüsslich ausgeschlachteten Unterhaltungswerts wichtig. Wie es der Zufall will, gelten sie auch als lebende Fossilien, die eng mit den Affen oder genauer: den Primaten verwandt sind. Ganz ähnliche kleine Tierchen könnten vor etwa 55 Millionen Jahren, wie in Kapitel 10 geschildert, ins Blattwerk des damals weltumspannenden Tropenwalds gestiegen sein. Statt nur Insekten fraßen sie dort mehr süße Früchtchen und sagten sicher auch zu zuckrigen Baum- und Blütensäften nicht Nein. Diese urtümlichen Primaten, zu denen die Spitzhörnchen einst gezählt wurden, fächerten sich dann im Laufe der Zeit zu allen gut 500 Primatenarten auf, die es heute gibt. Von scheuen Lemuren, Loris und Makis über kecke Kapuziner, Meerkatzen und Klammeraffen bis zu schwanzlosen Gorillas, Schimpansen und uns.

Die trinkfesten Spitzhörnchen könnten ein Hinweis darauf sein, dass in dem engen Pakt, den wir vor langer Zeit mit Blütenpflanzen schlossen, Alkohol von Anfang an eine Rolle spielte. Wie brave Briefträger wurden wir für unsere Dienste nicht nur mit knackigen Äpfeln, einem Stück Pflaumenkuchen oder einem Glas frischem Nektar belohnt. Unsere dankbaren Postkunden baten uns auch früh schon zu eingelegten Rumkirschen oder einem Schlückchen Wein oder Met herein. Tatsächlich steigen auf den gärenden Palmknospen in Malaysia zu später Stunde auch bedächtige Plumploris herum. Anders als Spitzhörnchen gehören sie zu den waschechten Primaten, und wie sich in Versuchen zeigte, mögen sie nicht einfach nur Nektar, sondern mögen ihn am liebsten in hochprozentiger Form. Zwar bewegen sie sich schon nüchtern so langsam, als hätten sie einen sitzen. Doch auch bei ihnen wurde nie beobachtet, dass Alkohol irgendeine Wirkung auf ihren chamäleonartigen Kletterstil hat.

Das ist natürlich Feuerwasser auf die Mühlen jener, die der Theorie vom Drunken Monkey anhängen. Robert Dudley stellte sie schon vor gut 20 Jahren auf. Doch so plausibel die These klingt: Viel mehr als ein paar zum Alkoholkonsum neigende Affen gab es lange nicht, um sie zu stützen. Wie in vielen Bereichen der Natur- und Nahrungsgeschichte sorgen aber die Fortschritte der Genomforschung inzwischen für neue Erkenntnisse. Gerade in Bezug auf unser jüngeres evolutionäres Verhältnis zum Alkohol ließen sich so ein paar interessante Details herausdestillieren.

Wenn Früchte reifen, sind in ihnen bestimmte Enzyme aktiv. Diese sogenannten Alkoholdehydrogenasen helfen mit, Zucker in Alkohol oder diesen in andere Aromastoffe umzuwandeln. Auch Hefen benutzen solche Enzyme, um erst aus Zucker für andere Mikroben giftigen Alkohol zu machen und ihn später zu verwerten. Kommen wir ihnen zuvor und konsumieren diesen Alkohol selbst, ob in Form einer gärenden Frucht oder eines Glas

Weins, werden auch in unserem Körper Alkoholdehydrogenasen tätig. Sie sind jene nützlichen Enzyme, die in unserer Leber, aber auch im Magen und anderswo stündlich etwa ein Glas Bier oder Wein abbauen.

Leider tun sie das auf etwas unangenehme Weise. Sie verwandeln den Alkohol in Acetaldehyd, einen noch giftigeren Stoff, der sich nach ein paar Gläsern zu viel im Körper sammelt. Dann wachen wir am nächsten Morgen mit Kopfschmerzen, Übelkeit und dem allgemeinen Gefühl auf, uns könnte der Himmel auf den Kopf fallen. Zum Glück wird der wesentlich zum Kater beitragende Stoff – im Normalfall zumindest – dann relativ rasch zu harmloseren Stoffen weiterverarbeitet.

Wie bei allen wichtigen Akteuren und Werkstoffen unseres Körpers wird die Herstellung von Enzymen durch Gene gesteuert. Dabei ist ein bestimmtes Gen für die Herstellung von speziellen Alkoholdehydrogenasen zuständig, die schon in Mund, Speiseröhre und Magen mit dem Abbau von Alkohol beginnen. Die Abbauenzyme bilden sozusagen die erste Verteidigungslinie gegen die Wirkung, die das Nervengift auf Hirn und Verhalten hat. Ob ein funktionierendes Gen für die Enzyme vorhanden ist, lässt sich in unserem Genom und dem anderer Säugetiere erkennen. Und als Forscher im Genom von fast hundert verschiedenen Arten danach suchten, machten sie ein paar spannende Entdeckungen.

Da wären zum einen die Elefanten. In ihrer Linie hat das Gen schon vor gut 50 Millionen Jahren, also nicht lange nach den ersten Urelefanten, aufgehört zu funktionieren. Offenbar waren die Tiere schon immer eher auf Gras, Grünzeug und Rinde spezialisiert. Dank ihres Rüssels können sie Früchte auch leicht vom Baum statt vom Boden picken. Die mangelnden Abbauenzyme sind natürlich gerade in Hinsicht auf den angeblichen Mythos vom »blauen Elefanten« interessant, worauf die Forscher auch ausdrücklich verweisen. Beim Versuch, die Marula-Anekdoten als grobe Vermenschlichung zu entlarven, hätten ihre Kollegen die Dickhäuter selbst vermenschlicht. Und zwar indem sie bei ihren Berechnungen von unserer eigenen Trinkfestigkeit ausgingen. Elefanten können sich zwar mit einer einzigen Rüsselfüllung den Inhalt eines ganzen Wassereimers in den Mund pumpen. Doch allzu große Trinker scheinen sie rein genetisch gesehen nicht zu sein.

Das Gleiche gilt erwartungsgemäß für Nashörner, Pferde, Rinder, Schafe und Ziegen sowie die mit diesen Huftieren verwandten Wale und Delfine. Weder auf der Weide noch im Meer finden sich oft vergorene Früchte oder Pflanzensäfte. In Kapitel 10 ging es ja schon darum, dass Hunde und Wölfe zwar süße Früchtchen schmecken können, noch mehr auf Fleisch fixierte Katzen aber dafür keine Gene mehr haben. Die Fähigkeit, in Maul und Magen Alkohol abzubauen, scheint aber die gesamte Linie der Raubtiere schon seit Langem nicht mehr zu besitzen. Ähnlich ist es bei Insekten fressenden Gürteltieren, Grünzeug mümmelnden Meerschweinchen und an Bäumen nagenden Bibern.

Schon eher auf Alkohol eingestellt, also mit einem funktionierenden Gen ausgerüstet, sind typische Allesfresser wie Schweine, Ratten und Mäuse. Das gilt auch, wen wundert's, für Spitzhörnchen (wobei ihre Fähigkeit zum Dauerkonsum vermutlich auf eine gänzlich andere Abbauweise zurückgeht). Ebenso hat die gesamte Gruppe der lustigen Primaten das Gen – von Met schlürfenden Loris über Marulas mampfende Paviane bis zu Cocktails saufenden Meerkatzen. Unter diesen Drunken Monkeys gibt es aber noch ein paar ganz besonders interessante Sonderfälle. Sie haben eine spezielle Mutation des Gens, welche die Alkoholdehydrogenasen beim Abbau in Mund, Speiseröhre und Magen etwa 40-mal effektiver macht. Zu diesen Sonderfällen gehören im Wesentlichen Gorillas und Schimpansen, also unsere zwei nächsten äffischen Verwandten, sowie wir nackten Affen selbst.

Außer bei uns und den zwei anderen Menschenaffen fanden die Forscher das »Trinkergen« für besseren Alkoholabbau noch bei einer Handvoll anderer Arten. Zum einen bei einem weiteren

Primaten, und zwar dem skurrilen madegassischen Fingertier, das wie Spitzhörnchen und Loris wohl gerne vergorenen Nektar süffelt. Auch für auf Früchte und Nektar spezialisierte Flughunde scheint es wichtig zu sein, dass der Genuss von Vergorenem nicht zu ganz realen Abstürzen führt. Ebenso besitzen von den in der Studie erfassten Säugern die putzigen Koalas das Turbo-Gen. Bei ihnen könnte es aber schlicht der Verarbeitung der in Eukalyptusblättern enthaltenen Gifte dienen.*

Die Präsenz des Trinkergens bei Gorillas, Schimpansen und uns war anderen Forschern auch schon bei einer früheren Studie aufgefallen. Sie zogen daraus faszinierende Schlüsse. Die vierten Menschenaffen im Bunde, Orang-Utans, besitzen das Gen nämlich nicht. Allerdings leben diese schwanzlosen »Waldmenschen« auf Borneo und Sumatra weiterhin auf Bäumen und dort vermutlich hauptsächlich von frischen Früchten. Bei dem für uns weit wichtigeren, in Afrika gebliebenen Teil der Linie lief es jedoch anders. Wie im letzten Kapitel geschildert, kühlte das Klima in der zweiten Hälfte der Erdneuzeit ab, sodass sich immer mehr offene Waldlandschaften bildeten. In diese stiegen die Vorfahren von Gorillas, Schimpansen und uns vor rund 10 Millionen Jahren hinab, um fortan mehr am Boden zu leben. Anders als in noch trockeneren Graslandschaften, wo Paviane und die Dscheladas aus Kapitel 9 sich tummelten, stießen sie hier wohl oft auf von Bäumen gefallene, am Boden vergammelnde Früchte.

Diese waren vielleicht nicht mehr ganz frisch. Doch wie bei den Kapuzineraffen hatten Milchsäurebakterien und Hefen sie gegen noch gefährlichere Keime verteidigt. Wer sie essen konnte, ohne vom Gäralkohol so ausgeknockt zu werden, dass Raubtiere und äffische Rivalen leichtes Spiel hatten, besaß einen Vorteil. Auch halb vergammelt konnte der Nährwert der Früchte genutzt wer-

* Auch die Grundform des Trinkergens könnte vielleicht eher dem Abbau giftiger Blattalkohole gedient haben. In Versuchen konnten das die von dem Gen kodierten Enzyme jedenfalls viel besser, als Fruchtalkohol abzubauen.

den, ebenso die vom Alkohol gelieferten Kalorien. So fügen sich neuste Erkenntnisse der Genomforschung aufs Wunderbarste in die alte, fast nur mithilfe betrunkener Affen aufgestellte Theorie vom Drunken Monkey.

Warum ist die Drunken-Monkey-Hypothese wichtig? Dient sie nicht einfach nur als Ausrede für Trinker, die nun behaupten können, sie verhielten sich »natürlich« – oder in gewisser Weise sogar zu ihrem Vorteil? Ja, vielleicht, die Gefahr besteht. Daher sollten sich gerade diejenigen von uns, die sich gerne mal ein Glas zu viel genehmigen, die Geschichte vom Drunken Monkey unbedingt bis zum Ende anhören.

Früher ging man meist davon aus, dass unsere besondere Beziehung zu Alkohol sehr viel weniger als 10 Millionen Jahre alt ist. Vor rund 100 000 Jahren könnten Steinzeitmenschen schon entdeckt haben, dass in Gefäßen gesammelte Früchte zu Alkohol vergären. Auch fantasievolle Höhlenmalereien führen manche Forscher auf den Einfluss solcher Trünke zurück. Auf einem in der Dordogne gefundenen Höhlenrelief scheint sogar eine Göttin bereits ein Trinkhorn zu halten. Richtig in Fahrt kam die Sache aber wohl erst mit der Erfindung der Landwirtschaft vor rund 10 000 Jahren. Wie Milch für den Käse aus Kapitel 2 waren mit dem Getreide aus Kapitel 9 und dem Obst aus Kapitel 10 bald auch die Grundlagen für andere Fermentationsprodukte reichlich vorhanden.

Als erster archäologisch verbriefter Drink gilt ein vergorener Mix aus Reis, Früchten und Honig, von dem 7000 Jahre alte Reste in chinesischen Krügen gefunden wurden. Aus dem Fruchtbaren Halbmond stammen Schrifttafeln, die bereits die Zuteilung von Bier an sumerische Arbeiter und Beamte regelten. Auf ägyptischen Grabmalereien sind Bauern bei der Weinernte zu sehen. In Indien wurde Bier schon vor 4000 Jahren aus Reis und Gerste, in Afrika etwas später aus Hirse und in Südamerika noch später aus Früchten und Mais gemacht. Es gibt sogar die Theorie, dass Getreide überhaupt erstmals angebaut wurde, um nicht Brot, sondern Bier daraus zu machen. Im Vergleich zu oft wenig sauberem Wasser war es vermutlich auch lange das »gesündere« Getränk.

Allerdings verwandeln sich schon in den berühmten antiken Abenteuern des Odysseus Männer in Schweine oder fallen vom Dach, wenn sie zu viel Wein trinken. Der griechische Philosoph Platon berichtet von Gesetzen, die Richtern, Stadträten, Soldaten und anderen Verantwortungsträgern das Weintrinken im Dienst streng verbieten. Wahrscheinlich hatten zu jenen Zeiten sowohl Bier als auch Wein selten mehr als fünf Volumenprozent. Trotzdem kann man Alkohol in flüssiger Form natürlich wesentlich leichter konsumieren als in der vergorener Früchte. Möglicherweise noch zu Platons Zeit wurde in Indien auch schon die Kunst des Destillierens entdeckt, mit der sich aus Obst, Getreide oder Kartoffeln hochprozentige Brände und Schnäpse herstellen lassen. Hefen produzieren in der Maische bis zu 15 Prozent Alkohol, dann kippen normalerweise selbst sie vom Hocker. Doch der Mensch hat es dabei nicht belassen.

Laut Robert Dudley, dem Vater der Drunken-Monkey-Hypothese, fingen spätestens da unsere Probleme mit Alkohol richtig an. Der Verzehr von Alkohol war kein vollkommen neues Phänomen, das erst die »böse Zivilisation« zu uns brachte. Vielmehr hat uns das Finden und Fressen vergorener Früchte wohl schon früh so viele Vorteile gebracht, dass wir sogar spezielle »Trinkergene« entwickelten, um die negativen Nebenwirkungen abzufedern. Tatsächlich hielt selbst die moderne Medizin ein, zwei Glas pro Tag lange für gesund, auch wenn anders als bei Kaffee das Pendel gerade wieder in die entgegengesetzte Richtung schwingt. Ebenso gilt Alkohol oft als Mittel zum Stressabbau und als sozialer Schmierstoff, der Menschen näher zusammenbringt. Allerdings verflüchtigen sich alle etwaigen positiven Effekte, nun, wie Alkohol, wenn man zu viel davon trinkt.

In anderen Kapiteln habe ich schon versucht nachzuzeichnen, wie eng mit der Naturgeschichte der Verzehr von Dingen wie Koffein, Salz, Getreide, Milch und Zucker verwoben ist. Auch sie können heute Probleme bringen, und am ähnlichsten ist dabei laut Dudley der Zucker dem Alkohol. Im vorletzten Kapitel war von übersüßen Früchtchen die Rede, die in zu großen Mengen selbst den Affen im Zoo verboten werden. Im Supermarkt meines Vertrauens gibt es zwar süße Energieriegel an der Kasse, aber zumindest nicht in Reichweite von Kinderhänden. Auch kleine Fläschchen Korn und Weinbrand stehen dort nicht verlockend Spalier. Wer Hochprozentiges möchte, muss mit einem Mitarbeiter zum verriegelten »Giftschrank« gehen. Anderswo ist das nadelöhrige Anbieten sogenannter Impulsware, zu der auch Zigaretten gehören, jedoch gang und gäbe. Und zwar unter anderem aus dem einfachen Grund, weil es sich so sehr lohnt.

Dudley und andere Wissenschaftler sehen ungesunden Alkoholkonsum inzwischen als genauso eine evolutionäre Fehlanpassung wie den übermäßigen Konsum von allem, was viel Zucker (oder auch Fett) enthält. In der Natur war das vernünftig, weil es solche Angebote selten gab. Doch angesichts des heutigen Überangebots kann sich dieses Verhalten – und unsere genetische Neigung dazu – leicht ins Gegenteil verkehren. Wer Zuckerbomben wie Süßigkeiten oder Softdrinks nicht widerstehen kann, läuft Gefahr, übergewichtig oder sogar diabetisch zu werden. Wer Alkoholbomben wie hochprozentigen Drinks oder Schnaps zu ausgiebig zuspricht, kann als Trinker enden. Ein Pfannkuchen mit Zuckersirup ist ein nahrhaftes Frühstück, ein ganzer Stapel ein Problem. Das Gleiche gilt für die spritige Energie ohne echten Nährwert, die das »Frühstück der Gewinner« liefert. Adipositas und Diabetes gelten schon lange als Krankheit, Alkoholismus auch. Die Drunken-Monkey-Hypothese kann dazu beitragen, Letzteren genauso »nüchtern« als tragisches evolutionäres Erbe zu betrachten.

Trotz des durchaus ernsten Themas hat Dudley für die von ihm entdeckte Fehlanpassung den Begriff »evolutionary hangover« geprägt. Das ist ein Spiel mit dem auch bei uns heute bekannten Wort für Kater, das im Englischen zugleich »Relikt aus alten Zeiten« bedeutet. Das Kuriose dabei ist, dass genau dieser Hangover bei manchen Menschen dafür sorgt, dass sie vor den schlimmsten Folgen der Fehlanpassung mehr oder weniger geschützt sind.

Die geringe Trinkfestigkeit von Asiaten ist bei uns genauso berühmt wie in Afrika die von Elefanten. Tatsächlich sind Menschen aus Japan, China, Korea oder Vietnam eigentlich sogar trinkfester. Zumindest verfügen sie oft über noch leistungsfähigere Alkoholdehydrogenasen als selbst wir westlichen nackten Affen. Das Problem ist nur, dass der zweite Verarbeitungsschritt, der das Kater verursachende Acetaldehyd abbaut, nicht so gut klappt. Wie die großartige Wissenschaftserklärerin Mai Thi Nguyen-Kim in einem schönen Video vorführt, sind die Folgen gravierend. Nur ein halbes Glas Wein führt schon zu einem rot angelaufenen Gesicht, im Englischen als »Asian flush« bekannt. Hinzu kommen Herzrasen sowie typische Katersymptome wie Kopfschmerzen und Übelkeit.

Stellen Sie sich vor, Sie würden die Folgen einer durchzechten Nacht nicht erst am nächsten Morgen spüren, sondern schon beim ersten Drink. Die Chancen ständen gut, dass Sie von Ihrem evolutionären Erbe als Drunken Monkey Abstand nehmen würden. Und Ihr Leben lieber als abstinenter Sober Monkey führten. Was Nguyen-Kim und viele andere Menschen mit ostasiatischen Wurzeln genau deshalb auch tun.

Tatsächlich gibt es ein Medikament mit dem (in der englischen Version) etwas lustigen Namen Antabuse, das auf demselben Prinzip beruht und Alkoholikern zur Entwöhnung gegeben wird. Einer Studie zufolge könnte die genetische »Neuanpassung« entstanden sein, als vor langer Zeit in Asien mit dem Reisanbau auch ähnliche Getränke wie Sake aufkamen, den man heute gerne zu Sushi reicht.

GEWÜRZE & DROGEN

13

Mögen Sie Salbei? Ich habe die würzigen dunklen Blätter vor allem gern, wenn sie in Butter und in dieser wiederum handgemachte Ravioli schwimmen. Auch Saltimbocca würde ohne das aromatische Küchenkraut sicher nicht auf so köstliche Weise »in den Mund springen«, wie es der Name verspricht. Bietet mir jemand im Winter ein Salbeibonbon an, sage ich ebenfalls nicht Nein (zerkaue es dann allerdings bei erstbester Gelegenheit). Und bei einem denkwürdigen Ausflug in die hessische Provinz, den ein Freund und ich einmal unternahmen, um die hohe Kunst des Fliegenfischens zu lernen, bot uns der Lehrer meiner Erinnerung nach zur Begrüßung einen Salbeitee an. (Er fragte dann noch, ob wir wie er etwas Honig hineinhaben wollten. Natürlich ist es total bescheuert: Aber so hatten wir uns das irgendwie nicht vorgestellt.)

Salbei gehört zur großen Familie der Lippenblütler. In ihr verströmen auch andere berühmte Kräuter wie Thymian, Oregano, Majoran, Basilikum und Minze ihren Duft. Unmittelbar der Gattung der Salbeigewächse wurde kürzlich der Rosmarin zugeschlagen, der nun streng genommen Rosmarinsalbei heißt. Wer seine Smoothies mit den als Superfood gepriesenen Chiasamen eindickt, bedient sich ebenfalls aus dem vielfältigen Salbeibeet. Lippenblütler sind wohl in den letzten Tagen der Dinosaurier entstanden, vermutlich in Fernost. Salbeipflanzen fächerten sich erst später auf, in unseren Gefilden vor allem rund ums Mittelmeer. Zur Bestäubung entwickelten sie einen einzigartigen Hebelmechanismus, bei dem kleine Fühler Bienen Pollen auf den Pelz tupfen. Zum Schutz gegen Pflanzenfresser ließen sie sich hingegen selbst einen Pelz auf den Blättern wachsen, der – sozusagen als chemische Waffe – ätherische Öle absondert. Für Insekten und Keime sind diese Öle giftig, auch Rehe und Hasen halten sie vom Knabbern ab. Paradoxerweise sind es aber genau diese aromatischen Substanzen, die uns Menschen zum Salbei hinziehen.

Schon in der Antike war Salbei als Heilpflanze so beliebt, dass er von »salvus«, dem lateinischen Wort für gesund, seinen Namen hat. Bis heute gelten Zubereitungen des Krauts als bewährtes Mittel gegen Halsschmerzen, Blähungen und starkes Schwitzen. Großen Anteil am ätherischen Ölmix des Salbeis hat Thujon, von dem sich auch viel in Thujabäumen und Wermutkraut findet. Der Stoff stand lange in Verdacht, für die berüchtigte Wirkung des aus Wermut gemachten Absinths verantwortlich zu sein, samt Künstlerwahn und Halluzinationen. Laut neueren Forschungen begründete aber wohl einfach starker Alkoholismus den Mythos der »grünen Fee«. Ein nachgewiesenes Nervengift ist Thujon dennoch: In höheren Mengen bremst es Bremsstoffe von Nervenzellen aus und verursacht so Zuckungen und Krämpfe.

In Mexiko wiederum wächst mit dem Aztekensalbei ein Vertreter der Gattung, der tatsächlich kurze, aber heftige Halluzinationen auslöst. Der in nebligen Bergwäldern sprießende Verwandte enthält einen ganz anderen Wirkstoff, nämlich Salvinorin. Dieser ist eine seltsame Mischung aus Opioid und Halluzinogen. Zwar bindet er im Stimmungszentrum des Gehirns an ähnliche Nervenrezeptoren wie Morphium oder Heroin. Doch lindert er so nicht Schmerzen und sorgt für wohlige Gefühle, sondern verändert das Bewusstsein auf ähnlich Weise wie LSD, das an Serotoninrezeptoren rumdoktert. Die Schamanen der mexikanischen Mazateken benutzen den Aztekensalbei sowohl für medizinische Zwecke als auch für Kurztrips in andere Welten. Gebildet wird Salvinorin in den gleichen kleinen Haardrüsen wie Thujon. Auch die ursprüngliche »Absicht« der Pflanzen könnte dabei die gleiche gewesen sein: nämlich die gerne an jungem Grünzeug knabbernden Hirsche, nach denen die Mazateken benannt sind, vom Fressen abzuhalten.

Ein noch besseres Beispiel für Gewürze, die nebenbei auch Arzneien und Drogen sind, ist vielleicht Muskat. Denn hier ist für die gesamte Bandbreite der »Anwendungen« ein und derselbe Stoff verantwortlich. Ich kannte Muskat ehrlich gesagt nur als Verfeinerung für Kartoffelpüree. Doch mit dem Abrieb der innen hübsch gemusterten Nüsse lassen sich auch noch viele andere Speisen würzen, die ich mag: von Rotkohl, Rosenkohl und Kohlrabi bis hin zu Lebkuchen, Buletten und Hühnerfrikassee. Die Nüsse enthalten sowohl fettes Öl als auch ätherische, also leichtere und flüchtigere Stoffe, wie sie bei Salbei und vielen anderen Gewürzen fürs Aroma sorgen. Im ätherischen Öl des Muskats ist der wesentliche Bestandteil Myristicin. Er trägt nicht nur zur charakteristischen Muskatnote bei, sondern hat es auch sonst ziemlich in sich.

Zur Muskatfamilie gehörende Bäume wachsen heute überall in den Tropen. Ihre Nüsse bilden sich in dicken Früchten, die sauber in zwei Hälften aufplatzen wie Kastanienhüllen. Da die Familie laut molekularer Uhr ziemlich jung ist, rätselt die Forschung, wie sie es bei so großen Früchten schaffte, sich über die ganze Welt zu verteilen. Der Ursprung unserer Muskatnüsse liegt jedoch zweifellos auf den Molukken, den berühmten indonesischen Gewürzinseln, die vom Geheimtipp arabischer Händler zum Spielball der Kolonialmächte wurden.

Hier versetzten die Bäume ihre Nüsse mit ätherischen Giften. Vermutlich soll das bis heute als Schutz gegen besiedlungsfreudige Pilze und bohrende Insektenlarven dienen. Wie die Abwehrstoffe des Salbeis gelten Muskatöl und Myristicin als natürliche Mittel gegen Magenbeschwerden und verschiedene andere Leiden. Ebenso töten sie Keime und steigern nachweislich die Libido von Ratten. Zugleich ähnelt Myristicin chemisch der Partydroge Ecstasy und wird im Körper wohl zu einem verwandten Amphetamin verwandelt. In hohen Mengen kann es so, vermutlich im Zusammenspiel mit anderen Stoffen, rauschähnliche Zustände auslösen.

Aztekensalbei, auch Zaubersalbei oder Magic Mint genannt, galt in Deutschland eine Zeitlang als sogenanntes Legal High, also als legale Biodroge. Wie bei den Mazateken selbst firmiert er in der Szene wohl als weniger attraktive Alternative zu den in Kapitel 6 erwähnten Psilopilzen. Schon seit Längerem ist das Kraut, das man kauen, rauchen oder als Öl verdampfen kann, jedoch verboten, und Besitz und Handel sind untersagt.

Zum Glück aller Freunde eines geglückten Kartoffelpüs ist das bei Muskat nicht der Fall. Dabei ist er natürlich noch viel einfacher zu beschaffen. Ein Griff in Mamas Gewürzregal genügt; meistens steht er dort sogar schon gemahlen parat. In den USA landen immer wieder Kinder und Jugendliche in der Notaufnahme, die bei der sogenannten Nutmeg Challenge mitmachen. Dazu essen sie mehrere Löffel Muskatpulver oder trinken hohe Mengen mit Wasser, um auf TikTok die Folgen zu präsentieren. Die können mit ein paar Stunden Verzögerung von Übelkeit, Erbrechen, Herzrasen oder Benommenheit bis hin zu Visionen von tanzenden Elfen und Gurken reichen.

Unangenehmerweise halten solche LSD-artigen Erfahrungen dann bis zu einen ganzen Tag an. Und im schlimmsten Fall kann der leichtfertige Umgang mit dem vermeintlich harmlosen Gewürz sogar tödlich sein.

Salbei und Muskat sind nur zwei prominente Beispiele. Tatsächlich ist das Spektrum drogenartiger Substanzen aus Gewürzregal und Kräutergarten nahezu unerschöpflich groß. Ja, sogar manche Gemüse sind bei genauerem Hinsehen suspekt.

Salbei zum Beispiel ist bei Weitem nicht der einzige Vertreter der Lippenblütler, der zugleich Gewürz, Arznei und Droge ist. Das vor allem von Minze bekannte Menthol schmeckt toll und macht den Atem frei, weshalb es als Tabakzusatz in der EU inzwischen verboten ist. Neueren Studien zufolge wirkt es wohl außerdem so aufs Gehirn, dass es den anregenden Effekt von Nikotin verstärkt. Auch die köstlichen Stoffe in Rosmarin, Thymian und Oregano haben nicht nur therapeutische, sondern zudem psychoaktive Eigenschaften. So enttäuschend jugendliche Experimente mit provenzalischen Kräutermischungen meist enden, rein chemisch gesehen ergeben sie einen gewissen Sinn. Mehr (wenn auch nicht viel mehr) jedenfalls, als die getrockneten Bananenfädchen zu rauchen, die zu meiner Zeit in waren: ein von den Hippies aufgebrachter Mythos, der schon allein deshalb nicht funktionieren konnte, weil wir es nicht mal schafften, die richtigen Pflanzenteile zu verwenden.

Eine andere Pflanzenfamilie, die voller ätherischer Öle steckt, sind die Doldenblütler. Lippenblütler locken gezielt Bienen und Hummeln in ihre maulartigen Kelche. Doldenblütler hingegen bilden schirmartige Blütensträußchen, auf denen sich auch viele andere Insekten tummeln. Die Familie ist wohl schon vor langer Zeit auf der Südhalbkugel entstanden, heute aber eher in unserer Hemisphäre zu finden. Das heftigste Abwehrgift der Sippe stellt der Schierling her, nämlich jenes im berühmten letzten Becher des Sokrates. Wie in Muskat ist aber auch in Doldenblütlern wie Petersilie, Dill und Anis Myristicin zu finden. Sogar als Gemüse genutzte Vertreter wie Karotten, Pastinaken und Fenchel produzieren den berüchtigten Stoff. Der ebenfalls doldige Kümmel enthält wie Oregano den Neuromodulator Carvacrol, Anis neben Myristicin das chemisch ähnliche Safrol. Da man daraus Drogen wie Ecstasy basteln kann, werden Herstellung und Handel in der EU streng kontrolliert.

Damit ist die Liste drogenartiger Stoffe aus dieser Familie noch lange nicht zu Ende. Andere Gewürze aus anderen Familien, wie Safran, Nelke, Zimt, Ingwer und Kurkuma, haben wieder ihre eigenen. Selbst harmlose Vanilleschoten enthalten neben Vanillin das blumig duftende Piperonal, zumindest wenn man dem Deutschen Verband der Aromenindustrie glauben darf. Wie Safrol kann der Stoff als chemische Basis für Partydrogen dienen, weshalb auch er nur mit spezieller Erlaubnis hergestellt und verkauft werden darf.

Außer bei kuschligen Teenachmittagen und bei der Aromatherapie scheinen vanillige Auszüge und Duftkerzen aber nicht als Stimmungsaufheller missbraucht zu werden. Wie beim Muskat stibitzen Heranwachsende zwar gerne mal Fläschchen mit Vanilleextrakt aus dem heimischen Gewürzregal. Doch dabei geht es wohl mehr um den darin enthaltenen Alkohol.

Myristicin und Piperonal gehören auch zum ätherischen Ölcocktail des Pfeffers. Das indische »Urgewürz« stand früher stets in Streuern neben dem Salz aus Kapitel 5 auf dem Tisch, wird heute aber gerne von beflissenen Kellnern aus riesigen Mühlen frisch auf den Teller gerieben (manchmal sogar im Licht eines eingebauten Scheinwerfers). Tatsächlich gibt es ein sogenanntes Pepper High, also ein von Pfeffer ausgelöstes Hochgefühl, doch das hat nichts mit psychoaktiven Aromastoffen zu tun. Vielmehr bindet das für Pfeffer typische Piperin, ein Alkaloid wie das Koffein aus Kapitel 1, statt an Duft- an Schmerzrezeptoren. Die verstehen »scharf, heiß, Herrgott!«, was wiederum zur Ausschüttung von Endorphinen führt. Diese endogenen, also körpereigenen Stoffe ähneln Opioiden wie Morphin, zu denen wir noch kommen, und überdecken den Schmerz mit ähnlich angenehmen Gefühlen. So kann ein sehr scharfes Mahl die gleichen Empfindungen hervorrufen wie ein durch körperliche Belastung ausgelöstes Runner's High – an das ich erst nach Jahren regelmäßiger Waldläufe wirklich glauben konnte.

Noch schmerzhafter – und damit beglückender – kann ein Chili High ausfallen, und auch dazu war bis vor Kurzem eine TikTok-Challenge im Umlauf. Sie bestand darin, einen Tortillachip zu essen, der mit Pulver der Chilisorte Carolina Reaper gewürzt war, zu jener Zeit die schärfste Zuchtchili der Welt. Die Verpackung des einzeln verkauften Chips glich einem Sarg und trug eine Abbildung des Sensenmanns (englisch: »grim reaper«), um die extreme Schärfe zu verdeutlichen. Anders als die Nutmeg Challenge war die auch nach Deutschland geschwappte Hot-Chip-Challenge eher als Mutprobe denn als Drogenexperiment gedacht. Leider gab es inzwischen auch dabei einen Todesfall, worauf die zu Hershey gehörende Herstellerfirma dem erfolgreichen Marketinggag ein Ende setzte. In Deutschland sind die Hot Chips, inzwischen »entschärft«, aber immer noch in einen kleinen Sarg verpackt, weiterhin leicht aus Tschechien zu bekommen.

Chilis sind natürlich Paprika und gehören damit zur weltweit verbreiteten Familie der Nachtschattengewächse, die uns auch Tomaten, Auberginen, Kartoffeln und Tabak liefert. Versteinerte Früchte aus der Familie sind selten, doch zusätzlich zu den in Kapitel 10 erwähnten »Ur-Physalis« wurden kürzlich zwei weitere schöne Abdrücke gefunden. Einer gleicht ziemlich genau einer gerade abgebissenen Jalapeño und deutet wie die anderen Funde darauf hin, dass sowohl die Familie im Allgemeinen als auch Chilis im Speziellen viel älter sind als gedacht. Haben die noch älteren, aber nicht verwandten Pfefferpflanzen Piperin als Abwehralkaloid entwickelt, so erfanden Paprika irgendwann in den letzten 50 Millionen Jahren Capsaicin, um sich gegen unerwünschte Fresser zu wehren. Erwünscht sind dabei wahrscheinlich in beiden Fällen Vögel, die die scharfen Früchte ohne Weiteres schlucken und ihre Samen unbeschadet in der Welt »ausstreuen«. Säugetiere wie Nager würden die Samen hingegen zerkauen. Daher binden bei ihnen die Alkaloide an für Hitze zuständige Schmerzrezeptoren und sorgen so dafür, dass Mund und Rachen brennen.

Erinnern Sie sich an die Spitzhörnchen aus dem letzten Kapitel? Die Unmengen vergorenen Nektar saufen können, ohne von der Palme zu kippen? Außer uns Menschen meiden Säugetiere eigentlich scharfe Nahrung, für Insekten und Mikroben sind die verantwortlichen Alkaloide sogar giftig. Als chinesische Forscher einen nördlichen Cousin der malaysischen Trinkhörnchen untersuchten, stellten sie jedoch zu ihrer Überraschung fest, dass das kleine Puscheltier auf Chilis steht. Ihre Studie enthält sogar ein Video, in dem das Hörnchen sich so eifrig über eine riesige rote Schote hermacht, dass es locker jede Hot-Chip-Challenge gewinnen würde.

Spitzhörnchen sind mit Nagern wie Eichhörnchen und Mäusen verwandt, noch näher aber mit uns Primaten. Wie schon erwähnt, könnten ähnliche Klettertiere unsere große affenartige Gruppe sogar einst gegründet haben. Chinesische Wildratten hielten in den Versuchen weit weniger von Chilis und anderen scharfen Speisen wie Ingwer oder Knoblauch, die ebenfalls an Schmerzrezeptoren binden. Auch Schimpansen essen zwar gerne Termiten, und das vielleicht sogar wegen des Geschmacks. Doch scharfe Cracker mögen sie nur, wenn sie von Menschen langsam daran gewöhnt werden.

Wie die Forscher entdeckten, haben chinesische Spitzhörnchen gegenüber Nagern und Primaten allerdings einen Vorteil. Ihre für Hitze zuständigen Schmerzrezeptoren sind durch eine ähnliche Genmutation verändert wie die von Vögeln. Daher können sie scharfe Früchte (und ihre Samen) kauen und fressen, ohne Schnappatmung zu bekommen. Die Tiere haben sich so vermutlich an einen in Südostasien wachsenden Pfefferstrauch angepasst, dessen rote Beeren ein ähnliches Alkaloid wie Chilis enthalten. Klettern sie in dessen Zweige, sind sie also nicht auf ein Chili High aus, sondern einfach nur auf eine normale Mahlzeit.

Bei der Menge an fragwürdigen Stoffen, die in Gewürzen und anderer pflanzlicher Nahrung stecken, könnte man sich fragen, ob diese uns nicht ständig ein bisschen high machen. Tatsächlich hat ein amerikanischer Psychiatrieprofessor unseren regelmäßigen Genuss von Gewürzen wie Pfeffer, Chili oder Vanille schon mit sogenanntem Microdosing verglichen. Bei dem meist dem Silicon Valley zugeschriebenen Trend nehmen schlaue junge Menschen winzige Mengen LSD oder Magic Mushrooms, um bei der Arbeit entspannter, kreativer und produktiver zu werden. Ähnlich wie bei mir eine Portion gut gewürzter Kartoffelbrei soll das Ganze auch die Laune heben.

Das scharfe Capsaicin in Chilis, ebenso Stoffe in Zimt und Oregano haben neben den bereits beschriebenen Effekten auch Einfluss auf körpereigene Cannabinoide. Diese aktivieren dieselben Rezeptoren wie das bekannte THC in Cannabis und regulieren so Stimmung, Appetit und andere Dinge. Der bekannteste dieser endogenen Highmacher ist Andanamid, benannt nach dem altindischen Wort für Glückseligkeit. Wie Schokoladenfans nicht wundern dürfte, ist der Stoff wohl in geringen Mengen in Kakaobohnen enthalten, ebenso andere Stoffe, die den Abbau von Andanamid im Körper hemmen. Hinzu kommen der berühmte Wachmacher Koffein sowie das ähnlich gebaute Alkaloid Theobromin, dem ebenfalls positive Effekte auf Sinne und Stimmung zugeschrieben werden.

Wie magischen Salbei und Zauberpilze haben bereits die alten Kulturen Mittelamerikas Kakao für ihre Rituale verwendet. An Kakaozeremonien samt schamanischem Trommeln und Meditation kann man heute auch in Berlin und anderen Großstädten teilnehmen. Der dunkle Sud wird dabei mit weiteren Haushaltsdrogen wie Vanille, Zimt oder Cayennepfeffer angereichert und soll für besonders milde Glücksgefühle sorgen. Vielleicht ein bisschen wie einst die warme, winterliche Tasse nach einem schönen langen Tag Schlittenfahren. Für härter Gesottene hat ein belgischer Chocolatier aber auch ein Kakaopulver entwickelt, das man wie Kokain durch die Nase ziehen kann. Für zusätzlichen Pep sorgen Beigaben von Minze oder Ingwer. Nur Chilipulver hat sich laut dem findigen Schöpfer als »sehr schlechte Idee« entpuppt.

Die zur Familie der Malvengewächse gehörenden Kakaobäume sind bereits vor 10 Millionen Jahren in Südamerika entstanden und haben sich von dort nach Mittelamerika ausgebreitet. Wie bei den »Waldmandeln« aus dem letzten Kapitel handelt es sich bei den dicken gelben Schoten der Bäume vermutlich um verwaiste Früchte: Lange die schokoladige Leibspeise von großen Rüssel-, Faul- und Panzertieren, verloren sie diese Verbreitungspartner, als Steinzeitmenschen mit spitzen Speeren die Region besiedelten. Die übernahmen wie bei den Kürbissen aus Kapitel 10 offenbar auch beim Kakao relativ schnell selbst die Kultivierung. Nach der Ankunft von Menschen mit großen Booten, die wiederum für die einstigen Besiedler böse endete, wurde er dann wie unzählige andere begehrte Pflanzen und Gewürze durch den Handel in die ganze Welt getragen.

Das gilt natürlich auch für »echte« Drogen wie Kokain, Cannabis oder Opium. Wie eng Gewürze, Arzneien und Drogen dabei miteinander verbandelt sind, zeigt vielleicht die Herkunft des Wortes Drogen. Es wurde früher wohl für alle Gewürze und Arzneien verwendet, die man in Fässern »trocken« hielt (mittelniederländisch »droge«, daher im eng verwandten Deutschen heute lustigerweise noch »dröge«). Wobei das weltweite Geschäft mit Opium und Cannabis schon sehr viel früher begann als mit dem kolonialen Seehandel.

Mohnkuchen liebe ich, von Mohnbrötchen hingegen bin ich kein großer Freund. Bei beiden Speisen kam es jedoch schon vor, dass die Behörden vor einem erhöhten Gehalt an Morphin warnten. Das ist das auch als Morphium bekannte Schmerzmittel, das wie Codein und Heroin aus Opium, also dem getrockneten Milchsaft des Schlafmohns, hergestellt werden kann. Der Saft wird in den dicken Samenkapseln des Mohns gebildet, und die Opiate Morphin und Codein gehören zu den vielen Alkaloiden, die darin vorhanden sind. Wie andere Alkaloide dienen sie wohl hauptsächlich der Abwehr von Insekten, und das Hauptalkaloid Morphin bilden Mohnpflanzen vermutlich seit etwa 20 Millionen Jahren. Verunreinigt der Saft bei der Ernte die kleinen dunklen Samen in den Kapseln, kann der Stoff auch in unseren Lebensmitteln landen. Das birgt durchaus ein gewisses Gesundheitsrisiko, passiert aber anscheinend eher selten. Nur Gefängnisinsassen kann in Deutschland der Verzehr von Mohnbrötchen verwehrt werden, weil schon kleinste Mengen der Opiate Drogentests verfälschen.

Hanf hat sich in seiner Entwicklung vermutlich vor etwa 30 Millionen Jahren ausgerechnet vom Hopfen getrennt, dessen bittere kleine Blütenzapfen heute unserem Bier seine Würze geben. Genauso ausgerechnet sind die uns vertrauten Cannabispflanzen wohl geraume Zeit später in den tibetischen »Highlands« entstanden. Forscher haben sogar spekuliert, dass die high machenden Cannabinoide der Gewächse ursprünglich nicht nur als Schutz gegen Pflanzenfresser dienten, sondern auch gegen die im Hochland »highere« UV-Strahlung. Wie die ätherischen Öle des Salbeis wird das Harz mit den Cannabinoiden von winzigen Drüsenhärchen produziert, die in diesem Fall vor allem die weiblichen Blüten schützen. Kulinarisch gesehen geht das Angebot heute weit über die berühmten Haschkekse oder praktisch THC-freies, aus Hanfsamen gepresstes Speiseöl hinaus. Das gilt besonders in vielen Staaten der USA, wo man inzwischen von Fruchtgummis bis Beef Jerky und Craftbier fast jedes Lebensmittel auch mit einem Spritzer THC-Öl bekommt. Bisher trotz Cannabisgesetz noch verboten, könnten solche »Edibles« bald auch bei uns erhältlich sein.*

Eine echte Koka-Cola hingegen wird man vermutlich noch eine ganze Weile vergeblich bestellen. Wie bereits in Kapitel 1 erwähnt, enthielt die ursprüngliche Rezeptur der beliebten Brause außer aus Kolanüssen extrahiertem Koffein auch Kokain, daher Coca-Cola als Name. Die zugehörigen Kokasträucher kommen aus einer kleinen, ziemlich jungen Pflanzenfamilie, die vor allem in Südamerika wächst. Ihren Kick erzeugen die gekauten Blätter oder das daraus gemachte Pulver, indem Kokain die Nervenzellen an der Wiederaufnahme von Glücksstoffen wie Dopamin und Serotonin hindert, sodass sie weiter unsere Wohlfühlschalter drücken. Bei gefräßigen Insekten wie Raupen wird hingegen die Rückaufnahme eines anderen Botenstoffs blockiert, der Fluchtreflexe und Stoffwechsel regelt. Die so ausgelöste Überreizung überleben die kleinen Plagen

* Bis Mitte 2024 waren Edibles mit synthetischen Cannabinoiden in Deutschland erhältlich, das wurde jedoch durch eine Gesetzesanpassung geändert.

nicht lange. Daher wurde bereits darüber nachgedacht, Kokain als natürliches Pflanzenschutzmittel zu verwenden.

Das ist bei Nikotin, der legalen Droge in Zigaretten und »Vapes«, schon seit Langem gang und gäbe. Wie Kokasträucher haben auch Tabakpflanzen ihren Ursprung in der Neuen Welt, stammen jedoch aus der viel älteren und größeren Familie der Nachtschattengewächse. Das Nikotin in den großen Blättern des hübsch blühenden Krauts bindet in dem Fall bei Menschen und Insekten an die gleichen Rezeptoren. Während das bei uns anregend oder entspannend wirkt, werden bei Insekten Nerven, Muskeln und Aufmerksamkeit so überstimuliert, dass sie noch schneller als an Koks sterben. Deshalb wird mit Tabak versetztes Wasser bereits seit Jahrhunderten als natürlicher Pflanzenschutz eingesetzt. Dem Nikotin nachgebildet sind auch die extrem erfolgreichen, wegen ihrer Wirkung auf Bienen und Schmetterlinge inzwischen jedoch zum Teil wieder verbotenen Neonicotinoide.

Warum, ganz einfach gesagt, stehen wir Menschen auf Pestizide? Warum nehmen wir Stoffe, die Pflanzen entwickelt haben, um sich Lebewesen vom Leib zu halten, so gerne zu uns? Warum würzen wir mit ätherischen Ölen und anderen aromatischen Pflanzenschutzmitteln unsere Speisen? Wieso peppen wir mit Substanzen, die eigentlich mal als Insektizid gedacht waren, unser Nachtleben auf oder rauchen sie zu Zigaretten und Joints gedreht zur Entspannung? Gibt es dafür wie auch immer geartete »natürliche« Gründe? Oder ist das alles nur ein großer biochemischer Zufall?

Der erste Grund besteht ganz einfach darin, dass Pflanzen sich nicht (oder meist nur sehr wenig und langsam) bewegen können. So mussten sie Wege finden, ihre oft viel mobilere Umwelt zu manipulieren. Eins ihrer wichtigsten Werkzeuge ist dabei die Chemie. Wir kennen das schon von den bunten Farben, lockenden Düften und köstlichen Substanzen, mit denen sie in Kapitel 10 ihre tierischen Pollen- und Samenboten für sich einnehmen. Doch das Ganze funktioniert auch in die andere Richtung. Und im ewigen Wechselspiel der unzähligen Akteure der Natur- und Nahrungsgeschichte entstehen so die erstaunlichsten Ergebnisse.

Als Pflanzen, wie in Kapitel 7 geschildert, vor gut 400 Millionen Jahren an Land »gingen«, dauerte es offenbar eine ganze Weile, bis Insekten an ihnen zu saugen und knabbern begannen. Heute sind jedoch rund eine halbe Million pflanzenfressende Insektenarten bekannt, also mehr als Arten von Pflanzen. Zu diesem riesigen Heer aus Käfern, Raupen und Blattläusen gesellen sich mehrere Tausend vegetarische Säugetierarten, von der Erntemaus bis zum Elefanten, sowie eine schleimige Armee von Schnecken. Von den großen vegetarischen Reptilien der Dinozeit sind fast nur ein paar Blümchen fressende Schildkröten übrig geblieben, zudem grasende Gänse und Beeren fressende Papageien und Singvögel. Letztere sind wie viele Insekten und Säuger als Bestäuber oder Samentransporteure häufig durchaus erwünscht. Mit Pilzen und Bakterien gibt es ebenfalls oft Partnerschaften, jedoch, wie bei uns selbst, auch viele weniger freundliche Interaktionen. Kein Wunder, dass da die grünen Chemiefabriken, die wir Pflanzen nennen, Zehntausende verschiedene Stoffe entwickelt haben, um mit all dem zurechtzukommen.

Die meisten dieser Stoffe spielen irgendwie bei der Abwehr eine Rolle, und bei dieser enormen Menge könnte es nun einfach Zufall sein, dass manche für uns gut riechen und (damit) schmecken oder uns die Birne zudröhnen. Aber so simpel ist es wohl nicht. Zwei für unsere Gewürze und Küchenkräuter sehr wichtige Stoffgruppen sind zum Beispiel Terpene und Phenole. Zu den Terpenen gehören Thujon in Salbei, Menthol in Minze, Carvacrol in Oregano, aber auch Thymol in Thymian, Pinen in Rosmarin oder Limonen in Zitrusfrüchten. Mit dieser Gruppe teilweise überlappend und wie alle Stoffe meist zu individuellen Duftcocktails gemixt sind Phenole. In deren weiteren Bereich gehören Myristicin und Safrol, enger das blumige Eugenol in Nelken oder die herben Tannine. Letztere sind sowas wie eine pflanzliche Allzweckwaffe und zugleich die adstringierenden Stoffe, die unseren Bordeaux so herrlich rau auf der Zunge machen.

Wie geschickt Pflanzen mit all diesen »Waffen« umgehen, zeigt der auf felsigen Höhen rund ums Mittelmeer beheimatete Thymian. Hier bildet das struppige Kraut andere und anders riechende Abwehrstoffe, je nachdem, ob auf seinem Hügel mehr Schafe oder mehr Schnecken leben. Ein naher Verwandter stimmt seine Gifte und Düfte sogar darauf ab, ob Schafe und Ziegen ihn in seiner bergigen Festung erreichen können. Allgemein gedeiht diejenige Thymianart am besten, die die stärksten Gifte bildet.

Doch – und genau da hört der Zufall auf – gerade das könnte solche Pflanzen für uns attraktiv gemacht haben. Terpene und Phenole werden auch von reifen Früchten verströmt, sind uns also per se nicht unsympathisch. Gleichzeitig haben sie aufgrund ihrer Funktion als Abwehrstoff für uns oft medizinische Wirkung. Von betäubenden Nelken gegen Zahnschmerzen, »eisigem« Menthol in Wick MediNait bis hin zu mediterranen Kräutern, die gegen Bakterien, Pilze und Darmparasiten wirken. Viele der kleinen Feinde von Pflanzen sind auch unsere Feinde. Das könnte für uns Gerüche und Aromen, die eigentlich unangenehm gemeint sind, im Laufe der Zeit in etwas Angenehmes verwandelt haben.

Unsere traditionelle Nutzung von Gewürzen als Konservierungsmittel und ihre Verwendung beim Kochen scheint diese Annahme zu stützen. Bakterien gedeihen in warmen Ländern besonders gut, und genau dort werden einer Studie zufolge die meisten antibakteriell wirksamen Gewürze verwendet. Die effektivsten Keimkiller sind schweflige Knoblauch- und Zwiebelknollen, karibisches Piment sowie Oregano, dicht gefolgt von Thymian, Zimt, Estragon, Kreuzkümmel und Nelken. Auch Chilis, Rosmarin, Senf und Minze hindern Bakterien an der Vermehrung, schon deutlich weniger Pfeffer, Ingwer oder Zitrone. Am gefährlichsten sind verdorbene Fleischgerichte, und allein für sie gibt es im warmen Indien eine Standardauswahl von 25 Gewürzen, von denen durchschnittlich fast zehn in jedem Gericht landen. In den traditionellen Rezepten Norwegens dagegen reicht die ganze Auswahl an würzenden Zutaten nur bis zehn, und höchstens ein bis zwei finden meist ins Essen. Nicht nur die Zahl, auch die antibakterielle Wirksamkeit der Gewürze steigt mit den örtlichen Temperaturen. Und die Vorliebe dafür wird wohl schon im Mutterbauch weitergegeben.

Eine weniger appetitliche These lautet, in warmen Ländern werde vor allem deshalb so gut gewürzt, um den wahren Geschmack von leicht verderblichen Speisen zu überspielen. Die Befürworter beider Thesen können sich durch Beobachtungen bestätigt fühlen, die vor einiger Zeit in Uganda gemacht wurden. Dass unsere nächsten Verwandten, die Schimpansen, nicht so reine Fruchtesser sind wie lange geglaubt, wird später noch Thema. Tatsächlich jagen und verspeisen sie gerne mal kleinere Affen. Bei solchen Mahlzeiten wurden ugandische Schimpansen mehrmals dabei beobachtet, wie sie gezielt Blätter als »Beilage« aßen. Die Tiere fressen besonders gerne Magen und Gedärme, und eine Deutung lautet, dass sie allzu derbe Geschmacksnoten mit herben und aromatischen Blättern kaschieren. Die andere besagt, dass sie sich – wie wir es vielleicht gelernt haben – mit Terpenen, Phenolen und ähnlichen Stoffen gegen in solchen Innereien lauernde Keime schützen.

Zwei Speisen gezielt zu kombinieren, könnte als erster Schritt zum Kochen gesehen werden. Doch Schimpansen sind meinen Recherchen nach die einzigen Tiere, die bisher bei der möglichen Verwendung von »Gewürzen« beobachtet wurden. Geradezu alltäglich scheint hingegen die tierische Nutzung von natürlichen Arzneien, also medizinischen »Drogen«, zu sein. Allein warum ihr Bello regelmäßig Gras frisst, fragen sich ja unzählige Hundebesitzer. Magenprobleme? Nahrungsergänzung? Nein, als plausibelste Erklärung gilt bisher die Abstammung von Wölfen. Die fressen in der Wildnis ebenfalls öfter Gras, vermutlich um so Darmwürmer aus ihrem Verdauungstrakt zu »fegen«. Obwohl an klinisch reine Brekkies gewöhnt, scheint dieses genetische Programm auch in unseren verwöhnten Wohlstandswölfen weiterzulaufen.

Offenbar zu ähnlichen Zwecken schlucken Affen raue Blätter, Wildschweine fressen als Wurmmittel bekannte Wurzeln, Nashörner vor Tanninen strotzende Rinde. Vögel nehmen Säurebäder in Ameisenhaufen, um ihre Milben loszuwerden, Nasenbären reiben sich gegen Mikroben wirksames Harz ins Fell, Kapuzineraffen die Säfte von Zitrusfrüchten und Pfefferblättern. Buschratten kleiden ihr Nest mit Lorbeerzweigen aus, um Flöhe zu bekämpfen, Stare schützen ihre Brut mit frischen Kräutern gegen Läuse. Schlaue Stadtspatzen fädeln sogar, wohl aus denselben Gründen, von der Straße aufgelesene Zigarettenkippen in ihre Kinderstuben.

Womit wir bei Nikotin und anderen nichtmedizinischen Drogen wären, zu denen die Pestizide der Pflanzen taugen. Kennen Hundehalter die Sache mit dem Gras, wissen viele Katzenfreunde, wie sehr ihre Mieze auf Katzenminze steht. Die ist zwar nicht wirklich eine Minze, gehört aber wie viele duftende Kräuter zur Familie der Lippenblütler. Wie Zaubersalbei enthält sie ein eigentlich gegen Insekten gerichtetes Terpen, das bei Katzen über Umwege auf Opioidrezeptoren wirkt. So verwandelt oft allein schon der Geruch selbst ausgewachsene Löwen und Tiger in selig auf dem Boden herumrollende Schmusekätzchen. Ähnliche Effekte haben Blätter der südamerikanischen Ayahuasca-Liane, die wie Kakao gerade zur Modedroge avanciert, auf Jaguare. Allerdings könnten hier statt ätherischer Düfte dieselben Alkaloide verantwortlich sein, mit denen die Pflanze auch uns in andere Welten versetzt.

Diese weniger flüchtigen Stickstoffverbindungen scheinen ja insgesamt besonders potent zu sein – ob nun als Abwehrgift oder Droge. Denken wir nur an das Koffein in Kaffeebohnen und Teeblättern aus Kapitel 1; oder das Nikotin in Tabakblättern, das

Kokain in Kokablättern und das Morphin in Mohnsäften. In Australien werden regelmäßig Wallabys dabei erwischt, wie sie an für die Medizin angebauten Mohnkapseln naschen und dann total weggespaced »Kornkreise« in die Felder hoppeln. Hunde hingegen lecken wie manche Menschen an Kröten, von denen ebenfalls viele Alkaloide zur Abwehr absondern. Einige der Vierbeiner werden von den so ausgelösten Trips wohl regelrecht abhängig.

Eigentlich sind Alkaloide bittere Gifte, für die wir viel mehr Rezeptoren auf der Zunge haben als für süß, sauer und unsere anderen Grundgeschmäcke. Das ergibt auch Sinn. Denn pflanzliche Alkaloide wie Strychnin in Brechnuss oder Coniin in Schierling können sehr gefährlich sein. Gleiches gilt zum Beispiel auch für die bittere Blausäure, mit der andere Pflanzen sich und ihren Nachwuchs schützen. Allerdings lernen wir – und offenbar auch andere Tiere – schnell, solche Warnsignale zu ignorieren, wenn dabei ein aufregendes Drogenerlebnis rausspringt.

Doch was ist hier der »natürliche« Zusammenhang? Warum funktionieren pflanzliche Abwehrgifte bei uns als Drogen, die unsere Stimmung, Sinnesschärfe oder sogar unser Bewusstsein verändern? Bei Gewürzen und Arzneien scheint der Zusammenhang auf der Hand zu liegen. Die Stoffe bekämpfen Mikroben und Parasiten, das macht sie auch für uns nützlich. Wegen dieser Wirkung haben wir zum Bespiel den Geruch und Geschmack von gewissen Terpenen und Phenolen schätzen gelernt – so jedenfalls eine halbwegs plausible Erklärung. Aber was hat das mit dem anregenden Zug an der Zigarette, endlosen Koksmonologen oder ekstatischen Heroinkicks zu tun? Vor allem wenn sie von eigentlich ungenießbar bitteren Giften vermittelt werden.

Ein Teil der Erklärung liegt wohl darin, wie Pflanzen vor allem ihre größeren Feinde bekämpfen. Bei Mikroben wie Bakterien besteht die wesentliche Strategie darin, die Funktion der Zellhülle zu stören. Doch bei größeren Organismen wirken dieselben Stoffe oft auf die Nerven, die die ganz kleinen nicht haben. Die Nervenkostüme von Insekten oder Würmern sind weniger komplex als unsere, funktionieren aufgrund unserer gemeinsamen Evolution aber nach ähnlichen Regeln. Was bei einer an einem Blatt knabbernden Raupe zu einer tödlichen Überreizung führt, kann so bei uns nur anregend wirken. Das hat oft einfach mit der Größe zu tun, und verabreichen wir uns eine Überdosis Nikotin, Kokain oder Morphin, können auch wir daran sterben. Zugleich drücken die Gifte, die oft Botenstoffen ähneln, in unserem hochentwickelten Nervennetz wohl manchmal eher zufällig Knöpfe, die zu wahrlich »abgefahrenen« Ergebnissen führen.

Eine dritte Möglichkeit ist, dass Pflanzen ihre Pestizide nicht nur als solche, sondern selbst auch als Drogen verwenden. Erinnern Sie sich noch an die Bienen aus Kapitel 1, die so gerne koffeinhaltigen Nektar schlürfen? Die dadurch genauso zu fleißigeren »Arbeitsbienen« werden wie wir nach einer Tasse Kaffee, selbst minderwertige Blüten öfter anfliegen und mit ihren Tänzen häufiger darauf hinweisen? Auch Kokain hat man Bienen verabreicht, mit ganz ähnlichen Ergebnissen. Die Insekten tanzten ihren Artgenossen häufiger und hektischer etwas über die gefundene Futterquelle vor und übertrieben deren Reichtum an Nektar und Pollen. Nicht anders als ein endlos quasselnder Sakkoträger in einer Bar, der sich ständig an der Nase rumfummelt. Sogar Entzugssymptome zeigten die Tierchen und konnten ohne »Näschen« schlechter Gedächtnisaufgaben lösen.* Versuche mit Hummeln und Nikotin wiesen in dieselbe Richtung. Die Brummer konnten sich an Blüten mit Tabaknektar besser erinnern und besuchten sie selbst dann weiter, wenn sie nur noch wenig zuckrigen Saft enthielten.

Wird die süße Kinderserie »Biene Maja« ein weiteres Mal verfilmt, dann läuft sie wohl besser im Spätprogramm. Die hohe Alkaloiddosis in Blättern stellt alle motorischen Signale auf »Go!« und

* Wie sehen Gedächtnisaufgaben für Bienen aus? Man setzt ihnen Zuckerwasser mit Zitronenaroma und Salzwasser mit Vanillearoma vor und prüft nach etwas Übung, bei welchem Geruch sie eher den Rüssel ausstrecken.

beschert Käfern und Raupen tödliche Krämpfe. Als dezente Dosis im Nektar scheint sie jedoch selbst bei Insekten Belohnungssignale zu manipulieren und so nützliche Partner aufmerksamer und letzten Endes abhängig zu machen. Was natürlich wie in Kapitel 1 die Frage aufwirft, wer hier in Wirklichkeit am längeren Hebel sitzt: wir oder die von uns auf der ganzen Welt angebauten Pflanzen.

Wie beim Kaffee oder dem Alkohol aus dem letzten Kapitel zeigt das Ganze auch, wie alt all diese Beziehungen sind. Ähnlich wie bei der Funktion von Alkohol als sozialem Schmierstoff gibt es auch bei Drogen die Theorie, dass erst sie uns wirklich zu Menschen machten. Dabei geht es weniger um pflanzliche Alkaloide als um die von Pilzen, nämlich das schon in Kapitel 6 erwähnte Psilocybin. Als unsere äffischen Vorfahren vor etlichen Millionen Jahren von den Bäumen stiegen, lasen sie nicht nur öfter vergorene Früchte vom Boden auf. In den sich ausbreitenden, von großen Huftieren beästen Savannen kamen ihnen auch mehr auf »Kuhfladen« wachsende Zauberpilze unter. Die könnten, so jedenfalls die meist als abseitig gewertete These, unserer Kreativität, Spiritualität und Erzählfreudigkeit den entscheidenden Anstoß gegeben haben. In schöner Analogie zur Drunken-Monkey-Hypothese wird das Gedankenspiel als Stoned-Ape-Theorie bezeichnet.

Ernster genommen wird der Gedanke, dass wir wie mit Salz, Zucker, Getreide oder Alkohol auch mit Drogen evolutionär gesehen schon lange leben. Genauso wenig wie Pestizide sind sie eine Erfindung der modernen Zivilisation. Allerdings: Wie bei all diesen Dingen könnte die allzu leichte Verfügbarkeit unsere eigentlich gesunden Impulse heute manchmal ins Gegenteil verkehren. Auch auf die Aufnahme von Zucker oder Fett sprechen nämlich unsere chemischen Belohnungssysteme an. Und genauso wie alle Nahrung in Kapitel 9 ein bisschen Gift war, könnte sie aus der Sicht von diesem ein bisschen Droge sein.

ALLES GRAS IST FLEISCH

14

Kain und Abel waren Brüder, aber wie eng ist eigentlich – so wir es denn essen – das Steak auf unserem Teller mit uns verwandt? Will man in dieser Hinsicht auf Nummer sicher gehen, muss man sich an Pflanzen und Pilze halten. Beide Reiche von Lebewesen trennten sich schon vor über einer Milliarde Jahren von uns Tieren, als alle Organismen der Welt noch als winzige Einzeller durch die Urmeere schwammen. Man kann also wirklich von »entfernten Verwandten« sprechen. Wie in Kapitel 6 kurz erläutert, ist man bei den Pilzen allerdings schon ein Stück näher an unserem eigenen Reich, also dem der Tiere, dran.

Es gibt nützliche Apps für Preisvergleiche und die Inhaltstoffe von Lebensmitteln oder Kosmetika. Wer aber wissen möchte, wie eng die »Blutsbande« zu unseren Nahrungsmitteln sind, ist mit der tollen Webseite TimeTree.org gut bedient. Auf Grundlage Tausender Studien berechnet sie unsere evolutionäre Distanz zu allem, was wir essen, trinken oder sonst irgendwie zu uns nehmen.

Kürzlich habe ich einen supernetten Grafiker aus der Agentur, in der ich arbeite, in der Mittagspause zum Essen eingeladen. Er hatte mir mit der ehrlich gesagt nicht ganz leichten Gestaltung des Covers für dieses Buch geholfen. Also saßen wir an einem großen Platz unserer schönen Stadt in der letzten Herbstsonne und genossen bei einem Italiener Miesmuscheln (Monate mit »r«, Kapitel 3) mit einem Gläschen Wein. Letzterer war natürlich so weit von uns entfernt wie alle Pflanzen, laut TimeTree rund 1,5 Milliarden Jahre. Das ließ selbst die wundervolle alte Backsteinkirche dort in der Nähe ziemlich jung aussehen. Derselbe entwicklungsgeschichtliche Abstand galt für den Weizen in dem Weißbrot, das wir in den (für meinen Geschmack etwas arg salzigen) Muschelsud tunkten.

Auch die Kaffeebohnen, die für unseren anschließenden Espresso gemahlen wurden, oder die zerkleinerten Tabakblätter, die in meiner dazu angezündeten Zigarette steckten, waren nicht näher mit uns verwandt.

Ein bisschen anders war es schon bei den Muscheln selbst, auch wenn man es ihnen nicht unbedingt ansieht. Sie gehören immerhin zum Reich der Tiere, sind aber laut TimeTree auch noch rund 700 Millionen Jahre von uns entfernt. Das heißt, unsere evolutionären Pfade haben sich bereits eine ganze Weile vor der im Kapitel »Urmeeresfrüchte« beschriebenen kambrischen Explosion getrennt. Nicht anders wäre es gewesen, hätten wir Calamari fritti oder Pasta mit Scampi bestellt. Denn von all solchen Weich- und Krustentieren ist unsere Linie der Wirbeltiere zu jener Zeit weggeschwommen. Deshalb hätte uns eine gegrillte Dorade oder eine Zuppa di Pesce unserer fernen Verwandtschaft schon ein ganzes Stück näher gebracht. Denn die Fische waren es ja, die mit uns im Kapitel »Fischsuppe« an Land stiegen, nachdem vor rund 430 Millionen Jahren – so jedenfalls die Datierung von TimeTree – die Linie der Fleischflosser abzweigte.

Hühnchen habe ich meiner Erinnerung nach noch nie beim Italiener bestellt. Das typischste Gericht ist wohl Pollo nach Jägerart, in Tomatensauce, Rotwein und Kräutern geschmort. Hier gibt TimeTree bereits eine verwandtschaftliche Nähe von rund 320 Millionen Jahren an. Sie erinnern sich: Damals hat in Kapitel 8 *Hylonomus*, das erste aus den Fleischflossern hervorgegangene Reptil, das erste amniotische Ei gelegt. Unsere kurz zuvor abgezweigte Linie lebte dann lange im Schatten der Dinos, von denen außer Geflügel heute nichts mehr auf der Karte steht. Alle nächsten und uns weitaus näheren Gerichte entspringen einer sehr viel späteren Zeit vor ungefähr 100 Millionen Jahren. Und genau hier setzt der Ursprung des Steaks – oder auch gerne des Bistecca alla Fiorentina – auf unserem Teller an.

Rinder haben sich laut TimeTree vor ziemlich genau 94 Millionen Jahren von uns getrennt. Dasselbe gilt für das Schweineschnitzel, die Lammkottelets, das geschmorte Zicklein oder die Pferdesalami. Ebenso für leckere Wildgerichte wie Rehrücken, Hirschmedaillons oder Wildschweinbraten. Erkannt hätten wir zu jener fernen Zeit keins dieser Geschöpfe. Ähnlich wie Pflanzen, Pilze und Tiere bei ihrer Trennung Einzeller waren, flitzten wir alle damals noch als kleine Fellwesen zwischen den Beinen der Dinos herum. Erst nach deren Niedergang vor 66 Millionen Jahren fächerte sich die Welt der Säugetiere in ihre bunte Vielfalt auf. Wie schon im Kapitel über Milch geschildert, legten sich Huftiere ihre Hufe und Wiederkäuer mehrfache Mägen zu. Die spitzen Hörner von beliebten Weidetieren wie Rindern, Ziegen und Schafen, wie auch die der nah verwandten Gnus und Antilopen, kamen erst ziemlich spät hinzu.

Gut 90 Millionen Jahre, wie nah geht uns diese Verwandtschaft in Genen ausgedrückt? Laut einer etwas älteren Studie bestehen rund 80 Prozent des Genoms von Rindern aus Genen, die wir auch in uns tragen. Für Schweine gibt es keine so eindeutige Zahl, doch sind sie uns in ihren körperlichen Abläufen so ähnlich, dass man darüber nachdenkt, sie in Zukunft noch stärker als Versuchstiere zu nutzen. Diese zweifelhafte Ehre kommt bisher meist Ratten und Mäusen zu. Mäuse habe ich ja schon in einem anderen Kapitel als Taschenmenschen bezeichnet. Zwar driftet allgemein ihre Erbinformation wohl relativ schnell von unserer weg, weil sie sich so rasch vermehren. Doch bei den wichtigen und deshalb »konservierten« Codes, die wir meist mit Genen meinen, stimmen sie zu 85 Prozent mit uns überein.

Gehen wir jetzt wieder zu TimeTree, sehen wir, dass die Hausmaus tatsächlich ein wenig später von unserer Linie abgezweigt ist als Rinder oder Schafe, nämlich vor 87 Millionen Jahren. Nun werden Mäuse oder zumindest Feldratten zwar gerne in Südostasien, Indien und Afrika gegessen, aber nicht bei uns. Das Gleiche gilt für peruanisches Meerschweinchen vom Grill oder als Eintopf serviertes Eichhörnchen aus den USA, die beide wie Mäuse und Ratten zu den Nagern zählen. Anders ist es allerdings mit Kaninchenragout oder Hasenbraten, die (neben Hühnchen, natürlich) gerne als Vergleich für den Geschmack von Ratten und Meerschweinchen herangezogen werden. Tatsächlich galten die Langohren lange selbst als Nagetiere und sind genauso eng mit uns verwandt. Was etwa die Immunabwehr angeht, stehen uns Kaninchen genetisch sogar näher als Mäuse. Noch engere Verwandte landen nur mit Affen und anderen Primaten auf dem Teller. Mit am Amazonas gejagten Kapuzineraffen ist man auf 40 Millionen Jahre an uns dran, mit Gibbons in Asien 20 Millionen und mit als Bushmeat verspeisten Gorillas nicht mal 10 Millionen Jahre.

Warum stehen Nagetiere und Hasenartige uns Primaten so relativ nahe? Weil sie wie wir (und die schon mehrmals lobend erwähnten Spitzhörnchen) zu einem großen Ast am Baum des Lebens gehören, der vor gut 90 Millionen Jahren von einem anderen, heute fast genauso großen und weitverzweigten Ast wegstrebte. Das passierte wohl auf dem nördlichen Riesenkontinent Laurasia, dem Gegenstück zum damals schon zerbrochenen südlichen Riesenbrocken Gondwana. Doch spätestens nach dem Abgang der großen Landdinos rankten sich die Zweige der zwei Äste praktisch um die ganze Welt. Heute stellen sie zusammen die große Mehrheit der Säugetiere. Und der zweite große Ast ist eben jener mit all den äsenden Huftieren, von denen eine Handvoll unsere Milch- und Fleischlieferanten geworden sind.

Zusätzlich gehören zu diesem Ast die in die Luft abgehobenen Fledertiere und die ins Wasser zurückgekehrten Wale. Sowie – ausgerechnet – vom Wolf der Steppe, dem Löwen der Savanne und dem Tiger des Dschungels bis zu ausgestorbenen Riesenbären sämtliche Raubtiere, die gerne Huftiere fressen.

Fragen wir TimeTree, wann sich Löwe und Lamm in ihrer Entwicklung getrennt haben, sagt uns die Seite: vor 76 Millionen Jahren. Bei Wolf und Reh, Bär und Wildschwein, Tiger und Büffel oder Leopard und Antilope ist es dasselbe. Erbeutet ein Löwe in der Savanne ein Zebra oder ein Jaguar im Urwald einen Tapir, sind sich Jäger und Beute sogar noch etwas näher. Das liegt daran, dass Pferde und Tapire, wie bereits in Kapitel 11 kurz erläutert, auf ungeraden Zehenzahlen herumlaufen und damit Unpaarhufer sind. Diese haben sich in ihrer Stammesgeschichte vermutlich noch mal ein, zwei Millionen Jahre später von der Linie der Raubtiere getrennt als Paarhufer wie Rinder, Schweine oder Rehe.

Ob das alles exakt und vor allem auf die Jahrmillion so stimmt, ist wie meistens nicht klar. Eins ist jedoch eindeutig: In ihrer Frühzeit waren Jäger und Gejagte kaum zu unterscheiden. Und selbst als die Rollen immer ausdifferenzierter wurden, herrschten, wie schon in Kapitel 11 angedeutet, noch lange für uns höchst seltsame Mischformen vor.

Der große Bums, der die Landdinos auslöschte, setzte auch den Säugetieren mächtig zu. Vorher hatte es ja immerhin schon dachsgroße Exemplare gegeben, die sich auf kleine Dinos stürzten. Doch jetzt fingen wir alle noch mal ungefähr bei Rattengröße an. Wie bei den allerersten Säugern, die im Kapitel über Milch rumflitzen, bestand die Standardausrüstung erneut aus Krallen und spitzen Zähnen, mit denen man Insekten und kleine Eidechsen gut packen kann. Anders als bei den Ursäugern mischten sich aber auch Früchte, Samen und Knospen der seit Kapitel 10 aufgeblühten Blütenpflanzen ins Nahrungsangebot. Ein noch wichtigerer Unterschied: Die riesigen Echsen, die bisher alle sonstigen ökologischen Nischen besetzt gehalten hatten wie die Chefsessel einer Firma – sie waren plötzlich weg! In den letzten Tagen der Kreidezeit hatten T-Rex und Triceratops ihre archaischen Kämpfe ausgefochten, als könnte es ewig so weitergehen. Doch – das Schicksal steht in den Sternen – jetzt waren ihre Plätze in der irdischen Fauna auf einmal frei.

Nun konnte man als Säugetier wählen. Ließ man sich noch schärfere Krallen und Zähne wachsen, um auf größere Kost als knackige Käfer und unachtsame Kleintiere zu gehen? Oder entwickelte man für Grünzeug geeignete Mahlzähne und lange Beine mit Hufen, um vor genau solchen aggressiven Zeitgenossen besser das Weite suchen zu können? Aus heutiger Sicht wirkt das wie eine Entweder-oder-Entscheidung. Selbst übereifrige Bankberater fragen einen ja, ob man Wolf oder Schaf sein will. Doch damals waren die Seiten offenbar noch nicht ganz so klar verteilt. Und ungefähr bis zur Hälfte der Erdneuzeit – also bis vor etwa 30 Millionen Jahren – konnte man durchaus beides sein.

Das beste Beispiel dafür sind die sogenannten Mesonychiden. Von eingefleischten Urzeitfans werden sie auch gerne »Wölfe auf Hufen« genannt. Sie ähnelten Hunden, Hyänen oder Bären und wiesen ähnlich gut für die Jagd geeignete Beißer auf. Vorne ragten lange Fangzähne zum Festhalten der Beute aus dem Maul. Hinten lag eine einfache Form der scherenartigen Reißzähne, mit denen heute Hunde und andere Fleischfresser ihre Nahrung zerkleinern. Mehr als zweimal hätten Hundebesitzer aber bei den »Pfoten« hingeschaut. Denn an den Zehen, auf denen viele Räuber wie ihre Beute laufen, hatten die seltsamen Tiere keine übers Parkett klackernden Krallen, sondern kleine Hufe! Es war ein bisschen so, als würde der böse Wolf als Großmutter verkleidet dem Rotkäppchen nachjagen. Nur dass er dabei aus Horn gebildete Stöckelschuhe trug.

Waren die gruseligen Mischwesen bei der Jagd erfolgreich, fixierten sie den Fang vermutlich mit den Vorderhufen und rissen dann per Ruckverfahren große Stücke heraus. Eine bis zu bärengroße Gattung trug den schönen Namen »dicke Hyänen«, glich mit ihren stämmigen, behuften Beinen zugleich einem Tapir und trabte ihren Opfern über lange Strecken hinterher. Andere der frühen Hufträger konnten mit ihrem kräftigen Raubtiergebiss wohl sogar Knochen zerbeißen.

Die Hufenwölfe entwickelten sich bald nach dem Dino-Abgang

in Asien und breiteten sich von dort nach Europa und Nordamerika aus. Zusammen mit den noch stämmigeren »Bärenhunden«, die allerdings Krallen trugen, gehörten sie zu den erfolgreichsten Raubtieren der frühen Erdneuzeit. Beide Gruppen wurden einst zu den »Urhuftieren« gezählt, also den Vorfahren unserer heutigen Huftiere. Als Fossilien stehen vor allem Kiefer und Zähne, seltener ganze Schädel oder Beinknochen zur Verfügung. Auch per Genanalyse ließen sich die Stammbäume noch nicht komplett entwirren. Klar ist jedoch, dass jener der Hufenwölfe eng mit dem der Huftiere verbunden ist. Deren frühe Vertreter waren ihren Verfolgern oft verblüffend ähnlich: kleine Urpferdchen oder tapirartige Wesen mit zierlichen Hufen und langem Schwanz. Wesentlicher Unterschied: Hinten im Gebiss lagen statt auf Fleisch ausgelegter Reißzähne für Pflanzen geeignete Mahlzähne. Wie jene von Kain und Abel ist auch die Nahrungsgeschichte unserer liebsten Fleischgerichte eine von frühem »Brudermord«.

Wenn das schon überraschend ist, ist es vielleicht noch mehr die Geschichte der Wale. Auch der in Kapitel 11 erwähnte Sumpfwolf, von dem diese riesigen Meeressäuger abstammen, wurde nämlich lange zu den Hufenwölfen gezählt. Heute werden diese Verwandtschaftsgrade wieder als wesentlich lockerer eingeschätzt. Doch eins ist geblieben: Als einst der wolfartige Urahn (oder zumindest frühe Cousin) der großen Flossenträger in die Sümpfe stieg, hatte er wohl wie Nilpferde kleine Hüfchen an.

Damit hätten wir die spannenden Stilettoträger unter den frühen Raubsäugern abgehandelt. Aber auch andersherum wird aus der Story ein Schuh. Später in der Erdneuzeit machten nämlich riesige Huftiere die nördlichen Kontinente unsicher, die man gerne Höllen- oder Terminatorschweine nennt. Ähnlich wie die behuften Wölfe regen sie immer wieder die Fantasie von Urzeitnerds an (von denen ich natürlich auch einer bin). Der Mythos der schweinischen Räuber geht auf einen knapp ein Meter langen Schädel zurück, der vor hundert Jahren in der Inneren Mongolei gefunden wurde. Mit einer Körperlänge von fast vier Metern und mannshohen Schultern wurden sie sogar zu den größten fleischfressenden Landsäugern aller Zeiten erklärt.

Erst dachte man, klar: Das ist wieder einer dieser schaurigen Hufenwölfe! Doch inzwischen sieht die Forschungslage anders aus. Die Tiere stehen wohl ebenfalls den Nilpferden und Walen näher und hatten Ernährungsgewohnheiten, wie sie eher bei heutigen Wildschweinen zu finden sind. Die sind wie unsere Hausschweine klassische Allesfresser. Das heißt, sie fressen Grünzeug, Eicheln und Pilze, wühlen nach Wurzeln und Knollen, nehmen aber auch Engerlinge, Käfer, Mäuse, Frösche, Aas oder die Eier und Küken bodenbrütender Vögel mit. Tatsächlich ist die Grenze zum »Hufenwolf«, also zum Fleischfresser, Raubtier und Jäger, ein bisschen fließend. Denn stoßen Wildschweine auf Kitze oder verletzte Rehe, machen sie sich auch über diese her. Selbst bei der aktiven Jagd auf Erdhörnchen und junge Schafe und Ziegen wurden sie schon erwischt. In Indien haben Wildbiologen sogar beobachtet, wie Wildschweine im Team eine ausgewachsene Hirschkuh überrumpeln und zu Boden ziehen.

Allerdings sind auch jene Vertreter der Huftiere, die nicht wie Wildschweine als Allesfresser gelten, sondern eigentlich als reine Veganer, nicht immer so unschuldig. Auf schottischen Inseln haben Hirsche und Schafe zum Beispiel die unappetitliche Angewohnheit, jungen Seevögeln Kopf, Flügel oder Beine abzunagen. Offenbar, so die halbwegs entlastende Erklärung, wollen die Weidetiere mit den Knochen ihren Kalziumhaushalt aufbessern. Rehe wurden jedoch auch schon dabei beobachtet, wie sie lebende Vögel, Frösche oder Fische im Ganzen verschlingen. In einem Naturschutzreservat bei Dubai wurde mit Fotos dokumentiert, wie eine Gazelle eine frisch gefangene Taube frisst. Das Tier öffnete mit den Schneidezähnen die Haut und stellte dann einen Vorderhuf auf die Beute, um Fleisch abzureißen. Erinnert Sie das an was? Wie es im zugehörigen Forschungsbericht heißt, wirkte das Huftier nicht nur wie ein erfahrener Jäger, sondern genoss auch augenscheinlich seine Fleischmahlzeit.

In einem bengalischen Dorf hat eine Kuh namens Lal bizarre Berühmtheit dafür erlangt, regelmäßig die Küken der mit ihr gehaltenen Hühner zu fressen. Man muss nicht lange auf YouTube suchen, um Pferde bei derselben Tätigkeit zu sehen. Selbst Rehe, die sich bereitwillig mit frisch gegrillten Steakhappen füttern lassen, findet man schnell. Können sie das überhaupt verdauen? Manche sagen Nein. Andererseits gehört selbst bei echten Wiederkäuern ein Magen wie unserer, also mit Säure und Enzymen, zum Verdauungstrakt. Wir selbst haben Rinder und Schafe ja lange mit Tiermehl aus Schlachtabfällen und toten Haus- und Wildtieren gefüttert, bis die BSE-Krise kam. Seit Kurzem ist das »Kraftfutter« in der EU zumindest für Schweine und Geflügel wieder erlaubt. Mastrinder und Milchkühe müssen weiter mit proteinreichen Hülsenfrüchtlern aus Kapitel 10 Vorlieb nehmen. Da für diesen Sojaschrot in Brasilien die Heimat von Jaguar und Tapir abgeholzt wird, steht er jedoch ebenfalls in der Kritik.

Die Grenze zwischen Jägern und Gejagten ist nicht immer klar gezogen – das war nicht nur in ferner Vorzeit so. Von räuberischen Eichhörnchen und an Aas nagenden Hasen fange ich erst gar nicht an. Die im Fall der Küken fressenden indischen Kuh hinzugezogenen Tierärzte gingen von einer Krankheit aus. Mancher Dorfbewohner glaubte jedoch, dass Lal im vorigen Leben ein Tiger war. Wenn man an die Hufenwölfe und allgemein an die Anfänge der heutigen Huftiere als maus-, wiesel- oder marderartige Urzeitsäuger denkt, dann ist das vielleicht gar nicht weit von einer tiefen Wahrheit entfernt.

Wie schon im Kapitel über Milch erwähnt, könnten die ersten Wiederkäuer Hirschferkeln geähnelt haben. Die putzigen Urwaldböckchen sind heute die kleinsten Huftiere der Welt und sehen wie mausartige Rehe aus, die an ihren grazilen Beinen winzige Stilettos tragen. Bis die Zusammenarbeit mit all den Bakterien, Pilzen und Urtierchen, die Wiederkäuer im Pansen haben, richtig klappte, dauerte es wohl eine Weile. Doch ungefähr ab 30 Millionen Jahren vor unserer Zeit, also ungefähr zur Mitte der Erdneuzeit, wurde diese innovative Form der Kooperation ungemein wichtig. Denn ab dann begannen auf der kühler und trockener werdenden Erde, wie ebenfalls schon mehrfach erwähnt, große Grasländer zu sprießen.

Speziell auf dem weiterhin warmen äquatorialen Bauch des Planeten breiteten sich die in Kapitel 9 vorgestellten Turbogräser aus, die mit solchen Verhältnissen besonders gut umgehen konnten. Jetzt verschwanden die Hufenwölfe von der Bildfläche, nach einer Weile auch die Höllenschweine. Und die Welt von Jägern und Gejagten fing an, für uns vertrautere Formen anzunehmen.

Die Hufenwölfe waren vorher schon durch noch gewaltigere »Hyänenzähner« unter Druck gekommen, die auch in Vorderasien und Afrika unterwegs waren. Nun gewannen allerdings kleinere Krallenträger an Statur, deren frühster Ursprung möglicherweise in Asien lag. Aus diesen Carnivora, die den »Fleischfresser« schon im Namen tragen, entwickelten sich all unsere katzen-, hunde-, bären-, marder- und (!) robbenartigen Raubtiere. Sie hatten anfangs im Schatten der anderen Raubsäuger gelebt, wie einst die Ursäuger in dem der Dinos. Doch irgendwann, in Nordamerika schon vor dem »Klimawechsel«, in Europa und Afrika erst danach, gewannen sie die Oberhand.

Der Löwe, der in der Savanne das Gnu jagt. Das Wolfsrudel, das in der Tundra am Moschusochsen hängt. Für uns sind das archaische Szenen, die sich schon immer so abgespielt zu haben scheinen. Doch tatsächlich sind die riesigen Grasländer der Welt etwas ganz Neues in der Erdgeschichte, genau wie die zum Teil gigantischen Herden von Grasfressern, die sich davon ernähren. Wie schon in Kapitel 11 geschildert, begannen sich die Hufe und Hörner tragenden Weidetiere, die heute unsere Rinder, Schafe und Ziegen sind, vor rund 20 Millionen Jahren zu entwickeln. Zur vollen Ausbreitung unserer heutigen Savannen, Steppen und Pampas – und damit zur Entwicklung von reinen Grasfressern – kam es ab einer Zeit vor ungefähr 10 Millionen Jahren.

»Alles Fleisch ist Gras« ist ein düsterer Spruch aus der Bibel, der uns Menschen an unsere Vergänglichkeit erinnern soll. Doch seit den Anfängen der Grasländer werden tatsächlich Unmengen von Gräsern in den Mägen von Weidetieren Tag für Tag in Fleisch verwandelt, besonders effektiv im Pansen von Wiederkäuern. Wie in Kapitel 6 erwähnt, können sie zusätzlich zu den wenigen Proteinen im Gras auch jene der Mikroben nutzen, die die Halme im Pansen zersetzen. So gelingt der Muskel-, sprich Fleischaufbau selbst gut mit karger Kost. Werden solche Weidetiere dann von einem Raubtier erwischt, verwelkt ihr Leben nicht nur wie Gras. Das im Leben verwertete Gras wird auch zum Fleisch des Jägers. So ist alles Fleisch Gras, und alles Gras ist Fleisch – oder zumindest recht viele der ständig nachwachsenden Halme.

Das nutzte dann auch uns, als wir vor ungefähr vier Millionen Jahren selbst in die Savanne hinabstiegen. Hier wurde unser Fleisch bald ebenfalls Gras statt nur Frucht und Blatt. Nicht wie bei den grasenden Pavianen aus Kapitel 9, sondern (was selbst solche nahen Verwandten einschloss) über denselben Umweg wie bei den Raubtieren. Für diese wiederum wurden wir damit von der reinen Beute zusätzlich zur Konkurrenz, zuerst vielleicht nur als Aasfresser, später als Jäger. Viele glauben, das war für unsere Entwicklung sehr wichtig. Aber dazu mehr im nächsten und letzten Gang unseres nahrungsgeschichtlichen 15-Gang-Menüs. Der offen gesagt wie dieser noch mal etwas fleischlastig wird.

Von Kühen, Schafen oder Ziegen verwertetes Gras ist unser Fleisch auch, wenn wir den Käse aus Kapitel 2 essen oder die Milch aus Kapitel 11 trinken. Nicht anders ist es beim Brot aus Kapitel 9, denn Getreide sind ja ebenfalls Gräser. Daher bleibt unser Steak und damit unser Fleisch selbst heute noch weitgehend Gras, wenn wir es statt aus der Savanne aus dem Supermarkt holen. Rinder stehen ja gerade bei uns in Europa oft eher im Stall als auf der Weide.

Aber auch hier besteht ihr Futter neben Soja oder Raps hauptsächlich aus Heu, Grassilage sowie aus Getreidegräsern wie Mais, Gerste und Weizen.

Auf schmackhafte Fettadern wie im Entrecote oder einem teuren Wagyusteak mussten die Hufenwölfe, wie alle nach ihnen kommenden Raubtiere, noch verzichten. Dafür waren die roten Ausdauermuskeln ihrer Beute wie jene des Thuns in Kapitel 4 noch zu sehr mit der Suche nach Nahrung sowie der Flucht vor Feinden beschäftigt. Das gilt auch für alles heutige Wild. Andererseits ist dessen unmarmoriertes, in freier Wildbahn angefressenes Fleisch besonders reich an gesunden ungesättigten Fettsäuren. Genau die sorgen wohl auch für den grasigeren und wilderen Geschmack, den Kenner an Steaks von Weiderindern schätzen.

Einen Punkt möchte ich noch mehr oder weniger kontextfrei hinzufügen, weil er bestimmt ein paar Leser interessiert: »Katzen« und »Hunde« haben sich laut TimeTree schon ganz am Anfang der Raubtier-Evolution, nämlich vor 55 Millionen Jahren, auseinandergelebt.

AUFSTIEG DER ALLESFRESSER

15

Im Internet kann man sich einen alten Werbeclip ansehen, in dem sich der berühmte Trickfilm-Höhlenmensch Fred Feuerstein haufenweise Dinosteaks und Brontoburger reinhaut, den vegetarischen Kaktuseintopf seiner Frau aber verschmäht. Darunter hat jemand auf eine schöne Szene aus einer späteren Verfilmung mit echten Menschen hingewiesen. Fred nagt an einer gewaltigen Keule, während sein Kumpel Barney an einem Riesenei löffelt und ihn warnt, dass zu viel rotes Fleisch ungesund sein soll. Freds Antwort: »So ein kompletter Blödsinn! Mein Vater hat sein Leben lang nichts anderes gegessen und bis zum stolzen Alter von 38 Jahren gelebt.«

Die erstmals in den 1960ern ausgestrahlte *Familie Feuerstein* gilt als erfolgreichste US-Zeichentrickserie bis zu den *Simpsons,* bei denen es ebenfalls um eine »ganz normale« Familie geht. In einer Folge versucht Homers blauhaarige Frau Marge, Kinder mit dem Spruch »Früchte sind die Süßigkeiten der Natur« zu gesundem Obst zu überreden, und als ich bei den Recherchen über das wunderbar passende »Mem« stolperte, habe ich es dem Buch vorangestellt. Die Kinder verziehen nur angewidert das Gesicht (gut, es ist auch Halloween), und ob Homers geliebte Donuts gegenüber Dinosteaks ein echter Fortschritt sind, na ja. Die Rolle der Vernunft, das hat sich selbst bei der neueren »Normalfamilie« nicht geändert, übernimmt in Sachen Ernährung die Frau.

Fleisch essen oder lieber Früchte und andere Pflanzen, darum dreht sich ja auch im echten Leben schon lange die Diskussion. Eine dabei immer wieder durchgekaute Frage lautet, in welche Kategorie der Mensch »von Natur aus« fällt. Ist er eher Fleischfresser, Pflanzenfresser, Fruchtfresser oder Allesfresser? Zur Klärung wird manchmal nur lapidar aufs Gebiss gezeigt. Andere ziehen mit leidenschaftlicher Akribie noch viele weitere körperliche Merkmale, von der Bein-, Nagel- und Darmlänge bis zum pH-Wert im Magen, heran. Als ungemein wichtig gilt auch oft, wie es denn bei unseren »Vorfahren«, also den unzähligen Essern, die vor uns kamen, so war. Und darum ging es ja, wenn auch nicht vorrangig unter diesem Gesichtspunkt, in diesem Buch.

Die heiß umkämpfte Frage, ob wir uns beim Essen lieber an Marge Simpson oder Fred Feuerstein halten sollten, ist also eine gute Gelegenheit. Wir können noch mal kurz die Geschichte der Nahrung Revue passieren lassen und richten dann unseren Blick auf die Geschöpfe, um die es schon in den letzten Kapiteln vermehrt ging. Säugetiere, Raub- und Huftiere, Affen – unsere ganz spezielle Brut.

Aufmerksame Leser könnten jetzt monieren, ich hätte mit der Überschrift des Kapitels bereits die Spannung aus der Sache genommen. Aber wer sagt, dass Kreaturen, die alles fressen können und das oft auch tun, tatsächlich dafür »bestimmt« sind? Um diesen für uns ungewöhnliche Fresser wichtigen Punkt geht es, mit meinen geringen Mitteln (und einem nach vier Milliarden Jahren Nahrungsgeschichte schnell näher rückenden Termin für die Manuskriptabgabe), im letzten Kapitel dieses Buchs.

Erinnern Sie sich an die fiesen wimmelnden Einzeller aus Kapitel 2, die vor etwa einer Milliarde Jahre begannen, frühere Verwandte abzulösen? Wie sie heute noch andere Winzlinge verschlingen oder mit mikroskopisch kleinen Harpunen erlegen? Oder an das unsichtbare Meeresplankton im nächsten Kapitel, das aus genau solchen Gründen bald kalkige Mikropanzer trug, die kunstvoller sind als jede Ritterrüstung? Was ist mit den im Wasser lebenden Urpilzchen aus Kapitel 6, die wie Seesterne andere Kleinstlebewesen in ihrem eigenen Heim verdauen?

Ob Urtierchen, Kleinstalge oder Mikropilz, bei all diesen Winzlingen handelt es sich bis heute oft um eine Mischung aus Pflanze und Tier. Deshalb macht die Einteilung in Pflanzen- und Fleischfresser wenig Sinn. Dass es schon in der Ursuppe nicht gerade zuging wie in einem Aschram, dürfte allerdings deutlich sein. Eigenständig Stoffe aus der Umgebung aufzunehmen oder Fotosynthese zu betreiben, ist anstrengend. Als Forscher am Computer modellierten, wie früh die ersten Urzellen auf die Idee kamen, stattdessen einfach andere Zellen zu verschlingen, gelangten sie zu einem ernüchternden Ergebnis: vermutlich sehr schnell. Einem Garten Eden, so die Überschrift ihrer Studie, glich das Leben schon zur Zeit seiner allerersten Anfänge nicht.

Vor ungefähr 800 Millionen Jahren bildete sich dann vermutlich das erste echte mehrzellige Tier. Und auch das war wohl ein »Fleischfresser«. Zu dieser Annahme gelangten jedenfalls andere Forscher, als sie vor ein paar Jahren anhand von über tausend Musterspezies einen großen Baum des Lebens bastelten, bei dem es um genau solche Fragen ging. Wie in Kapitel 3 angedeutet, könnte es sich bei jenem ersten Mehrzeller um eine Art Mikroschwamm gehandelt haben – also nicht gerade das, was man sich unter einem Spitzenprädator vorstellt. »Fleisch fressen« bedeutete in dem Fall auch einfach, nichtpflanzliche Winzwesen aus dem Wasser zu filtern. Der eigentliche Vorfahr aller Tiere könnte ein noch schlichter gebautes Geißeltierchen gewesen sein, das ausschließlich solche primitive »Fleischnahrung« zu sich nahm.

Laut der Studie überwiegen diejenigen Tierarten, die sich in irgendeiner Form von anderen und nicht von Pflanzen ernähren, auch heute noch. Den aufwendigen Schätzungen zufolge teilt sich die Tierwelt in knapp zwei Drittel fleischfressende Spezies, rund ein Drittel Pflanzenfresser sowie eine kleine Minderheit von Allesfressern. Die hohe Zahl der Fleischfresser mag überraschen, gerade wenn man an die vielen Huf- und wenigen Raubtiere aus dem letzten Kapitel denkt. Doch geht es um Vielfalt, nicht Masse. Und da steht offenbar selbst im riesigen Reich der Insekten eine bunte Schar aus Stechmücken, Flöhen, Raubkäfern, Fangschrecken und

Libellen einem einheitlicheren Heer aus Faltern, Blattläusen, Bienen und Grashüpfern gegenüber. Im Meer gibt's oft Fisch oder Krebs als Mahlzeit, bei Vögeln, Fledermäusen und Geckos Insekten, bei Maulwürfen Würmer und Schnecken, und selbst Letztere sind nicht immer vegan. Von der Entwicklung her war es wohl so, dass die meisten Tiergruppen erst mal als »Fleischfresser« anfingen und viele Vertreter dabei blieben. Anpassungen für rein pflanzliche Ernährung kamen oft erst später hinzu. Und zwar aus dem einfachen Grund, dass sie, man denke nur an die vielen Mägen der Kuh, offenbar relativ kompliziert zu bewerkstelligen sind.

Was natürlich nicht daran rüttelt, dass Licht und Fotosynthese schon seit Langem die Grundlage tierischen Lebens sind. In Kapitel 3 fing dieses Leben an, sich vor der kambrischen Artenexplosion mit Panzern zu schützen. In Kapitel 4 schwamm es vor den ersten schnappenden Fischmäulern davon. In Kapitel 7 gingen die Pflanzen an Land, wo es allerdings eine Weile dauerte, bis Insekten und erst recht größere Tiere sie als Nahrungsquelle entdeckten. Vor rund 300 Millionen Jahren stand die erste »Urzeitkuh« im Sumpfland und kaute mit Mahlzähnen auf den zähen Fasern von Samenfarnen und Schachtelhalmen herum. Sie sah aus wie eine Echse und hatte ein großes Rückensegel, gehörte jedoch zur frühen Verwandtschaft der Säugetiere. Nun bildeten sich erstmals Ökosysteme mit vielen großen Pflanzenfressern, die einer kleineren Zahl von Fleischfressern als Beute dienten. Doch diese Systeme wurden in Kapitel 8 zunächst für sehr lange Zeit von den Dinos gekapert. Dabei sprangen für menschliche Fleischfresser immerhin knusprige Broiler und für Ovo-Vegetarier Eier als wichtige Proteinquelle heraus.

In Kapitel 9 traten dann erstmals die für uns so wichtigen Gräser in Erscheinung, zusammen mit »Getreide« fressenden Affen, die allerdings wohl schon früh unter uns weniger veganen nackten Affen zu leiden hatten. In Kapitel 10 begannen noch zur Zeit der Dinos die Blütenpflanzen, zu denen auch die Gräser gehören, immer mehr aufzublühen. Sie verhalfen nicht nur den Insekten zu ihrer enormen Artenvielfalt und uns nebenbei zu Honig. Mit ihrer unendlichen Fülle an Früchten und Nüssen, Gemüsen und Salaten, Wurzeln und Knollen bereichern sie bis heute das Leben von Vegetariern wie Nicht-Vegetariern. Mit den ab Kapitel 11 aufstrebenden Säugetieren wurden sie, meist wieder in Form von Gräsern, auch für Freunde von Käse, Joghurt und Milcheis wichtig. Sofern sie solche Speisen gut vertragen, ebenso für die Ernährung von Lakto-Vegetariern.

In Zusammenarbeit mit winzigen Pilzen aus Kapitel 6 haben uns Blütenpflanzen in Kapitel 12 den Alkohol beschert, mit all seinen Licht- und Schattenseiten. Ähnliches lässt sich für die erstaunlichen pflanzlichen Abwehrstoffe aus Kapitel 13 sagen, die mal leckere Gewürze, mal hilfreiche Arzneien, manchmal aber auch starke Drogen sind. Würzen tun wir unsere Speisen gerne genau wie unseren Handrücken vor einem Tequila, um auch Kapitel 5 noch irgendwie unterzubringen, mit einer Prise Salz.

Im vorigen Kapitel, Nummer 14, sind wir dann bei den erstaunlich nah verwandten Jägern und Gejagten der Säugetierwelt gelandet und damit bereits beim Thema Fleisch. Erst jagten Hufenwölfe andere Hufträger durch den Urwald, dann zunehmend moderne Raubtiere immer vertrauter wirkende Weidetiere durchs Gras. Irgendwann stiegen auch wir in diese »Weidewirtschaft« ein und jagten sie sozusagen den angestammten Jägern ab. Nicht nur das. Wir entdeckten schließlich sogar, dass Tiere zu hegen, zu pflegen und zu züchten eine noch erfolgreichere Methode der Fleischbeschaffung ist.

Dass einem schnell der Appetit auf Fleisch vergehen kann, wenn man sich ansieht, was heute oft aus dieser Tierhaltung geworden ist, gebe ich zu. Überzüchtetes Mast-, Lege- und Milchvieh in engen Ställen, das ist keine ideale Welt. Alle, denen das zu Herzen geht, kann ich gut verstehen. Eine andere Frage ist jedoch, ob Fleisch zu essen grundsätzlich für uns »unnatürlich« ist.

Das wird nämlich auch gerne mal vorgebracht, wenn es um das emotionale Thema geht, und der Mensch aufgrund von Evolution und Anatomie zum geborenen Vegetarier erklärt. Selbst wenn ich die Frage »Fleisch- oder Pflanzenfresser« google, bekomme ich als oberste Antwort, dass wir – wie viele Affen – eigentlich Fruchtesser sind. Gut, die Einschätzung kommt von einem Schweizer Verein für vegane Ernährung. Aber auch in den nächsten Antworten von seriösen Medien wirkt der Mensch von Natur aus eher dem Vegetarismus zugeneigt.

Die dritte und eigentlich wie ein ganz guter Kompromiss klingende Option, nämlich Allesfresser, fällt dabei oft unter den Tisch. Oder sie wird an Tieren, die halbe Raubtiere sind, festgemacht. Das scheint dann ähnlich vereinfachend wie der Paleo-Jünger, der auf seine kümmerlichen Eckzähne deutet und sich zum König der Löwen erklärt. Obwohl: Gerade weil diese vermeintlichen Fangzähne so verkümmert sind, könnte in der Aussage – wie Sesamsamen nach einem Hamburger in den Zähnen – ein Körnchen Wahrheit stecken.

Die Sippe der Primaten hat ihren Ursprung wahrscheinlich schon in den letzten Jahren der Dinos. Nach deren Abgang kletterte sie, wie in Kapitel 12 geschildert, ins tropische Blätterdach der frühen Erdneuzeit und fächerte sich zu einer weltweiten »Affenhorde« von etwa 500 Arten auf. Dazu gehören lichtscheue Vertreter wie Lemuren, Loris und Makis, kecke Klettermaxe wie Klammer- und Brüllaffen, am Boden lebende Arten wie Paviane sowie die schwanzlosen Menschenaffen. Letztere trennten sich vor etwa 20 Millionen Jahren von den akrobatischen Gibbons und umfassen heute die drei wohl bekanntesten behaarten Affenarten, nämlich Gorillas, Orang-Utans und Schimpansen. Hinzu kommt eine im Vergleich nur noch spärlich behaarte Spezies namens Mensch.

Sind all diese Primaten, wie oft von Frutariern suggeriert wird, nur auf Früchte fixiert? Nun, eigentlich nicht. Grob gesagt findet die Verdauung von Proteinen, Fetten sowie Kohlenhydraten wie Zucker und Stärke im Magen, vor allem aber danach im Dünndarm statt. Hier werden die Nährstoffe aus Fleisch, Insekten und Hülsenfrüchten ebenso wie aus süßen Früchtchen oder (roh oft schwer verdaulichen) Samen und Knollen aufgenommen. Die Zersetzung von zäheren Pflanzenteilen funktioniert hingegen nur mit Mikroben. Die tummeln sich mal wie bei uns hinten im Dickdarm, mal vorne in speziellen Mägen. Und schon hier gibt es bei manchen Primaten Anpassungen, die mit der Einteilung als reine Fruchtfresser schwer vereinbar sind.

Die berühmten Berggorillas zum Beispiel ernähren sich fast nur von Blättern oder anderer faseriger Kost. Wie ein Pferd verdauen sie diese in einem besonders dicken Dickdarm und bringen es so auf eine ähnliche Statur, wie man sie bei den mehr von Früchten lebenden Exemplaren im Flachland sieht. Die kleineren Stummelaffen haben zur Verwertung ihrer blattreichen Nahrung sogar ähnliche »vorgeschaltete« Gärmägen wie Weidetiere. Und die lustigen Nasenaffen gelten mit ihrem dicken Gärbauch und wiederkäuenden Tischsitten gar als »Kühe des Affenreichs«.*

Das sind die extremen Pflanzenfresser unter den Primaten. Doch oft schlägt das evolutionäre Pendel auch in die andere Richtung aus. Die asiatischen Loris aus Kapitel 12 mögen nicht nur vergorenen Nektar, sondern auch Insekten in jeder Form. Die ebenfalls mit großen Augen durch die Nacht kletternden Koboldmakis verschmähen Pflanzen sogar ganz und halten sich lieber an Eidechsen, Vogelkinder und Fangschrecken. Die seltsamen Fingertiere Madagaskars haben sich einen gruseligen Knochenfinger wachsen lassen, um ihr Leben lang wie ein Specht Bäume auf fette Käfer-

* Eine Entsprechung bei den von den Dinosauriern abstammenden Vögeln ist der südamerikanische Hoatzin. Er hat einen vergrößerten Kropf, in dem genau wie bei Kuh und Nasenaffe Mikroben die Vergärung des schwer zu verdauenden Pflanzenmaterials erledigen. Auch der Hoatzin wird gerne »Kuh der Vogelwelt« genannt, wegen der von ihm ausgedünsteten Gärgase allerdings auch »Stinkvogel«.

maden abzuklopfen. Größere Affen verbringen ebenfalls oft mehr als die Hälfte ihres Tags damit, im Urwald nach tierischer Nahrung statt nach Kokosnüssen zu suchen. Paviane kann man schon mal dabei erwischen, wie sie sich wie die Wildschweine aus dem letzten Kapitel über junge Huftiere hermachen oder ihnen sogar kaltblütig nachstellen, als hätten sie's sich bei einer Hyäne abgeguckt.

Die großen schwanzlosen Menschenaffen, die zu unserer näheren Verwandtschaft zählen, sind keine Ausnahme. Schon die langarmigen Gibbons, die oft als kleine Menschenaffen bezeichnet werden, essen außer sehr vielen Früchten auch Insekten, Eier und Vogelküken. Nachdem sie sich auf dem großen Baum des Lebens von uns weggeschwungen hatten, folgten auch bald die bereits zu den echten Menschenaffen zählenden Orang-Utans. Diese sind eigentlich als die friedlichsten aller indonesischen »Waldmenschen« bekannt. Doch auch hier wurde schon beobachtet, wie Mütter überraschte Loris aus den Bäumen klatschen und (widerwillig) mit ihren Jungen teilen. Kotanalysen legen nahe, dass sich selbst die als vegane Riesen geltenden Gorillas heimlich an kleinen Affen und Antilopen vergreifen. Und die berüchtigtsten Fleischfresser im Affenreich sind ausgerechnet unsere nächsten Verwandten, die Schimpansen. Sie klettern laut TimeTree erst seit gut sechs Millionen Jahren auf einem anderen Ast des Lebens als wir selbst herum.

In den 1960er-Jahren begann die britische Forscherin Jane Goodall, im Gombe-Reservat in Tansania Schimpansen zu beobachten. Was sie in den nächsten zwei Jahrzehnten berichtete, zeigte unsere äffischen Cousins in einem ganz neuen Licht. Schimpansen, waren das nicht niedliche kleine Affen wie der, den man aus den Tarzanfilmen mit Johnny Weißmüller kannte? Nun ja. In der freien Wildbahn führten die ausgewachsenen Exemplare nicht nur regelrechte Kriegszüge gegen ihre Artgenossen. Sie veranstalteten auch gemeinsame Treibjagden auf Buschschweine und kleinere Affen, die sie dann brüderlich in Stücke rissen und vertilgten. Spätere Forschungen förderten weitere unschöne Details zutage.

Den größten Batzen Fleisch sichern sich bei den Jagden die ranghöchsten und stärksten Männchen, die die Hatz wohl auch meistens anführen. Wie stramme deutsche Jägersburschen oder amerikanische Hinterwäldler mischen sie einen besonders großen Anteil Fleisch in ihre pflanzliche Kost. Wenn sie etwas abgeben, dann offenbar hauptsächlich, um politische Seilschaften zu pflegen oder als Bezahlung gegen Sex. Weibliche Schimpansen sind für einen proteinreichen Happen allerdings keineswegs allein auf solche Almosen angewiesen. Wie stark behaarte Amazonen gehen sie in manchen Gegenden auf ihre ganz eigene Weise auf die Jagd. Dazu brechen sie junge Zweige ab und spitzen sie mit den Zähnen an. Dann spießen sie damit in Baumhöhlen schlummernde Halbäffchen namens Buschbabys auf, die genauso niedlich sind, wie es klingt.

Was im letzteren Fall besonders interessant ist, ist der Gebrauch von Werkzeug. Der ist im Tierreich weiter verbreitet, als man denkt. Seeotter schlagen mit Steinen Muscheln auf, Rifffische hauen sie gegen Korallen. Delfine benutzen Schwämme als Mundschutz bei der Futtersuche, Kraken bauen sich aus Kokosnussschalen (ohne je einen Monty-Python-Sketch gesehen zu haben) eine Ritterrüstung. Reiher werfen Brotkrumen oder Federn ins Wasser, um Fische anzulocken. Wenn ich im Herbst zur Arbeit laufe, vergeht kaum ein Morgen, an dem nicht ein Rabe eine Walnuss auf die Straße legt, um Autos als Nussknacker zu benutzen. Erinnern Sie sich an die Schimpansen aus Kapitel 12, die Palmwein mit aus Blättern gefertigten Löffeln und Schwämmchen süffelten? Nun, außer Speeren verwenden sie auch kleine »Angeln« aus Zweigen, um Termiten aus ihrem Bau zu fischen. Genau wie andere Affen brauchen sie nicht mal Autos, um hartschalige Früchte zu knacken. Eine Gruppe in Westafrika sitzt regelmäßig wie in der Adventszeit im Kreis und zerschlägt Nüsse auf kleinen Steintafeln.

Warum ist das alles für unser Thema relevant? Weil allzu passionierte Veganer gerne behaupten, wir hätten gar nicht das Zeug zum Fleischfresser. Hoppelt ein Häschen vorbei, wollen wir instinktiv hinterher? Könnten wir es überhaupt fangen? Und wie würden wir es dann reißen? Etwa mit unseren weichen Fingernägeln, flachen Zähnen und dem lächerlich kleinen Mund? Zur Unterstützung solcher Argumente wird oft das weit aufgerissene Maul einer Raubkatze abgebildet, bevorzugt von auf Fleisch spezialisierten Hyperkarnivoren wie Löwen oder Tigern, die mit langen Fangzähnen ausgestattet sind. Daneben zeigt dann ein Bär seine ebenfalls imposanten Zähne, und zwar als Beweis, dass wir nicht mal mit einem typischen Allesfresser mithalten können. Auch Kaubewegungen, Speichelenzyme und Darmrelief, alles lasse nur einen Schluss zu: Von Natur aus sind wir zum Pflanzen- und Fruchtesser geboren.

Seltsamerweise werden bei solchen Vergleichen nie Schweine, Mäuse oder Eichhörnchen als Allesfresser präsentiert. Dabei gelten auch sie als typische Vertreter dieser Zunft. Und in der Sparte »Raubtier« sieht man nie einen Panda, obwohl er wie alle Bären streng genommen eins ist. Wie jeder weiß, ernähren sich die putzigen Pummel in den Wäldern ihrer chinesischen Heimat fast ausschließlich von Bambus, also Pflanzenkost. Kurios dabei: Sie tun das mit der Anatomie eines Raubtiers, nämlich scharfen Zähnen und kurzen, einfachen Gedärmen, wie sie eigentlich für reine Fleischfresser typisch sind. Tatsächlich kommen die »Bambusbären« auf so viele Proteine in der Nahrung wie ein Wolf, müssen dafür halt nur den ganzen Tag mampfen. Mehr noch als die fruchtfressenden Mähnenwölfe aus Kapitel 10 zeigen sie, wie flexibel selbst eine Spezialausstattung eingesetzt werden kann. Dass sogar mit aufwendigen Gärtrakten ausgestattete »Hyperherbivoren« wie Kühe, Schafe oder Rehe nicht immer rein vegan leben, haben wir ja im letzten Kapitel gesehen.

Die Grenzen sind also wieder mal nicht so eng gezogen. Deshalb ordnen selbst hochseriöse Quellen die gesamte, vermutlich von kleinen Insektenfressern abstammende Sippe der Primaten auch gerne mal pauschal als Allesfresser ein. Der beliebte Hinweis auf unsere mangelnde körperliche Eignung zum Raubtier hinkt aber noch aus einem anderen und – für uns jedenfalls – wichtigeren Grund. Denn seit unserer letzten Abzweigung von der Linie der Schimpansen, unseren ohnehin schon nicht so veganen Cousins, hörte unsere Entwicklung ja nicht auf.

Würde man nur schon einen Schimpansen mit einem »echten Fleischfresser« vergleichen, es fielen ja nicht nur seine starken Arme und Hände sowie die gar nicht so kleinen Eckzähne ins Gewicht. Zu seiner »Ausstattung« hinzuzählen müsste man eigentlich auch die Zweigchen zum Fangen von Termiten sowie die angespitzten Zweige, mit denen unsere nächsten Verwandten auf die Jagd nach niedlichen Galagos gehen. Bei uns Menschen hat sich in den rund sechs Millionen Jahren, in der sich unsere Linie parallel zu jener der Schimpansen entwickelt hat, in der Hinsicht noch ein bisschen mehr angehäuft.

Die Details sind wie immer umstritten. Aber irgendwann vor etwa vier Millionen Jahren stiegen wir wohl als behaarte Affen von den Bäumen herab und sind seither zu dem geworden, was wir sind. Es war nach all den Anfängen, die in diesem Buch beschrieben sind, ein ganz neuer Anfang der Köstlichkeit – und zwar einer mit noch nie da gewesenen Folgen für die Welt. Auch diesem Anfang wohnte wieder ein Zauber inne, wie es in dem zweiten dem Buch vorangestellten (und etwas verkürzt wiedergegebenen) Zitat heißt. Ob »Mutter Natur« aus heutiger Sicht nicht eher einen anderen in Deutschland beliebten Dichter zitieren würde, nämlich den mit den einmal gerufenen Geistern, weiß ich nicht. Eins steht jedenfalls für Bart Simpson und seine schlaue Schwester Maggie fest: Die köstlichsten Köstlichkeiten werden heute nicht mehr durch den vor etwa vier Milliarden Jahren eingeführten Prozess der natürlichen Auswahl, sondern von uns Menschen hergestellt.

Unsere erste Zeit als Zweibeiner im afrikanischen Wald- und Grasland war wohl eher vom Sammeln als vom Jagen geprägt.

Unsere frühen Verwandten kletterten immer noch auf Bäume, um Früchte zu pflücken, fingen kleine Tiere, gruben die eine oder andere Knolle aus. Fetthaltige Samen und Nüsse könnten schon damals dafür gesorgt haben, dass der für energiereiche Kost zuständige Dünndarm im Vergleich zum Dickdarm wuchs. Auch eine spezielle Gärtasche am Anfang des Dickdarms, bei uns heute nur noch als kleiner Zipfel namens Blinddarm vorhanden, könnte sich so bereits zurückgebildet haben. Und irgendwann stand dann – wie bei Fred Feuerstein – immer öfter Fleisch von größeren Tieren auf dem Menü.

Wie kamen wir an diese Mahlzeiten? Viele glauben, dass wir es anfangs noch hauptsächlich wie Hyänen machten und uns an den Essensresten von Raubtieren bedienten. Als ein Indiz dafür gilt unser Magensaft. Der ist bei Raubtieren und Allesfressern saurer als bei Pflanzenfressern, wird also von der Magenschleimhaut mit mehr Salzsäure angereichert. Die löst nicht nur Proteine an, sondern tötet vor allem die vielen teils gefährlichen Bakterien, von denen rohes Fleisch wimmeln kann. Fragt man Vegetarier, heißt es oft, unser Magensaft sei eher mild, wie der von Pflanzenfressern. Bei Untersuchungen stellte sich jedoch das Gegenteil heraus. Wir haben offenbar eine seltsame Alleinstellung unter den Primaten. Unser Magensaft ist nicht nur weit saurer als bei Pflanzenfressern, sondern auch als bei Pavianen oder bei als Krabbenfans bekannten Makaken. Um genau zu sein, liegt er mit einem pH-Wert von 1,5 ein gutes Stück unter dem von Essig und ist damit sogar noch ätzender als bei Raubtieren oder Allesfressern, Hausmiezen und Wauwaus eingeschlossen. Am ehesten ähnelt unser Magenmilieu dem von auf »Gammelfleisch« spezialisierten Aasgeiern.

Bei jedem Sodbrennen könnten wir also an unsere Anfänge als Aasfresser in der afrikanischen Savanne erinnert werden (was die Sache nicht gerade appetitlicher macht). Es gibt jedoch noch eine andere Möglichkeit, die vielleicht besser erklärt, warum sich unser saurer Magen noch nicht milder gemendelt hat – was laut manchen

Forschern auf jeden Fall bald passieren wird. Wer als Jäger auf einen Schlag viel Fleisch erlegt, hat selbst nach einem ausgiebigen Mahl noch was übrig. Besonders wenn der große, dehnbare Magen fehlt, den reine Raubtiere für solche Gelegenheiten haben. Der nicht sofort verzehrte Teil der Jagdbeute wird dann schnell schlecht, das heißt, auch in diesem Fall wäre ein extrem keimfeindliches Magenmilieu hilfreich. Zumindest bis die frühe Menschheit die konservierende Wirkung der Fermentierung aus Kapitel 2, des Salzes aus Kapitel 5 oder der Gewürze aus Kapitel 13 entdeckt.

Einzelne Funde von scharfen Steinwerkzeugen und Kerben an Tierknochen sind älter als drei Millionen Jahre. Doch allgemein gilt als einer der ersten passionierten »Schlachter« und Fleischesser *Homo erectus,* ein früher Vertreter unserer Gattung, der vor etwa zwei Millionen Jahren aufrecht durch die Welt gelaufen ist. Ob Fleisch wirklich so wichtig für ihn war, wurde jüngst in Zweifel gezogen. Auch wurden mit unserem Bild von Steinzeitmenschen verbundene Jagdwaffen, wie wir sie uns vorstellen, nämlich Speere mit angehefteter Steinspitze, wohl erst ab einer Zeit vor rund 500 000 Jahren hergestellt. Allerdings ist schwer anzuzweifeln, was aus all dem geworden ist.

Die »Urmeeresfrüchte« aus Kapitel 3 sammeln wir heute nicht mehr bei Ebbe aus dem Schlick, sondern schöpfen sie mit speziellen Netzen vom Meeresboden, die von starken Winden an Bord wunderlicher Schwimm-Maschinen gehievt werden. Die größte schwimmende Fischfabrik der Welt, die ständig von auf der »Fischsuppe« kreuzenden Trawlern beliefert wird, war früher mal ein Öltanker und produziert genug Fisch im Jahr, um damit den halben deutschen Bedarf zu decken. Große Land- und Fischsaurier gibt's nicht mehr. Doch wenn müssten sie unsere großkalibrigen Elefantenbüchsen und explodierenden Walharpunen fürchten. Die größten überlebenden Dinos, die in Kapitel 8 erwähnten Elefantenvögel, haben wir wohl selbst mit einfacheren Mitteln zum verspäteten »Aussterben« gebracht. Kleinere Dino-Erben fangen wir mit

Leim, erlegen sie mit Schrot oder hetzen ihnen ihre eigenen fliegenden Verwandten aufs Gefieder.

Auch Wölfe haben wir zur Jagd auf ihresgleichen abgerichtet, genau wie auf viele andere der Raub- und Huftiere aus Kapitel 14. Und auch hier haben wir uns unzählige schlaue Gerätschaften zum leichteren Beutemachen ausgedacht. Mit spitzen Stöcken, Handäxten, Speeren und Pfeil und Bogen fing es einmal an. Hinzu kamen Schlingen, Schlagfallen und tödliche Fallgruben, später auch Bumerangs, lassoartige Bolas und Blasrohre mit Giftpfeilen. Heute kann man mit einer futuristischen Mischung aus Jagdbüchse und Sturmgewehr auf die Pirsch gehen, sofern es das Jagdrecht erlaubt, ausgerüstet mit Schalldämpfer, Nachtsichtvisier und Präzisionsoptik. Oder man gönnt sich gleich ein »smartes« Zielfernrohr, das sich selbstständig um ballistische Details wie Wind, Temperatur und Luftdruck kümmert. Dann muss man nur noch das rote Kreuzchen an die richtige Stelle setzen – und bekommt sogar Flugzeit bis zum Blattschluss und Einschlagkraft in Joule angezeigt.

Auf die mickrigen »Krallen« und Zähne von Menschen zu weisen und ihnen die Eignung zum Raubtier oder Allesfresser abzusprechen, lässt etwas aus. Denn in Wirklichkeit sind wir mit Abstand das gefährlichste und erfolgreichste Raubtier überhaupt. Nur haben wir unsere Ausstattung dafür wie den wärmenden Pelz oder die robusten Schuhe ausgelagert. Vom geschickten *Homo habilis* über den aufrechten *Homo erectus* und andere frühe Cousins sind wir zum *Homo sapiens* geworden, der nicht nur über bastelfreudige Hände verfügt, sondern auch über schier unendliche technische Fantasie. Speziell aus der Perspektive von Veganern und Tier- und Naturfreunden ist ja gerade das das Problem. Noch mehr als im Fall der Jagd vielleicht sogar, wenn man auf unser Talent zum Halten und Züchten von Tieren und Pflanzen schaut. Das wird in der Natur – und auch nur ansatzweise – höchstens von anderen sozialen Wesen wie Termiten und Ameisen erreicht.

Dass wir Menschen heute praktisch über alle Ernährungsoptionen der Welt verfügen und auch unsere »natürliche« Ausstattung grundsätzlich dafür geeignet ist, wird in der Fachwelt meinem Eindruck nach auch nicht infrage gestellt. Wir sind Allesfresser »wie aus dem Lehrbuch«, so heißt es allein schon im Kommentar von *Science*, einem der renommiertesten Fachblätter überhaupt, zu der anfangs erwähnten Studie über die allerersten »Fleischfresser«. Als sich vor einiger Zeit Forscher einen Überblick verschafften, wie viel tierische Nahrung moderne Völker zu sich nehmen, die noch als Jäger und Sammler leben, deckten die meisten damit mehr als die Hälfte ihres Kalorienbedarfs. Knapp drei Viertel der über 200 einbezogenen Gesellschaften bestritten mit in Steppe, Busch und Wald gejagten oder aus Flüssen, Seen und Meer gefischten Tieren den größten Teil ihrer Ernährung. Um ehrlich zu sein: Damit ist die ganze Debatte darum, ob Fleisch zu essen »natürlich« ist, ja eigentlich obsolet.

Was natürlich nicht bedeutet, dass man es unbedingt weiter tun muss – Gründe, darauf zu verzichten, gibt es genug. Ebenso kann man sich entscheiden, aus welchen Gründen auch immer, nur noch Fleisch zu essen. Bei beiden Ernährungsformen muss man jedoch darauf achten, bestimmte Stoffe zu sich zu nehmen, die für den Körper unerlässlich sind. Diese Stoffe zeigen jetzt zum Schluss des Buchs noch mal wie im Brennglas, wie komplex und faszinierend die Prozesse der Nahrungsgeschichte sind. Und wie eng wir auch heute noch mit allen Essern, die vor uns kamen, sowie mit der ganzen wunderbaren Natur unserer uralten Erde verbunden sind.

Die klassische Sicht auf unsere evolutionäre Karriere als Fleischesser und Jäger geht so: Die zunehmende Hinwendung zur Fred-Feuerstein-Diät versorgte uns mit überschüssiger Energie, die unser Körper ins Wachstum des Gehirns investieren konnte. Das ist bei uns heute drei- bis viermal so groß wie bei einem Schimpansen, Gorilla oder frühen Vormenschen und rund ein Drittel größer, als es noch bei *Homo erectus* war. Gleichzeitig schrumpfte unser Verdauungstrakt insgesamt und vor allem unser für Grünzeug zuständiger Dickdarm, der heute mit Abstand der kleinste von allen Menschenaffen ist. Unser für energiereiche Nahrung wie Proteine, Fette, Zucker und Stärke zuständiger Dünndarm wuchs hingegen – zumindest im Verhältnis – auf ein viel größeres Volumen als bei Schimpansen und erst recht als bei veganen Gorillas an. Wir gewöhnten uns eine Vorliebe für, wie es in der Forschungsliteratur oft heißt, »hochwertige« Nahrung an.

Es gibt aber auch noch eine andere Sicht auf diese Dinge, die für gewisse Leser vielleicht sympathischer ist. Haben Sie zu diesem Buch gegriffen oder es geschenkt bekommen, weil Sie als ausgezeichneter Koch bekannt sind? Dann kann ich Ihnen nur alle Bücher und Artikel des britischen Anthropologen Richard Wrangham empfehlen. Er hat eine spannende Theorie entwickelt, die beim Thema »Menschwerdung« selten unerwähnt bleibt.

Der bekannte Forscher sagt, dass die Fähigkeit, Speisen mithilfe von Feuer zuzubereiten, die man wohl seit etwa 800 000 Jahren nachweisen kann, für diese Menschwerdung entscheidend war. Ob Knolle, Karnickel oder Karibu, mit Hitze gegart ist alles leichter zu kauen und zu verdauen, und gefährliche Keime sterben ebenfalls auf dem Grill. Unsere Kiefer und Zähne mussten nicht mehr so viel leisten und durften schrumpfen, wozu vielleicht auch wieder »ausgelagerte« Innovationen beitrugen, vom einfachen Stößel bis zum späteren Mühlstein und heutigen Mixstab. Zugleich lockten Barbecue-Aromen, tanzende Flammen und amüsante Anekdoten zum gemeinsamen Mahl. Das schärfte wiederum unsere Social Skills sowie das Bedürfnis, selbst was halbwegs Hörenswertes zu erzählen zu haben – wie zum Beispiel zum Thema Essen nach Lektüre dieses Buchs.

Doch zurück zu der versprochenen Schlussanekdote und damit ein letztes Mal zu Marge Simpsons vergeblich angepriesenen Früchten und Fred Feuersteins geliebtem Fleisch. Letzteres enthält eine für den Körper extrem wichtige Stoffgruppe namens Cobalamine, besser bekannt unter dem Namen Vitamin B_{12}. Die einzigen Lebewesen, die diese Stoffe produzieren können, sind Mikroben aus der Ursuppe, mit denen dieses Buch angefangen hat, nämlich Bakterien und Urbakterien. Diese gelangen im Wasser zwar über Mikroalgen in die Nahrungskette und so in Krustentiere und Fisch. An Land sind die B_{12}-Mikroben aber nur wenig bis gar nicht in Pflanzen oder Pilzen enthalten. Gut aufnehmen kann man sie hingegen durch den Verzehr von Tieren, da sie an deren Stoffwechsel in der Regel irgendwie beteiligt sind und sich so B_{12} in Fleisch und Organen sammelt. Als besonders gute Quelle gilt das Fleisch von auf die Zusammenarbeit mit Mikroben spezialisierten Wiederkäuern wie Rindern oder Schafen, ebenso ihre Produkte, also Milch, Joghurt oder Käse.

In unserer Entwicklung vom mausartigen Insektenfresser zum Frühmenschen waren wir offenbar immer ausreichend mit B_{12} versorgt. Erst recht, als wir zu Jägern und Sammlern und später zu Bauern wurden. Will man heute statt als Allesfresser als reiner Pflanzenfresser leben, hat man daher ein Problem. Und das hat mit der für diese Ernährung im Grunde ungünstigen Anordnung unseres Verdauungstrakts zu tun.

Viele »Profiveganer« unter den Säugetieren, wie Kühe oder Nasenaffen, arbeiten mit Mikroben in ihrem Gärmagen ganz am Anfang der Verdauung zusammen. So können die kleinen Helfer und ihr B_{12} bequem danach im Dünndarm aufgenommen werden. Der ist anscheinend bei allen Säugern der einzig wirkliche effektive Ort für diese Aufnahme. Das bedeutet: Allen restlichen Säugern, bei denen sich wie bei uns die Verdauungsmikroben erst hinten im Dickdarm tummeln, steht diese bequeme Lösung nicht zur Verfügung. Denn in diesem Fall geht das kostbare B_{12} mit jeder, nun ja, Entleerung verloren. Um die Versorgung mit dem lebenswichtigen Stoff dennoch zu sichern, halten sich zum Beispiel Pferde, bei denen die eigentliche Vergärung erst im Dickdarm stattfindet, wohl schon vorne im Magen eine recht beachtliche Bakterienflora. Andere leidenschaftliche Pflanzenfresser greifen zu einem »Umweg«, den ich am Ende dieses Buchs über Essen eigentlich gar nicht erwähnen möchte: Sie führen ihrem Dünndarm B_{12} zu, indem sie ihre eigenen oder fremde Hinterlassenschaften fressen.

Diese Praxis ist in der Tierwelt erstaunlich weit verbreitet; laut manchen Zahlen überwiegt sie sogar. Man kennt sie speziell von Nagern, Hasen und Primaten, und es wird vermutet, dass auch die stolzen Gorillas so an ihre B_{12}-Vitamine kommen könnten. Das klingt für uns Menschen natürlich statt nach dem Anfang nach dem Ende aller Köstlichkeit. Und Veganer sind vermutlich sehr froh, dass dank moderner Technik B_{12} heute mithilfe von Mikroben künstlich hergestellt werden kann. Doch bevor die Fred Feuersteins unter den Lesern jetzt allzu breit grinsen, hier auch noch ein paar Sätze über sie. Denn wer statt als reiner Pflanzen- als reiner Fleischesser leben möchte, kann ebenfalls schnell unter einem Mangel leiden.

Bei Achilles war es die Ferse, bei Siegfried die Stelle unterm Lindenblatt. Bei »Meatfluencern« und anderen Verfechtern der »Karnivoren-Diät«, also der reinen Ernährung mit Fleisch und tierischen Produkten, ist die Schwachstelle Vitamin C. Diese einfache Ascorbinsäure ist ähnlich wichtig für uns wie Vitamin B_{12} und kommt außer in Innereien und Gemüse vor allem in Früchten vor. Von denen gab es offenbar so viele, als wir vor gut 50 Millionen Jahren ins Blätterdach stiegen, dass wir die eigentlich essenzielle Fähigkeit zur eigenen Herstellung von Vitamin C, die wir anders als bei B_{12} einst besaßen, einfach »freiwillig« aufgegeben haben – so jedenfalls eine gängige Theorie zu diesem seltsamen Verlust. Echte Fleischfresser können noch ihr eigenes Vitamin C produzieren, wie überhaupt sehr viele Tiere. Statt in Gesellschaft von Löwen und Tigern befinden wir uns mit dem »Defekt« in Gesellschaft von anderen Primaten, etlichen Vögeln und Fledermäusen sowie Meerschweinchen. Wer sich trotzdem für einen reinen Karnivoren hält, sollte auf Leber, Niere oder auch Hoden und Knochenmark stehen.

Alles möglichst kurz gebraten und wenig gegart. Denn wir wissen: Sonst gehen die guten Vitamine verloren.

Karnivor, Frugivor, Herbivor, Omnivor: Letztendlich stehen uns heute bei der Ernährung so viele Möglichkeiten offen wie wohl keinem anderen Geschöpf, ein beachtliches Privileg. Manche Forscher haben sich ohnehin einen viel hübscheren Namen für uns ausgedacht. Dabei geht es um die uralte Zubereitung mit Feuer sowie unsere seit mindestens 20 000 Jahren nachweisbare Fähigkeit, Nahrung zu zerstoßen, zu zermahlen, zu trocknen oder zu vergären – und so noch bekömmlicher und köstlicher zu machen. Sie sagen, das eigenartige Wesen, das einst mit dem Rest der Erde aus Sternenstaub entsprang und schließlich die Sterneküche erfand, sollte eigentlich besser Cucinivor, also »Küchenfresser«, heißen.

Dank

Auch bei Büchern gibt es allererste Anfänge, und wie paläontologische Grabungen in meinen E-Mails ergaben, bin ich auf das Thema zu diesem durch einen Artikel über die »verwaisten Früchte« gekommen, die mehrmals auf den letzten knapp 340 Seiten erwähnt wurden. Dass sich in der langen Geschichte der Natur viel getan hatte, war mir vorher schon einigermaßen klar gewesen. Dass sie zugleich auch immer die Geschichte unserer Nahrung war – und diese keineswegs immer für uns »erfunden« wurde –, dämmerte mir wohl erst da so richtig. Mein erster Dank gebührt daher den amerikanischen Forschern Dan Janzen und Paul Martin (der leider bereits verstorben ist). Sie haben die Idee von den großen Früchten, denen heute große Urtiere als Esser fehlen, schon Anfang der 80er zusammen ausgearbeitet. Die Wissenschaftsautorin Connie Barlow hat dann später ein faszinierendes Buch mit dem tollen Titel »The Ghosts of Evolution« über die verloren gegangenen Partnerschaften geschrieben.

Alfio Furnari von der Agentur Landwehr & Cie. war sofort wieder begeistert von dem Projekt (und schreibt außerdem die nettesten Weihnachtsmails, die Sie sich vorstellen können). Lilly Bandulet hat das immer umfangreicher werdende Buch mit unnachahmlich guter Laune und Geduld betreut (und sich selbst dann weiter gekümmert, wenn sie lieber ihre Grippe hätte auskurieren sollen.) Auch an das restliche Team bei Landwehr sowie an Johannes Engelke und alle Beteiligten bei Goldmann großen Dank! Einen ganz besonderen Dank an den hervorragenden Lektor

Eckard Schuster, der selbst bei einem starrköpfigen Autor den Leser im Kopf behält und für ein gutes Ergebnis jede Extrameile geht (was er mir vermutlich als zumindest überdenkenswerten Anglizismus anstreichen würde).

Ein ganz besonderer und herzlicher Dank gebührt auch Martin Löffler von der Agentur Stern in Wiesbaden. Ohne diesen wunderbaren, selbstlosen Kollegen (der ständig das halbe Haus mit Lunchwünschen versorgt) wären weder Cover noch Illustrationen was geworden, noch hätten Sie beim Aufschlagen über die so schön und klar gestaltete Zeittafel gestaunt. Vielen Dank wie beim letzten Mal auch an das restliche Stern-Team für die all die guten und klugen Ratschläge. Dasselbe gilt für meine Kumpels vom »Wanderzirkus«, und – die Gelegenheit ist günstig – danke auch für all die leckeren Speisen und Getränke, die ihr mir immer wieder so großzügig auftischt: Den Dank bitte unbedingt zu Hause an eure wesentlich besseren Hälften weitergeben!

Danke ebenso an meinen Bruder und meine Schwägerin für all die Einladungen und Festessen (besonders für die Rouladen beim letzten Heiligabend sowie das großartige Geschenk!). Danke für all die Hummer, Urmeeresfrüchte und sonstigen Köstlichkeiten auch an den Rest der Familie, auf dieser und der anderen Seite »Laurasiens«. Einen ganz speziellen, liebevollen und dankbaren Dank schließlich an Annette für ihre unermüdliche Unterstützung. Sowie natürlich ebenfalls für viele köstlich zubereitete Festmähler (wenn ich koche, hast du jetzt die wissenschaftlich verbürgte Erklärung, warum immer alles versalzen ist).

Quellen

Dieses Buch basiert auf dem Wissen, das unzählige Forscher, Autoren und Journalisten zusammengetragen oder sogar selbst in die Welt gesetzt haben. Der Quellenteil lässt nachvollziehen, auf welche Forschungen und Darstellungen ich mich im Text stütze. Einige für das Thema besonders ergiebige Quellen möchte ich einzeln erwähnen. So hat zum Beispiel der Evolutionsbiologe Jonathan Silvertown schon 2017 ein tolles Buch zu den evolutionären Hintergründen unserer Nahrung veröffentlicht, das den schönen Titel *Dinner with Darwin* trägt. Es ist so lebendig und anschaulich geschrieben, dass man keinen Doktor in Biologie und auch nicht unbedingt einen in Englisch braucht, um es zu lesen. Noch neuer ist *Delicious* von Rob Dunn und Monica Sanchez, in dem das Forscherpaar auf köstliche Weise den Verbindungen zwischen Evolution und Essgenuss nachgeht.

Einen gut lesbaren und knappen Überblick über die Geschichte des Lebens bietet Michael J. Bentons *The History of Life*, das zur großartigen Reihe der *Very Short Introductions* der Universität Oxford gehört. Mit noch mehr erzählerischem Flair schildert der *Nature*-Redakteur Henry Gee die letzten vier Milliarden Jahre in seiner 2021 auch auf Deutsch erschienenen *(Sehr) kurzen Geschichte des Lebens*. Enorm nützlich war für mich *Evolution – Die Entwicklung des Lebens* von Douglas Palmer und Peter Barrett, in dem man diesen ganzen riesigen Zeitraum in einer hervorragend strukturierten Mischung aus großflächigen Szenen und fossilen Details durchmisst. Eltern und Biolehrern wärmstens empfehlen kann ich das ebenfalls in Zusammenarbeit mit dem Londoner Natural History Museum entstandene *What on Earth? Posterbook of Natural History*. Das zum Blättern oder für die Wand gedachte Schaubild breitet auf drei Metern Geschöpfe vom Anfang bis heute in kurz beschrifteten Illustrationen aus.

Damit die Menge der aufgelisteten Quellen nicht ganz aus dem Ruder läuft, habe ich bei Sachverhalten, die man allgemeinen Nachschlagewerken wie der *Encyclopaedia Britannica* entnehmen kann, manchmal auf die Auflistung verzichtet. Aus Platzgründen sind die bibliografischen Angaben zudem aufs Wesentliche reduziert. Wer Aussagen überprüfen oder tiefer einsteigen möchte, kann damit aber leicht die Quellen googeln. Sehr viele sind frei im Internet zugänglich.

Daher habe ich mir auch erlaubt, auf Seitenangaben zu verzichten. Selbst bei längeren Quellen lassen sich die relevanten Stellen im Text in der Regel gut mit der Wortsuche finden. Angaben zum Erscheinungs- beziehungsweise Aktualisierungsdatum beschränken sich aufs Jahr. Bei Online-Quellen ohne Datum habe ich das Jahr angegeben, in dem ich die Quelle aufgerufen habe, also 2023 oder 2024. Wurden Quellen in einem Kapitel mehrfach verwendet, werden sie im Quellenteil für dieses Kapitel nach der ersten Nennung nur noch verkürzt aufgeführt.

1 Erst mal einen Kaffee

worker bee society: Anneli Rufus, Why Caffeine Is the Perfect Addiction for a Worker Bee Society, alternet.org 2015.

fast vier Tassen: Deutscher Kaffeeverband, Der Kaffeekonsum in Deutschland erreicht neue Rekordmarke, kaffeeverband.de 2022. In der Meldung ist vom durchschnittlichen Konsum der »Kaffeetrinker« die Rede, in der Presse wurde die Zahl überall als allgemeiner Pro-Kopf-Konsum wiederholt. Teilt man den ebenfalls vom Kaffeeverband veröffentlichten »Pro-Kopf-Konsum« von knapp 170 Litern pro Jahr durch eine Durchschnittsportion von 125 Millilitern sowie 365 Tage, kommt man allerdings auf die knapp vier Tassen. Anders sieht es bei den fast 500 000 Tonnen Röstkaffee aus, die laut Verband 2022 in Deutschland verkauft wurden; veranschlagt man hier acht Gramm Pulver pro Tasse, kommt man nur auf etwa zwei Tassen. Auf noch weniger, nämlich nur auf etwas mehr als eine Tasse täglich, kommt das Statistikportal Statista bei seinen Berechnungen: René Bocksch, Die Deutschen trinken 450 Tassen Kaffee im Jahr, statista.com 2021.

acht Tassen: Lora Jones, Coffee: Who grows, drinks and pays the most?, bbc.com 2018. Die Rangliste in dem Artikel, in der Finnland, Schweden, Island und andere nordische Länder weit vor Deutschland rangieren, basiert auf Zahlen der International Coffee Organization. Finnland kommt hier auf einen Pro-Kopf-Konsum von über 12 Kilo pro Jahr und damit auf einen doppelt so hohen Konsum wie Deutschland – daher die acht Tassen. Der Kaffee wäre dann ähnlich dünn wie bei den vom Deutschen Kaffeeverband verlautbarten Zahlen, grundsätzlich stimmen aber die Angaben der zwei Verbände recht genau überein. Auch aus den neusten frei erhältlichen Zahlen der International Coffee Organization (von 2019) ergibt sich der weitaus höhere Pro-Kopf-Verbrauch der Finnen: International Coffee Organization, Historical Data, Disappearance (consumption), ico.org 2022. Wie beim deutschen Verbrauch kursieren zum internationalen Vergleich auch andere Angaben im Netz.

Alkohol, Geselligkeit: Melissa Locker, Inside Helsinki's ever-growing coffee scene, independent.co.uk 2017; Deutsch-Schwedische Handelskammer, Warum machen Schweden ständig Kaffeepause?, handelskammer.se 2013; Amy Smithers, World Coffee Day 2017: Why do the Nordic countries drink the most coffee?, verdict.co.uk 2017.

Europäische Abweichler, Kaffee/Tee: P. J. W., D. H., The coffee insurgency: The global rivalry of bean versus leaf, economist.com 2013; Coco Khan, Coffee is nudging tea aside in UK's affections, theguardian.com 2023.

Insgesamt mehr Tee: FAO, Markets and Trade: Tea, fao.org 2023.

Umsatz, 10 Millionen Säcke: The Observatory of Economic Complexity, Tea/Coffee, oec.world 2023; International Coffee Organization, Trade Statistics Tables: Exports, ico.org 2023.

Kaffeegürtel, -kirschen: National Coffee Association, Coffee Around the World/What is Coffee?, ncausa.org 2023.

Story, wie Kaffee: B. A. Weinberg, B. K. Bealer, *The World of Caffeine: The Science and Culture of the World's Most Popular Drug,* Routledge 2001; Giorgio Milos, Coffe's Mysterious Origin, theatlantic.com 2010. Islamische

Gelehrte zitieren den Propheten Mohammed oft mit den Worten, dass es im Islam kein Mönchtum gebe. Im Fall der hier gemeinten frühen Sufi-Asketen scheinen jedoch genug Ähnlichkeiten zu bestehen, um sie der Einfachheit halber so zu nennen: Alexander Knysh, Christliche Mönche im Spiegel des Koran, deutschlandfunk.de 2017.

Kaffeehäuser: Jessica P. Rotondi, How Coffee Fueled Revolutions – and Revolutionary Ideas, history.com 2020.

Wunder der Pflanzenchemie: N. Twilley, C. Graber, The World's Most Popular Drug, theatlantic.com 2016.

Stoffgruppe der Alkaloide: E. R., Lexikon der Biologie: Alkaloide, spektrum.de 2023; Encyclopaedia Britannica, alkaloid, britannica.com 2023.

Chloroplasten: H. Ashihara, T. Suzuki, Distribution and biosynthesis of caffeine in plants, *Frontiers in Bioscience* 2004; Robert R. Wise, Plastids: The Anabolic Factories of Plant Cells, *Encyclopedia of Cell Biology*, Academic Press 2016

Koffein: Jochen Müller, Steckbrief Koffein, dasgehirn.info 2015; McLellan, Caldwell, Lieberman, A review of caffeine's effects on cognitive, physical and occupational performance, *Neuroscience & Biobehavioral Reviews* 2016; Van Dam, Hu, Willett, Coffee, Caffeine, and Health, *New England Journal of Medicine* 2020.

Legende darüber, wie Kaffee: Weinberg, Bealer; Milos; National Coffee Association, The History of Coffee, 2023. So wie es viele Legenden zur Entdeckung des Kaffees gibt, gibt es auch viele verschiedene Versionen der Legende vom äthiopischen Ziegenhirten.

erst 10 000 Jahre her: Daly, Mattiangeli, Hare et al., Herded and hunted goat genomes from the dawn of domestication in the Zagros Mountains, *PNAS* 2021.

weitere Legende: Weinberg, Bealer.

Zibetkatzen: Mark C. O'Flaherty, Musk-have scent: the kinky allure of civet, ft.com 2022; Habtamu, Bekele, Ahmed et al., Diets of the African Civet *Civettictis civetta* (Schreber, 1778) in selected coffee forest habitat, south-western Ethiopia, *African Journal of Ecology* 2017; Daniel, Eniang, Bekele et al., Food types and feeding ecology of African Civets *(Civettictis civetta)* in Jimma, Ethiopia, *Revue D'Ecologie*, Terre et Vie 2008.

Kopi Luwak: Rachael Bale, The Disturbing Secret Behind the World's Most Expensive Coffee, nationalgeographic.com 2016; Patrick Winn, It's time to put down the civet-poop coffee, usatoday.com 2016; *Brehms Thierleben*, Musang *(Paradoxurus fasciatus)*, Leipzig 1883; Massimo F. Marcone, Composition and properties of Indonesian palm civet coffee (Kopi Luwak) and Ethiopian civet coffee, *Food Research International* 2004. Auf Marcones Studie zum geschmacklichen Geheimnis des Katzenkaffees folgten viele andere. Dabei geht es inzwischen auch darum, echten Kopi Luwak von Fälschungen zu unterscheiden.

vor etwa 12 Millionen Jahren: P. Gaubert, P. Cordeiro-Estrela, Phylogenetic systematics and tempo of evolution of the Viverrinae (Mammalia, Carnivora, Viverridae) within feliformians: Implications for faunal exchanges between Asia and Africa, *Molecular Phylogenetics and Evolution* 2006.

in den letzten 400 000 Jahren: Anthony, Diniz, Combes et al., Adaptive radiation in *Coffea* subgenus *Coffea L.* (Rubiaceae) in Africa and Madagascar, *Plant Systematics and Evolution* 2010; G. Courcoux, N. Flay, A new history of coffee, Institut de recherche pour le développement 2010. Die Forscher machten ihre Datierung an der Ähnlichkeit der in den Chloroplasten enthaltenen DNA der Kaffeepflanzen sowie an den stärkeren Veränderungen in den Genen von nah verwandten Gattungen fest. In einem neueren Handbuch der Royal Society of Chemistry wird sogar eine noch jüngere Entstehungszeit angegeben: Adriana Farah, *Coffee: Production, Quality and Chemistry*, Royal Society of Chemistry 2019. Eine 2017 erschienene Studie, in der nicht nur das Erbgut der mütterlich vererbten Chloroplasten untersucht wurde, kommt jedoch auf ein wesentlich höheres Alter der Kaffeepflanzen, nämlich von über 10 Millionen Jahren, sowie auf einen möglichen Ursprung in Afrika, Asien oder sogar auf der Arabischen Halbinsel. Auch laut dieser Studie sind in »jüngerer« Zeit, also in den letzten zwei bis drei Millionen Jahren, allerdings viele neue Kaffeearten entstanden: Hamon, Grover, Davis et al., Genotyping-by-sequencing provides the first well-resolved phylogeny for coffee *(Coffea)* and insights into the evolution of caffeine content in its species, *Molecular Phylogenetics and Evolution* 2017. Wie komplex selbst mit fortschreitender Sequenzierungstechnik die Erstellung solcher evolutionären Stammbäume bleibt, speziell im Pflanzenreich, macht eine Studie von 2020 klar: Charr, Garavito, Guyeux et al., Complex evolutionary history of coffees revealed by full plastid genomes and 28,800 nuclear SNP analyses, with particular emphasis on *Coffea canephora* (Robusta coffee), *Molecular Phylogenetics and Evolution* 2020.

Kopi Luwak von all diesen Tieren: Jovana Durovic, The Poop Coffee Industry: more than Kopi Luwak (Cat, Monkey, Elephant, Bat + Bird Shit Coffee), homegrounds.co 2023.

im Kreis laufen: Winn.

von vielen anderen Pflanzen gebildet: H. Ashihara, A. Crozier, Caffeine: a well-known but little-mentioned compound in plant science, *Trends in Plant Science* 2001; Veronique Greenwood, The little-known nut that gave Coca-Cola its name, bbc.com 2016; J. A. Kretschmar, Th. W. Baumann, Caffeine in *Citrus* flowers, *Phythochemistry* 1999.

unterschiedliche biochemische Kochrezepte: Denoued, Carretero-Paulet, Dreeper et al., The coffee genome provides insight into the convergent evolution of caffeine biosynthesis, *Science* 2014; Carl Zimmer, How Caffeine Evolved to Help Plants Survive and Help People Wake Up, nytimes.com 2014.

natürliche Insektizide: Sullivan, Hagen, Hammerstein, Revealing the paradox of drug reward in human evolution, *Proceedings of the Royal Society B* 2008; William Herkewitz, Addictive Drugs That Are Actually Pesticides, mentalfloss.com 2014.

Wirkung als Herbizid: Zimmer; Anaya, Waller, Owour et al., The role of caffeine in the production decline due to autotoxicity in coffee and tea plantations, in: *Allelopathy: From Molecules to Ecosystems*, Science Publishers 2002.

in den heißen, feuchten Waldgebieten: Hamon, Grover, Davis et al.

rüsten die anderen nach: Waller, Bigger, Hillocks, Coffee Pests, Diseases and Their Management, Centre for Agriculture and Bioscience International 2007; Katherine Harmon, Newly Discovered Bacteria Lives on Caffeine, scientificamerican.com 2011. Bei den Bakterien geht man allerdings davon aus, dass sie den Kaffeepflanzen nicht schaden, sondern durch die von ihnen ausgeschütteten Stoffe sogar deren Wachstum und Gesundheit fördern: Molina, Segura, Duque et al., The versatility of *Pseudomonas putida* in the rhizosphere environment, *Advances in Applied Microbiology* 2020.

zweckentfremdete Enyzme: Huang, O'Donnell, Barboline et al., Convergent evolution of caffeine in plants by co-option of exapted ancestral enzymes, *PNAS* 2016.

sondern sie uns: Zimmer; Gary Raham, Caffeine: What's in it for the coffee plant?, northfortynews.com 2019; Michael Pollan, *This Is Your Mind on Plants*, Penguin Books 2022.

Eins der berühmtesten dieser Experimente: drpeterwitt.com; Noever, Cronise, Relwani, Using Spider-Web Patterns to Determine Toxicity, NASA Tech Briefs 1995.

deren Staaten: Bee Wilson, *The Hive: The Story of the Honeybee and Us*, St. Martin's Press 2006.

müssen die Blüten bestäubt werden: Bastiaan J. D. Meeuse, pollination, britannica.com 2023; Grossenbacher, Brandvain, Auld et al., Self-compatibility is over-represented on islands, *New Phytology* 2017.

Koffein in Nektar: Wright, Baker, Palmer et al., Caffeine in floral nectar enhances a pollinator's memory of reward, *Science* 2013; Couvillon, Toufaila, Butterfield et al., Caffeinated Forage Tricks Honeybees into Increasing Foraging and Recruitment Behaviors, *Current Biology* 2015; Gong, Gu, Wang et al., Floral tea polyphenols can improve honey bee memory retention and olfactory sensitivity, *Journal of Insect Physiology* 2021.

Industrielle Revolution zu ermöglichen: T. R. Reid, Caffeine – What's the Buzz?, National Geographic Magazine 2005; Pollan.

Wie ironisch es ist: Ed Yong, Caffeine Makes For Busy Bees, Not Productive Ones, nationalgeographic.com 2015.

2 Am Anfang war Käse

Entdeckung des Käses: Paul Kindstedt, *Cheese and Culture: A History of Cheese and its Place in Western Civilization*, Chelsea Green Publishing 2012; Fox, Guinee, Cogan et al., *Fundamentals of Cheese Science*, Springer 2017; Michael Tunick, *The Science of Cheese*, Oxford University Press 2014.

Callu de Cabrettu: Natasha Bailey, The Age-Old Method Used To Make Callu De Cabrettu Cheese, tastingtable.com 2022.

problematisch für Vegetarier: Fox, Guinee, Cogan et al.; PETA, Ist Parmesan vegetarisch? Alle Infos zu tierischem Lab in Käse, peta.de 2023; Camin, Bontempo, Ziller et al., Assessing the authenticity of animal rennet using δ^{15}N analysis of chymosin, *Food Chemistry* 2019; Europäische Kommission, Durchführungsverordnung (EU) Nr. 129/2012, eur-lex.europa.eu 2023.

Käse stieg auf: Kindstedt; Fox, Guinee, Cogan et al.; Ägypten: 3200 Jahre alter Streichkäse entdeckt, spiegel.de 2018; Nidhi Subbaraman, Art of cheese-making is 7,500 years old, *Nature* 2012; Copley, Berstan, Dudd et al., Direct chemical evidence for widespread dairying in prehistoric Britain, *PNAS* 2003; Maguelonne Toussaint-Samat, *A History of Food*; Wiley-Blackwell 2009; Dunne, Evershed, Salque et al., First dairying in green Saharan Africa in the fifth millennium BC, *Nature* 2012; Dorling Kindersley, *The Story of Food*, 2018; C. Donnelly, M. Kehler, *The Oxford Companion to Cheese*, Oxford University Press 2016.

Den meisten Käse: OECD/FAO, Agricultural Outlook 2021–2030, oecd-library.org 2023; eurostat, Where does our cheese come from?, ec.europa.eu 2019; Ranked: World's Top Cheese-producing Countries per Capita, chefspencil.com 2022. An eine gute Übersicht zu dem Thema zu kommen, ist gar nicht so leicht. Die Zahlen in den hier verwendeten Quellen scheinen aber kein »Käse« zu sein.

Hadaikum: Entstehung der Elemente, weltderphysik.de 2023; John P. Rafferty, Hadean Eon, britannica.com 2023; Westall, Brack, Fairén et al., Setting the geological scene for the origin of life and continuing open questions about its emergence, *Frontiers in Astronomy and Space Sciences* 2023; Carolyn Gramling, Life may have been possible in Earth's earliest, most hellish eon, sciencenews.org 2018.

Entstehung des Lebens: Steve Koppes, The origin of life on Earth, explained, news.uchicago.edu 2022; William Martin, Hydrothermalquellen und der Ursprung des Lebens, *Biologie in unserer Zeit* 2009; Ute Kehse, Der Ursprung, *Bild der Wissenschaft* 2012.

Bakterien/Urbakterien: Oxford University/Museum of Natural History, Bacterial World, oum.ox.ac.uk 2019; Aaron Gronstal, Microbial Mats Offer Clues to Life on Early Earth, astrobiology.nasa.gov 2016; W. Altermann, J. Kazmierczak, Archean microfossils: a reappraisal of early life on Earth, *Research in Microbiology* 2003. Bakterien sind nur die kleinsten Organismen der Welt, wenn man Viren nicht zählt, deren Status als Lebewesen jedoch umstritten ist.

Große Sauerstoffkatastrophe: Kartik Aiyer, The Great Oxidation Event: How Cyanobacteria Changed Life, asm.org 2022; Sperling, Frieder, Raman et al., Oxygen, ecology, and the Cambrian radiation of animals, *PNAS* 2013; R. Alegado, N. King, Bacterial Influences on Animal Origins, *CSH Perspectives in Biology* 2014.

Entstehung Eukaryoten: Garg, Zimorski, Martin, Endosymbiotic Theory, *Encyclopedia of Evolutionary Biology* 2016; G. J. Velicer, H. Mendes-Soares, Bacterial Predators, *Current Biology* 2009; Brocks, Nettersheim, Adam et al., Lost world of complex life and the late rise of the eukaryotic crown, *Nature* 2023; Brian S. Leander, Primer: Predatory protists, *Current Biology* 2020.

Bakterien heute: Bacterial World; R. J. Kadner, K. Rogers, bacteria, britannica.com 2023; Carl Zimmer, The Infected Air, nationalgeographic.com 2012; Michele Metych, digestion, britannica.com 2023.

Bakterien/Mikroben im Käse: Donnelly, Kehler; Fox, Guinee, Cogan et al.;

Der Käse als Lebensraum, scinexx.de 2014; Ute Eberle, The Science Behind Your Cheese, smithsonianmag.com 2022; A. Gürsoy, N. Türkmen, Adjunct Cultures in Cheese Technology, igi-global.com 2018; Jonathan Silvertown, *Dinner with Darwin: Food, Drink, and Evolution*, University of Chicago Press 2017; N. Marcellino, D.R. Benson, The Good, the Bad, and the Ugly: Tales of Mold-Ripened Cheese, *Microbiology Spectrum* 2013; R. Dunn, M. Sanchez, *Delicious: The Evolution of Flavor and How It Made Us Human*, Princeton University Press 2021.

Laktose/Käsesorten: A. Laderer, S. Crozier, The best and worst types of cheeses if you have lactose intolerance, insider.com 2023; Einkaufen bei Laktoseintoleranz, gesundheitsinformation.de 2021; Laktose: Viel in der Milch – wenig im Gouda, test.de 2010.

Laktose/Dickdarm: G.J. Da Silva, S. Domingues, We Are Never Alone: Living with the Human Microbiota, Frontiers for Young Minds 2017; Misselwitz, Butter, Verbeke et al., Update on lactose malabsorption and intolerance: pathogenesis, diagnosis and clinical management, *Gut* 2019; Pat Foster, Can changing the microbiome reverse lactose intolerance?, biology.indiana.edu 2019.

überall auf und in uns: FAQ: Human Microbiome, American Society for Microbiology 2013; Alison Abbott, Scientists bust myth that our bodies have more bacteria than human cells, *Nature* 2016; Bar-On, Phillips, Milo, The biomass distribution on Earth, *PNAS* 2017. Die letzte Studie schätzt die Biomasse verschiedener biologischer Gruppen in Tonnen von Kohlenstoff, dem wichtigsten Baustein des Lebens. Beim tatsächlichen Gewicht kommen noch die restlichen Bausteine sowie ein variabler Gehalt an Wasser hinzu, der aber die Vergleichbarkeit mindert. Einzig Lebewesen wie die Quallen, die aus sehr viel Wasser und entsprechend wenig Kohlenstoff bestehen, könnten sich bei dieser Art der Berechnung benachteiligt fühlen.

Bakterien/Essverhalten: Cryan, O'Riordan, Cowan et al., The Microbiota-Gut-Brain Axis, *Physiological Reviews* 2019; Alcock, Maley, Aktipis, Is eating behavior manipulated by the gastrointestinal microbiota? Evolutionary pressures and potential mechanisms, *Bioessays* 2014; Nadja Podbregar, Darmflora – Die Macht der Mikroben, scinexx.de 2016.

Probiotische, vergorene Lebensmittel: Katerina V.-A. Johnson, Gut microbiome composition and diversity are related to human personality traits, *Human Microbiome* 2020; Doyle, Steenson, Meng, Bacteria in Food and Beverage Production, *The Prokaryotes* 2013; Sebastian Herrmann, Die Bakterien machen das Würstchen, sueddeutsche.de 2016; Wie das Aroma in die Schokolade kommt, scinexx 2014.

Schokoliebhaber: Chocolate cravings may be a real gut feeling, nbcnews.com 2007.

3 Urmeeresfrüchte

das Meer auf den Mund: Dieses unwiderstehlich gute Zitat wird dem französischen Dichter Léon-Paul Fargue (1876–1947) zugeschrieben. Er galt als dichtender Fußgänger von Paris, der gerne in freier Form über Alltägliches schrieb, was passen würde. Eine konkrete Quelle für den schönen Spruch konnte ich jedoch auch nach längerer Online-Recherche nicht finden. Zwar wird Fargue nicht nur auf Webseiten von Restaurants und Feinkosthändlern so zitiert, sondern auch in serösen Medien wie *Le Monde, Le Point, Süddeutsche* oder *Spiegel.* Doch das Internet strotzt vor selbst ausgedachten Weisheiten, die Gandhi, Goethe oder anderen Berühmtheiten in den Mund gelegt werden. Und meine Erfahrung zeigt leider, dass selbst gestandene Redakteure und Wissenschaftler nicht immer davor gefeit sind, sie arglos zu übernehmen.

Zubereitung Hummer: What's the kindest way to kill a lobster?, bbc.com 2018; Crustastun, mitchellcooper.co.uk 2022; Kells, Perrott, Johnson, The efficacy of electrical stunning of New Zealand rock lobster *(Jasus edwardsii)* and freshwater crayfish *(Paranephrops zealandicus)* using the Crustastun™, *Animal Welfare* 2023; Ulf Bickmeyer, Torsten Fregin, Vergleichende Untersuchungen zur tiergerechten Betäubung oder Tötung von Krustentieren, Alfred Wegener Institut, Helholtz-Zentrum für Polar- und Meeresforschung 2015.

Definitionen Meeresfrüchte: Meeresfrucht, dwds.de 2023; Meeresfrüchte/Krebstiere/Schalentiere, Lexikon der Ernährung, spektrum.de 2023; Krustentier/Schalentier, duden.de 2023.

Meeresfrüchte/Fischerei: Irene Quail, Hummerzucht, dw.com 2013; Operation »Big Bang«: Aschewolke über Helgoland, ndr.de 2022; Krabbenfischerei im Wattenmeer, msc.org 2023; Von Anlandemengen und Erlösen, von Kuttern und Pro-Kopf-Verbrauch, ezdk.de 2019; muschelfischer.de 2023; Muschelfischerei, schleswig-holstein.de 2023; Manuela Sies, Ackerbau im Meer, taz.de 2015; Die Pazifische Auster, schutzstation-wattenmeer.de 2023.

Meeresfrüchte/Konsum: Fischwirtschaft: Daten und Fakten 2023, Fisch-Informationszentrum e. V. 2023; The State of World Fisheries and Aquaculture 2022, FAO 2023; Laurent J. Journo, France: Fish and Seafood Report, USDA FAS 2017; Eloise Trenda, Per capita consumption of shellfish, crustaceans and cephalopods in France 1999–2020, statista.com 2023.

Konsum andere Länder: Tara Duggan, Abalone diving is banned, and work goes on to restore the giant sea snail on California's coast, sfchronicle.com 2021; Craig Welch, Geoducks: Happy as Clams, smithsonianmag.com 2009; Penis Fish, Best Ever Food Review Show, youtube.com 2016; Im Eun-byel, Unexpected marine delicacies, sea pineapple and sea cucumber, koreaherald.com 2018; 82-year-old man in South Korea chokes to death after eating live octopus, straitstimes.com 2023; South Korean court upholds »octopus murder« acquittal, abc.net.au 2013.

mutiger Mann: Swift verbreitete den Spruch über die erste Auster zwar weiter, aber da war er schon nicht mehr ganz frisch: Whoever First Ate an Oyster Was a Brave Soul, quoteinvestigator.com 2020.

Schalenhaufen: Jonathan Silvertown, *Dinner with Darwin: Food, Drink, and Evolution*, University of Chicago Press 2017; Aldeias, Gur-Arieh, Maria et al., Shell we cook it? An experimental approach to the microarchaeological record of shellfish roasting, *Archaeological and Anthropological Sciences* 2016; Bae, Douka, Petraglia, On the origin of modern humans: Asian perspectives, *Science* 2017; Charles Darwin, *The Voyage of the Beagle*, London 1839; Charles Dickens, *The Pickwick Papers*, London 1837; Dorling Kindersley, *The Story of Food*, 2018.

Entstehung moderne Menschen: Ewen Callaway, Oldest *Homo sapiens* fossil claim rewrites our species' history, *Nature* 2017.

Kalkalpen: Rudolf Stanzel, Das Meer – die Wiege der Kalkalpen, Nationalpark Kalkalpen 2011; Nose, Nützel, Hautmann, Schnecken und Muscheln im Korallenriff – Neues aus obertriassischen Riffkalken von Österreich (Nördliche Kalkalpen), Freunde der Bayerischen Staatssammlung für Paläontologie und Geologie 2023.

Fossilien, Schalen, Panzer: How are seashells made?, whoi.edu 2023; How do fossils form?, americangeosciences.org 2023; Alexander Stirn, The Formula for Lobster Shell, Max Planck Research 2012; Reptantia, wissen.de 2023; Crustaceamorpha, ucmp.berkeley.edu 2023.

Algen, Schwämme: Laura Geggel, Billion-year-old green algae is an ancestor of all plants on Earth, livescience.com 2020; Earliest animals developed later than assumed: Ancestors of today's sponges formed 560 million years ago, mpg.de 2019; Shi En Kim, This Sponge Fossil May Be the Earliest Record of Animal Life, smithsonian.mag 2021.

angenehme Temperatur: Hearing, Harvey, Williams et al., An early Cambrian greenhouse climate, *Science* 2018.

Ediacara-Fauna: D. Palmer, P. Barrett, *Evolution: Die Entwicklung des Lebens*, Gerstenberg 2009; Evans, Gehling, Droser, Slime travelers: Early evidence of animal mobility and feeding in an organic mat world, *Geobiology* 2019.

20 Millionen Jahre: Palmer, Barrett; Paterson, Edgecombe, Lee, Trilobite evolutionary rates constrain the duration of the Cambrian explosion, *PNAS* 2019.

Seeanemonen, Quallen: Palmer, Barrett; James Rudd, Fried Sea Anemones, atlasobscura.com 2023; Moon, Caron, Moysiuk, A macroscopic free-swimming medusa from the middle Cambrian Burgess Shale, *Proceedings of the Royal Society B* 2023; Han, Hu, Cartwright et al., The earliest pelagic jellyfish with rhopalia from Cambrian Chengjiang Lagerstätte, *Palaeogeography, Palaeoclimatology, Palaeoecology* 2016; Raposo, Alasqah, Alfheeaid et al., Jellyfish as Food: A Narrative Review, *Foods* 2022. Wunderschöne Abdrücke von Quallen aus dem Kambrium wurden auch in einer anderen chinesischen Lagerstätte sowie in Utah entdeckt.

Seeigel etc., Priapswürmer: Zamora, Rahman, Smith, Plated Cambrian Bilaterians Reveal the Earliest Stages of Echinoderm Evolution, *PLoS One* 2012; Kesidis, Slater, Jensen et al., Caught in the act: priapulid burrowers in early Cambrian substrates, *Proceedings of the Royal Society B* 2019.

Gliederfüßer: Bar-On, Phillips, Milo, The biomass distribution on Earth, *PNAS* 2017; Nigel E. Stork, How Many Species of Insects and Other Terrestrial Arthropods Are There on Earth?, *Annual Review of Entomology* 2018.

Trilobiten/kambrische »Shrimps«: Palmer, Barrett; G. Giribet, G. D. Edgecombe, The Phylogeny and Evolutionary History of Arthropods, *Current Biology* 2019; Michael J. Benton, *The History of Life: A Very Short Introduction*, Oxford University Press 2008; Riley Black, Was this prehistoric ›killer shrimp‹ as fierce as it looked?, nationalgeographic.com 2023; Chen, Vannier, Huang, The origin of crustaceans: new evidence from the Early Cambrian of China, *Proceedings of the Royal Society B* 2001; Zhai, Ortega-Hernández, Wolfe et al., Three-Dimensionally Preserved Appendages in an Early Cambrian Stem-Group Pancrustacean, *Current Biology* 2018.

Neuere Krustentiere/Krabben: R. M. Feldmann, C. E. Schweitzer, The Oldest Shrimp (Devonian: Famennian) and Remarkable Preservation of Soft Tissue, *Journal of Crustacean Biology* 2010; Jones, Feldmann, Hannibal et al., Morphology and paleoecology of the oldest lobster-like decapod,

Palaeopalaemon newberryi Whitfield, 1880 (Decapoda: Malacostraca), *Journal of Crustacean Biology* 2018; Riley Black, Fossil Crabs, Reefs Hint at the Future of Earth's Seas, nationalgeographic.com 2023; Wolfe, Luque, Bracken-Grissom, How to become a crab: Phenotypic constraints on a recurring body plan, *BioEssays* 2021.

Scheren/Fleisch: C.K. Govind, Asymmetry in Lobster Claws, *American Scientist* 1989; S. Dennenmoser, J.H. Christy, The design of a beautiful weapon: Compensation for opposing sexual selection on a trait with two functions, *Evolution* 2013; Clarke Canfield, The great lobster debate – claws vs. tails, pressdemocrat.com 2008; Fish & Shellfish Identification, theculinarypro.com; Yoshinaka, Sato, Itoh et al., Content and partial characterization of collagen in crustacean muscle, *Comparative Biochemistry and Phyisology* Part B 1989; Lee, Suriyaphan, Cadwallader, Aroma Components of Cooked Tail Meat of American Lobster *(Homarus americanus)*, *Journal of Agricultural and Food Chemistry* 2001.

Kambrische Schalentiere/Schnecken: P.A. Cohen, L.A. Riedman, It's a protist-eat-protist world: recalcitrance, predation, and evolution in the Tonian-Cryogenian ocean, *Emerging Topics in Life Sciences* 2018; Andrew H. Knoll, Paleobiological Perspectives on Early Eukaryotic Evolution, *CSH Perspectives in Biology* 2014; Benton; Mus, Palacios, Jensen, Size of the earliest mollusks: Did small helcionellids grow to become large adults?, *Geology* 2008; Gastropods, bgs.ac.uk 2023; Estes, Lindberg, Wray, Evolution in large body sizes in abalones (*Haliotis*): patterns and implications, *Paleobiology* 2005; Snails and other gastropods, *Kansas Geological Survey* 2023.

Auch Muscheln: Zhou, Edie, Collins et al., Cambrian origin but no early burst in functional disparity for Class Bivalvia, *Biology Letters* 2023; Evolutionary History of Bivalves, Digital Atlas of Ancient Life 2023; Elliot O. Edwards, Shell bluff – a fossiliferous ridge, the site of the extinct oyster *Crassostrea gigantissima* and history of its identification, *Georgia Journal of Science* 2016.

noch einmal kurz Jagd: Michael Hautmann, The first scallop, *Paläontologische Zeitschrift* 2010; Cartwright, Checa, Vendrasco, Arms and the mollusc: An evolutionary arms race has produced armor based on molluscan biomineralization, *MRS Bulletin* 2023; Drilling Predation in the Fossil Record, Digital Atlas of Ancient Life 2023; Starfish Feeding on Mussels, ocean.si.edu 2023; H. E. Guderley, I. Tremblay, Swimming in Scallops, Developments in Aquaculture and Fisheries *Science* 2016.

Andere Urmeeresfrüchte: Palmer, Barrett; Cephalopods, ocean.si.edu 2018; Jaitly, Ehrnsten, Hedlund et al., The evolution of predator avoidance in cephalopods: A case of brain over brawn?, *Frontiers in Marine Science* 2022; Class Cephalopoda, Digital Atlas of Life 2023; Mizuta, Tanaka, Yoshinaka, Comparison of collagen types of arm and mantle muscles of the common octopus (*Octopus vulgaris*), *Food Chemistry* 2003.

4 Fischsuppe

Kugelfische: Hughes, Ortí, Huang et al., Comprehensive phylogeny of ray-finned fishes (Actinopterygii) based on transcriptomic and genomic data, *PNAS* 2018; A. F. Bannikov, J. C. Tyler, A new species of the pufferfish *Eotetraodon* (Tetraodontiformes, Tetraodontidae) from the Eocene of the Northern Caucasus, *Paleontological Journal* 2008; P. C. Wainwrigth, R. G. Turigan, Evolution of Pufferfish Inflation Behavior, *Evolution* 1997; Christoph Cadenbach, Henkersmahlzeit, sueddeutsche.de 2015.

Plattfische: Harrington, Faircloth, Eytan et al., Phylogenomic analysis of carangimorph fishes reveals flatfish asymmetry arose in a blink of the evolutionary eye, *BMC Ecology and Evolution* 2016; Evans, Larouche, Watson et al., Integration drives rapid phenotypic evolution of flatfishes, *PNAS* 2021; Warren Allmon, Darwin and Fishes, Paleontological Research Institution 2023.

Strahlenflosser, Vielfalt: E. C. Sibert, R. D. Norris, New Age of Fishes initiated by the Cretaceous–Paleogene mass extinction, *PNAS* 2015; Alfaro, Faircloth, Harrington et al., Explosive diversification of marine fishes at the Cretaceous–Palaeogene boundary, *Nature* 2018; Bar-On, Phillips, Milo, The biomass distribution on Earth, *PNAS* 2017. Die letzte Studie gibt die Biomasse der Fische und anderer Tiergruppen in reinem Kohlenstoff an. Um auf das Lebendgewicht zu kommen, habe ich diese Zahl, wie in der Studie empfohlen, verdoppelt und dann bei Fischen und Gliederfüßern 70 Prozent, bei Nutztieren 60 Prozent Wassergehalt addiert.

Fischerei früher, heute: C. S. Henshilwood, *Holocene Prehistory of the Southern Cape, South Africa: Excavations at Blombos Cave and the Blombsfontein Nature Reserve*, Cambridge 2008; Zoë Corbyn, Archaeologists land world's oldest fish hook, *Nature* 2011; Barrett, Locker, Roberts, The origins of intensive marine fishing in medieval Europe: the English evidence, *Proceedings of the Royal Society B* 2004; D. F. Gartside, I. R. Kirkegaard, A History of Fishing, EOLSS 2009; The State of World Fisheries and Aquaculture 2022, FAO 2023.

Fischerei, Konsum Deutschland: Jörg Berkenhagen, Die deutsche Fischereiflotte: Wenige Große und viele Kleine, thuenen.de 2022; Birger Nicolai, Thunfisch, Lachs, Hering – welchen Fisch die Deutschen am liebsten essen, welt.de 2021; Fischwirtschaft: Daten und Fakten 2023, Fisch-Informationszentrum e. V. 2023; Fish Consumption by Country 2023, World Population Review.

zweites Zeitalter der Fische: Sibert, Norris.

Die ersten Fische: Shu, Morris, Han et al., Head and backbone of the Early Cambrian vertebrate Haikouichthys, *Nature* 2003; M. A. S. McMenamin, Cambrian Chordates and Vetulicolians, *Geosciences* 2019.

glubschäugige Aale, Neunaugen, Schleimaale: Jawless Vertebrates, Digital Atlas of Ancient Life 2020; Miyashita, Coates, Farrar et al., Hagfish from the Cretaceous Tethys Sea and a reconciliation of the morphological–molecular conflict in early vertebrate phylogeny, *PNAS* 2019; »Vampir-Fische« beißen Badegäste, rp-online.de 2009; M. F. Docker, *Lampreys: Biology, Conservation and Control*, Springer 2014; Jenny Gross, For King Charles's Coronation, a Fancy Fish Pie Without the Fish, nytimes.com 2023; Lampreten, Brockhaus 1838; Lamprey/Hagfish, atlasobscura.com 2023.

Schalenhäuter, Panzerfische: M. J. Benton, *The History of Life: A Very Short Introduction*, Oxford University Press 2008; Neil Shubin, *Der Fisch in uns*, Frankfurt a. M. 2009; G. C. Young, Placoderms (Armored Fish): Dominant Vertebrates of the Devonian Period, *Annual Review of Earth and Planetary Sciences* 2010; Jack Tamisiea, Dunk Was Chunky, but Still Deadly, nytimes.com 2023; Trinajstic, Marshall, Long et al., Exceptional preservation of nerve and muscle tissues in Late Devonian placoderm fish and their evolutionary implications, *Biology Letters* 2007; Trinajstic, Sanchez, Dupret, Fossil Musculature of the Most Primitive Jawed Vertebrates, *Science* 2013; M. Friedman, L. C. Sallan, Five hundred million years of extinction and recovery: a phanerozoic survey of large-scale diversity patterns in fishes, *Palaeontology* 2012.

Knorpelfische, Haie: J. G. Maisey, R. Troll, Voracious Evolution, *Natural History* 1998; Josh Davis, Shark evolution: a 450 million year timeline / Megalodon: the truth about the largest shark that ever lived, nhm.ac.uk 2023; Ramsay, Wilga, Pruitt et al., Eating with a saw for a jaw: Functional morphology of the jaws and tooth-whorl in *Helicoprion davisii*, *Journal of Morphology* 2014; Linda Koffmar, The end-Cretaceous extinction unleashed modern shark diversity, Uppsala University news 2018.

Haifleisch: Chinesische Influencerin grillt Weißen Hai – nun droht ihr eine Freiheitsstrafe, spiegel.de 2022; D. F. Maron, Shark meat is a global phenomenon – but not everyone knows they're eating it, nationalgeographic.com 2023; Hasan, Chaplin, Spencer et al., Consumption of shark products: The interface of sustainability, trade (mis)labelling, human health and human rights, *Fish and Fisheries* 2023; Einkaufshilfe für Haifreunde, prowildlife.de 2023.

Strahlenflosser, Evolution: Zhu, Yu, Ahlberg et al., A Silurian placoderm with osteichthyan-like marginal jaw bones, *Nature* 2013; L. R. Parenti, S. H. Weitzman, fish: Evolution and paleontology, britannica.com 2023; Hughes, Ortí, Huang et al.; Near, Eytan, Dornburg et al., Resolution of ray-finned fish phylogeny and timing of diversification, *PNAS* 2012.

Rote Muskeln: Listrat, Lebret, Louveau et al., How Muscle Structure and Composition Influence Meat and Flesh Quality, *Scientific World Journal* 2016; Devaere, De Winne, Dewulf et al., Improving the Aromatic Profile of Plant-Based Meat Alternatives: Effect of Myoglobin Addition on Volatiles, *Foods* 2022; Lou Mudge, Eight sources of iron to include in your diet, livescience.com 2022; Tuna Processing, bumblebee.com 2023.

Weiße Muskeln: Listrat, Lebret, Louveau et al.; Thomas de Padova, Warum haben Fische weißes Fleisch?, tagesspiegel.de 2010; Zhang, Owens, Schilling, Meat: the edible flesh from mammals only or does it include poultry, fish, and seafood?, *Animal Frontiers* 2017.

Fettige Fische, Geruch, Lachs: Omega-3 Fatty Acids, ods.od.nih.gov 2023; Emily Harwitz, How a chemical protects fish from the extreme pressures of the deep, cen.acs.org 2022; B. Stachowiak, P. Szulc, Astaxanthin for the Food Industry, *Molecules* 2021; R. C. Lindsay, Flavour of fish, *Seafoods: Chemistry, Processing Technology and Quality* 1994.

Fleischflosser, wir: Parenti, Weitzman; Zhu, Yu, Ahlberg et al.; Bob Strauss, Tetrapods: The Fish Out of Water, thoughtco.com 2019; Shubin; Gemma Tarlach, How Life First Left Water and Walked Ashore, discovermagazine.com 2019; Philippe Janvier, Wandering nostrils, *Nature* 2004; Zhu, Ahlberg, Pan et al., A Silurian maxillate placoderm illuminates jaw evolution, *Science* 2016; April DeLaurier, Evolution and development of the fish jaw skeleton, *WIREs Developmental Biology*, 2018; Michael Mosley, Anatomical clues to human evolution from fish, bbc.com 2011; P. C. J. Donoghue, M. Rücklin, The ins and outs of the evolutionary origin of teeth, *Evolution & Development* 2014.

5 Das Salz der Erde

Vor- und versalzen: Flurina Decasper, Knigge: Das peinliche Dutzend, annabelle.ch 2010; Miss Conduct, Is It Offensive To Salt Your Food?, tastingtable.com 2017; Sella Oneko, Verliebte Geschmäcker, dw.com 2013.

Ist Salz ein Gewürz: Leitsätze für Gewürze und andere würzende Zutaten, bmel.de 1998; Deklaration von Zucker, lebensmittelklarheit.de 2021; Jana Zeh, Ist Salz ein Gewürz?, n-tv.de 2015.

Kristalle, Minerale: Stephen Ashworth, Fractional crystallisation, edu.rsc.org 2014; Mark Kurlansky, *Salt: A World History*, Vintage 2003.

Alles Salz aus dem Meer: Silvio Wenzel, Wie das Salz auf die Erde kam, planet-wissen.de 2023; Shajan Ramezanian, Wie viel Salz ist gut für uns, quarks.de 2023; Kompass Ernährung, Bundesministerium für Ernährung und Landwirtschaft 2022.

Ring aus Salz: Ginsburg, McGuire, Plambeck et al., Orion SrcI's disk is salty, *Astrophysical Journal* 2019; Dean Roemmich, What makes the ocean salty and how much salt is in the ocean?, scripps.ucsd.edu 2011.

Wie viele Elemente: Jason Bates, The stars within us, new.nsf.gov 2021; Kurlansky; M. A. Kendrick, Chlorine, *Encyclopedia of Geochemistry* 2016; Z. D. Sharp, D. S. Draper, The chlorine abundance of Earth: Implications for a habitable planet, *Earth and Planetary Science Letters* 2013. Viel Chlor könnte auch bei der Bildung der Erdkruste in die Atmosphäre und von dort in die ersten Meere gelangt sein, sodass zumindest ein Teil des Salzes weder aus Meer noch Fels, sondern aus der Luft stammen würde.

Meersalz, Steinsalz: Why Is the Ocean Salty, britannica.com 2023 (die tatsächliche Berechnung des Erdalters aus dem Salzgehalt der Meere stellte erst lange nach Halley ein irischer Pyhsiker an und kam auf 90 Millionen Jahre); Jake Port, Why is the sea salty, *Cosmos* 2017; Hills, Wood, Ralston, salt, britannica.com 2024; Harald Elsner, Salze in Deutschland, Bundesanstalt für Geowissenschaften und Rohstoffe 2016; Delphine Sachsenröder, Käufer bleiben Markensalz trotz Inflation treu, *Lebensmittel Zeitung* 2023.

Salzgehalt Meer: Scribano, Carbone, Manuella et al., Origin of salt giants in abyssal serpentine systems, *International Journal of Earth Sciences* 2017; Hay, Migdisov, Balukhovsky et al., Evaporites and the salinity of the ocean during the Phanerozoic: Implications for climate, ocean circulation and life, *Palaeogeography, Palaeoclimatology, Palaeoecology* 2006; Salzquellen: Hier versteckt sich das meiste Salz, verbraucherzentrale.de 2024.

Totes Meer: Jacob, Hussein, Shakhatreh et al., Microbial community analysis of the hypersaline water of the Dead Sea using high-throughput amplicon sequencing, *MicrobiologyOpen* 2017; Kenneth Pletcher, Dead Sea, britannica.com 2023. Das Tote Meer ist natürlich nicht wirklich ein Meer, sondern ein großer, komplett vom Land eingeschlossener Salzsee.

mit Salz konservieren: Ada McVean, Do Fish Drink?, mcgill.ca 2017; Emma Davies, Why does salt have antibacterial properties?, sciencefocus.com 2023; Maritan, Iacumin, Zerboni et al., Fish and salt: The successful recipe of White Nile Mesolithic hunter-gatherer-fishers, *Journal of Archaeological Science* 2018; Dorling Kindersley, *The Story of Food*, 2018.

Osmose, Wasserbalance: E. Delpire, K. B. Gagnon, Water Homeostasis and Cell Volume Maintenance and Regulation, *Current Topics in Membranes* 2018; J. M. Wood, Bacterial responses to osmotic challenge, *Journal of General Physiology* 2015; T. J. Bradley, *Animal Osmoregulation*, Oxford University Press 2008; Yoshio Takei, Comparative Physiology of Body Fluid Regulation with Special Reference to Thirst Regulation, *Japanese Journal of Physiology* 2000; Kiley Price, Do fish get thirsty?, livescience.com 2023. Ein anderer möglicher Grund für die geringe Salzigkeit von Fischblut wäre, dass die ersten Fische zwar im Salzwasser gelebt, die Vorfahren der heutigen Strahlenflosser sich aber erst später im Süßwasser entwickelt hätten.

Salz im Menschen: J. C. Geerling, A. D. Loewy, Central regulation of sodium appetite, *Experimental Physiology* 2008; Higdon, Drake, Delage, Sodium (Chloride), Linus Pauling Institute 2019.

Zu viel Salz: John Loeffler, Why can't we drink saltwater?, livescience.com 2022; Risks of salt poisoning, healthcare.utah.edu 2016; John McDonnell, Student, 19, in intensive care after drinking bottle of soy sauce as part of initiation to join university society, dailymail.co.uk 2011; N. A. Metheny, M. M. Krieger, Salt Toxicity: A Systematic Review and Case Reports, *Journal of Emergency Nursing* 2020; Thomas de Padova, Warum löscht Meerwasser den Durst nicht?, tagesspiegel.de 2008.

Zu wenig Salz: Higdon, Drake, Delage; Coco Ballantyne, Strange but True: Drinking Too Much Water Can Kill, *Scientific American* 2007; Lebensgefahr durch übermäßiges Trinken im Vergiftungsfall, uniklinik-freiburg.de 2007; Hew-Butler, Rosner, Fowkes-Godek et al., Statement of the Third International Exercise-Associated Hyponatremia Consensus Development Conference, Carlsbad, California, 2015, *Clinical Journal of Sport Medicine* 2015; Moritz, Kalantar-Zadeh, Ayus, Ecstasy-associated hyponatremia: why are women at risk?, *Nephrology Dialysis Transplantation* 2013.

Nervengift Kugelfische: M. S. Müller, A pinch of sodium, *Nature Chemistry* 2011.

Riechen über den Rachen: V. Bojanowski, T. Hummel, Retronasal perception of odors, *Physiology & Behavior* 2012; Charles Spence, Oral referral: On the mislocalization of odours to the mouth, *Food Quality and Preference* 2016; G. M. Shepherd, *Neurogastronomy*, Columbia University Press 2011; Niklaus Bigler, Wenn etwas »süürelet«, dann schmeckt es nach …, tagblatt.ch 2021.

Geruch vs. Geschmack: Fleischer, Breer, Strotman, Mammalian Olfactory Receptors, *Frontiers in Cellular Neuroscience* 2009; Bushdid, Magnasco, Vosshall et al., Humans Can Discriminate More than 1 Trillion Olfactory Stimuli, *Science* 2014.

Evolution, Salzkonsum: R. Dunn, M. Sanchez, *Delicious: The Evolution of Flavor and How It Made Us Human*, Princeton University Press 2021; Demi, Taylor, Reading et al., Understanding the evolution of nutritive taste in animals: Insights from biological stoichiometry and nutritional geometry, *Ecology and Evolution* 2021; Brocklehurst, Kammerer, Benson, The origin of tetrapod herbivory: effects on local plant diversity, *Proceedings of the Royal Society B* 2020; Pebsworth, Huffman, Lambert et al., Geophagy among nonhuman primates, *American Journal of Physical Anthropology* 2018.

Früher Abbau, Salär: Olivier Weller, First salt making in Europe: An overview from Neolithic times, *Documenta Praehistorica* 2015; Peter Gainsford, Salt and salary: were Roman soldiers paid in salt?, kiwihellenist.blogspot.com 2017.

Salzkonsum, Gesundheit: Henney, Taylor, Boon, *Strategies to Reduce Sodium Intake in the United States*, National Academies Press 2010; Higdon, Drake, Delage; The Nutrition Source: Salt and Sodium, hsph.harvard.edu 2023; Fragen und Antworten zu Salz/Salzquellen, verbraucherzentrale.de 2023; Cappuccio, Campbell, He et al., Sodium and Health: Old Myths and a Controversy Based on Denial, *Current Nutrition Reports* 2022; J. J. DiNicolantonio, J. H. O'Keefe, The History of the Salt Wars, *American Journal of Medicine* 2017; Ma, Xue, Wang et al., Adding salt to foods and hazard of premature mortality, *European Heart Journal* 2022.

Unerschöpfliches Salz: Deutsches Salzmuseum, Wussten Sie schon …, salzmuseum.de 2024; Wenzel; Quarks & Co, Kostbares Salz, wdr.de 2005; Tobias Kniebe, Salz, sueddeutsche.de 2008; Elsner; Salt Production, Kansas Geological Survey 2002; Regional Summary and Recommended Study Areas for the Texas Panhandle Portion of the Permian Basin, Office of Nuclear Waste Isolation 1983; Rock Salt Mining, project.geo.msu.edu 2024; A. Camerlenghi, V. Aloisi, Uncovering the Mediterranean Salt Giant, *European Review* 2019; Roemmich.

6 In die Pilze

potenziell unsterblich: Moore, Ahmadjian, Alexopoulos, fungus, britannica.com 2024.

Champignons: Fabienne Haberthur, La véritable histoire des champignons de Paris, geo.fr 2022; Leo Tolstoi, Krieg und Frieden, Moskau 1868; S. T. Chang, S. P. Wasser, The Cultivation and Environmental Impact of Mushrooms, *Environmental Science* 2017; Wie werden Speisepilze angebaut?, landwirtschaft.de 2023; Sandra Ahrens, Speisepilze: Ernte und Verbrauch, de.statista.com 2024. Das französische Wort *champignon* hat lateinische Wurzeln und bedeutete ursprünglich »der auf dem Feld wachsende«. Auch bei uns wurden Champignons früher manchmal »Feldlinge« genannt.

Andere Pilze: Chang, Wasser; landwirtschaft.de; S. T. Chang, P. G. Miles, *Mushrooms: Cultivation, Nutritional Value, Medicinal Effects, and Environmental Impact*, CRC Press 2004.

Ursprung der Pilze: Moore et al. 2024. Neuere Fossilfunde könnten ein höheres oder sogar viel höheres Alter nahelegen, doch vollkommen eindeutig lassen sie sich wohl nicht dem Reich der Pilze zuordnen: Bonneville, Delpomdor, Préat, Molecular identification of fungi microfossils in a Neoproterozoic shale rock, *Science Advances* 2020; M. A. Naranjo-Ortiz, T. Gabaldón, Fungal evolution: major ecological adaptations and evolutionary transititions, *Biological Reviews of the Cambridge Philosophical Society* 2019.

»Landgang« der Pilze: M. R. Smith, Cord-forming Palaeozoic fungi in terrestrial assemblages, *Botanical Journal of the Linnean Society* 2016. Das 440 Millionen Jahre alte Pilzfossil ist nicht nur älter als das erste Fossil einer Pflanze, sondern es gilt auch als das älteste Fossil eines Landlebewesens überhaupt. P. K. Strother, C. Foster, A fossil record of land plant origins from charophyte algae, *Science* 2021; Bengtson, Rasmussen, Ivarsson et al., Fungus-like mycelial fossils in 2.4-billion-year-old vesicular basalt, *Nature Ecology & Evolution* 2017; Naranjo-Ortiz et al.; Hans Halbwachs, Pilze im Rückspiegel – eine kurze Geschichte der Pilze während der letzten zwei Milliarden Jahre, *Zeitschrift für Mykologie* 2019.

Fäden, Zersetzer: Krings, Harper, Taylor, Fungi and fungal interactions in the Rhynie chert: a review of the evidence, with the description of *Perexiflasca tayloriana* gen. et sp. nov.†, *Philosophical Transactions of the Royal Society B* 2017; Naranjo-Ortiz et al.; Eric Hand, Iron-eating fungus disintegrates rocks with acid and cellular knives, *Science* 2016.

Feenringe, Geflechte: fairy ring, britannica.com 2024. Anders als bei dauerhaft in Partnerschaft mit Bäumen lebenden Pilzgeflechten stirbt das in der Mitte von Hexenringen irgendwann ab; Feijen, Vos, Nuytinck et al., Evolutionary dynamics of mycorrhizal symbiosis in land plant diversification, *Scientific Reports* 2018; Alexis Guerin-Laguette, Successes and challenges in the sustainable cultivation of edible mycorrhizal fungi – furthering the dream, *Mycoscience* 2020; Karst, Jones, Hoeksema, Positive citation bias and overinterpreted results lead to misinformation on common mycorrhizal networks in forests, *Nature Ecology & Evolution* 2023.

Größte Lebewesen: C. L. Schmitt, M. L. Tatum, The Malheur National Forest: Location of the World's Largest Living Organism, US Department of Agriculture 2008; DeWoody, Rowe, Hipkins et al., »Pando« Lives: Molecular Genetic Evidence of a Giant Aspen Clone in Central Utah, *Western North American Naturalist* 2008; Edgeloe, Severn-Ellis, Bayer et al., Extensive polyploid clonality was a successful strategy for seagrass to expand into a newly submerged environment, *Proceedings of the Royal Society B* 2022; Largest Living Organism, guinnessworldrecords.com 2024.

Prototaxites: F. M. Hueber: Rotted wood–alga–fungus: the history and life of Prototaxites Dawson 1859, *Review of Palaeobotany & Palynology 2001*; Boyce, Hotton, Fogel et al., Devonian landscape heterogeneity recorded by a giant fungus, *Geology* 2007; Tallest fungus ever, guinnesworldrecords.com 2024. Schon bei der ersten Untersuchung der vermeintlichen Ur-Eibe fielen die pilzartigen Fäden auf. Allerdings dachte man, sie hätten sich einfach über das morsche Holz des Baums hergemacht.

Schimmel: Erin Blakemore, Behold the Weird Beauty of Mold, smithsonianmag.com 2015; Warum sind Schimmelpilze farbig?, abendblatt.de 2013.

Andere Fäden, Ringe, so hoch: D. L. Porter, S. E. Naleway, Hyphal Systems and Their Effect on the Mechanical Properties of Fungal Sporocarps, *Acta Biomaterialia* 2022; Hueber; Steve Koppes, Boyce collaborates with other geologists to solve mystery of prehistoric organism, *University of Chicago Chronicle* 2007.

nicht wirklich klar, Kiesgruben: M. P. Nelsen, C. K. Boyce, What to do with *Prototaxites*?, *International Journal of Plant Sciences* 2022. Laut der jüngsten

Reinterpretation der Fossilien könnte der Pilzbaum gar nicht gestanden haben, sondern bohrte sich als riesige Pilzwurzel durchs urzeitliche Erdreich: Vajda, Cavalcante, Palmgren et al., Prototaxites reinterpreted as mega-rhizomorphs, facilitating nutrient transport in early terrestrial ecosystems, *Canadian Journal of Microbiology* 2022; Koppes; R. Goßmann, G. Heumann, Rätsel in Geröllen: *Prototaxites, Archäologie im Rheinland* 2012.

Ball äußerst flach, Pilze ihren Hut: Floudas, Binder, Riley et al., The Paleozoic Origin of Enzymatic Lignin Decomposition Reconstructed from 31 Fungal Genomes, *Science* 2012; Virágh, Merényi, Csernetics et al., Evolutionary Morphogenesis of Sexual Fruiting Bodies in Basidiomycota: Toward a New Evo-Devo Synthesis, *Microbiology and Molecular Biology Reviews* 2022; Varga, Földi, Bense et al., Radiation of mushroom-forming fungi correlates with novel modes of protecting sexual fruiting bodies, *Fungal Biology* 2022.

Urchampignon: Heads, Miller, Crane et al., The oldest fossil mushroom, *PLoS One* 2017; Diana Yates, Scientists find world's oldest fossil mushroom, University of Illinois 2017. *Gondwanagaricites magnificus* bedeutet laut den Findern so viel wie »prachtvolles Pilzfossil aus Gondwana«.

Funktion Hut: Virágh et al.; Varga, Krizsán, Földi et al., Megaphylogeny resolves global patterns of mushroom evolution, *Nature Ecology & Evolution* 2019; Dressaire, Yamada, Song et al., Mushrooms use convectively created airflows to disperse their spores, *PNAS* 2016.

Andere Formen, Biomasse: Virágh et al.; Bar-On, Phillips, Milo, The biomass distribution on Earth, *PNAS* 2017.

eigentlich Hagebutten: Johanna Ziemann, Ein Männlein steht im Walde, liederlexikon.de 2012.

Tiere, Sporen, umami: Elliott, Truong, Jackson et al., Mammalian mycophagy: A global review of ecosystem interactions between mammals and fungi, *Fungal Systematics and Evolution* 2022; Elliott, Bower, Vernes, Reptilian Mycophagy: A global review of mutually beneficial associations between reptiles and macrofungi, *Mycosphere* 2019; Roy Anderson, Fungi and beetles, *Field Mycology* 2001; Zhao, Wang, Zhang et al., A comparative analysis of the umami taste of five fresh edible mushrooms by simulating the chemical environment of oral digestion in vitro, *LWT – Food Science and Technology* 2023; Borgmann-Winter, Stephens, Anthony et al., Wind and small mammals are complementary fungal dispersers, *Ecology* 2023.

Giftpilze: Wennig, Eyer, Schaper et al., Vergiftungen durch Pilze, aerzteblatt.de 2020; H. A. Miller, L. K. Hawks, Fleshy Fungi Commonly Eaten

By Southern Wildlife, US Department of Agriculture 1969; R. Fogel, J. M. Trapp, Fungus Consumption (Mycophagy) by Small Animals, *Northwest Science* 1978; K. Suetsugu, K. Gomi, Squirrel consuming »poisonous« mushrooms, *Frontiers. Ecology. Environment.* 2021; Scott Camazine, Mushroom chemical defense: Food aversion learning induced by hallucinogenic toxin, muscimol, *Journal of Chemical Ecology* 1983; Rohlfs, Albert, Keller et al., Secondary chemicals protect mould from fungivory, *Biology Letters* 2007; Sherratt, Wilkinson, Bain et al., Explaining Dioscorides' »Double Difference«: Why Are Some Mushrooms Poisonous, and Do They Signal Their Unprofitability?, *The American Naturalist* 2005.

Trüffeln: J. M. Trappe, A. W. Claridge, The Hidden Life of Truffles, *Scientific American* 2010; Bonito, Smith, Nowak et al., Historical Biogeography and Diversification of Truffles in the Tuberaceae and Their Newly Identified Southern Hemisphere Sister Lineage, *PLoS One* 2013; Merlin Sheldrake, *Verwobenes Leben*, Berlin 2021.

locken, Zombiepilze: Halbwachs, Bässler, Simmel, Tales and mysteries of fungal fruiting: How morphological and physiological traits affect a pileate lifestyle, *Fungal Biology Reviews* 2016; Sleeman, Jones, Cronin, Investigations of an association between the stinkhorn fungus and badger setts, *Journal of Natural History* 1997; Oliveira, Stevani, Waldenmaier et al., Circadian control sheds light on fungal bioluminescence, *Current Biology* 2015; Melissa Petruzzello, zombie-ant fungus, britannica.com 2023; Cooley, Marshall, Hill, A specialized fungal parasite *(Massospora cicadina)* hijacks the sexual signals of periodical cicadas (Hemiptera: Cicadidae: *Magicicada*), *Scientific Reports* 2018.

Psilocybin, Zauberpilze: Boyce, Gluck-Thaler, Slot et al., Psychoactive plant- and mushroom-associated alkaloids from two behavior modifying cicada pathogens, *Fungal Ecology* 2019; David Nichols, Psilocybin: from ancient magic to modern medicine, *The Journal of Antibiotics* 2020; Bradshaw, Ramirez-Cruz, Awan et al., Phylogenomics of the psychoactive mushroom genus *Psilocybe* and evolution of the psilocybin biosynthetic gene cluster, *PNAS* 2024; Reynolds, Vijayakumar, Gluck-Thaler et al., Horizontal gene cluster transfer increased hallucinogenic mushroom diversity, *Evolution Letters* 2018; M. Meyer, J. Slot, The evolution and ecology of psilocybin in nature, *Fungal Genetics and Biology* 2023.

Fliegenpilz, giftig, essbar: Sherratt et al.; W. Rubel, D. Arora, A Study of Cultural Bias in Field Guide Determinations of Mushroom Edibility Using the Iconic Mushroom, *Amanita muscaria*, as an Example, *Economic Bot-*

any 2008; P. Catalfolmo, C. H. Eugster, *Amanita muscaria*: present understanding of its chemistry, *Bulletin on Narcotics* 1970; C. P. Simon, Warum der Fliegenpilz Fliegenpilz heißt, geo.de 2023; D. Michelot, L. M. Melendez-Howell, *Amanita muscaria*: chemistry, biology, toxicology and ethnomycology, *Mycological Research* 2003.

Ursprung Fliegenpilze, Rentiernomaden: Geml, Laursen, O'Neill et al., Beringian origins and cryptic speciation events in the fly agaric *(Amanita muscaria)*, *Molecular Ecology* 2006; Andrew Haynes, The animal world has its junkies too, *The Pharmaceutical Journal* 2010; Greg Marley, *Chanterelle Dreams, Amanita Nightmares: The Love, Lore, and Mystique of Mushrooms*, White River Junction 2010; P. Newton, N. Wolfe, Can animals teach us medicine?, *British Medical Journal* 1992; Fly Agaric, fs.usda.gov 2024; M. J. Winkelman, *Amanita muscaria*: Fly agaric history, mythology and pharmacology, *Journal of Psychedelic Studies* 2022; J. Patocka, B. Kocandrlova, Pharmacologically and toxicologically relevant components of *Amanita muscaria*, *Military Medical Science Letters* 2017.

fliegende Salzstreuer des Todes: Sheldrake.

Weihnachtsmann: Olivia Campbell, What does Santa have to do with … psychedelic mushrooms?, nationalgeographic.com 2023.

besserer Alkoholrausch: Marley; R. G. Wasson, Fly Agaric and Man, *Ethnopharmacologic Search for Psychoactive Drugs* 1967.

Hefepilze: Fröhlich-Wyder, Arias-Roth, Jakob, Cheese yeasts, *Yeast* 2019; Melissa Petruzzello, yeast, britannica 2023; El Baidouri, Zalar, James et al., Evolution and Physiology of Amphibious Yeasts, *Annual Review of Microbiology* 2021; Fenner, Scapini, da Costa Diniz et al., Nature's Most Fruitful Threesome: The Relationship between Yeasts, Insects, and Angiosperms, *Journal of Fungi* 2022; Dashko, Zhou, Compagno et al., Why, when, and how did yeast evolve alcoholic fermentation?, *FEMS Yeast Research* 2014; Dupont, Dequin, Giraud et al., Fungi as a Source of Food, *Microbiology Spectrum* 2017; Lahue, Madden, Dunn et al., History and Domestication of *Saccharomyces cerevisiae* in Bread Baking, *Frontiers in Genetics* 2020; Thomas Bintsis, Yeasts in different types of cheese making, *AIMS Microbiology* 2021.

Hefen, andere Anwendungen: Behera, Mishra, Mohapatra, Microbial citric acid: Production, properties, application, and future perspectives, *Food Frontiers* 2021; Michael Gänzle, The periodic table of fermented foods: limitations and opportunities, *Applied Microbiology and Biotechnology* 2022; Dhevagi, Ramya, Priyatharshini et al., Industrially Important Enzymes:

Productions and Applications, *Recent Trends in Mycological Research* 2021; Aromatypen: Was auf den Bechern steht: Von der Erdbeere bis zum billigen Aroma, test.de 2011; AROMAWissen – kompakt: Aromenherstellung erklärt, DVAI (Deutscher Verband der Aromenindustrie) 2024; Aromen aus Schimmelpilzen?, DVAI 2024; How Quorn Uses Biotechnology to Produce Meat Substitutes, Relentless Biotech 2020; German vegan-food market deep-dive, part two – how a mainstream category could shape up, *Just Food* 2018; Robert Klatt, Pilz verbessert Geschmack von pflanzlichem Fleisch, forschung-und-wissen.de 2023.

fleischähnliche Pilze: Pilzgenuss; Heike Kreutz, Portobello, Shiitake, Austernseitling, bzfe.de 2020; Beefsteak Fungus, wildfood.uk 2024; Hermann Jahn, Pilze an Bäumen: Saprophyten und Parasiten, die an Holz wachsen, Berlin 1990.

Pilze, Quorn, vegan: Lukas Köb, Sind Pilze vegan?, vungi.at 2023; Kilian Dreißig, Sind Pilze eigentlich vegan?, vegpool.de 2020; How is Quorn made?, quorn.co.uk 2024; Alex Renton, Quorn identity, theguardian.com 2009.

Pilze als Fleischfresser: Lee, Lee, Chang et al., A carnivorous mushroom paralyzes and kills nematodes via a volatile ketone, *Science Advances* 2023; Sufiate, Soares, Moreira et al., Nematicidal action of *Pleurotus eryngii* metabolites, *Biocatalysis and Agricultural Biotechnology* 2017; Luo, Liu, Fang et al., *Coprinus comatus* Damages Nematode Cuticles Mechanically with Spiny Balls and Produces Potent Toxins to Immobilize Nematodes, *Applied and Environmental Microbiology* 2007; Jiang, Xiang, Liu, Nematode-Trapping Fungi, *Microbiology Spectrum* 2017; Vegane Ernährung, dge.de 2024.

Pansenpilze: Fliegerová, Kaerger, Kirk et al., Rumen Fungi, *Rumen Biology: From Evolution to Revolution* 2015; E. M. Medina, N. E. Buchler, Primer: Chytrid fungi, *Current Biology* 2020; Moore, Robson, Trinci, *21st Century Guidebook to Fungi*, Cambridge University Press 2020; Relentless Biotech.

Mykobiom: J. C. Pérez, Fungi of the human gut microbiota: Roles and significance, *International Journal of Microbiology* 2021.

Erste Pilzesser: Power, Jacob, Henry, Oldest evidence for the use of mushrooms as a food source, mpg.de 2015; Peintner, Pöder, Pümpel, The iceman's fungi, *Mycological Research* 1998; A. Casadevall, C. Damman, Updating the fungal infection-mammalian selection hypothesis at the end of the Cretaceous Period, *PLoS Pathogens* 2020; Wiemann, Menéndez, Crawford et al., Fossil biomolecules reveal an avian metabolism in the ancestral dinosaur, *Nature* 2022; Poinar, Alderman, Wunderlich, One hundred million year old ergot: psychotropic compounds in the Cretaceous?, *Palaeodiversity* 2015.

7 Vorspeisensalat

viel diskutierte Frage: Juliette Irmer, Warum Männer gerne Fleisch essen und Frauen lieber Salat, spektrum.de 2017; D. L. Rosenfeld, A. J. Tomiyama, Gender differences in meat consumption and openness to vegetarianism, *Appetite* 2021.

Blütenpflanzen: Dilcher, Zimmermann, Stevens et al., angiosperm, britannica.com 2024; Hannah Ritchie, How many species are there?, ourworldindata.org 2022; Bar-On, Phillips, Milo, The biomass distribution on Earth, *PNAS* 2017; P. H. Raven, Plants make our existence possible, *Plants People Planet* 2020; Emily Osterloff, The Cretaceous Period: What was Earth like before dinosaurs went extinct?, nhm.ac.uk 2024.

Grünalgen: Melissa Petruzzello, sea lettuce, britannica.com 2017; E. J. Hemsen, Origin of Land Plants, Digital Atlas of Ancient Life 2020; P. J. Keeling, The endosymbiotic origin, diversification and fate of plastids, *Philosophical Transactions of the Royal Society B* 2010; C. F. Delwiche, R. E. Timme, Plants, *Current Biology* 2011.

Erste Landpflanzen: Hemsen; Robert French, Isabel Cookson: One tough ›Cookie‹, Museums Victoria 2024; D. Palmer, P. Barrett, *Evolution: Die Entwicklung des Lebens,* Gerstenberg 2009; Fossil flora, abdn.ac.uk 2024.

Spargel: Norup, Petersen, Burrows et al., Evolution of Asparagus L. (Asparagaceae): Out-of-South-Africa and multiple origins of sexual dimorphism, *Molecular Phylogenetics and Evolution* 2015; Bentz, Liu, Yang et al., Young evolutionary origins of dioecy in the genus *Asparagus, American Journal of Botany* 2024; Felix Hanika, Warum essen nur Deutsche weißen Spargel und warum schmeckt er nur ihnen?, Berliner Zeitung 2023.

Stängel-, Stielgemüse, Kohl: Luo Pan, Farmers busy harvesting bamboo shoots in SW China, ecns.cn 2023; Stängelgemüse/Stielgemüse, *Lexikon der Ernährung* 2001; G. R. Dixon, The origin of edible brassicas, *Plantsman* 2017; Mabry, Turner-Hissong, Gallagher, The Evolutionary History of Wild, Domesticated, and Feral *Brassica oleracea* (Brassicaceae), *Molecular Biology and Evolution* 2021; Satora, Skotniczny, Stmad et al., Yeast Microbiota during Sauerkraut Fermentation and Its Characteristics, *International Journal of Molecular Sciences* 2020.

Salat: Wei, van Treuren, Liu et al., Whole-genome resequencing of 445 Lactuca accessions reveals the domestication history of cultivated lettuce, *Nature Genetics* 2021; Chu, Xu, Lu et al., Plastome-based phylogeny and biogeography of Lactuca L. (Asteraceae) support revised lettuce gene pool categories, *Frontiers in Plant Science* 2022.

Blätter: Lambers, Yopp, Woodwell et al., plant, britannica.com 2024; C.J. Harrison, J.L. Morris, The origin and early evolution of vascular plant shoots and leaves, *Philosophical Transactions of the Royal Society B* 2017; de Boer, Eppinga, Wassen et al., A critical transition in leaf evolution facilitated the Cretaceous angiosperm revolution, *Nature Communications* 2012.

Wurzeln, Wurzelgemüse: Lambers et al.; P. Kenrick, C. Strullu-Derrien, The Origin and Evolution of Roots, *Plant Physiology* 2014; Maschkowski, Lobitz, Rempe, Gemüse, bzfe.de 2022; Stephen Eldrige, root vegetable, britannica.com 2024; Srivastava, Mehrota, Dilcher, Paleocene *Ipomoea* (Convolvulaceae) from India with implications for an East Gondwana origin of Convolvulaceae, *PNAS* 2018.

Speicherorgane: Gagnon, Baldaszti, Moonlight et al., Functional and ecological diversification of underground organs in *Solanum*, *Frontiers in Genetics* 2023; Helle Turesson, Carbon Allocation in Underground Storage Organs, *Acta Universitatis Agriculturae Sueciae* 2014; Johnelle Farrell-Edwards, *Thecadactylus rapicauda* (Turnip-tailed Gecko), sta.uwi.edu 2015; Solanin in Kartoffeln, BfR 2018; Harold McGee, The Chemical Weapons of Onions and Garlic, nytimes.com 2010.

Stärke, Mensch, Kartoffel: Sarah Wild, Scientists Find Early Evidence of Humans Cooking Starches, *Scientific American* 2019; Renée Onque, Is a potato a vegetable? There's no ›straightforward answer‹, says nutritionist, cnbc.com 2023; WHO, Nutrition – Data and Statistics, who.int 2021; Jelisa Castrodale, Sorry, but Potatoes May Soon No Longer Be Considered a Vegetable, foodandwine.com 2023.

Samen, Blüten, Früchte: Linkies, Graeber, Knight et al., The evolution of seeds, *New Phytologist* 2010; Henry Gee, *A (Very) Short History of Life on Earth*, London 2021; Barón, Martín-Vivaldi, Martínez-Renau et al., Extra Nestlings That Are Condemned to Die Increase Reproductive Success in Hoopoes, *The American Naturalist* 2024.

Holz: Roland Ennos, The Wood Age: *How One Material Shaped the Whole of Human History*, HarperCollins 2021; G.T. Tsoumis, wood, britannica.com 2023; Gerrienne, Gensel, Strullu-Derrien et al., A simple type of wood in two Early Devonian plants, *Science* 2011; Stein, Berry, Morris et al., Mid-Devonian *Archaeopteris* Roots Signal Revolutionary Change in

Earliest Fossil Forests, *Current Biology* 2020; Fazan, Song, Kozlowski, The Woody Planet: From Past Triumph to Manmade Decline, *Plants* 2020.

Karbon, Kohle: W. L. Manger, britannica.com 2023; Waggoner, Hoe, Jusay et al., The Carboniferous Period, berkeley.edu 2011; Thomas Halliday, *Urwelten,* München 2022; A. Fernihough, K. H. O'Rourke, Coal and the European Industrial Revolution, *The Economic Journal* 2021; Morelli, Cashman, Rodgers, Life Cycle Assessment of Cookstoves and Fuels in India, China, Kenya, and Ghana, US Environmental Protection Agency 2017; Von der Kohle zur Zukunft, bundesregierung.de 2023; Bruttostromerzeugung in Deutschland, destatis.de 2024.

Klimawandel Devon/Karbon: Halliday; T. W. Dahl, S. K. M. Arens, The impacts of land plant evolution on Earth's climate and oxygenation state – An interdisciplinary review, *Chemical Geology* 2020; M. Gibling, N. S. Davies, Paleozoic landscapes shaped by plant evolution, *Nature Geoscience* 2012; Wilson, Montañez, White et al., Dynamic Carboniferous tropical forests: new views of plant function and potential for physiological forcing of climate, *Plants People Planet* 2017; Pawlik, Buma, Samonil et al., Impact of trees and forests on the Devonian landscape and weathering processes with implications to the global Earth's system properties – A critical review, *Earth-Science Reviews* 2020.

Sauerstoff, Insekten, Schnecken: Gibling et al.; Halliday; Manger; Klimafreundliche Alternative: Insekten als Nahrungsmittel, deutschlandfunk.de 2023; Madhura Rao, Sind essbare Schnecken eine Quelle für nachhaltiges Fleisch?, foodunfolded.com 2020; G. J. Vermeij, V. M. Watson-Zink, Terrestrialization in gastropods: lineages, ecological constraints and comparisons with other animals, *Biological Journal of the Linnean Society* 2022; Conrad Labandeira, The origin of herbivory on land: Initial patterns of plant tissue consumption by arthropods, *Insect Science* 2007.

erste Pflanzenfresser, Ökosysteme, Dinos: Gee; H. D. Sues, R. R. Reisz, Origins and early evolution of herbivory in tetrapods, *Trends in Ecology & Evolution* 1998; Mann, Henrici, Sues et al., A new Carboniferous edaphosaurid and the origin of herbivory in mammal forerunners, *Scientific Reports* 2023; J. P. Rafferty, Edaphosaurus, britannica.com 2021; D. S. Berman, A. Henrici, Origin of the modern vertebrate food chain, *Annals of Carnegie Museum* 2023; The Great Dying, science.nasa.gov 2023; J. M. Crow, Before the dinosaurs, cosmosmagazine.com 2017.

8 Echse oder Ei?

***Hylonomus lyelli*:** Richard Cowen, *History of Life*, Chichester 2013; Hillary Maddin, 310 million-year-old tree fossils to reveal new ancient animals, theconversation.com 2019; Falcon-Lang, Gibling, Grey, Joggins, Nova Scotia, *Geology Today* 2010.

Konsum Geflügel, Hühnchen, Eier: *The State of World Fisheries and Aquaculture 2022*, FAO 2023; *Agricultural Outlook 2022–2031 / 2023–2032*, OECD/FAO 2022; Kenny Torrella, Chickens are taking over the planet, vox.com 2023; Yearly number of animals slaughtered for meat, World, 1961 to 2022, ourworldindata.org 2024; Bennett, Thomas, Williams et al., The broiler chicken as a signal of a human reconfigured biosphere, *Royal Society Open Science* 2018; Global egg production continues to increase at an average of 3 % per year, internationalegg.com 2022; Benjamín Ruiz, World per capita egg consumption record broken by Mexico, again, wattagnet.com 2022; Versorgungsbilanzen Eier/Fleisch, bmel-statistik.de 2024.

Tetrapoden: Bob Strauss, Tetrapods: The Fish Out of Water, thoughtco.com 2019; Neil Shubin, *Der Fisch in uns*, Frankfurt a. M. 2009; Gemma Tarlach, How Life First Left Water and Walked Ashore, discovermagazine.com 2019.

»Schmeckt wie Hühnchen«: Joe Staton, Tastes Like Chicken?, improbable.com 1998; Jackson Landers, Why does everything taste like chicken?, smh.com.au 2012; R.J. Miget, M.G. Haby, Naturally-occurring Compounds which Create Unique Flavors in Wild-harvested Shrimp, The Texas A&M University System 2007; Zhang, Owens, Schilling, Meat: the edible flesh from mammals only or does it include poultry, fish, and seafood?, *Animal Frontiers* 2017.

Amphibien, Frösche: Bob Strauss, 300 Million Years of Amphibian Evolution, thoughtco.com 2019; Some like it hot: Global warming triggered evolution of giant dinosaurs, LMU München 2020; Feng, Blackburn, Liang et al., Phylogenomics reveals rapid, simultaneous diversification of three major clades of Gondwanan frogs at the Cretaceous-Paleogene boundary, *PNAS* 2017; Elaine Yau, An exotic friendship, scmp.com 2008; Bernhard Kathan, *Verschwundene und seltene Gäste der Speisekarte. Ein Kochbuch*, Innsbruck 1992.

Salamander: Lukas Hartmann, »Lurchi« – ein Riesenamphib kommt ins Museum, museum-wiesbaden.de 2024; Turvey, Chen, Tapley et al., From dirty to delicacy? Changing exploitation in China threatens the world's largest amphibians, *People and Nature* 2021; Schoch, Werneburg, Voigt et al., A Triassic stem-salamander from Kyrgyzstan and the origin of salamanders, *PNAS* 2020; D. Vasilyan, M. Böhme, Pronounced Peramorphosis in Lissamphibians – *Aviturus exsecratus* (Urodela, Cryptobranchidae) from the Paleocene-Eocene Thermal Maximum of Mongolia, *PLoS One* 2012; Strauss; J. Fortuny, J. S. Steyer, New insights into the evolution of temnospondyls, *Journal of Iberian Geology* 2019.

sondern hinabsteigt: Christian Foth, Intraspecific and macroevolutionary patterns in the clades Archosauromorpha and Testudinata, Habilitationsschrift 2019.

Eier, Meerestiere, Fische: Scientists move closer to linking embryos of the Earth's first animals to adult form, news.vt.edu 2004; Kate Springer, The 500-year-old snack, bbc.com 2022; Lin, Takahashi, Mulla et al., Moonrise timing is key for synchronized spawning in coral *Dipsastraea speciosa*, *PNAS* 2021; Basic bivalve biology: taxonomy, anatomy and life history, fao.org 2024; fish /crustacean reproduction, britannica.com 2024; Clare Mulroy, What is caviar made of? Here's why the fish delicacy is so expensive, eu.usatoday.com 2022; Baldisserotto, Criscuolo, Cyrino, *Biology and Physiology of Freshwater Neotropical Fish*, London 2020.

Eier, Amphibien, springende Fische: Maria Wheeler-Dubas, Eggs, Eggs, Eggs!, phipps.conservatory.org 2024; Ringler, Rojas, Stynoski et al., What Amphibians Can Teach Us About the Evolution of Parental Care, *Annual Review of Ecology, Evolution and Systematics* 2023; Ishimatsu, Mai, Martin, Patterns of Fish Reproduction at the Interface between Air and Water, *Integrative & Comparative Biology* 2018.

Eiablage, Wüsten, Vulkan: T. R. Van Devender, Adaptations of Desert Amphibians & Reptiles, desertmuseum.org 2024; Closing the gap: Extreme desert gecko spotted on salt flats in central Oman, sciencedaily.com 2014; Amy Nicholson, The animals that call volcanoes home, bbcearth.com 2024. Auch manche Amphibien wie die Schaufelfußkröten leben und vermehren sich in Wüstenregionen. Doch geht das nur, indem sie sich in der Nähe von Wasserstellen eingraben und dann sehr lange auf den nächsten Regen warten.

Amniotische Eier: David Hillis, To Egg or Not to Egg: That is the Evolutionary Question, biodiversity.utexas.edu 2019; S. Crespi, J. You, Cracking the mystery of the egg shape, vis.sciencemag.org 2017; Anatomy of an Egg, exploratorium.edu 2024; Introduction to eggshells / Fossil record of amniote eggs, ucmp.berkeley.edu 2024; Blake Eligh, On eggshells: What the world's oldest eggs reveal about dinosaur evolution, utoronto.ca 2019; The Parts of the Egg, extension.psu.edu 2024.

Bankivahühner, Legehennen: Jesko Partecke, Warum legen Hühner das ganze Jahr über Eier, Singvögel aber nur im Frühjahr?, wissenschaft-im-dialog.de 2008; Imma Perfetto, Earliest evidence of loss of seasonal egg laying in chickens, cosmosmagazine.com 2024; Eier: Erzeugung, bzfe.de 2023; Legen Hühner auch ohne Hahn Eier?, Bundesinformationszentrum Landwirtschaft 2024; Richtlinien des Anbauverbands Demeter, oekoland bau.de 2023.

Aufbau, Entwicklung Hühnerei: T.W. Smith, J. Wells, The Avian Embryo, extension.msstate.edu 2022; Brynja Adam-Radmanic, Biologie des Hühnereies (2) – Keimfleck und Befruchtung, wissenskueche.de 2013; G.P. Martin, Fertilized vs. Non-fertile Egg, extension.psu.edu 2023; J.P. Mortola, Gas exchange in avian embryos and hatchlings, *Comparative Biochemistry and Physiology A* 2009; Alice Roberts, How does a chick breathe in the egg? theguardian.com 2015.

Ei oder Lebendgeburt: Jiang, He, Elsler et al., Extended embryo retention and viviparity in the first amniotes, *Nature Ecology & Evolution* 2023.

Erste Dino-Eier, Dino-Entwicklung: Riley Black, Who Was the First to Discover Dinosaur Eggs?, smithsonianmag.com 2012; Laura Geggel, A brief history of dinosaurs, livescience.com 2021; Ruxton, Birchard, Deeming, Incubation time as an important influence on egg production and distribution into clutches for sauropod dinosaurs, *Paleobiology* 2014.

Zweibeiner, Urvogel, Darwins Bulldogge: The origin of birds, evolution. berkeley.edu 2024; Carl Zimmer, Archaeopteryx's Evolutionary Humiliation Continues 2013; Peter Dodson, Origin of Birds: The Final Solution?, *American Zoologist* 2000; Riley Black, Thomas Henry Huxley and the Dinobirds, smithsonianmag.com 2010.

Von Raubechsen zu Vögeln: D.K. Zelenitsky, An exquisitely preserved egg reveals what birds have inherited from dinosaurs, ucalgary.ca 2022; Brusatte, O'Connor, Jarvis, The Origin and Diversification of Birds, *Current Biology* 2015; Mindy Weisberger, Baby T. Rex Was an Adorable Ball of Fluff, livescience.com 2019; Xander Zellner, Like Birds, Dinosaurs Danced to Woo, audubon.org 2016; Pyroraptor, nhm.ac.uk 2024.

Dino-Geschmack, Vogelverwandte: Jurassic World Chicken Nuggets, walmart.com 2024; Brian Palmer, What Did Dinosaur Meat Taste Like?, slate.com 2010; Tim Stephens, Scientists reconstruct genome of common ancestor of crocodiles, birds, dinosaurs, news.ucsc.edu 2014.

Moderne Vögel, Strauß, Bienenelfe: Brusatte et al.; Hannah Ritchie, How many species are there?, ourworldindata.org 2022; Bar-On, Phillips, Milo, The biomass distribution on Earth, *PNAS* 2017; Flora Lichtman, This Gargantuan Bird Weighed as Much as a Sports Car, scientificamerican.com 2023; Hummingbirds, birdlife.org 2024.

Geflügel, Hühner: Field, Benito, Chen et al., Late Cretaceous neornithine from Europe illuminates the origins of crown birds, *Nature* 2020; Chen, Dittmann, O'Neill et al., Divergence time estimation of Galliformes based on the best gene shopping scheme of ultraconserved elements, *BMC Ecology and Evolution* 2021; Colin Barras, We may now know when chickens were domesticated – but not why, newscientist.com 2022; Andrew Lawler, *Why Did the Chicken Cross the World?*, New York 2014; J. Hannover, K. Mockenhaupt, Warum Küken nun im Ausland getötet werden, deutschlandfunk.de 2023.

Säugetiere: Riley Black, Why did our mammal ancestors stop laying eggs?, discovermagazine.com 2020; Mitch Leslie, Three organs in one? Researchers unscramble mysterious roles of human yolk sac, *Science* 2023.

9 Sehr altes Brot

Gluten: K. D. Schwenke, Vom Eyweiß zum Protein: Zur Geschichte eines Begriffes, *Mitteilungen*/Gesellschaft Deutscher Chemiker 2007; G. P. van Berge-Henegouwen, C. J. J. Mulder, Pioneer in the gluten free diet: Willem-Karel Dicke 1905–1962, over 50 years of gluten free diet, *Gut* 1993; Brian Handwerk, How Cheese, Wheat and Alcohol Shaped Human Evolution, smithsonian.mag 2018.

Steinzeitdiät: Paleo diet: What is it and why is it so popular?, mayoclinic.org 2022.

Gräser, Getreide: C. S. Campbell, Poaceae, britannica.com 2024; P. Gornicki, J. D. Faris, Rewiring the wheat reproductive system to harness heterosis for the next wave of yield improvement, *PNAS* 2014; Global agricultural land use by major crop type, ourworldindata.org 2024; H. Ritchie, M. Roser, Land Use / Half of the world's habitable land is used for agriculture, ourworldindata.org 2024; White, Murray, Rohweder, *Grassland Ecosystems*, Washington 2000; *Agricultural Outlook 2015–2024*, OECD-FAO 2015.

Grasende Dinos: Prasad, Strömberg, Alimohammadian et al., Dinosaur Coprolites and the Early Evolution of Grasses and Grazers, *Science* 2005; Poinar, Alderman, Wunderlich, One hundred million year old ergot:

psychotropic compounds in the Cretaceous?, *Palaeodiversity* 2015; G. L. Schumann, S. S. Uppala, Ergot of rye, apsnet.org 2017; Wu, You, Li, Dinosaur-associated Poaceae epidermis and phytoliths from the Early Cretaceous of China, *National Science Review* 2017.

Rückentwicklung, Grannen: L. L. Manske, The Age of Grasses has Recently Doubled to 113 Million Years, ndsu.edu 2023; Ilse Silberbauer-Gottsberger, Fruit Dispersal and Trypanocarpy in Brazilian Cerrado Grasses, *Plant Systematics and Evolution* 1984; K. B. Petersen, E. A. Kellogg, Diverse ecological functions and the convergent evolution of grass awns, *American Journal of Botany* 2022.

Ausbreitung Gräser, Mensch: Campbell; Petersen et al.; Buckler, Palanichamy, Swaby et al., Grass evolution and the fossil record, earthathome.org 2023; L. Younkin, E. Ward, The Complete Paleo Diet Food List: What to Eat and What to Avoid, eatingwell.com 2023.

Dscheladas: Craig Welch, Where the World's Only Grass-Eating Monkeys Thrive, *National Geographic* 2017; Cerling, Chritz, Jablonski et al., Diet of *Theropithecus* from 4 to 1 Ma in Kenya, *PNAS* 2013; N. G. Jablonsky, M. G. Leakey, *Koobi Fora Research Project: The Fossil Monkeys*, San Francisco 2008; Height and weight evolved at different speeds in the bodies of our ancestors, University of Cambridge 2017; Shipman, Bosler, Davis, Butchering of Giant Geladas at an Acheulian Site, *Current Anthropology* 1981.

Verzehr wildes Getreide, Gräser: Campbell; Josep Gari, Review of the African millet diversity, FAO 2002; Borlaug, Axtell, Burton et al., *Lost Crops of Africa I: Grains*, Washington 1996; A Grassy Trend in Human Ancestors' Diets, nsf.gov 2013; Julia Mercader, Mozambican grass seed consumption during the Middle Stone Age, *Science* 2009; Cristiani, Radini, Zupancich et al., Wild cereal grain consumption among Early Holocene foragers of the Balkans predates the arrival of agriculture, *eLife* 2021; Piperno, Weiss, Holst et al., Processing of wild cereal grains in the Upper Palaeolithic revealed by starch grain analysis, *Nature* 2004.

Erster Anbau, Verwandte der Gräser: S. Glémin, T. Bataillon, A comparative view of the evolution of grasses under domestication, *New Phytologist* 2009; Zimmermann, Stevens, Dilcher et al., angiosperm, britannica.com 2024; Greg Charles, Yes, technically palms are a big grass, Tampa Bay Times 2011; Largest seed, guinnessworldrecords.com 2024.

Allergien: Carl Zimmer, Why do we have allergies?, bbc.com 2015; A. Daschner, J. G. Fernández, Allergy in an Evolutionary Framework, *Jour-*

nal of Molecular Evolution 2020; A. E. Varner, The increase in allergic respiratory diseases: survival of the fittest?, *Chest* 2002.

Dscheladas, Felder: Craig Welch, Dscheladas – Kampf ums Gras, nationalgeographic.de 2017; Z. Kifle, A. Bekele, Feeding ecology and diet of the southern geladas (*Theropithecus gelada obscurus*) in human-modified landscape, Wollo, Ethiopia, *Ecology and Evolution* 2021; Caselli, Zanoli, Dagradi et al., Wild geladas (*Theropithecus gelada*) in crops—more than in pasture areas—reduce aggression and affiliation, *Primates* 2021.

Gluten, Tiere: Bethune, Borda, Ribka et al., A Non-Human Primate Model for Gluten Sensitivity, *PLoS One* 2008; Rizwan, Kerbus, Kamstra et al., Dietary wheat gluten induces astro- and microgliosis in the hypothalamus of male mice, *Journal of Neuroendocrinology* 2023.

10 Süße Früchtchen

Erste Samenpflanzen, Nacktsamer: T. Delevoryas, gymnosperm, britannica.com 2024; Linkies, Graeber, Knight et al., The evolution of seeds, *New Phytologist* 2010; Henry Gee, A (Very) Short History of Life on Earth, London 2021; C. J. Earle, Seed Dispersal in Conifers, conifers.org 2023; Stevenson, Evangelista, Looy, When conifers took flight: a biomechanical evaluation of an imperfect evolutionary takeoff, *Paleobiology* 2015.

Nacktsamer mit Früchten: Nigris, D'Apice, Moschin et al., Fleshy Structures Associated with Ovule Protection and Seed Dispersal in Gymnosperms: A Systematic and Evolutionary Overview, *Critical Reviews in Plant Sciences* 2021; Peter Del Tredici, Wake Up and Smell the Ginkgos, *Arnoldia* 2008; Toon, Terry, Tang et al., Insect pollination of cycads, *Austral Ecology* 2020.

Verhältnis Nackt-, Bedecktsamer: Delevoryas; Condamine, Silvestro, Koppelhus et al., The rise of angiosperms pushed conifers to decline during global cooling, *PNAS* 2020; Dilcher, Zimmermann, Stevens et al., angiosperm, britannica.com 2024.

Erste Blütenpflanzen: Dilcher et al.; Gomez, Daviero-Gomez, Coiffard et al., *Montsechia*, an ancient aquatic angiosperm, *PNAS* 2015; Sun, Dilcher, Zheng et al., In search of the first flower: A Jurassic angiosperm, *Archaefructus*, from northeast China, *Science* 1998; Qiang, Hongqi, Bowe et al., Early Cretaceous *Archaefructus eoflora* sp. nov. with Bisexual Flowers from Beipiao, Western Liaoning, China, *Acta Geologica Sinica* 2010.

Frühe Bestäuber: Bao, Wang, Li et al., Pollination of Cretaceous flowers, *PNAS* 2019; B. J. D. Meeuse, pollination, britannica.com 2024; Klaus

Lunau, Adaptive radiation and coevolution – pollination biology case studies, *Organisms, Diversity & Evolution* 2004; Koptur, Palacios-Rios, Díaz-Castelazo et al., Nectar secretion on fern fronds associated with lower levels of herbivore damage: field experiments with a widespread epiphyte of Mexican cloud forest remnants, *Annals of Botany* 2013; Dilcher et al.

Bienen: Sann, Niehuis, Peters et al., Phylogenomic analysis of Apoidea sheds new light on the sister group of bees, *BMC Evolutionary Biology* 2018; G. O. Poinar Jr., B. N. Danforth, A Fossil Bee from Early Cretaceous Burmese Amber, *Science* 2006; Nepi, Calabrese, Guarnieri et al., Evolutionary and Ecological Considerations on Nectar-Mediated Tripartite Interactions in Angiosperms and Their Relevance in the Mediterranean Basin, *Plants* 2021; Genise, Bellosi, Sarzetti et al., 100 Ma sweat bee nests: Early and rapid co-diversification of crown bees and flowering plants, *PLoS One* 2020.

Explosion Blütenpflanzen: Dilcher et al.

Schmetterlinge, Motten: Bauder, Lieskonig, Krenn, The extremely long-tongued Neotropical butterfly *Eurybia lycisca* (Riodinidae): Proboscis morphology and flower handling, *Arthropod Structure & Development* 2011; Meeuse; Kawahara, Storer, Carvalho et al., A global phylogeny of butterflies reveals their evolutionary history, ancestral hosts and biogeographic origins, *Nature Ecology & Evolution* 2023.

Kolibris, Fledermäuse: Alejandro Rico-Guevara, Relating form to function in the hummingbird feeding apparatus, *PeerJ* 2017; McGuire, Witt, Remsen et al., Molecular Phylogenetics and the Diversification of Hummingbirds, *Current Biology* 2014; Stephens, Gallagher, Dun et al., Insect pollination for most of angiosperm evolutionary history, *New Phytologist* 2023.

Beuteltiere, Affen: Features of the honey possum, The University of Western Australia 2011; Gochman, Brown, Dominy, Alcohol discrimination and preferences in two species of nectar-feeding primate, *Royal Society Open Science* 2016; E. W. Heymann, Florivory, nectavory, and pollination – A review of primate-flower interactions, *Ecotropica* 2011.

»Beef« alte Blümchen: Herendeen, Friis, Pedersen et al., Palaeobotanical redux: revisiting the age of the angiosperms, *Nature Plants* 2017; Coiro, Doyle, Hilton, How deep is the conflict between molecular and fossil evidence on the age of angiosperms?, *New Phytologist* 2019; Xin Wang, A Biased, Misleading Review on Early Angiosperms, *Natural Science* 2017.

Jurassische »Pfirsiche«: Xin Wang, The Currently Earliest Angiosperm Fruit from the Jurassic of North America, *Biosis: Biological Systems* 2021.

Frühe Früchte, Physalis-Fossil: Dilcher et al.; Wilf, Carvalho, Gandolfo et al., Eocene lantern fruits from Gondwanan Patagonia and the early origins of Solanaceae, *Science* 2017; Helen Briggs, Fossil fruit from 52 million years ago revealed, bbc.com 2017.

Erster Fruchtfresser: Hu, Wang, McDonald et al., Earliest evidence for fruit consumption and potential seed dispersal by birds, *eLife* 2022; The early bird gets the fruit: Fossil provides earliest evidence of fruit-eating by any animal, Field Museum 2022.

Fruchtfresser, »terrestrische Revolution«: T. H. Fleming, W. J. Kress, A brief history of fruits and frugivores, *Acta Oecologica* 2011; Ove Eriksson, Evolution of angiosperm seed disperser mutualisms: the timing of origins and their consequences for coevolutionary interactions between angiosperms and frugivores, *Biological Reviews* 2016; Dilcher et al.; Benton, Wilf, Sauquet, The Angiosperm Terrestrial Revolution and the origins of modern biodiversity, *New Phytologist* 2021.

Früchte liebende Fleischfresser: R. W. Kays, Food Preferences of Kinkajous *(Potos flavus)*: A Frugivorous Carnivore, *Journal of Mammalogy* 1999; Levey, Silva, Galetti, *Seed Dispersal and Frugivory: Ecology, Evolution and Conservation*, Wallingford 2002.

Wölfe, Hunde: Bosch, Hagen-Plantinga, Hendriks, Dietary nutrient profiles of wild wolves: insights for optimal dog nutrition?, *British Journal of Nutrition* 2014; Losey, Nomokonova, Guiry et al., The evolution of dog diet and foraging: Insights from archaeological canids in Siberia, *Science Advances* 2022; Fruits and Vegetables Dogs Can or Can't Eat, American Kennel Club 2024.

Genetischer Geschmacksverlust: Jiang, Josue, Li et al., Major taste loss in carnivorous animals, *PNAS* 2012; Evolution accounts for taste, berkeley.edu 2014; M. Antinucci, D. Risso, A Matter of Taste: Lineage-Specific Loss of Function of Taste Receptor Genes in Vertebrates, *Frontiers in Molecular Biosciences* 2017; Ewen Callaway, Carnivores pick meats over sweets, *Nature* 2012.

Amazon, Fische: Shana Lebowitz, How Amazon CEO Jeff Bezos Chose the Company's Name, Business Insider 2019; Anderson, Rojas, Flecker, High-quality seed dispersal by fruit-eating fishes in Amazonian floodplain habitats, *Oecologia* 2009.

Physalis-Fossil: A. E. Messer, South American fossil tomatillos show nightshades evolved earlier than thought, psu.edu 2017; Li, Song, He, Chinese lantern in *Physalis* is an advantageous morphological novelty and improves plant fitness, *Scientific Reports* 2019.

Rosengewächse: Xiang, Huang, Hu et al., Evolution of Rosaceae Fruit Types Based on Nuclear Phylogeny in the Context of Geological Times and Genome Duplication, *Molecular Biology and Evolution* 2017.

Regenwaldfrüchte: Lim, Wasserman, Veen et al., Ecological and evolutionary significance of primates' most consumed plant families, *Proceedings of the Royal Society B* 2021.

Erste Primaten: Mantilla, Chester, Clemens et al., Earliest Palaeocene purgatoriids and the initial radiation of stem primates, *Royal Society Open Science* 2021; Morse, Chester, Boyer et al., New fossils, systematics, and biogeography of the oldest known crown primate *Teilhardina* from the earliest Eocene of Asia, Europe, and North America, *Journal of Human Evolution* 2019.

Kognitive Fähigkeiten, Fruchtsignale: DeCasien, Williams, Higham, Primate brain size predicted by diet but not sociality, *Nature Ecology & Evolution* 2017; Nevo, Valenta, Razafimandimby et al., Frugivores and the evolution of fruit colour, *Biology Letters* 2018; Nevo, Razafimandimby, Jeffrey et al., Fruit scent as an evolved signal to primate seed dispersal, *Science Advances* 2018.

Farben, Gerüche, Zucker: Valenta, Kalbitzer, Razafimandimby et al., The Evolution of Fruit Colour: Phylogeny, Abiotic Factors and the Role of Mutualists, *Scientific Reports* 2018; M. L. Cipollini, D. J. Levey, Why some fruits are green when they are ripe: Carbon balance in fleshy fruits, *Oecologia* 1991; Rodriguez, Alquézar, Peña, Fruit aromas in mature fleshy fruits as signals of readiness for predation and seed dispersal, *New Phytologist* 2012; Nevo, Valenta, Helman et al., Fruit scent as an honest signal for fruit quality, *BMC Ecology and Evolution* 2022.

Grundaroma sauer: Huang, He, Xu et al., Pangenome analysis provides insight into the evolution of the orange subfamily and a key gene for citric acid accumulation in citrus fruits, *Nature Genetics* 2023; Frank, Amato, Trautwein et al., The evolution of sour taste, *Proceedings of the Royal Society B* 2022.

Frühester Obstanbau, Gründerarten: Kislev, Hartmann, Bar-Yosef, Early domesticated fig in the Jordan Valley, *Science* 2006; E. Weiss, D. Zohary, The Neolithic Southwest Asian Founder Crops, *Current Anthropology* 2011; A. Arranz-Otaegui, J. Roe, Revisiting the concept of the »Neolithic Founder Crops« in southwest Asia, *Vegetation History and Archaeobotany* 2023; D. Q. Fuller, C. J. Stevens, Between domestication and civilization: the role of agriculture and arboriculture in the emergence of the first urban societies, *Vegetation, History and Archaeobotany* 2019; Oldest cultivated plants for food, guinnessworldrecords.com 2024.

Essbare Blütenpflanzen, McDonald's: S. Proches, J. R. U. Wilson, J. C. Vamosi et al., Plant Diversity in the Human Diet: Weak Phylogenetic Signal Indicates Breadth, *BioScience* 2008.

Unterschied Wild-/Zuchtfrüchte: Matt Benoit, Why It Takes Decades To Breed New Apple Varieties, *Discover Magazine* 2022; apple, britannica.com 2024; Yu, Fu, Xu et al., Genome re-sequencing reveals the evolutionary history of peach fruit edibility, *Nature Communications* 2018; M. J. DiLonardo, 7 Fruits and Veggies That Used to Look a Whole Lot Different, treehugger.com 2024; H. S. Paris, Origin and emergence of the sweet dessert watermelon, *Citrullus lanatus, Annals of Botany* 2015.

Zoos, moderne Früchte: Henry Austin, Zoo bans monkeys from eating bananas as it's »equivalent to giving them cake«, nbcnews.com 2014; Brendan Cole, Zoo Weans Animals Off Fruit Because Its Increased Sugar Makes Them Fat and Rots Their Teeth, newsweek.com 2018; D. Minger, Wild and ancient fruit: Is it really small, bitter, and low in sugar?, deniseminger.com 2011.

Verwaiste Früchte: R. S. Spengler, Origins of the Apple: The Role of Megafaunal Mutualism in the Domestication of *Malus* and Rosaceous Trees, *Plant Systematic and Evolution* 2019; Connie Barlow, *The Ghosts of Evolution*, New York 2000; Svenning, Lemoine, Bergman et al., The late-Quaternary megafauna extinctions: Patterns, causes, ecological consequences and implications for ecosystem management in the Anthropocene, *Cambridge Prisms: Extinction* 2024.

Kürbisse: Kistler, Newsom, Perry, Gourds and squashes (*Cucurbita* spp.) adapted to megafaunal extinction and ecological anachronism through domestication, *Anthropology* 2015; B. D. Smith, The Initial Domestication of *Cucurbita pepo* in the Americas 10,000 Years Ago, *Science* 1997; Ole Kaiser, Schwerster Kürbis Europas wiegt über eine Tonne, faz.net 2023.

Erdbeeren: Stuart Winer, Israeli strawberry wins Guinness record as world's largest, timesofisrael.com 2022.

11 Mit der Muttermilch

Milchkonsum: Deutsche trinken so wenig Kuhmilch wie noch nie seit Statistikbeginn, spiegel.de 2022; Milchbilanz: Erneut weniger Milch, Käse und Butter verbraucht, ble.de 2024; Kathrin Burger, Die Vollmilch macht's, spektrum.de 2016; Hedda Thielking, Laktosefreie Lebensmittel, bzfe.de 2022.

Milch, Honig, Milchprodukte: 27 Liter gibt eine Kuh am Tag, landwirtschaft.de 2024; Das Bienenleben: Sieben Wochen für einen Teelöffel Honig, ble.de 2024; Wandel der Esskultur: Sterben die deutschen Schnittchen aus?, geo.de 2022; Pro-Kopf-Verbrauch von ausgewählten Milcherzeugnissen in Deutschland ab 1950/nach Kalenderjahren, bmel-statistik.de 2019/2024.

Milchkonsum Großbritannien, USA: Donna Eastlake, Why are consumers turning away from dairy?, foodnavigator.com 2024.

Milchkonsum Indien: OECD/FAO, *Agricultural Outlook 2024–2033*, oecd-library.org 2023; Milch- und Fleischgigant trotz heiliger Kühe, handelsblatt.de 2016; Seshadri Kumar, Milking the holy cow, thehindu.com 2016; Indians and Europeans share a milky past, cam.ac.uk 2011; Tandon, Joshi, Singh et al., Lactose intolerance in North and South Indians, *American Journal of Clinical Nutrition* 1981; Rob Mitchum, Lactose tolerance in the Indian dairyland, uchicagomedicine.org 2011.

Säugetiere, Zähne: Jheon, Seidel, Biehs et al., From molecules to mastication: the development and evolution of teeth, *WIREs Developmental Biology* 2012; E. Renvoisé, F. Michon, An Evo-Devo perspective on ever-growing teeth in mammals and dental stem cell maintenance, *Frontiers in Physiology* 2014.

Erste Säugetiere: Cabreira, Schultz, da Silva et al., Diphyodont tooth replacement of *Brasilodon* – A Late Triassic eucynodont that challenges the time of origin of mammals, *Journal of Anatomy* 2022; Bob Strauss, The Evolution of the First Mammals, thoughtco.com 2021; Henry Gee, *A (Very) Short History of Life on Earth*, London 2021.

Fell: Bajdek, Qvarnström, Owocki et al., Microbiota and food residues including possible evidence of pre-mammalian hair in Upper Permian coprolites from Russia, *Lethaia* 2015; Riley Black, Getting to the Root of Fur, nationalgeographic.com 2014; Armstrong, Wilson, Jones, mammal, britannica.com 2024.

Mammalia: Londa Schiebinger, Why Mammals are Called Mammals: Gender Politics in Eighteenth-Century Natural History, *American Historical Review* 1993; Mammalia, etymonline.com 2018; Franz Rainer, Frz. mammifère oder: Habent sua fata et termini technici, *Zeitschrift für französische Sprache und Literatur* 2007; W. Pfeifer et al., Säugetiere, *Etymologisches Wörterbuch des Deutschen* (dwds.de) 1993; Why do men have nipples?, *Scientific American* 2003.

Milchdrüsen, Schnabeltier: O. T. Oftedal, The evolution of milk secretion and its ancient origins, *Animal* 2012; Darwin's Diary, pbs.org 2001; Gretchen Vogel, Got milk? Even the first mammals knew how to suckle, *Science* 2018.

Ursäuger vs. Dino: Han, Mallon, Lussier et al., An extraordinary fossil captures the struggle for existence during the Mesozoic, *Scientific Reports* 2023; Hu, Meng, Wang et al., Large Mesozoic mammals fed on young dinosaurs, *Nature* 2005.

Aufstieg der Säugetiere: Strauss; Codron, Carbone, Clauss, Ecological Interactions in Dinosaur Communities: Influences of Small Offspring and Complex Ontogenetic Life Histories, *PLoS One* 2013; Lyson, Miller, Bercovici et al., Exceptional continental record of biotic recovery after the Cretaceous-Paleogene mass extinction, *Science* 2019; Stephen Brusatte, How Mammals Conquered the World after the Asteroid Apocalypse, *Scientific American* 2022.

Frühe Formen: Maor, Ferguson-Gow, Jones, Temporal niche expansion in mammals from a nocturnal ancestor after dinosaur extinction, *Nature Ecology & Evolution* 2017; D. Palmer, P. Barrett, *Evolution: Die Entwicklung des Lebens*, Gerstenberg 2009; Meng, Grossnickle, Liu et al., New gliding mammaliaforms from the Jurassic, *Nature* 2017; The evolution of whales, evolution.berkeley.edu 2020.

Spätere Formen: Palmer; Sander, Christian, Clauss et al., Biology of the sauropod dinosaurs: the evolution of gigantism, *Biological Reviews* 2011; Geisler, Boessenecker, Brown et al., The Origin of Filter Feeding in Whales, *Current Biology* 2017; D. R. Prothero, *Tertiary History*, EOLSS 2003.

Klima, Grasland: Herbert, Lawrence, Tzanova et al., Late Miocene global cooling and the rise of modern ecosystems, *Nature Geoscience* 2016; J. M. B. Smith, savanna, britannica.com 2024; A Warming Earth is Also a Wetter Earth, National Oceanic and Atmospheric Administration 2024.

Zahl der Säuger, andere Milchspender: Burgin, Colella, Kahn, How many species of mammals are there?, *Journal of Mammalogy* 2018; Christina Szalinski, 10 Animals That Make ›Milk‹ and Aren't Mammals, *Discover* 2021; Tomita, Nakamura, Nozu et al., Mode of uterine milk secretion in the white shark, *The Anatomical Record* 2022; Riley Black, How Cannibalism in the Womb May Have Made Megalodon a Titanic Terror, smithsonianmag.com 2020.

Blauwale, Robben: O. T. Oftedal, Use of maternal reserves as a lactation strategy in large mammals, *Proceedings of the Nutrition Society* 2000; J. P. Avery,

S. A. Zinn, Extraordinary diversity of the pinniped lactation triad: lactation and growth strategies of seals, sea lions, fur seals, and walruses, *Animal Frontiers* 2023; Heaviest birth, guinnessworldrecords.com 2024.

Nashörner, Wallabys: Shreya Dasgupta, Seven of the Most Extreme Milks in the Animal Kingdom, smithsonian.mag 2015; Skibiel, Downing, Orr et al., The evolution of the nutrient composition of mammalian milks, *Journal of Animal Ecology* 2013; Stannard, Miller, Old, Marsupial and monotreme milk – a review of its nutrient and immune properties, *PeerJ* 2020; Chiurazzi, Cozzolino, Reinelt et al., Human Milk and Brain Development in Infants, *Reproductive Medicine* 2021.

Proteine, Kaninchen, Menschen: Dasgupta; C. Y. Boquien, Human Milk: An Ideal Food for Nutrition of Preterm Newborn, *Frontiers in Pediatrics* 2017; Dewey, Cohen, Rivera et al., Do Exclusively Breast-Fed Infants Require Extra Protein?, *Pediatric Research* 1996.

Menschenaffen, Vormenschen: Smith, Austin, Hinde et al., Cyclical nursing patterns in wild orangutans, *Science Advances* 2017; T. Tsutaya, N. Mizushima, Evolutionary biological perspectives on current social issues of breastfeeding and weaning, *Yearbook of Biological Anthropology* 2023; Bray, Thompson, Muller et al., The development of feeding behavior in wild chimpanzees (*Pan troglodytes schweinfurthii*), *American Journal of Physical Anthropology* 2017; Joannes-Boyau, Adams, Austin et al., Elemental signatures of *Australopithecus africanus* teeth reveal seasonal dietary stress, *Nature* 2019.

Stillen heute: P. Stuart-Macadam, K. Dettwyler, *Breastfeeding: Biocultural Perspectives*, New York 1995; Global Breastfeeding Scorecard, Unicef/WHO 2023; Nationale Strategie zur Stillförderung, bmel.de 2021; Stillquoten in Deutschland erfreulich hoch, dge.de 2020; Maureen Minchin, Infant Feeding in History: an Outline, pubpub.org 2018; Sophia Wagner, Muttermilch, Superfood!?, deutschlandfunk.de 2021.

Euter, Brüste, Zitzen: Elephants Have Fabulous Tits, nathanmyhrvold.com 2024; Fuquay, Fox, McSweeney, *Encyclopedia of Dairy Sciences*, San Diego 2011; Sam Evans-Brown, Why Do Cows Have Four Teats, But Just One Calf?, nhpr.org 2020; Drickamer, Rosenthal, Arthur, Factors affecting the number of teats in pigs, *Journal of Reproduction and Fertility* 1999.

Mäusemelken: E. J. DePeters, R. C. Hovey, Methods for Collecting Milk from Mice, *Journal of Mammary Gland Biology and Neoplasia* 2009; Mice Milking, youtube.com 2017; Milking Mice, knf.com 2024.

Schweinemilch: Kevin Pang, Why Don't We Drink Pig's Milk, thetakeout.com 2018; First ever pig cheese on sale at staggering price, nltimes.nl 2015.
Milchvieh weltweit: Dairy animals, fao.org 2024; Muehlhoff, Bennett, McMahon, *Milk and Dairy Products in Human Nutrition,* FAO 2013; Tom Howarth, Why camel milk could soon become the world's most essential drink, sciencefocus.com 2024.
Huftiere: Archibald, Zhang, Harper et al., *Protungulatum,* Confirmed Cretaceous Occurrence of an Otherwise Paleocene Eutherian (Placental?) Mammal, *Journal of Mammalian Evolution* 2011; Donald Prothero, Evolutionary Transitions in the Fossil Record of Terrestrial Hoofed Mammals, *Evolution: Education and Outreach* 2009; Melissa Petruzzello, hoof, britannica.com 2023.
Wiederkäuer: T. J. Hackmann, J. N. Spain, Ruminant ecology and evolution: Perspectives useful to ruminant livestock research and production, *Journal of Dairy Science* 2010; Maekawa, Beauchemin, Christensen, Effect of Concentrate Level and Feeding Management on Chewing Activities, Saliva Production, and Ruminal pH of Lactating Dairy Cows, *Journal of Dairy Science* 2002.
Auerochsen: Martínez-Navarro, Karoui-Yaakoub, Oms et al., The early Middle Pleistocene archeopaleontological site of Wadi Sarrat (Tunisia) and the earliest record of *Bos primigenius, Quaternary Science Reviews* 2014; Böhner, Lehmann, Meier et al., Ein über 300 000 Jahre alter Auerochse aus den See-Sedimenten von Schöningen, *Berichte zur Denkmalpflege in Niedersachsen* 2010; Goderie, Lenstra, Upadhyay et al., Aurochs genetics, a cornerstone of European biodiversity, *Rewilding Europe* 2015; Zlatozar Boev, The last *Bos primigenius* survived in Bulgaria, Národní muzeum 2021.
Milchkühe, Mastrinder: Bollongino, Burger, Powell et al., Modern Taurine Cattle Descended from Small Number of Near-Eastern Founders, *Molecular Biology and Evolution* 2012; landwirtschaft.de; Oftedal 2000; Weißblaue Belgier: viel Fleisch – viel Leid!, vet.thieme.de 2022.
Zahlen/Biomasse Säugetiere, Vögel: Greenspoon, Krieger, Sender et al., The global biomass of wild mammals, *PNAS* 2023; Hannah Ritichie, Wild mammals make up only a few percent of the world's mammals, ourworldindata.org 2022; Livestock counts, World, 1890 to 2014, ourworldindata.org 2024; Callaghan, Nakagawa, Cornwell et al., Global abundance estimates for 9,700 bird species, *PNAS* 2021.

12 Der erste Drink

Pfannkuchen: Grace Linden, A Brief History of Pancakes, smithsonianmag.com 2023; Jonathan Silvertown, *Dinner with Darwin: Food, Drink, and Evolution*, University of Chicago Press 2017.

»Köstliche« Literatur: R. Dunn, M. Sanchez, *Delicious: The Evolution of Flavor and How It Made Us Human*, Princeton University Press 2021; Michael Pollan, *The Omnivore's Dilemma*, Bloomsbury 2011; Michael Pollan, *This Is Your Mind on Plants*, Penguin Books 2022.

Genussmittel: T. Hengartner, C. M. Merki, *Genussmittel*, Campus Verlag 1999.

Betrunkene Elefanten: Morris, Humphreys, Reynolds, Myth, Marula, and Elephant: An Assessment of Voluntary Ethanol Intoxication of the African Elephant (*Loxodonta africana*) Following Feeding on the Fruit of the Marula Tree (*Sclerocarya birrea*), *Physiological and Biochemical Zoology* 2006; Lucy Cooke, Do moose (and other animals) eat fermented fruit to get drunk?, bigthink.com 2018; Elephants Rampage, Trample 5 in India, latimes.com 1985; Makopa, Modikwe, Vrhovsek et al., The *marula* and elephant intoxication myth: assessing the biodiversity of fermenting yeasts associated with marula fruits (*Sclerocarya birrea*), *FEMS Microbes* 2023.

Hefen: Dashko, Zhou, Compagno et al., Why, when, and how did yeast evolve alcoholic fermentation?, *FEMS Yeast Research* 2014; Piškur, Rozpędowska, Polakova et al., How did *Saccharomyces* evolve to become a good brewer?, *Cell* 2006.

Hefen und Laktobakterien: Ponomarova, Gabrielli, Sévin et al., Yeast Creates a Niche for Symbiotic Lactic Acid Bacteria through Nitrogen Overflow, *Cell Systems* 2017; Virdis, Sumby, Bartowsky et al., Lactic Acid Bacteria in Wine: Technological Advances and Evaluation of Their Functional Role, *Frontiers in Microbiology* 2020.

Kapuzineraffen: capuchin monkey/capuchin/cappuccino, britannica.com 2022–2024; Dunn, Sanchez.

Drunken-Monkey-Hypothese: Robert Dudley, Evolutionary Origins of Human Alcoholism in Primate Frugivory, *The Quarterly Review of Biology* 2000.

Säure und Alkohol: Edna Pesis, The role of the anaerobic metabolites, acetaldehyde and ethanol, in fruit ripening, enhancement of fruit quality and fruit deterioration, *Postharvest Biology and Technology* 2004; Allen, McGeary, Hayes, Polymorphisms in TRPV1 and TAS2Rs associate with sensations from sampled ethanol, *Alcohol, Clinical and Experimental Research* 2014; Koh, Smith, Dando, Bitter taste function-related genes are implicated in the behavioral association between taste preference and ethanol preference in male mice, *Physiology & Behavior* 2024.

Bierbauch: Fong, Scott, Albani et al., ›Joining the Dots‹: Individual, Sociocultural and Environmental Links between Alcohol Consumption, Dietary Intake and Body Weight – A Narrative Review, *Nutrients* 2021.

Vorliebe für alkoholische Früchte: Casorso, DePasquale, Morales et al., Seed dispersal syndrome predicts ethanol concentration of fruits in a tropical dry forest, *Proceedings of the Royal Society B* 2023.

Brüll- und Klammeraffen: D. Stephens, R. Dudley, The Drunken Monkey Hypothesis, *Natural History* 2004; Campbell, Maro, Weaver et al., Dietary ethanol ingestion by free-ranging spider monkeys *(Ateles geoffroyi)*, *Royal Society Open Science* 2022. Brüll- und Klammeraffen auf Barro Colorado sind für ihre Vorliebe für Palmfrüchte bekannt, die Beobachtungen der »Fressorgien« wurden aber wohl zum Teil woanders gemacht.

Meerkatzen: GrrlScientist, Alcohol can make a monkey out of us, theguardian.com 2011; R. M. Palmour, F. R. Ervin, Alcohol consumption in vervet monkeys: biological correlates and factor analysis of behavioral patterns, *Measuring Behavior* 1998.

Schimpansen: Hockings, Bryson-Morrison, Carvalho et al., Tools to tipple: ethanol ingestion by wild chimpanzees using leaf-sponges, *Royal Society Open Science* 2015.

Elche, Dachse: Drunk Swedish elk found in apple tree near Gothenburg, bbc.com 2011; Cooke; lni, Besoffener Dachs wird Medienstar, welt.de 2009.

Vögel, Fledermäuse: Olaf Schmidt, Beerenstarke Vogelbeere, *LWF aktuell* 2018; K. Eriksson, H. Nummi, Alcohol accumulation from ingested berries and alcohol metabolism in passerine birds, *Ornis Fennica* 1983; Kinde, Foate, Beeler et al., Strong circumstantial evidence for ethanol toxicosis in Cedar Waxwings *(Bombycilla cedrorum)*, *Journal of Ornithology* 2012; Orbach, Veselka, Dzal et al., Drinking and Flying: Does Alcohol Consumption Affect the Flight and Echolocation Performance of Phyllostomid Bats?, *PLoS One* 2010.

Spitzhörnchen: Wiens, Zitzmann, Lachance et al., Chronic intake of fermented floral nectar by wild treeshrews, *PNAS* 2008; Rachel Zelkowitz, Now That's a Party Animal, *Science* 2008; Q. Li, X. Ni, An early Oligocene fossil demonstrates treeshrews are slowly evolving »living fossils«, *Scientific Reports* 2016.

Plumploris: Wiens et al.; Gochman, Brown, Dominy, Alcohol discrimination and preferences in two species of nectar-feeding primate, *Royal Society Open Science* 2016.

Trinkfestigkeit Säugetiere: Janiak, Pinto, Duytschaever et al., Genetic evidence of widespread variation in ethanol metabolism among mammals: revisiting the ›myth‹ of natural intoxication, *Biology Letters* 2020; Wiens et al.

Trinkfestigkeit Menschenaffen: Carrigan, Uryasev, Frye et al., Hominids adapted to metabolize ethanol long before human-directed fermentation, *PNAS* 2014.

Geschichte Menschen/Alkohol: K. K. Hirst, History of Alcohol: A Timeline, thoughco.com 2019; N. J. Dominy, Ferment in the family tree, *PNAS* 2014; P. E. McGovern, *Uncorking the Past: The Quest for Wine, Beer, and Other Alcoholic Beverages*, UC Press 2010; Stephens, Dudley.

»Positive« Effekte Alkohol: No level of alcohol consumption is safe for our health, who.int 2023; C. E. Fairbairn, M. A. Sayette, A Social-Attributional Analysis of Alcohol Response, *Psychological Bulletin* 2014.

Impulsware: Sophia Spyropoulos, Alkohol, Süßes und Tabak an der Kasse – gesundheitsschädlich und trotzdem erlaubt, mdr.de 2024.

Evolutionärer Hangover: Robert Dudley, Fermenting fruit and the historical ecology of ethanol ingestion: is alcoholism in modern humans an evolutionary hangover?, *Addiction* 2002.

Alkohol/Asiaten: H. J. Edenberg, The Genetics of Alcohol Metabolism: Role of Alcohol Dehydrogenase and Aldehyde Dehydrogenase Variants, *Alcohol Research & Health* 2007; Wenn Asiaten Alkohol trinken/Mai betrinkt sich, MAITHINK X 2017; Clites, Hofmann, Pierce, The Promise of an Evolutionary Perspective of Alcohol Consumption, *Neuroscience Insights* 2023; Peng, Shi, Qi et al., The ADH1B Arg47His polymorphism in East Asian populations and expansion of rice domestication in history, *BMC Ecology and Evolution* 2010.

13 Gewürze & Drogen

Salbei: Melissa Petruzzello, list of plants in the family Lamiaceae, britannica.com 2021; Rosemary becomes a sage, rhs.org.uk 2024; Rose, Xiang, Sytsma et al., A timeframe for mint evolution: towards a better understanding of trait evolution and historical biogeography in Lamiaceae, *Botanical Journal of the Linnean Society* 2022; G. Corsi, S. Bottega, Glandular Hairs of *Salvia officinalis*: New Data on Morphology, Localization and Histochemistry in Relation to Function, *Annals of Botany* 1999; S. K. Ritter, Absinthe Myths Finally Laid To Rest, *Chemical & Engineering News* 2008; D. J. Siebert, Localization of Salvinorin A and Related Compounds in Glandular Trichomes of the Psychoactive Sage, *Salvia divinorum*, *Annals of Botany* 2004.

Missbrauch Deutschland, Verbot: Hilmar Schmundt, Trip aus dem Kräutergarten, spiegel.de 2007; Salvia und BZP jetzt illegale Drogen, drugcom.de 2008.

Muskat: Doyle, Manchester, Sauquet, A Seed Related to Myristicaceae in the Early Eocene of Southern England, *Systematic Botany* 2008; Paul Black, Myristicin, bris.ac.uk 2014; Nutmeg, drugs.com 2022; R. R. Atherton, ›The Nutmeg Challenge‹: a dangerous social media trend, *Archives of Disease in Childhood* 2020; Casale, MacDonald, Mitra, Nutmeg Intoxication: A Case Report, *Cureus* 2023.

Psychoaktive Gewürze, Lippenblütler: Thompson, Poirier, Dávila-García, Menthol enhances nicotine-induced locomotor sensitization and in vivo functional connectivity in adolescence, *Journal of Psychopharmacology* 2017; A. Abdelhalim, J. R. Hanrahan, Biologically active compounds from Lamiaceae family: Central nervous system effects, *Studies in Natural Products Chemistry* 2021; Zotti, Colaianna, Morgese et al., Carvacrol: From Ancient Flavoring to Neuromodulatory Agent, *Molecules* 2013.

Bananen rauchen: Jeremy Guida, Smoking Banana Peels to Get High Was Briefly a Thing, daily.jstor.org 2021.

Doldenblütler: Wang, Luo, Li et al., Origin, evolution, breeding, and omics of Apiaceae: a family of vegetables and medicinal plants, *Horticulture Research* 2022; Götz, Sachse, Schäfer et al., Myristicin and Elemicin: Potentially Toxic Alkenylbenzenes in Food, *Foods* 2022; Götz, Eisenreich, Frenzel et al., Occurrence of Alkenylbenzenes in Plants: Flavours and Possibly Toxic Plant Metabolites, *Plants* 2023; Regulation (EC) No 273/2004 of the European Parliament and of the Council of 11 February 2004 on drug precursors, EUR-Lex 2024.

Andere Gewürze, Piperonal: Bourgois, Parthasarathi, Hategan, Taking the spice route: Psychoactive properties of culinary spices, *Current Psychiatry* 2014; Fact Sheet: Piperonal, aromenverband.de 2018; Council Regulation (EC) No 111/2005 of 22 December 2004 laying down rules for the monitoring of trade between the Community and third countries in drug precursors, EUR-Lex 2023; Piperonal wird in mehreren seriösen Quellen als Inhaltsstoff der Vanille angegeben, zumindest für Schoten aus Tahiti kommt eine Studie aber zu einem anderen Ergebnis: Joulain, Laurent, Brevard et al., Heliotropin, Heliotrope Odor and Tahitian Vanilla Flavor: The End of a Saga?, *Natural Product Communications* 2007.

Pfeffer: Myristicin, PubChem 2024; Jin, Ro, Kim et al., Piperonal synthase from black pepper (*Piper nigrum*) synthesizes a phenolic aroma compound, piperonal, as a CoA-independent catalysis, *Applied Biochemical Chemistry* 2022; Roshni Printer, Understand Spiciness: A Pain but Not a Taste, sciencefocus.hkust.edu.hk 2024.

Hot-Chip-Challenge: Jonathan Edwards, Snack company removes spicy ›One Chip Challenge‹ product after teen's death, Washington Post 2023; »Hot Chips« gibt es vorerst nicht mehr, FAZ 2023; 1x Challenge Solo Pack 2,5 g (9,9 €/pc), hotchip.de 2024.

Chilis, Pfeffer: Deanna, Martínez, Manchester et al., Fossil berries reveal global radiation of the nightshade family by the early Cenozoic, *New Phytologist* 2023; Martínez, Carvalho, Madriñán et al., A Late Cretaceous *Piper* (Piperaceae) from Colombia and diversification patterns for the genus, *American Journal of Botany* 2015; J. J. Tewksbury, G. P. Nabhan, Directed deterrence by capsaicin in chillies, *Nature* 2001.

Spitzhörnchen, Schimpansen: Han, Li, Yin et al., Molecular mechanism of the tree shrew's insensitivity to spiciness, *PLoS Biology* 2018; A. G. Gillham, Fishing chimpanzees found to enjoy termites as a seasonal treat, news.ucsc.edu 2023; P. Rozin, K. Kennel, Acquired preferences for piquant foods by chimpanzees, *Appetite* 1983.

Microdosing, Endocannabinoide: N. R. Smalheiser, A Neglected Link Between the Psychoactive Effects of Dietary Ingredients and Consciousness-Altering Drugs, *Frontiers in Psychiatry* 2019.

Kakao: Martínez-Pinilla, Oñatibia-Astibia, Franco, The relevance of theobromine for the beneficial effects of cocoa consumption, *Frontiers in Pharmacology* 2015; Maike Brülls, Man wird davon high!, taz.de 2017; Miranda Alexander-Webber, Chocolate snorting offers new way to cocoa high, reuters.com 2015; Richardson, Whitlock, Meerow et al., The age of chocolate: a diversification history of *Theobroma* and Malvaceae, *Frontiers in Ecology and Evolution* 2015; L. Prates, S. I. Perez, Late Pleistocene South American megafaunal extinctions associated with rise of Fishtail points and human population, *Nature Communications* 2021; Zarrillo, Gaikwad, Lanaud et al., The use and domestication of *Theobroma cacao* during the mid-Holocene in the upper Amazon, *Nature Ecology & Evolution* 2018.

Wortherkunft Droge: W. Pfeifer et al., Droge, *Etymologisches Wörterbuch des Deutschen* (dwds.de) 1993.

Schlafmohn: Erhöhte Morphingehalte in Mohnsamen: Gesundheitsrisiko nicht ausgeschlossen, Bundesinstitut für Risikobewertung 2006; Fürstenberg-Hägg, Zagrobelny, Bak, Plant Defense against Insect Herbivores, *International Journal of Molecular Sciences* 2013; Li, Winzer, He et al., Over 100 Million Years of Enzyme Evolution Underpinning the Production of Morphine in the Papaveraceae Family of Flowering Plants, *Plant Communications* 2020; Mohnbrötchen-Verbot im Knast, spiegel.de 2003.

Hanf: Valentí Rull, Origin, early expansion, domestication and anthropogenic diffusion of *Cannabis*, with emphasis on Europe and the Iberian Peninsula, *Perspectives in Plant Ecology, Evolution and Systematics* 2022; Stack, Snyder, Toth et al., Cannabinoids function in defense against chewing herbivores in *Cannabis sativa* L., *Horticulture Research* 2023; James Gaines, Building a better edible, knowablemagazine.org 2021; phb, Cannabisshops könnten bald öffnen, spiegel.de 2024; Fünfte Verordnung zur Änderung der Anlage des Neue-psychoaktive-Stoffe-Gesetzes, Bundesgesetzblatt 2024.

Kokain: P. F. Stevens, Angiosperm Phylogeny Website, mobot.org 2017; Nathanson, Hunnicutt, Kantham et al., Cocaine as a naturally occurring insecticide, *PNAS* 1993.

Tabak: Solanaceae, britannica.com 2024; Tobacco and its evil cousin nicotine are good as a pesticide, acs.org 2010; Melissa Petruzzello, neonicotinoid, britannica.com 2022.

»Angenehme« Abwehrstoffe: Fürstenberg-Hägg et al.; Marco Valussi, Essential oils and their biological activities in the light of evolutionary theory: a review of the field including synergy and network pharmacology, *International Journal of Clinical Aromatherapy* 2014; R. Dunn, M. Sanchez, *Delicious: The Evolution of Flavor and How It Made Us Human*, Princeton University Press 2021.

Antibakterielle Gewürze: P. W. Sherman, J. Billing, Darwinian Gastronomy: Why We Use Spices: Spices taste good because they are good for us, *BioScience* 1999; Jonathan Silvertown, *Dinner with Darwin: Food, Drink, and Evolution*, University of Chicago Press 2017; Krief, Daujeard, Moncel et al., Flavouring food: the contribution of chimpanzee behaviour to the understanding of Neanderthal calculus composition and plant use in Neanderthal diets, *Antiquity* 2015.

Tierische Arzneien: Sueda, Hart, Cliff, Characterisation of plant eating in dogs, *Applied Animal Behaviour Science* 2008; G. A. Lozano, Parasitic Stress and Self-Medication in Wild Animals, *Advances in the Study of Behavior* 1998; B. L. Hart, The evolution of herbal medicine: Behavioural perspectives, *Animal Behaviour* 2005; Joel Shurkin, Animals that self-medicate, *PNAS* 2014; Roode, Lefèvre, Hunter, Self-Medication in Animals, *Science* 2013.

Tierische Drogen: Sofia Moutinho, Why cats are crazy for catnip, *Science* 2021; John Downer et al., Weird Nature, BBC 2002; ›Stoned wallabies make crop circles‹, bbc.co.uk 2009; Stanley Coren, Are Some Dogs Getting Addicted to Hallucinogens?, psychologytoday.com 2013. In einer älteren Studie heiß es zwar, Tiger könnten mit Katzenminze nichts anfangen. Doch schaut man sich Aufnahmen aus Gehegen an, scheint es sehr auf die einzelnen Tiere anzukommen.

Pestizide als Drogen: González-Lamothe, Mitchell, Gattuso et al., Plant Antimicrobial Agents and Their Effects on Plant and Human Pathogens, *International Journal of Molecular Sciences* 2009; Valussi; R. M. Nesse, Evolution and Addiction, *Addiction* 2002; Sullivan, Hagen, Hammerstein, Revealing the paradox of drug reward in human evolution, *Proceedings of the Royal Society B* 2008.

Bienen auf Drogen: Barron, Maleszka, Helliwell et al., Effects of cocaine on honey bee dance behaviour, *Journal of Experimental Biology* 2008; Baracchi, Marples, Jenkins et al., Nicotine in floral nectar pharmacologically influences bumblebee learning of floral features, *Scientific Reports* 2017; David Baracchi, Cognitive ecology of pollinators and the main determinants of foraging plasticity, *Current Zoology* 2019.

Stoned Ape, Zucker, Fette: J. M. Rodríguez Arce, M. J. Winkelman, Psychedelics, Sociality, and Human Evolution, *Frontiers in Psychology* 2021; R. J. Sullivan, E. H. Hagen, Psychotropic substance-seeking: evolutionary pathology or adaptation?, *Addiction* 2002; Gary Wenk, This Is Your Brain on Food, psychologytoday.com 2021.

14 Alles Gras ist Fleisch

TimeTree.org: Kumar, Suleski, Craig et al., TimeTree 5: An Expanded Resource for Species Divergence Times, *Molecular Biology and Evolution* 2022.

Gene Rinder, Schweine, Mäuse, Kaninchen: Scientists Sequence Cow Genome, nih.gov 2009; Dawson, Smith, Chen et al., An in-depth comparison of the porcine, murine and human inflammasomes; lessons from the porcine genome and transcriptome, *Veterinary Microbiology* 2017; Why

Mouse Matters, genome.gov 2010; Soares, Pinheiro, Esteves, The rabbit as an animal model to study innate immunity genes: Is it better than mice?, *Frontiers in Immunology* 2022.

Feldratten, Bushmeat: The countries where rats are on the menu, bbc.com 2015; Garber, Estrada, Bicca-Marques et al., *South American Primates,* Springer 2009.

Zwei große Äste: Foley, Mason, Harris et al., A genomic timescale for placental mammal evolution, *Science* 2023; Mammalian Clades, University of Western Australia 2013; timetree.org.

Hufenwölfe, Urhuftiere: D.R. Prothero, *The Princeton Field Guide to Prehistoric Mammals,* Princeton University Press 2016; Martin Jehle, Carnivores, creodonts and carnivorous ungulates: Mammals become predators, paleocene-mammals.de 2024; M.A. O'Leary, K.D. Rose, Postcranial Skeleton of the Early Eocene Mesonychid *Pachyaena* (Mammalia: Mesonychia), *Journal of Vertebrate Paleontology* 1995; D. Palmer, P. Barrett, *Evolution: Die Entwicklung des Lebens,* Gerstenberg 2009.

Wale: Spaulding, O'Leary, Gatesy, Relationships of Cetacea (Artiodactyla) Among Mammals: Increased Taxon Sampling Alters Interpretations of Key Fossils and Character Evolution, *PLoS One* 2009; Thewissen, Cooper, Clementz et al., Whales originated from aquatic artiodactyls in the Eocene epoch of India, *Nature* 2007.

Höllenschweine: Andrewsarchus, »Superb Skull of a Gigantic Beast«, amnh.org 2013; Rivals, Belyaev, Basova et al., Hogs, hippos or bears? Paleodiet of European Oligocene anthracotheres and entelodonts, *Palaeogeography, Palaeoclimatology, Palaeoecology* 2023.

Wildschweine: J.T. Wilcox, D.H. Van Vuren, Wild Pigs as Predators in Oak Woodlands of California, *Journal of Mammalogy* 2009; S. Behera, R.P. Gupta, Predation on chital *Axis axis* by wild pig *Sus scrofa* in Bandhavgarh National Park, *Journal of the Bombay Natural History Society* 2007.

Tiermehl, Sojaschrot: Feed ban: Commission authorises use of certain animal proteins, food.ec.europa.eu 2021; Soja – Nahrungsmittel für Tier und Mensch, landwirtschaft.de 2024.

Wiederkäuer, Grasländer: T.J. Hackmann, J.N. Spain, Ruminant ecology and evolution: Perspectives useful to ruminant livestock research and production, *Journal of Dairy Science* 2010; D.R. Prothero, *Tertiary History,* Oxford 2003.

Evolution Raubtiere: Solé, Fischer, Le Verger et al., Evolution of European carnivorous mammal assemblages through the Paleogene, *Biological Jour-*

nal of the Linnean Society 2022; Hassanin, Veron, Ropiquet et al., Evolutionary history of Carnivora (Mammalia, Laurasiatheria) inferred from mitochondrial genomes, *PLoS One* 2021.

Futter Rinder: Heu und Silage: Bedeutende Futtermittel für die Landwirtschaft, landwirtschaft.de 2024; Soja-Report, bund.net 2019.

Wild und Weide: P. S. Ungar, M. F. Teaford, *Human Diet: Its Origin and Evolution*, Bloomsbury 2002; Priolo, Micol, Agabriel, Effects of grass feeding systems on ruminant meat colour and flavour. A review, *Animal Research* 2001.

15 Aufstieg der Allesfresser

Familie Feuerstein, Die Simpsons: John Province, Excavating Bedrock: Reminiscences of »The Flintstones«, hoganmag.com 2013; John Kiesewetter, Move Over, »Flintstones« – »The Simpsons« Is Moving In As TV's Longest-Running Cartoon, The Seattle Times 1996.

Kein Garten Eden: De Nooijer, Holland, Penny, The Emergence of Predators in Early Life: There was No Garden of Eden, *PLoS One* 2009.

Erstes Tier, Fleischfresser: Eva Frederick, The world's first animal was probably a carnivore, *Science* 2019; Román-Palacios, Scholl, Wiens, Evolution of diet across the animal tree of life, *Evolution Letters* 2019.

Mensch als Pflanzenfresser: Is It Really Natural? The Truth About Humans and Eating Meat, peta.org 2018; Kathy Freston, Shattering The Meat Myth: Humans Are Natural Vegetarians, huffpost.com 2009; Fleisch- oder Pflanzenfresser?, swissveg.ch 2024; Menschen sind von Natur aus Fleischesser – stimmt das wirklich?, geo.de 2024; Katharina Menne, Der Mensch, ein geborener Fleischesser?, spektrum.de 2023; Ariane Sommer, Man isst mit den Eckzähnen, taz.de 2015.

Primaten: Evolution and diversity of primates, dpz.eu 2024; Rob Dunn, Human Ancestors Were Nearly All Vegetarians, scientificamerican.com 2012.

Verdauung allgemein: Hightower, Dworken, Sircus et al., human digestive system, britannica.com 2024; J. J. Patricia, A. S. Dahmoon, Physiology, Digestion, ncbi.nlm.nih.gov 2022.

Primaten, Pflanzenfresser: Marcus Clauss, The digestive anatomy and physiology of primates, zooklinik.uzh.ch 2020; Fuh, Todd, Feistner et al., Group differences in feeding and diet composition of wild western gorillas, *Scientific Reports* 2022; J. Nijboer, M. Clauss, The Digestive Physiology of Colobine Primates, zora.uzh.ch 2006; Matsuda, Murai, Clauss et al., Regurgitation and remastication in the foregut-fermenting proboscis monkey (*Nasalis larvatus*), *Biology Letters* 2011.

Primaten, Fleischfresser: Napier, Groves, Augustyn et al., primate, britannica.com 2024; Rothman, Raubenheimer, Bryer et al., Nutritional contributions of insects to primate diets: Implications for primate evolution, *Journal of Human Evolution* 2012; Hardus, Lameira, Zulfa et al., Behavioral, Ecological, and Evolutionary Aspects of Meat-Eating by Sumatran Orangutans *(Pongo abelii)*, *International Journal of Primatology* 2012; Hofreiter, Kreuz, Eriksson et al., Vertebrate DNA in fecal samples from bonobos and gorillas: evidence for meat consumption or artefact?, *PLoS One* 2010.

Schimpansen: Our Legacy of Science, janegoodall.org 2024; C. M. Gomes, C. Boesch, Wild Chimpanzees Exchange Meat for Sex on a Long-Term Basis, *PLoS One* 2009; J. D. Pruetz, P. Bertolani, Savanna Chimpanzees, *Pan troglodytes verus*, Hunt with Tools, *Current Biology* 2007; Pruetz, Bertolani, Ontl et al., New evidence on the tool-assisted hunting exhibited by chimpanzees *(Pan troglodytes verus)* in a savannah habitat at Fongoli, Sénégal, *Royal Society Open Science* 2015.

Werkzeuggebrauch: Leoma Williams, 10 animals that use tools in surprising and clever ways – from primates and dolphins to birds and fish, discoverwildlife.com 2024; Primate Models for Behavioural Evolution Lab, Nut-cracking by Bossou chimpanzees, youtube.com 2024.

Zeug zum Fleischfresser: peta.org; Sherry Colb, A Response to the Claim That Eating Animals is Natural, freefromharm.org 2013; Humans are not herbivores, veganbiologist.com 2016.

Pandas: Nie, Wei, Zhou et al., Giant Pandas Are Macronutritional Carnivores, *Current Biology* 2019; Rachel Fergus, For giant pandas, bamboo is vegetarian »meat«, sydney.edu.au 2019.

Alle Primaten Allesfresser: Napier et al.

Entwicklung Frühmenschen: Kate Wong, To Follow the Real Early Human Diet, Eat Everything, *Scientific American* 2024; Marta Zaraska, How Humans Became Meat Eaters, *The Atlantic* 2016.

pH-Wert Magen: Beasley, Koltz, Lambert et al., The Evolution of Stomach Acidity and Its Relevance to the Human Microbiome, *PLoS One* 2015; Dunn, Amato, Archie et al., The Internal, External and Extended Microbiomes of Hominins, *Frontiers in Ecology and Evolution* 2020; Shunji Fujimori, Gastric acid level of humans must decrease in the future, *World Journal of Gastroenterology* 2020.

Erste Fleischesser, Jäger: Briana Probiner, Meat-Eating Among the Earliest Humans, *American Scientist* 2016; Barr, Pobiner, Rowan et al., No sustained increase in zooarchaeological evidence for carnivory after the appearance of *Homo erectus, PNAS* 2022; Wilkins, Schoville, Brown et al., Evidence for Early Hafted Hunting Technology, *Science* 2012.

Entwicklung »Raubtier« Mensch: Largest fish factory vessel in the world arrested and seized, seashepherd.org 2018; Hansford, Wright, Rasoamiaramanana et al., Early Holocene human presence in Madagascar evidenced by exploitation of avian megafauna, *Science Advances* 2018; hunting, britannica 2024; The Next Generation of Smart Rifle Scopes, swarovski optik.com 2024.

Menschen sind Allesfresser: Frederick; Cordain, Miller, Eaton et al., Plant-animal subsistence ratios and macronutrient energy estimations in worldwide hunter-gatherer diets, *American Journal of Clinical Nutrition* 2000.

Klassische Sicht, Dickdarm, Dünndarm: Probiner 2016; R. H. Tuttle, human evolution, britannica.com 2024; Furness, Cottrell, Bravo, Comparative physiology of digestion, *Journal of Animal Science* 2015.

Kochen, Feuer: Wong; Richard Wrangham, *Catching Fire: How Cooking Made Us Human*, Basic Books 2009; Dunn et al. 2020.

Vitamin B_{12}: F. Watanabe, T. Bito, Vitamin B_{12} sources and microbial interaction, *Experimental Biology and Medicine* 2017; A. Danchin, S. Braham, Coenzyme B_{12} synthesis as a baseline to study metabolite contribution of animal microbiota, *Microbial Biotechnology* 2017; Schmidt, Call, Macheiner et al., Determination of vitamin B_{12} in four edible insect species by immunoaffinity and ultra-high performance liquid chromatography, *Food Chemistry* 2019; J. E. Cooper, I. Redmond, Gorilla Pathology and Health, sciencedirect.com 2017.

Vitamin C: Wong; H. E. Lewine, What is the carnivore diet?, health.harvard.edu 2024; Linus Pauling, Evolution and the need for ascorbic acid, *PNAS* 1970; Duque, Vieira, Bastos et al., The evolution of vitamin C biosynthesis and transport in animals, *BMC Ecology and Evolution* 2022.

Küchenfresser: J. B. Furness, D. M. Bravo, Humans as cucinivores: comparisons with other species, *Journal of Comparative Physiology B* 2015.

Register

Bildnachweis

Alamy: Kapitel 1 u. 9 (Quagga Media), 2 (Artur Balytskyi), 3 (Sunny Celeste), 4 (Tony Baggett), 10 (Artsiom Lebedzeu), 11 (Channarong Pherngjanda)

iStock: Kapitel 5 (NSA Digital Archive), 6, 7, 13 und 14 (ilbusca), 12 (ivan-96), 15 (Nastasic)

Shutterstock: Kapitel 8 (AlexBrother)